geb. 30. April 1795, gest. 21. September 1853.

Hundert Jahre
Baumwolltextilindustrie

Herausgegeben

aus Anlaß des hundertjährigen Bestehens

der Firma

Gebrüder Elbers A.-G.
Hagen (Westf.)

von

Dr. phil. Wilh. Elbers
Dr. ing. e. h.

Springer-Verlag Berlin Heidelberg GmbH 1922

Alle Rechte vorbehalten

Copyright 1922 by Springer-Verlag Berlin Heidelberg
Ursprünglich erschienen bei Gebruder Elbers A._G., Hagen (Westf.) 1922
Softcover reprint of the hardcover 11th edition 1922

ISBN 978-3-663-19903-8   ISBN 978-3-663-20245-5 (eBook)
DOI 10.1007/978-3-663-20245-5

Vorwort.

Meminisse honestum est. Der Taten der Männer zu gedenken, die in der Geschichte der Völker Großes geleistet, erscheint uns als eine selbstverständliche sittliche Pflicht. Bis zu einem gewissen Grade sollte das gleiche von der Geschichte des Wirtschaftslebens gelten, das von den wirtschaftlichen und industriellen Unternehmungen getragen wird. Wenn ein Unternehmen sich während eines 100jährigen Zeitraumes als wirtschaftlicher Organismus bewährt hat, so ist das schon ein Beweis, daß auch hier starke Kräfte gewaltet haben. So ist es eine Dankesschuld, aus Anlaß des 100jährigen Bestehens der Firma Gebrüder Elbers, Aktiengesellschaft zu Hagen i. W., der Männer zu gedenken, die hier den Keim gelegt, dann den Baum weiter gehegt und gepflegt, unter dessen Schatten nachfolgende Generationen schaffende Arbeit verrichten konnten. Dieser Dankesschuld für die Begründer der Firma Gebrüder Elbers soll der erste Abschnitt des ersten Teiles genügen.

Zum vollen Verständnis der persönlichen Leistungen gehört die Kenntnis der sachlichen Arbeit und der Fortschritte auf diesem Wirtschaftsgebiete während des in Betracht kommenden Zeitraums. Dieses Verständnis zu vermitteln und zu erleichtern, sind die Abschnitte II und III des ersten Teiles über die technologische und wirtschaftliche Entwicklung der Baumwolltextilindustrie bestimmt. Daran schließt sich dann wieder ein vierter Abschnitt über die Fortentwicklung der Firma Gebrüder Elbers.

Der fünfte Abschnitt über soziale Arbeit, die von unserem Unternehmen namentlich auf dem Gebiete des Krankenkassenwesens und der Wohnungsfürsorge geleistet ist, beschließt den ersten Teil. Ihr ist ein besonderes Kapitel gewidmet im Hinblick auf die Bedeutung dieser Frage.

❦ ❦ ❦

Der Verfasser hat die Taten der dahingegangenen Generationen zu würdigen versucht; in bezug auf die Leistungen der heutigen Generation erschien dieses nicht am Platze. Nur gegenüber dem langjährigen treuen Mitarbeiter im Vorstand, den Herren des Aufsichtsrats, die das Werk durch alle Fährnisse hindurch auf die heutige Höhe haben bringen helfen, den tätig mitschaffenden Prokuristen, Beamten, Meistern und Arbeitern, ihnen allen möchte ich auch an dieser Stelle nicht unterlassen, dem Gefühle herzlichster Dankbarkeit Ausdruck zu geben. Allen denen, die es fühlen, wie sehr ich durch ein freundschaftliches Band mit ihnen verbunden bin, drücke ich im Geiste die Hand.

Möchte ihnen das Werk als dauerndes Andenken an die Stätte gemeinsamer Arbeit Freude bereiten. Das gleiche erhoffe ich von unseren Geschäftsfreunden, mit denen uns engere Beziehungen verbinden, freundschaftliche Beziehungen, die zum Teil bis in die Zeiten des Großvaters des Verfassers zurückreichen.

❀ ❀ ❀

Der zweite Teil steht mit dem ersten in keinem unmittelbaren Zusammenhange, wohl aber mittelbar; denn die technologischen Richtlinien sind der Niederschlag der bei dem Aufbau und der Fortentwicklung des Werks während der langen Zeit gesammelten Erfahrungen und der aus ihnen gezogenen Lehren. Sie schien es angebracht hier festzuhalten. Dadurch kommt die Zukunft mehr zu ihrem Recht als die Vergangenheit. Der geschichtliche Gedanke soll zurücktreten hinter dem programmatischen Charakter.

Ich habe mich bemüht, nach diesen Gesichtspunkten die drei „technologischen Richtlinien für die Baumwolltextilindustrie" zu bearbeiten; ich war bestrebt, nach der ableitenden Methode das Allgemeine voranzustellen und die sich ergebenden Lösungen möglichst nicht als fertige Anweisung, als fertiges Rezept, sondern als das Ergebnis der organischen Fortentwicklung der Arbeitvorgänge der Baumwolltextilindustrie darzustellen und nach einheitlichen Gesichtspunkten zusammenzufassen. Besonders gilt dieses von den beiden ersten technologischen Richtlinien: Betriebssicherheit und Kontinuität des Arbeitsprozesses. Diese Richtlinien, deren Bedeutung an sich anerkannt ist, und auf deren Wichtigkeit im Einzelfall oft hingewiesen wird, sind hier zum Ausgangspunkt einer systematischen Behandlung dieser Fragen für die Baumwolltextilindustrie gemacht worden.

Den Abschnitt Quantitatives Denken habe ich zunächst gewisse Bedenken gehabt zu veröffentlichen, weil dieser Abschnitt nach meiner Überzeugung noch erhebliche Lücken aufweist. Auch kann mit Recht der Vorwurf erhoben werden, daß eine gewisse Willkür in der Behandlung des Stoffs obgewaltet, insofern, als manche Unterabschnitte ziemlich ausführlich und andere wieder von gleicher Bedeutung nur kurz behandelt seien. Dem ist zunächst entgegenzuhalten, daß eine gleichmäßig ausführliche Berücksichtigung des Stoffs den Rahmen des Werks weit überschreiten würde. Die etwas ungleichmäßige Behandlung ist, wie ich gern zugeben will, zum Teil auf die persönliche Art der Beschäftigung mit der Sache und auch auf persönliche Vorliebe und Neigung zurückzuführen, um so mehr, als es sich bei diesem Kapitel um einen Lieblingsgedanken von mir handelt, den ich seit Jahrzehnten verfolge. Vielleicht gereicht aber die persönliche Note der Arbeit nicht zum Nachteil. Die Ausfüllung der Lücken, sei es aus der Literatur oder eigenen Ermittlungen, muß dann dem einzelnen überlassen bleiben. Sie wird jedem die gleiche Freude wie mir bereiten, der die zahlenmäßige Durchgeistigung aller Arbeiten und Vorgänge, das quantitative Denken zur Richtschnur für eine wissenschaftliche Betriebsführung in der Baumwolltextilindustrie erheben will. Jedenfalls bleibt auch bei der jetzt vorliegenden, etwas lückenhaften und ungleichmäßigen Behandlung des Stoffs der Charakter der technologischen Richtlinie als solcher gewahrt. Es kommt mir vor allem darauf an, der Tendenz als solcher, gegen die nach meinen Erfahrungen noch viel gesündigt wird, der zahlenmäßigen Wertung mehr und mehr zu ihrem Recht zu verhelfen. Der Stoff ist ja ohnedies auch hier wandelbar; auch hier heißt es: Alles Vergängliche ist nur ein Gleichnis!

Wenn in diesem Sinne alle drei Abschnitte für jetzt und für kommende Zeiten gewisse Anregungen geben würden, die der Fortentwicklung unseres schönen Berufszweiges zu dienen und damit, wenn auch nur in bescheidenem Umfange, den Wiederaufbau des deutschen Wirtschaftslebens zu fördern geeignet sind, so wird sich das Wort des Dichters erfüllen: Meminisse juvabit!

Hagen i. Westf., im Januar 1922.

Dr. Wilh. Elbers.

Inhaltsverzeichnis.

Erster Teil.

I.
Die Begründer des Werks Carl Elbers und seine Söhne Carl, Christian und Wilhelm Elbers.

	Seite
1. Entwicklung des Werks bis zum Jahre 1844	5
2. Werbearbeit in England und Belgien	8
3. Einarbeitung der Söhne	11
4. Die Lebensarbeit der drei Brüder	20
5. Weitere kurze persönliche Mitteilungen	35

II.
Technologischer Entwicklungsgang der Baumwolltextilindustrie 1822—1922.

A. Mechanisch-technologischer Teil.

I. Allgemeine technische Betriebsgrundlagen	39
II. Entwicklung der speziellen Maschinen und Arbeitsvorgänge in der Baumwolltextilindustrie	42
1. Spinnerei	42
2. Weberei	44
3. Zeugdruckerei	45
Bleichen der Baumwollgewebe	47
Sengmaschinen und Schermaschinen	53
Dämpfapparate	54
Maschinen für Färberei und Seiferei	55
Maschinen für die Appretur und Ausrüstung der Gewebe	56
Weitere Hilfsmaschinen	62

B. Chemisch-technologischer Teil.

I. Die für die Baumwolltextilindustrie wichtigsten Farbstoffe	64
II. Die Arbeitsmethoden für den Baumwollzeugdruck	72
Chemisch-technologische Entwicklung des Bleichprozesses	73
Die Entwicklung der Baumwollzeugdruckartikel	76
1. 1822—1870	76
2. 1870—1922	86

III.
Die wirtschaftliche Entwicklung der Baumwolltextilindustrie 1822—1922.

Baumwolle	97
Die wirtschaftliche Entwicklung der Baumwolltextilindustrie	98
1822—1860	98
1860—1866, während der Zeit des amerikanischen Unabhängigkeitskrieges	104
1867—1870	108
1870—1913	109
Der im Jahre 1913 erreichte Stand der wirtschaftlichen Entwicklung	119
Die wirtschaftliche Entwicklung und Lage während des Weltkrieges 1914—1918	122
Einstellung der Baumwolltextilbetriebe auf die Kriegswirtschaft	125
Die wirtschaftliche Entwicklung nach dem Kriege	130

IV.
Die weitere wirtschaftliche und technische Entwicklung der Firma Gebrüder Elbers A. G. 1850—1922.

	Seite
1850—1870	135
1870—1895	136
1895—1914	146
1914—1918	155
1918—1922	159

V.
Soziale Arbeit.

Kranken- und Pensionskasse 1854	166
Allgemeine Pensionskasse und Carl Elbers-Stiftung	167
Antonie Elbers-Osthaus-Stiftung	169
Wohnungsfürsorge für Werksangehörige	169

Zweiter Teil.
Technologische Richtlinien für die Baumwolltextilindustrie.

A. Betriebssicherheit.
Erfordernisse der Betriebssicherheit

I. Bei der Errichtung und Einrichtung der Gebäude	184
II. Bei den allgemeinen Antriebsverhältnissen der Maschinen (Motore, Transmissionen usw.)	192
III. Bei der einzelnen Arbeitsmaschine (besondere Antriebsverhältnisse, Aufstellung und Bau)	198
IV. Bei ganzen Betriebsabteilungen in der Aufstellung der Maschinenkomplexe	219
V. Bei der technologischen und wirtschaftlichen Gesamtorganisation	221

B. Kontinuität des Arbeitsprozesses.

I. Aufenthalte, bedingt durch Arbeitsvorgänge in der Einzelmaschine	230
A. Periodische Unterbrechungen des Arbeitsprozesses bei der einzelnen Arbeitsmaschine	231
B. Unregelmäßige Unterbrechungen des Arbeitsprozesses bei der einzelnen Arbeitsmaschine	245
II. Unterbrechungen des Arbeitsprozesses durch Transporte des Arbeitsgutes von einer Arbeitsmaschine zur anderen	254
A. Kombinierte Maschinenaggregate	254
Spezielle kombinierte Systeme für die Druckerei	258
B. Anordnung der Arbeitsmaschinen im Gesamtarbeitsprozeß	269

C. Quantitatives Denken.

I. Allgemeine bautechnische Fragen der Baumwolltextilindustrie	282
II. Allgemeine betriebstechnische Fragen der Baumwolltextilindustrie	287
a) Dampfkesselbetrieb	287
b) Maßzahlen für Kraft, Arbeit und Leistung	295
c) Wasserkraftanlagen	298
d) Elektrische Zuleitung für Licht und Kraft	299
e) Transmissionen	300
f) Beleuchtung	303
g) Heizung	306
h) Trocknen	311
i) Isolation	312
k) Lüftung	314
III. Technologische und wirtschaftliche Daten im Betriebe der	
a) Baumwollspinnerei	315
b) Baumwollweberei	317
c) Baumwoll-Zeugdruckerei	317

Verzeichnis der Illustrationen.

I. Teil.

	Seite
I. Carl Elbers Vater	II
1. Carl Elbers Sohn	13
2. Dr. Christian Elbers	13
3. Wilhelm Elbers	13
4. Aufnahme der Fabrik aus den 50er Jahren	17
5. Dr. Wilhelm Elbers	27
6. Franz Paessler	27
7. Ewald Eicken	27
8. Direktor Franz Woltze	31
9. Ökonomierat H. Nachtigall	31
10. Rechtsanwalt und Notar R. W. Glatzel	31
11. Geheimrat F. W. Coester	31
12. Wilhelm Altenloh	31
13. Hermann Harkort	31
14. Heinrich Scheidt	35
15. Joseph Fahle	35
16. Dr. Wilhelm Ernst Elbers	36
17. Bleichapparat von O'Reilly	48
18. Streckapparat von Huber	58
19. Stoßkalander von Bridson	60
20. Gruppenbild der im Jahre 1922 bei Gebrüder Elbers beschäftigten Beamten	139
21. Gruppenbild der im Jahre 1922 bei Gebrüder Elbers beschäftigten Meister	141
22. Gruppenbild von 6 Arbeitern, die im Jahre 1922 über 50 Jahre bei der Firma Gebrüder Elbers beschäftigt waren	143
23. Turbinenhaus, erbaut im Jahre 1906	147
24. Altes Nessellager, erbaut im Jahre 1828, vor dem Abbruch 1902	148
25. Neues Rohwarenlager, erbaut im Jahre 1903	149
26. Sitzungssaal (Entwurf: Prof. Henry van der Velde) im Verwaltungsgebäude, erbaut im Jahre 1904	151
27. Saal der Gewerblichen Fortbildungsschule im Verwaltungsgebäude	153
28. Ausstellung im Festsaal des Verwaltungsgebäudes im Kriegsjahr 1914	157
29. Mechanische Werkstätten der Firma Gebrüder Elbers, erbaut im Jahre 1921	161
30. Arbeiterwohnhaus in der Lindenstraße (frühere Dyckerhoffsche Besitzung)	170
31. Arbeiterkolonie Hessenland der Firma Gebrüder Elbers, erbaut in den Jahren 1859 und 1889	171
32. Kolonie Walddorf (Entwurf Richard Riemerschmied), erbaut im Jahre 1907	171
33. Ledigenheim und Familienhaus der Gebrüder Elbers A.-G., Hagen i. Westf. (Entwurf Prof. Georg Metzendorf), erbaut 1920/21	172
34. Speisesaal im Ledigenheim der Gebrüder Elbers A.-G., Hagen i. Westf.	173
35. Familienheim der Firma Gebrüder Elbers (Entwurf: Prof. Georg Metzendorf), erbaut 1921	175
36. Wohnküche im Familienheim	177

II. Teil.

	Seite
37. Raum mit Fliesen bis zur Decke im Rohwarenlager der Firma Gebrüder Elbers	189
38. Einstellvorrichtung für selbsttätige Ausschalter D. R. G. M. Nr. 130 225	202
39. Zentrifuge mit zwangläufiger Verbindung zwischen Verschlußdeckel und Riemengabel	209
40. Feinspinnmaschine mit zwangläufiger Verbindung zwischen der Verschlußtür des Differenzialgetriebes und der Riemengabel	210
41. Waschmaschine mit zwangläufiger Verbindung zwischen Führungsrechen u. Riemengabel	213
42. Mechanische Sicherung der Gummiwalzen durch Abreißen des Gewebes beim Auftreten von Knoten	215
43. a) Handspindel	232
b) Spinnrad (Trittrad)	232
44. Spinnsaal mit Selfaktoren	233
45. Saal mit Ringspinnmaschinen mit elektrischem Einzelantrieb	235
46. Saal mit Automaten-Webstühlen	239
47. Achtfarbige Rouleauxduplexdruckmaschine	243
48. Geweberolle, 6000 Meter enthaltend	251
49. Kombiniertes Maschinensystem zum Trocknen und Imprägnieren der Gewebe D. R.-P. Nr. 190 872	260
50. Kombiniertes Maschinensystem zum Vorappretieren, Nachappretieren und Strecken der Gewebe D. R.-P. Nr. 186 049	264
51. Kombiniertes Maschinensystem zum Vorappretieren, Nachappretieren und Strecken der Gewebe, D. R.-P. Nr. 186 049, im Appretturraum der Firma Gebrüder Elbers	265
52. Kombinierte Vortrocken- und Spannrahmmaschine im Appretierraum der Firma Gebrüder Elbers	267
53. Lageplan der Anlagen der Firma Gebrüder Elbers A.-G., Hagen i. Westf.	273
54. Gesamtanlagen der Firma Gebrüder Elbers im Jahre 1922	327

Erster Teil

I.

Die Begründer des Werks Carl Elbers und seine Söhne Carl, Christian und Wilhelm Elbers

———

m Jahre 1810 trat Carl Elbers (geb. 30. April 1795) im Alter von 15 Jahren in das väterliche Geschäft, die Elbersschen Hammerwerke in der Öge bei Hagen i. W., ein. Einer altansässigen, industriellen Familie entsprossen, war es für ihn selbstverständlich, daß auch er sich dem Berufe des Vaters widmete. Gern würde der befähigte und wißbegierige Jüngling sich zuvor noch eine weitere Schulausbildung erworben haben, doch war sein Vater hierzu nicht zu bewegen; er glaubte, in seinem Geschäfte die Unterstützung seines Erstgeborenen nicht länger entbehren zu können. Was der Sohn hier versäumen mußte, hat die Schule des Lebens bei ihm reichlich nachgeholt.

Sein Bildungshunger und Wissenstrieb drängten ihn, bald aus der Enge der Heimat herauszukommen. Auf seinen lebhaften Wunsch wurden ihm deshalb vom Vater früh die für das Geschäft erforderlichen Reisen übertragen. Von 1815 bis 1822 machte er regelmäßige Reisen nach Belgien, Rußland, England und Frankreich; fast während des ganzen Jahres war er unterwegs. Dabei weitete sich sein Blick, die Kenntnisse der fremden Sprachen erwarb er sich in den jungen Jahren spielend. Selbständigkeit im Handeln und Auftreten waren weitere Vorteile, die sich aus dieser Tätigkeit ergaben. Ohne sie war an ein erfolgreiches Reisen ja überhaupt nicht zu denken, damals, wo es keinen Telegrammverkehr, sondern nur langsamen Postverkehr gab und bei solch weiten Entfernungen eine Verständigung mit der Heimat oft Wochen und Monate dauerte.

Im Jahre 1822 bot sich für den 27 jährigen C. Elbers Gelegenheit, in der Nähe der Elbersschen Hammerwerke einen an der Volme gelegenen kleinen Färbereibetrieb, mit dem eine Buntweberei von wenigen Stühlen verbunden war, zu erwerben. In die Enge des väterlichen Geschäftes dauernd zurückzukehren, in dem jetzt außer seinem Bruder noch der Mann seiner Schwester, sein Schwager Huth, eingetreten war, entsprach nicht seinem aufstrebenden, selbständigen Sinn. So entschloß er sich dann, aus dem elterlichen Geschäft auszutreten und — einstweilen zusammen mit dem Vorbesitzer, dem Rotfärber Quincke — den vorhandenen kleinen Betrieb zum Färben und Weben zu übernehmen und ihn für die Zwecke eines größeren Betriebes zum Färben von türkischroten Garnen, wie sie in Elberfeld damals schon mehrfach eingerichtet waren, auszubauen.

Das Unternehmen entwickelte sich bald zu erfreulicher Blüte. Neben der Türkischrotgarnfärberei wurde 1835 der Druck von Purpurzitzen, wie man die zu Bettbezügen dienenden Gewebe damals nannte, eingeführt. Zum Drucken selbst wurden außer dem Verfahren des Handdrucks schon Perrotinen verwendet. Nachdem man nun an Stelle des vorhandenen kleinen Buntwebereibetriebes die Druckerei einmal eingeführt hatte, war ein nicht sehr großer Schritt der Übergang zu den auch sonst viel gebrauchten Druckartikeln, den modefarbenen Kattunen und dem Blaudruck. Das Geschäft in diesen Artikeln, die um 1838 eingeführt wurden, entwickelte sich ebenfalls befriedigend und der Absatz ging nach allen Ländern; namentlich die Jahre 1838 bis 1841 waren für die bunten Kattune sehr günstig und brachten gute Erträgnisse. Die Rohgewebe wurden in selbst eingerichteten Faktoreien des Münsterlandes hergestellt, in denen in den 40er Jahren bis zu 1000 Webstühle im Lohnbetrieb beschäftigt wurden. Die Zahl der im eigenen Betrieb angestellten Arbeiter betrug damals schon bis zu 400.

Mit der Ausdehnung des Geschäfts wuchsen auf der anderen Seite die Schwierigkeiten. Geschäftskrisen, vor allem in Rußland, fügten dem jungen Unternehmen zeitweilig große Verluste zu. Um diese Schwierigkeiten zu überwinden und gleichzeitig eine breitere Basis für eine Erweiterung des Werks zu schaffen, faßte C. Elbers den Plan, das Unternehmen in eine Aktiengesellschaft umzuwandeln.

Einige Freunde von C. Elbers, unter Mitwirkung des Schwagers August Vosswinckel, der stets ein reges Interesse für das Werk bekundet hatte, bildeten ein provisorisches Komitee. Dieses gab am 1. Juli 1844 einen Prospektus für eine zu errichtende „Gesellschaft für Türkischrotgarnfärberei" heraus. Dieser Prospekt gibt ein zusammenfassendes, sehr anschauliches Bild über die damalige Lage des Unternehmens. Ich lasse daher die wesentlichen Mitteilungen des Prospektes im Wortlaut folgen:

„Vor ungefähr 25 Jahren hat Herr Carl Elbers junior eine Türkischrotfärberei als einen neuen Industriezweig für die Provinz Westfalen nach Hagen in der Grafschaft Mark verpflanzt, vor zirka 10 Jahren die Färberei und Druckerei von Purpurzitzen und vor zirka 5 Jahren die Druckerei von modefarbenen und blaugrundigen Kattunen. Alle diese Branchen waren bisher in Westfalen nicht heimisch und stehen noch heute ohne Nachahmung in der Provinz da, der großen Schwierigkeiten wegen in technischer Hinsicht, sowie wegen nur sparsam aufzufindender günstiger Lagen in betreff der Menge und Beschaffenheit des Wassers, wegen wohlfeiler Kohlen, wohlfeiler qualifizierter Arbeiter, günstiger Zu- und Abfuhr für die Bedürfnisse sowohl, wie für den Absatz, und endlich wegen der erforderlichen, für Private immer bedeutenden Geldmittel. Groß sind die Opfer, die haben gebracht, ungeheuer die Schwierigkeiten, die haben überwunden werden müssen, und die nur mit nie ermüdender Ausdauer eines halben Lebens überwunden werden konnten, um diese schwierigen, aber auch wichtigen Industriezweige zu verpflanzen, heimisch zu machen und zu einer Höhe der Vollkommenheit zu erheben, wie dies von den Erzeugnissen dieser Anstalt heute gesagt werden darf. Hagen eignet sich ganz besonders zum vorteilhaften Betriebe dieser Geschäftszweige; Arbeiter sind im Laufe der Zeit in hinreichender Zahl und Güte herangebildet und der Lohn derselben sowie der Preis der Kohlen ist um so viel niedriger als in Elberfeld, daß die Ersparung einer ansehnlichen Summe pro Jahr daraus resultiert. Die Anstalt befindet sich auf dem Standpunkte, jeder Konkurrenz die Spitze bieten zu können, und ein lukratives Ergebnis ist mit höchster Wahrscheinlichkeit zu erwarten, wenn derselben hinreichende pekuniäre Mittel zum Betriebe geboten werden. So sicher auch die erfreulichsten Resultate sich erwarten lassen, wenn hinreichende Mittel der Anstalt zu Gebote stehen, ebenso prekär sind diese bei mangelhaften Fonds, und es erscheint der kaufmännischen Welt gegenüber überflüssig, die Kalamitäten zu beschreiben, denen in solchem Falle auch der Redlichste, Tätigste und Umsichtigste ausgesetzt ist, sowie die ewig wechselnden Konjunkturen der Handelswelt dies herbeiführen und hereinbrechen lassen, ohne dann einen Damm dagegen setzen zu können. Eben diese Betrachtung hat den Gründer und Besitzer, der nicht die Mittel zu beschaffen vermag, die, vollständig vorhanden, bei vor- und umsichtiger Leitung mit Sicherheit ein sehr lohnendes Resultat erzielen lassen, bewogen, die ganze Anstalt zum Verkaufe darzubieten. Nachdem diese Absicht in einem größeren Kreise bekannt wurde, machte sich allgemein die Ansicht geltend, daß ein Institut, was mit so großem Aufwande an Intelligenz geschaffen, notwendig der Stadt und Provinz erhalten werden müsse, und dieses führte dann nicht allein zu dem Beschlusse, die gebotene Gelegenheit zu benutzen, sondern auch zu dem weiteren, die notwendigen Mittel vollständig zu beschaffen, welche zur schwunghaften Benutzung der fraglichen Fabrikanlage erforderlich sind.

Die ganze Fabrikanlage ist von Grund aus neu angelegt und auf das zweckmäßigste eingerichtet; sie umfaßt ein Areal in Form eines Quadrates von zirka 5 Morgen, ist mit hohen Mauern umgeben, und ein Wassergraben der Volme bespült die ganze Anstalt. Das Inventar ist von der besten Qualität, der unbedingtesten Vollständigkeit und die ganze Einrichtung sowohl der Türkischrotfärberei als Druckerei nach der bewährtesten Methode angelegt. Auch ist noch Raum vorhanden, andere gewinnverheißende Industrien damit verbinden zu können. Der jetzige Eigentümer hat ein Kapital von mindestens 130000 Talern für die Anstalt direkt verwendet, und dieselbe ist für beide Zweige so ausgedehnt, daß 350000 bis 400000 Pfund Türkischrotgarn gefärbt werden und 30000 Stück Calicos pro anno gedruckt werden können, wenn für die Druckerei noch eine Rouleau-Druckmaschine angeschafft wird und eine Dampfmaschine, wozu Kessel, Schornstein und Raum vorhanden sind, was alles nur noch einige tausend Taler erfordert. Das Ganze wird von dem Inhaber als reines freies Eigentum der neuen Gesellschaft unter den im Statut vorgesehenen Modifikationen für 125000 Taler abgetreten. Diese Summe rechtfertigt sich außer dem wirklich angelegten und verwandten Kapital durch die Taxe der Provinzial-Feuer-Versicherung, welche 54680 Taler beträgt. In dieser Abschätzung sind jedoch nicht begriffen sämtliche unbrennbare Gegenstände, als: 5 Morgen Areal, Fundamente, Keller, Einfassungsmauern, Wassergraben, steinerne Brücke, Brunnen, ferner Trockenrahmen und sämtliche Utensilien für Färberei und Druckerei nebst Walzen, Formen, Gießereiapparaten usw. Außer diesen vollständig und fertig vorhandenen Gebäuden, Bestandteilen, Utensilien und Einrichtungen, womit die neue Gesellschaft ohne Zeitverlust sofort die Operationen beginnen kann, verpflichtet sich Herr Elbers, die Methode seiner Rotfärberei und seine Fabrikgeheimnisse überhaupt, sowie seine sämtlichen kaufmännischen Verbindungen in ihrem ganzen Umfange der Kompagnie ohne besondere Vergütung abzutreten: ein höchst wichtiger Umstand in der Wirklichkeit, indem die auf dem heutigen Standpunkte gewonnenen Resultate nur durch jahrelange bedeutende Opfer an Geld, Zeit, Mühen und Experimenten haben erzielt werden können. Die Erfahrung hat gelehrt, daß die Betriebssumme von 100000 Talern vollkommen hinreicht, um damit alle Stoffe und Waren, die nur mit Vorteil komptant gekauft werden können, zu beschaffen, und daß es vorteilhafter ist, bei gelegentlichen Konjunkturen den auf 225000 Taler Vermögen sich basierenden Kredit zu benutzen, als ein müßiges Kapital für solche Fälle in Bereitschaft zu halten."

Soweit der Prospekt; es folgt dann noch eine Rentabilitätsberechnung und die Aufforderung zur Zeichnung von Aktien. Unterzeichnet ist der Prospekt von: Bock, Gerichts-Direktor, C. Hesterberg, Heinr. Osthaus, H. E. Meister, Joh. Casp. Post Söhne, Joh. Diedr. Post, C. v. Hartmann, Königl. Wegebaumeister, Peters, Amtmann, Wilh. Wiesmann, Wilh. Leidheuser, Carl Spannagel, Wilh. Berger.

* * *

C. Elbers faßte nun den weitergehenden Plan, nicht nur die heimischen Industriellen, sondern auch kapitalkräftige Industrielle und Kaufleute im Auslande, namentlich solche, die schon zu seinem Kundenkreis gehörten, für eine entsprechende Beteiligung zu gewinnen. In dem Bewußtsein der Vortrefflichkeit seiner Fabrikation und der Güte seiner von ihm selbst erprobten und überwachten Verfahren glaubte er, die Kunden würden selbst ein lebhaftes Interesse an der Erhaltung und Erweiterung eines so gut und zuverlässig arbeitenden Betriebes haben. So reiste er dann im August 1844 nach Newcastle und Manchester, den Zentren der englischen Textilindustrie, um den Plan, die englischen Geschäftsfreunde an dem Aktienunternehmen zu beteiligen, der Verwirklichung näher zu bringen.

Glücklicherweise ist uns für die Jahre 1844 bis 1848 der gesamte Schriftwechsel von C. Elbers mit seiner Firma und seiner Familie, insbesondere seiner ihm in allen Fragen treu zur Seite stehenden Gattin Emilie, Tochter des Tuchfabrikanten Christian Moll, erhalten geblieben. Dieser Briefwechsel gibt uns ein anschauliches Bild von der Eigenart und den Auffassungen der damaligen Zeit. Daß wir gerade für den angegebenen Zeitraum den Schriftwechsel noch besitzen, ist ferner um so wertvoller, als dieser Zeitraum die Periode umfaßt, die für das Lebenswerk von C. Elbers am meisten kritisch war. Außerdem fällt in diesen Zeitabschnitt die Einführung seiner Söhne Carl (geb. 3. März 1823), Christian (geb. 13. Oktober 1824) und Wilhelm (geb. 3. März 1826) in das Geschäft, sowie ihre Erziehung für die Aufgaben des Unternehmens. Seinen damals 21 jährigen Sohn Carl ließ er trotz seiner Jugend, wie wir sehen werden, schon an seinen geschäftlichen Plänen, die er auf seiner Reise verfolgte, tätigen Anteil nehmen.

Wir wollen daher die Möglichkeit, tiefere Einblicke in die Einzelheiten dieses für uns interessanten Zeitabschnittes und das Fühlen und Denken der uns beschäftigenden Personen zu tun, uns zunutze machen und auf Grund dieses Briefwechsels die in Betracht kommenden Vorgänge, zunächst also die Vorgänge und Ereignisse im Herbst 1844, etwas eingehender schildern.

Werbearbeit in England und Belgien. Der Aufgabe, welche C. Elbers sich bei der Reise nach England gestellt hatte, widmete er sich mit dem größten Eifer. Seine vortrefflichen Sprachkenntnisse, seine Gabe, mit den Leuten zu verkehren, verschafften ihm Eintritt in alle Textilbetriebe Englands und Schottlands. Vorsichtigerweise hatte er auch sein Ziel von vornherein etwas weiter gesteckt. Außer seinem Aktienplan, wie er sein Vorhaben, englische Kapitalisten zu beteiligen, nennt, hatte er die weitere Absicht, die Benutzung und Verwertung von drei Fabrikationsverfahren gegen eine gewisse Lizenzgebühr den englischen Konkurrenzwerken zu überlassen und dadurch für seinen Betrieb Vorteile herauszuholen. Die drei Verfahren sind in allen Einzelheiten in dem angegebenen Briefwechsel niedergelegt. Sie betrafen:

1. Ein sehr lebhaftes Türkischrot (Adrianopelrot) auf Garnen nach einem einfachen Verfahren zu färben, das den Vorteil hat, daß die gefärbten Garne nicht schimmeln.
2. Ein Reservedruckverfahren, um auf Blaudruck ein Weiß und Orange hervorzubringen.
3. Ein Verfahren zum Reinigen von Pottasche.

Von diesen drei Verfahren war das erste Verfahren, um Adrianopelrot zu erzeugen, entschieden das wertvollste. Es zeigt auch, wie der Betrieb von C. Elbers damals schon auf der Höhe der Zeit stand. Jedenfalls erleichterten ihm die schön gefärbten Proben, die er bei sich hatte, den Eintritt in die Werke sowie den fachmännischen Gedankenaustausch. Wohl mit Recht bucht er bei seiner Abreise aus England diesen Gedankenaustausch mit Fachleuten und Konkurrenten als einen sehr wertvollen Erfolg, der sicher seine Früchte tragen würde.

Außer dem Lizenzverkauf für das Adrianopelrot an eine schottische Firma war ihm im übrigen ein direkter Erfolg in England nicht vergönnt. Eine Beteiligung der Engländer an dem Aktienunternehmen war nicht zu erreichen; sie zeigten sich in Finanzfragen dem fast 50jährigen von einer anderen Seite, als er sie früher als 25jähriger Mann, während er für die elterlichen Hammerwerke reiste, glaubte kennen gelernt zu haben. Zwar wiesen die englischen Geschäftsfreunde die Pläne nicht ohne weiteres zurück, sie erklärten sich sogar zu einer ziemlich hohen Beteiligung bereit, verlangten dann aber, daß in der Türkischrotfärberei, die Elbers in Hagen leitete, dann nur englische Twiste und Garne gefärbt werden sollten. So weit wollte sich Elbers aber natürlich die Hände nicht binden lassen. Noch ein anderer Plan wurde C. Elbers von einer Gruppe englischer Finanzleute und Industrieller vorgeschlagen: sie wollten in England selbst eine größere Färberei und Druckerei nach seinen Plänen und entsprechend seinen Methoden errichten und C. Elbers zum alleinigen Direktor machen. Aber auch dieses Anerbieten lehnte er ohne Zögern ab, er wollte der heimatlichen Scholle treu bleiben.

C. Elbers hatte nun außer der Beteiligung an dem Aktienunternehmen und dem Verkauf der Lizenzen noch einen dritten Plan im Kopf, als er sich damals zu seiner Reise nach England entschloß. Er wollte nicht nur sich selbst einen gründlichen Einblick in die englischen Färbereien und Kattundruckereien verschaffen, sondern auch wenn möglich eine Fabrik ausfindig machen, in der sein ältester Sohn Carl während eines längeren Aufenthalts als Volontär die für die damalige Zeit vorbildlichen englischen Druckmethoden und Maschinen gründlich kennen lernen konnte. Einige Fabriken, in denen die Aufnahme des Sohnes als Volontär vielleicht möglich gewesen wäre, erschienen ihm mit Rücksicht auf ihre Einrichtung weniger geeignet. Eine Firma, die Vater Elbers für seinen Sohn sonst schon gefallen haben würde, verlangte eine Verpflichtung des Sohnes für sieben Jahre. Dafür erschien dem Vater aber die Stellung nicht begehrenswert genug.

Am liebsten hätte er seinen Sohn in der damals größten englischen Druckfabrik von S. S. Schwabe & Co. in Rhodes bei Middleton bei Manchester untergebracht. Diese Fabrik besuchte er im November 1844, und in einem Briefe nach Hause beschreibt er begeistert die großartigen Einrichtungen dieses damals schon erstklassigen Werkes. Leider zerschlugen sich die Verhandlungen[1].

---

[1] Eine eigenartige Fügung ist es, daß der Berichterstatter in dem Jahre 1889 während eines $^3/_4$jährigen Aufenthaltes in dem Werke von S. S. Schwabe, Rhodes, seine koloristische Ausbildung erhielt, ohne von diesem Wunsche des Großvaters damals eine Ahnung zu haben.

Nach mehrmonatigem Aufenthalt verließ C. Elbers England und siedelte für längere Zeit nach Brüssel über. Belgien war damals noch kein reiches Land; nur einzelne Männer waren es daher, an die er mit der Aufforderung herantreten konnte, sich mit Kapital an dem neuen Aktienunternehmen zu beteiligen. Den Schwerpunkt seiner Tätigkeit legte er hier vielmehr auf den Verkauf der Lizenz für die drei Verfahren. Außer den Türkischrotfabriken kamen hier als Interessenten auch die Alaunfabriken in Brüssel und Gent in Betracht, deren Erzeugnisse, wenn in den Färbereien nach dem Elbersschen Verfahren gearbeitet wurde, eine gesteigerte Verwendungsfähigkeit erhalten mußten. In vielen Fällen mußten indes die Interessen der Alaunfabrikanten und Türkischrotfärber in mühseligen Verhandlungen verkoppelt und die Lizenzverpflichtungen zu einem einheitlichen Vertrage dann verschmolzen werden. Leicht war diese Arbeit nicht. Die belgischen Türkischrotfärber verlangten, daß erst mehrere Partien türkischroten Garnes vor ihren Augen gefärbt würden; früher würde der Kontrakt unter keinen Umständen unterschrieben.

Sehr wertvolle Hilfe leistete bei diesen Arbeiten dem Hagener Industriellen der Sohn Carl, den der Vater zu seiner Unterstützung nach Brüssel hatte kommen lassen. Den ganzen Tag standen Vater und Sohn in den feuchten, dumpfigen belgischen Färbereien, für die in der damaligen Zeit eine Entnebelungsanlage eine unbekannte Größe war. Vom frühen Morgen bis zum späten Abend dauerten auch die Versuche. Sehr erschwert waren sie zudem noch dadurch, daß die Wasserversorgung in vielen belgischen Färbereibetrieben sehr im argen lag; an Regentagen zeigte das für die Färberei bestimmte Wasser beim Austritt aus der Pumpe oder dem Sammelbecken oft lehmige Verunreinigungen. Mißriet dann die Partie infolge der lehmigen und schmutzigen Beschaffenheit des Leitungswassers, so sollte das neue Verfahren die Schuld tragen. Auch der aktive und passive Widerstand der belgischen Beamten und Meister war nicht leicht zu überwinden. Sollten die Versuche daher gelingen, so mußten beide, Vater und Sohn — der eine im Laboratorium oder Kontor, der andere in der Färberei — den ganzen Tag anwesend sein.

Nach vollbrachtem Tageswerk, das so bis 8 oder 9 Uhr abends währte, hatte man dann noch 1 bis 2 Stunden zu Fuß oder zu Wagen von den auf dem Lande gelegenen Färbereien zum Hotel zurückzulegen, wo man dann gegen 11 Uhr ankam. Dann ging es nach kurzem Abendbrot in der Nacht an die Erledigung der geschäftlichen Korrespondenz, die aus der Heimat eingetroffen war, und an das Ausschreiben und Übersetzen der Adrianopelrot-Rezepte für eine neue Partie in derselben oder in einer anderen Färberei. Am nächsten Morgen mußten beide dann wieder früh auf den Beinen sein, um rechtzeitig zur Ausführung und Überwachung der weiteren Proben in der Färberei einzutreffen.

Die systematisch durchgeführten Arbeiten brachten einen guten Erfolg; mehrere Firmen erwarben das Verwendungsrecht für das Elberssche Verfahren. Indes der Aktienplan kam nicht vorwärts; mit der zähen Beharrlichkeit, die ihn auszeichnete, schrieb C. Elbers zwar wiederholt noch an englische Geschäftsfreunde, aber ohne den gewünschten Erfolg. Ebensowenig war mit den wenigen belgischen Fabrikanten, die für diesen Plan in Betracht gekommen waren, etwas zu erreichen.

Die Frage der Finanzierung des Werkes in Hagen drängte aber auf eine rasche Erledigung. Außerdem hatte der Vater den dringenden Wunsch, jetzt zunächst einmal zu Hause nach seinem Geschäfte zu sehen, das inzwischen von seinen Beamten und seinen beiden Söhnen Christian und Wilhelm verwaltet worden war. So reiste er nach mehrmonatigem Aufenthalt Ende 1844 von Brüssel nach Hause, seinen ältesten Sohn Carl zur weiteren Einführung seiner Verfahren noch dort lassend.

Lange hatte er zu Hause nicht Ruhe. Zu Beginn des Jahres 1845 siedelte er für längere Zeit nach Berlin über, um jetzt von hier aus zu versuchen, bedeutende Finanzleute für seinen Plan zu gewinnen. Sein Hauptwunsch ging aber dahin, die Königliche Seehandlung und wenn möglich den König selbst zu einer Beteiligung an dem Aktienunternehmen zu bewegen. Mit großer Zähigkeit und weitschauender Energie verfolgte er auch hier wieder seine Pläne. Aber trotz aller Mühe kam er nur langsam voran. Wenn er am Ziel zu sein glaubte, gab es dann meist wieder eine schwere Enttäuschung. Eine Beteiligung von 10000 Talern erschien ihm als das mindeste, was er bei der Königlichen Seehandlung erreichen mußte. Er war davon überzeugt, daß eine so lebenswichtige Industrie die staatliche Beihilfe geradezu verlangen könne. Wiederholt versuchten die Beamten, ihn mit 5000 Talern abzuspeisen, weil sich von verschiedenen Seiten Bedenken gegen eine größere Beteiligung der staatlichen Bank, wie die Seehandlung sie darstellte, erhoben hatten; und merkwürdigerweise, diese Bedenken waren nicht von engherzigen, bureaukratischen Beamten, sondern von mißgünstigen Konkurrenten, ja sogar getreuen Nachbarn u. dgl. erhoben und geeigneten Orts zur Geltung gebracht worden.

Endlich war C. Elbers nach langen Verhandlungen, bei denen ihm auch sein Freund Alfred Krupp beratend zur Seite stand, so weit, daß er eine größere Reihe von Finanzleuten zur Zeichnung von Aktien hatte bewegen können. Täglich fanden in Berlin lange Konferenzen zur Beratung der Statuten usw. statt. Auch die Beteiligung der Seehandlung wurde mit 10000 Talern zur großen Freude von C. Elbers erreicht.

* * *

Am 30. August 1845 wurde zu Hagen das Unternehmen in die **Gesellschaft für Türkischrotgarnfärberei und -Druckerei** umgewandelt und zu deren Spezialdirektor **Carl Elbers** ernannt. Er selbst zeichnete den größten Teil der Aktien und übernahm den anderen Aktionären gegenüber teilweise noch weitgehende Verpflichtungen für den Fall, daß in den ersten Jahren die Dividende nicht eine bestimmte Höhe erreichen sollte. Glücklicherweise waren die Erträgnisse der kommenden Jahre gut, so daß ihm diese Belastung keinerlei Ungelegenheiten bereitet hat. Neben ihm wurden im Laufe der nächsten Jahre noch für kurze Zeit zur Führung der Geschäfte weitere Direktoren bestellt, bis die drei Söhne dauernd in das Unternehmen eintreten und sich an der Leitung beteiligen konnten.

* * *

Einarbeitung der Söhne. Die jetzt folgenden Jahre waren der Einarbeitung der drei Söhne, die auf der Königlichen Provinzialgewerbeschule zu Hagen vorgebildet waren und dort eine sehr gute Ausbildung erlangt hatten, gewidmet. Der Vater legte den größten Wert darauf, daß alle drei, bevor sie sich einem bestimmten Zweige des Unternehmens widmeten, sich kaufmännische Kenntnisse aneigneten und vor allem auch die Kundschaft selbst auf der Reise kennen lernten. Hatte er doch selbst den Grund zu seiner vielseitigen Bildung und der gründlichen Kenntnis aller geschäftlichen Verhältnisse durch seine fast ununterbrochenen Reisen im Jünglings- und frühen Mannesalter gelegt. Sein Gedanke, den er öfter in seinen Briefen zum Ausdruck bringt, war, daß jeder der Beteiligten, sei er nun Kaufmann, Techniker oder Chemiker, nur dann eine ersprießliche Tätigkeit in dem Unternehmen entfalten könne, wenn er die Bedürfnisse und Wünsche der Kundschaft sowie die Tätigkeit beim Verkauf aus eigener Anschauung gründlich kennen gelernt habe.

Deshalb verlangte er auch von seinen Söhnen stets ein reges Interesse für alles, was mit dem Vertrieb der Waren zusammenhing, insbesondere für einen flotten Absatz und Verkauf der Warenläger. So schreibt er an seinen Sohn Christian, als der Verkauf des Berliner Lagers nicht rasch genug voran ging und dieser sich zufällig in Privatangelegenheiten in Berlin aufhielt: „Um mit Türkischrotgarn voranzukommen, wirst Du auch wohl versuchen müssen, die Kundschaft speziell vorzunehmen; das Lager kann nicht eingesalzen werden."

Späterhin ging er dann dazu über, das ganze Arbeitsgebiet unter seine Söhne zu verteilen, wobei er selbst die Oberleitung behielt. Seinem ältesten Sohn Carl, dessen Arbeitskraft und Tüchtigkeit er schon bei dem Verkauf der Lizenzen für seine Verfahren in Belgien erprobt hatte, übertrug er den Einkauf, die Betriebsleitung und die Vertretung nach außen. Seinen zweitältesten Sohn Christian ließ er, nachdem er mehrere Jahre im elterlichen Geschäft und auf der Reise vorwiegend kaufmännisch tätig gewesen war, noch im 24. Lebensjahre Chemie studieren; er selbst hatte während seiner langjährigen Tätigkeit immer wieder erfahren, wie wichtig eine genaue Kenntnis der chemischen Vorgänge und die Vertrautheit mit Laboratoriumsarbeiten ist. Schon in dem Betriebe der Färberei hatte er dieses oft empfunden, es aber auch verstanden, manche Lücke in seinen Kenntnissen durch eifriges Privatstudium und praktische Versuche in der Färberei selbst und in seinem kleinen Färbereilaboratorium auszufüllen. Wie tief er bis in alle Einzelheiten einzudringen verstanden und sich als tüchtiger Autodidakt erwiesen, haben wir daraus ersehen, daß er der englischen und belgischen Konkurrenz das Lizenzrecht für seine Verfahren mit Erfolg anbieten konnte. Mit berechtigtem Stolz schreibt er, um noch einmal eine interessante Stelle aus dem Briefwechsel 1844 bis 1848 anzuführen, unter dem 8. September 1846, also ein Jahr nach der Umwandlung seines Unternehmens in eine Aktiengesellschaft und nachdem er die Garanzineartikel noch weiter vervollkommnet hatte, an eine Firma in London, die ihm als Vertreter empfohlen war: „Ich habe ein Etablissement zur Herstellung von türkischrotem Garn vor etwa 25 Jahren in Hagen in der Provinz Westfalen, etwa vier Meilen von Elberfeld, gegründet, woselbst es wegen der Nähe der Kohlen, wegen des wohlfeileren Arbeitslohnes und wegen der Nähe des Wassers vorteilhafter situiert ist, und dasselbe schon vor Jahren so großartig ausgebildet, daß es schon seit langer Zeit als eins der größesten in dieser Branche existierenden genannt werden kann. In jüngerer Zeit habe ich dies Etablissement einer Aktiengesellschaft verkauft, bin aber der Leiter desselben geblieben und der stärkste Aktionär. Es wird nunmehr mit großartigen Mitteln und energisch betrieben, und es kommt dazu, daß es nunmehr nach jahrelangen kostbaren Versuchen gelungen ist, die Garne mit Garanzine statt mit Krapp zu färben, ein Geheimnis, was meines Wissens außer mir noch niemand, in welchem Lande es sei, besitzt, und mir deucht, bei den sehr erheblichen Schwierigkeiten auch sobald noch nicht erlangen wird. Der Vorzug der Färberei mit Garanzine ist, daß die Farbe echter, reiner, brillanter und egaler wird, nicht ins Weiße beim Verweben zieht und niemals schimmelt, sondern auf dem Lager sich nur immer schöner ausbildet. Dies ist sattsam erwiesen. Es sind seit der Feststellung der Erfindung

Dr. Christ. Elbers.
Geb. 13. Oktober 1824, gest. 14. September 1911.

Carl Elbers.
Geb. 3. März 1823, gest. 26. September 1882.

Wilhelm Elbers.
Geb. 3. März 1826, gest. 19. Januar 1865.

über 80000 Pfund bereits auf diese Weise gefärbt, die Farbe findet allgemeine Anerkennung und die Nachfrage mehrt sich täglich, sowie sie mehr und mehr bekannt wird. Ich färbe auf diese Weise die geringste Farbe egaler und feuriger als mit Krapp und steigere sie zu einer Höhe und Fülle, die mit Krapp gar nicht zu erreichen ist. In meiner Farbe sind nicht allein die Geschäfte in Ostindien zu machen, sondern auch für die innere Konsumtion Englands, da keine Eingangsrechte mehr erhoben werden, da bisher weder in England noch in Schottland so schöne Farben haben produziert werden können."

So sehr sich also Vater Elbers in der Garanzinefärberei als Fachmann zu Hause fühlte, so sah er doch bei der Druckerei, und zwar um so mehr, je länger er ihren ganzen Entwicklungsgang verfolgte, wie dringend notwendig eine methodische und dabei gleichzeitig das ganze Gebiet umfassende chemische Ausbildung war und immer noch mehr werden mußte. Dieses war der Grund, warum er seinen zweiten Sohn Christian veranlaßte, zum Studium der Chemie Ostern 1850 zur Universität Gießen zu gehen und dort unter dem berühmten Professor Liebig im chemischen Praktikum zu arbeiten. Nachdem Christian dort im Jahre 1852 den Doktortitel erworben, kehrte er in das elterliche Werk zurück, von dem Wunsche beseelt, die erworbenen Kenntnisse möglichst nutzbringend für den Betrieb des Werkes zu verwerten.

Auf der Reise und auf der Messe hatte es sich gezeigt, daß der dritte Sohn Wilhelm es wohl am besten verstand, mit der oft nicht leicht zu behandelnden Kundschaft zu verkehren. Sein liebenswürdiges verbindliches Wesen sowie seine große Sachkunde und Zuverlässigkeit hatten ihm bald die Zuneigung und das Vertrauen der Kundschaft erworben.

Auf den Messen hatte der Vater so recht seine wertvolle Hilfe schätzen gelernt. So schreibt dieser im Oktober 1844 von der Leipziger Messe an seine Gattin:

„Daß Wilhelm mich hier besuchte, war mir von außerordentlichem Werte, er hat mich auf das kräftigste unterstützt, und gerade in den Tagen, wo es sich nur so drängte, daß ich allen Anforderungen nicht hätte entsprechen können. Alle Agenten waren um mich herum und wollten instruiert sein, und vor allem K... (der Vertreter) hatte nichts getan. Keiner war auf seinem Fleck; die Läger mußten revidiert und danach disponiert werden, die Wiener Kundschaft wurde von allen Seiten bestürmt; keiner konnte mich darin unterstützen, aber ich durfte nicht säumen und mußte beharrlich sein, um nicht zu unterliegen. Durch Wilhelms Hilfe wurde alles geordnet und zur rechten Zeit. Er hat ungefähr in sechs Stunden en suite das Lager bei K... in gedruckt speziell aufgenommen und klassifiziert, was wir von K... seit einem Jahre nicht zu erhalten wußten, und demselben bei dieser Gelegenheit gezeigt, was Beharrlichkeit und guter Wille vermag."

Und drei Tage später:

„Wilhelm hat mich hier besucht; aber das war ein schöner Besuch für ihn; er hat gearbeitet von des Morgens bis des Abends wie ein Packesel und war mir gerade für die Tage von außerordentlichem Nutzen. Sein Geschäftseifer und seine Unverdrossenheit ist wahrhaft exemplarisch. Es ist doch eine unaussprechliche Freude, wohlgeratene Kinder zu haben. Der Himmel scheint uns Ersatz geben zu wollen für so manche erduldete bittere Leiden."

Deshalb bestimmte Vater Elbers seinen Sohn Wilhelm in erster Linie für die Tätigkeit, die mit dem Verkauf der Waren zusammenhängt, ließ ihn mehr und mehr Reisen ausführen, die er früher selbst unternommen, und nahm ihn fast regelmäßig mit zu den Messen nach Frankfurt und Leipzig. Die wichtigsten Reisen behielt er sich freilich trotzdem immer noch selbst vor bei allem Vertrauen, das er zu seinen Söhnen hatte. Dabei mutete er sich, wenn es sein mußte, starke körperliche Strapazen zu. Noch im Jahre 1846, als er doch schon die 50 überschritten, war er auf einer Reise in den östlichen deutschen Provinzen an der russischen Grenze 68 Nächte größtenteils im offenen Wagen durchgefahren, um in der ihm zur Verfügung stehenden Zeit die Kundschaft besuchen zu können. Mächtig lebte in ihm eben der Wunsch, die alten Beziehungen seines Hauses und seiner Firma zu erhalten und zu festigen und neue Verbindungen anzubahnen, um sein Lebenswerk zu verankern. So hatte er denn auch die Freude und Genugtuung, das Werk Ende der 40er Jahre dank der gemeinsamen Arbeit sich kräftig entwickeln zu sehen.

❊ ❊ ❊

Im Jahre 1848 gönnte C. Elbers sich einen längeren Kuraufenthalt in Homburg v. d. Höhe. Im August reiste er von hier aus im Auftrage der Hagener Handelskammer nach Frankfurt zu der damals dort tagenden Nationalversammlung, da er schon wiederholt, so auch auf dem Landtage 1843, den Standpunkt der Industrie vertreten hatte. Auch jetzt wieder verhandelte er eingehend mit den Deputierten, darunter auch mit v. Vincke, über Schutzzoll- und Freihandelsfragen, über die in jener kritischen Zeit besonders lebhaft gestritten wurde. Mit der Art und Weise, wie die Deputierten die industriellen Fragen behandelten, war er ganz und gar nicht einverstanden. In seinem Unmut schreibt er unter dem 15. August 1848 von Homburg an seinen Sohn Carl über seine Erfahrungen in Frankfurt:

„Die Sache muß aber mit Feuer angegriffen werden und bald! Wer hat nun recht, was in Frankfurt alles vorkommen werde, die Juristen oder wir? Was kann uns die schönste Politik helfen und die weisesten Gesetze, wenn die kommerziellen Fragen für die Nährstände unberücksichtigt bleiben und wir dabei verhungern müssen! Das begreift aber im Parlament kein Jurist, kein Literat und kein Geistlicher, und daraus besteht doch die Majorität."

Von Hause trafen im übrigen gute Nachrichten über guten Geschäftsgang, namentlich über den flotten Gang der Druckerei ein. Das gab ihm wieder die innere Genugtuung, daß seine Lebensarbeit von Erfolg gekrönt sein werde, und die Gewißheit, daß sein Werk zu Hause erstarken und immer festeren Boden gewinnen werde. Dieses innere seelische Gleichgewicht spiegelt sich auch in einem von Homburg aus an die Mutter gerichteten Brief wieder, den ich mir, obwohl er keine geschäftlichen Fragen berührt, nicht versagen kann, hier mitzuteilen. Er gibt uns einen Einblick in das Innenleben des Begründers unseres Werkes und ist gleichzeitig ein fesselndes Dokument einer längst entschwundenen Zeit:

„Geliebte Mutter!

Ihre lieben Briefe de datum Schwelmer Brunnen im Juli und Hagen vom 12. ds. waren mir ein wahres Labsal, sie erfreuten mich nicht allein, sie rührten mich zu Tränen über die Liebe, die Sie Ihrem Erstgeborenen widmen. Möchte ich sie Ihnen ganz vergelten können. Der Wille, der Wunsch dazu beseelt uns. Alle, meine Emilie und meine

Aufnahme der Fabrik aus den 50er Jahren.

Kinder mit mir würden sich glücklich schätzen, Ihnen den Abend Ihres Lebens versüßen und verschönern zu können, und dazu wollen wir gewiß nicht müde werden. Die Liebe im Innern der Familie ist doch am Ende das einzig dauernd Reelle unter allem Vergänglichen dieser Welt. Nur wenige verstehen die Kunst zu leben und noch wenigere üben sie, denn das menschliche Herz ist voller Falten, und aus dem Herzen entspringt alles Gute und alles Böse in dieser Welt.

Der humoristische Stil der Ritterin des Luisenordens läßt mich hoffen, Hygieia, die Göttin der Gesundheit, wird nicht umsonst nach Schwelm gewinkt haben, und dazu spreche ich meinen Segen. Möge der Himmel es in seiner Weisheit bestimmt haben, daß wir beiderseits uns wohl und heiter wieder begrüßen und es noch lange bleiben.

Sie gedenken unserer Kur 1820, also vor netto 28 Jahren, wahrlich ein Abschnitt des Lebens, wie Papa selig sagte. Damals blickte der Jüngling in die Zukunft als in einen heiteren Himmel, er gewahrte der Wolken, ja der Orkane nicht, die alle ihn treffen sollten, die alle er über ein Vierteljahrhundert unablässig bekämpfen sollte, ehe Friede werde. Die Welt war ihm damals zu eng, und wie zahm jetzt, wie blickt er zurück und wie vorwärts. Die Jugend ist die Poesie des Lebens oder wenigstens der poetische Teil desselben, und darum tun Erinnerungen daraus wohl, doch einen Schmerz führen sie mit sich, den Ausdruck der Vergänglichkeit nach dem ewigen Gesetz über alles Irdische. Die Jugend kommt nur einmal, das fühlt das Alter tief, nur nicht die unerfahrene Jugend.

Meine Kur ist beendigt und morgen reise ich ab, ich darf wohl gewiß sein, daß ich ganz wieder hergestellt werde, nur darf ich nicht weitläufiger werden, ich habe schreckliche Kopfweh, weil ich gestern und heute den ganzen Tag geschrieben und dadurch keine Bewegung gehabt habe. Ich habe hier überhaupt zu viel schreiben müssen, was aber nicht zu vermeiden war. Carl wird Ihnen meinen Brief vorlesen.

Ich widme Ihnen Allen meine besten Wünsche und küsse Sie in Gedanken.

Ihr

Sie innig liebender Sohn

Carl."

❊ ❊ ❊

Die nächsten Jahre waren ganz dem weiteren Ausbau des Werkes gewidmet. Mit Erfolg konnte das Werk der Konkurrenz der englischen und Elsässer Kattune teilweise im Wege des Veredlungsverkehrs begegnen. Die Zahl der Perrotinen wurde vermehrt und außerdem wurden die kontinuierlich arbeitenden Rouleauxdruckmaschinen eingeführt.

Um diese Druckmaschinen, mit deren Arbeitsweise gegenüber der der Perrotinen ganz erhebliche Vorteile verbunden sind, in noch größerem Maßstabe einführen zu können, wurde im Jahre 1853 das große massive, dreistöckige Rouleauxdruckgebäude errichtet, welches für die Aufnahme dieser Druckmaschinen und für andere Hilfsbetriebe der Druckerei (Hänge- und Oxydiersaal) bestimmt sein sollte und heute noch diesem Zwecke dient. Die Pläne für dieses schöne und außerordentlich praktische Gebäude hatte C. Elbers mit seinen Söhnen, insbesondere auch mit seinem ältesten Sohne Carl, bis in alle Einzelheiten durchberaten. Kurz vor der Fertigstellung des Gebäudes kam die unerwartete Nachricht, daß eine schwere Krankheit (Magenentzündung) C. Elbers in Berlin, wo er sich wieder auf einer Geschäftsreise befand, auf das Krankenlager geworfen, zwei Tage später, am 21. September 1853, die telegraphische Nachricht von seinem Hinscheiden. Einem Leben voll rastlosen Schaffens, reich an schweren Sorgen und Mühen, noch reicher an Erfolgen und verschönt durch ein glückliches Familienleben, war mitten im Wirken und Streben jäh ein Ziel gesetzt worden.

※ ※ ※

Die Lebensarbeit der drei Brüder. Als wertvolles Vermächtnis war allen Söhnen der eiserne Fleiß des Vaters überkommen, seine Zuverlässigkeit und das Stellen der gemeinsam als Lebensziel erkannten Aufgabe über persönliche Wünsche und persönliche Neigungen. Die Arbeitsteilung, die der Vater vorgesehen hatte, in Verbindung mit der gründlichen Ausbildung, die jedem der Söhne neben der allgemeinen geschäftlichen und kaufmännischen Ausbildung für seine besondere Aufgabe zuteil geworden war, oder die sie sich durch eifriges Selbststudium verschafft hatten, erwies sich als eine vortreffliche Organisation. Sie konnte aber erst dadurch ihren vollen Segen entfalten, daß die Arbeitsteilung hier nicht, wie sich dieses leider sonst häufig findet, zu einer einseitigen Trennung der so geschaffenen Arbeitsgebiete führte, sondern wir haben, wenn wir die Tätigkeit der drei Brüder während der 30 Jahre der gemeinsamen Zusammenarbeit nach dem Tode des Vaters überschauen, das Bild eines selten harmonischen Zusammenarbeitens und Schaffens. Alle gemeinsamen Fragen wurden tatsächlich auch gemeinsam erörtert und erst dann Beschlüsse gefaßt und zur Ausführung gebracht.

Wilhelm übernahm nach dem Tode des Vaters dessen Reisetätigkeit, den Besuch der Kundschaft und der Messen in Leipzig und Frankfurt a. d. Oder. Sehr gründlich wurden diese Messen, die damals im Mittelpunkt der Verkaufstätigkeit standen, vorbereitet. Für die Verkaufstage geeignete Waren wurden zu diesem Zwecke rechtzeitig gedruckt, fertiggestellt und dann zur Messe hingeschickt.

Von der Messe selbst berichtete Wilhelm Elbers fast täglich nach Hause. In den ersten Tagen lag das Geschäft auf den Messen meist recht flau. Oft schreibt er in diesen ersten Meßtagen, daß er ein so schlechtes Geschäft noch nie gekannt habe. Die Enttäuschung nach den großen Vorbereitungen und Anstrengungen, um gute Muster usw. herauszubringen und den dadurch berechtigten Erwartungen war gewiß nicht gering. Nach einigen Tagen setzte der Betrieb dann aber meist doch ein und seine Briefe atmen dann Freude und Genugtuung. Und so leicht ließ Wilhelm Elbers ein Geschäft nicht aus: Er kannte bald alle Kunden persönlich und wußte jeden in der für ihn geeigneten Weise zu behandeln. Die Händlertricks durchschaute er bald und verstand es meisterhaft, die Überschlauen sich in ihrem eigenen Garn fangen zu lassen. Niemals behandelte er jedoch jemanden wegen des kleinen Umfanges des Geschäfts geringschätzig, auch verkehrte er auf der Messe keineswegs nur mit der großen Kundschaft. Im Gegenteil; in den schon erwähnten Briefen, die in den ersten Tagen der Messe geschrieben sind, klagt er oft, es fehle leider ganz die kleine Kundschaft; erst diese bringe das rechte Leben und wirkliche Kauflust.

An den Abenden nach den Meßtagen mußten die verkauften Waren aus der Verkaufshalle herausgesetzt, die noch zurückgestellten Kisten ausgepackt und die in ihnen enthaltenen Waren verkaufsfertig ausgestellt werden. Da arbeitete er dann mit seinen

Meßhelfern um die Wette, und oft war es schon 3 oder 4 Uhr nachts, bis alles so weit geordnet war, daß am nächsten Morgen der Betrieb wieder beginnen und man neuem Besuch mit Ruhe entgegensehen konnte.

Im Laufe der Jahre bildete sich ein sehr freundschaftliches Verhältnis zwischen W. Elbers und den regelmäßigen Besuchern der Messe ebenso wie mit den übrigen Abnehmern heraus; die Kunden schätzten ihn besonders wegen seines liebenswürdigen Wesens, seiner wohlwollenden lauteren Gesinnung und seiner unbedingten Zuverlässigkeit. Und die Zahl der Kunden, die er genau und persönlich kannte, war wahrlich nicht gering. Bei den Grossisten für Baumwolldruckartikel war in den 60er und 70er Jahren Wilhelm Elbers eine der bekanntesten Persönlichkeiten. Noch Jahrzehnte nach seinem Tode erzählte sich die Kundschaft launige Meßgeschichten von ihm und konnte im übrigen sein liebenswürdiges Wesen und sein seltenes Verkaufstalent nicht genug rühmen.

Kam er von der Messe zurück, so berichtete er getreulich über Lob und Tadel der Kundschaft, Musterwünsche usw. Alles dieses war dann zu Hause immer wieder der Gegenstand eingehender Erwägungen und Beratungen und diente als Grundlage für die Vorbereitung der nächsten Messe und der Ausarbeitung der Kollektion überhaupt.

Für Christian, den zweitältesten Sohn, war das ihm vom Vater schon zugeteilte Fach eine ebenso schwierige wie dankbare Aufgabe. In dem Abschnitt „Technologischer Entwicklungsgang der Baumwolltextilindustrie" ist im einzelnen ausgeführt, welche Fülle von Erfindungen und Entdeckungen in dem in Betracht kommenden Zeitraum in unserem Industriezweige gemacht worden sind. In gleichem Maße erweiterte sich naturgemäß auch das Arbeitsfeld. Neben den bereits eingeführten Drogen und Farbstoffen mußten fortlaufend alle neuen Produkte aufmerksam studiert und auf ihre Brauchbarkeit geprüft werden.

Alle die eingehenden zahlreichen Proben mußten daher im Laboratorium untersucht werden, um ihren Gehalt, ihre Farbkraft usw. festzustellen und zu sehen, ob sie für die Zwecke der Fabrikation geeignet waren. War diese Frage zu bejahen, und kam dann auf Grund dieser Proben ein Kauf zustande, so hatte dann später bei der Lieferung der Chemikalien und Farbstoffe das Laboratorium wieder die analytische und koloristische Kontrolle der eingehenden Produkte zu übernehmen.

Neben dem Studium der zweckmäßigsten Zusammensetzung der Druckfarben war weiter auch die fortgesetzte Durcharbeitung und Überwachung der Methoden im Großbetriebe, sowie die Kontrolle der verschiedenen in der Färberei und Seiferei gebrauchten Bäder usw. Gegenstand eingehender Arbeiten und Untersuchungen.

Alle diese Arbeiten leitete und überwachte Dr. Christian in seinem Laboratorium, das er sich nach seiner Rückkehr von Gießen eingerichtet hatte. Mit wenig Hilfskräften führte er einen großen Teil der Laboratoriumsarbeiten persönlich aus. Sein wesentliches Augenmerk richtete er dabei darauf, die Untersuchungsmethoden selbst zu verbessern und zu vervollkommnen, um rasch und sicher bei bevorstehenden Einkäufen oder zur Betriebskontrolle Aufschluß über den Gehalt der Farbstoffe, Farbstoffbäder usw. erhalten zu können. Bewundernswert war bei ihm die beharrliche Ausdauer, die peinliche Gewissenhaftigkeit und professorale Gründlichkeit, die der Berichterstatter, während er im Laboratorium unter ihm arbeitete, aus eigener Anschauung kennen und schätzen gelernt hat.

Besonders eingehend beschäftigte sich Dr. Christian auch mit der Herstellung des Blaudruckartikels. Dieser Artikel hat wie wenige den Wechsel der Zeiten überdauert; mit einem gewissen Recht darf man heute noch im Zeitalter der synthetischen Farbstoffe den Indigo auf Grund seiner Echtheit, Schönheit und vor allem seiner Reaktionsfähigkeit, die eine so vielseitige Anwendung ermöglicht, als den König der Farbstoffe bezeichnen. Jedenfalls war die Blaufärberei damals wie heute eine wichtige Betriebsabteilung, und der Einkauf des in ihr verwendeten, immerhin doch auch recht teuren und dabei in großen Mengen verwendeten Farbstoffs des Indigos, ein sehr wesentlicher Punkt. Dr. Christian hatte nun in richtiger Erkenntnis der Bedeutung dieser Frage sich mit der Indigoanalyse sehr gründlich beschäftigt und eine maßanalytische Methode gefunden, um den Indigotingehalt im Indigo (durch Titration mit übermangansaurem Kali) rasch, sicher und ohne zu großes Instrumentarium festzustellen. Die zur Indigoanalyse erforderlichen Apparate und Utensilien konnte er vielmehr ohne Schwierigkeit sogar mit auf die Reise nehmen. So fuhr er denn auch regelmäßig mit Büretten, Reibschalen, Bechergläsern usw. ausgerüstet und begleitet von einem Laboratoriumsgehilfen nach London zur Indigoauktion. Am Vorabend der Auktion wurden in London kleine Proben von den auf der Auktion zur Versteigerung gelangenden Kurpahs, Bengals, Oudes, Javas usw. von dem Gehilfen im Achatmörser zerrieben, in rauchender Schwefelsäure gelöst und dann von Dr. Christian bis spät in die Nacht hinein nach seiner Methode titriert und analysiert. Als die in London käufliche rauchende Schwefelsäure sich einmal nicht als genügend rein (salpetersäurehaltig) erwies, nahm er von da ab auch die chemisch reine Schwefelsäure von Hagen mit nach London.

Durch seine analytischen Untersuchungen der Indigoproben vor der Auktion hatte er einen großen Vorsprung vor den meisten anderen Käufern, den Konkurrenten und Großhändlern, die sich ihr Urteil über den Wert, Farbstoffgehalt und die sonstige Beschaffenheit des Indigos lediglich durch die Prüfung mit dem Auge nach dem Abkneifen einzelner Indigostückchen mit der Kneifzange und durch Belecken mit der Zunge (zur Feststellung der Porosität) bildeten. So kamen auf Grund der Analyse viele günstige Indigoankäufe auf den Londoner Auktionen für die Hagener Firma zustande.

Oft fuhr Dr. Christian dann nach der Auktion von London nach Manchester, sei es, um die Wirkungsweise einer Maschine in einer englischen Druckerei oder Färberei kennen zu lernen, sei es auch, um im Auftrage seiner Brüder sich nach der Marktlage der Gewebe und Garne, die damals (namentlich 36 er, 42 er) viel von England bezogen wurden, zu erkundigen; wieder ein Beweis des so überaus zweckmäßigen Zusammenarbeitens der drei Brüder.

Der älteste Sohn Carl widmete sich nach dem Tode seines Vaters dem Einkauf der Rohgewebe und den Fragen des Musterfachs, auf beiden Gebieten mit seinem Bruder Wilhelm Hand in Hand arbeitend. Die Aufgaben des Musterfachs bestehen einmal in der Auswahl der Zeichnungen und Zusammenstellung der Kollektion und umfassen sodann die Arbeiten zur Herstellung der gewählten Muster in der Gravieranstalt auf den Druckformen oder Druckwalzen. Sie sind naturgemäß von großer Bedeutung für die Leistungen der Druckerei. Durch geschmackvoll und originell ausgeführte Muster sind in einzelnen Jahren sehr bedeutende Erfolge erzielt worden, Erfolge, die den Namen Gebr. Elbers in alle Lande getragen haben. Auf diesen Punkt wird in einem späteren Abschnitt noch zurückzukommen sein. Mit Recht widmete C. Elbers daher diesem Zweige des Unternehmens besondere Aufmerksamkeit und sorgte dafür, daß recht bald eine eigene Gravieranstalt errichtet und die in ihr arbeitenden Maschinen im Laufe der Zeit fortlaufend vervollkommnet wurden und stets auf der Höhe der Zeit blieben.

Sein Haupttätigkeitsgebiet erblickte Sohn Carl aber in den technischen, baulichen und organisatorischen Aufgaben für den Ausbau des Werks. Für diese Aufgaben besaß C. Elbers eine besonders gute Veranlagung; er erwarb und vertiefte seine Kenntnisse auf diesem großen Gebiete durch eifriges Selbststudium und durch fortlaufende Besichtigung großer Betriebe und Anlagen, stets das dort Gesehene dann, wenn möglich, zu verbessern und zu übertreffen suchend. Ein sehr wertvolles Hilfsmittel wurde durch eine Werkstätte geschaffen, die zunächst nur aus einer Dreherei bestand, die sich dann aber allmählich zu einer vollständigen mechanischen Werkstätte mit Schreinerei, Schmiede und Kupferschlägerei entwickelte. C. Elbers setzte einen gewissen Ehrgeiz darin, die jeweils besten und modernsten Holz- und Metallbearbeitungsmaschinen zu besitzen. Anfangs nur bestimmt, die notwendigen Reparaturen auszuführen, wuchsen sich diese mechanischen Werkstätten allmählich zu einer kleinen Maschinenfabrik aus, in der nicht nur ein großer Teil der im Werk benötigten kleineren Dampfmaschinen, sondern auch viele Arbeitsmaschinen gebaut worden sind, und von den letzteren namentlich solche, deren Konstruktion auf eigenen, selbständigen Ideen beruhte, die nicht gleich weiteren Kreisen bekannt werden sollten.

* * *

Wenn wir ein kurzes Bild der Lebensarbeit von C. Elbers Sohn geben wollen, so kommen wir daher von selbst dazu, die wichtigsten Marksteine in der früheren Geschichte der baulichen und technischen Entwicklung des Unternehmens zu kennzeichnen. Dieses Bild wird dann in einem späteren Abschnitt ergänzt und vervollständigt werden.

In der Tat handelte es sich bei dem Tode des Vaters um eine Fülle solcher Aufgaben. Sollte das aufstrebende Unternehmen einer großen Zukunft entgegengeführt werden, so waren vor allem zunächst schwerwiegende organisatorische Probleme zu lösen.

Zunächst ganz allgemein: In welcher Richtung sollte das Werk weiter entwickelt werden? Sollte nur eine Vergrößerung von Druckerei und Färberei oder auch eine Erweiterung der ganzen Betriebsaufgaben in der Weise ins Auge gefaßt werden, daß als Ergänzung der vorhandenen Betriebe noch Weberei und Spinnerei hinzukam? Nach dieser Richtung waren Mitte der 50er Jahre schon gewisse Anfänge gemacht. Es hatte sich allmählich gezeigt, daß der Betrieb der Hausweberei als Faktoreien im Münsterlande in mancher Beziehung zu wenig übersichtlich und zu wenig kontrollierbar war. Infolgedessen ließ Vater Elbers schon eine kleinere Zahl von Stühlen im eigenen Werk laufen.

Wiederholt drängte damals auch der Sohn Carl seinen Vater, die eigene Weberei von Geweben in größerem Maßstabe aufzunehmen, indem er auf die mannigfachen Vorteile gegenüber der auswärtigen Lohnweberei, nicht zuletzt auf die größere Rentabilität der Anlage selbst hinwies. Der Vater gab die guten Aussichten einer solchen Webereianlage auch zu. So schreibt er am 18. August 1848 von seinem Kuraufenthalt in Homburg v. d. Höhe in einem Briefe, in dem er sich im übrigen allen Ernstes gegen das törichte Gerede verwahrt, als sei er in Homburg unter die Spieler gegangen:

„Aus jenen (der Töchter) Briefen erfahre ich die merkwürdige Mähr, daß ich die Bank gesprengt, nach anderen 10 000 Taler gewonnen haben sollte. Ersteres ist deshalb nicht möglich, weil ich nicht spiele; möge es eine günstige Prognose sein für mein halbes Los in der Lotterie, und das wäre mir sehr willkommen, während der Ruhm, die Bank gesprengt zu haben, oder der Verdienst auf solche Weise für einen Kaufmann immer einen großen Makel an sich tragen würde. Der Gewinn, den Deine Kalkulation bei der eigenen Nesselfabrikation herausstellt, ist reeller und muß festgehalten werden."

Während der Lebzeiten des Vaters kam es indes nicht zu einer weiteren Vergrößerung der eigenen Weberei. Es schien deshalb nach seinem Tode mit Rücksicht auf die Wichtigkeit der Frage geboten, nunmehr zunächst über diesen Punkt eine grundsätzliche Entscheidung zu treffen und sich namentlich auch darüber klar zu werden, ob nicht dann gleich vom Rohstoff an die Fabrikation betrieben, also auch eine Spinnerei zugleich mit der Weberei gebaut werden sollte. Aber welche Größe sollten die neu aufzunehmenden Betriebe erhalten?

Jedenfalls war für eine weitgehende Vergrößerung der Betriebsanlagen durch Spinnerei und Weberei zunächst eine große zusammenhängende Grundfläche und bei etwaiger Erweiterung des Druckereibetriebes auch der Besitz eines möglichst großen Teiles des Flußlaufs wegen der Wassergerechtsame erforderlich. Wenn man aber an alle diese Fragen herantreten und sie in wirklich großzügiger Weise lösen wollte, so waren dazu weiter sehr beträchtliche Mittel notwendig. Waren diese aber damals schon vorhanden oder ohne große Schwierigkeiten zu beschaffen? Das Werk rentierte zwar gut; vorsichtiger aber war es jedenfalls, erst für eine weitere Rückenstärkung zu sorgen, bevor man an solch große Projekte herantrat. Vor allem hatten die Brüder aber auch den Wunsch, das Werk zunächst möglichst allein wieder in die Hand zu bekommen.

In der Tat war es ihnen möglich, diesen Wunsch in den nächsten Jahren zu verwirklichen. Allmählich erwarben sie die in fremden Händen befindlichen Aktien der Gesellschaft für Türkischrotgarnfärberei zurück, und am 13. April 1859 konnten die drei Brüder durch Zirkular bekanntgeben, daß sie das unter der Firma Gesellschaft für Türkischrotgarnfärberei und -Druckerei bisher bestandene Geschäft nach dem Erwerb sämtlicher Aktien für alleinige Rechnung unter der Firma Gebrüder Elbers in bisheriger Weise fortführen würden.

Von da ab schien den drei Brüdern der Augenblick gekommen, um an einen systematischen Ausbau des Werks, vor allem an die Errichtung einer mechanischen Weberei und Spinnerei zu denken.

❀ ❀ ❀

In großzügigster Weise wurde zunächst die Frage des Geländeerwerbs gelöst. C. Elbers ruhte nicht eher, bis er im Einverständnis mit seinen Brüdern den großen zusammenhängenden Grundstückkomplex zwischen den Hammerwerken in der Öge und der Springe in den Besitz der Firma gebracht hatte. Bezeichnend für den Weitblick, mit dem die Sache angefaßt wurde, ist die Flußregulierung der Volme, die schon im Jahre 1857 vor dem Bau der Spinnerei und Weberei durchprojektiert und 1859/60 zur Ausführung gebracht wurde. Von dem Gedanken geleitet, die Gefahr einer etwaigen Überschwemmung der nebenliegenden Grundstücke zu vermindern, unnötige Krümmungen und Ausbuchtungen des Flußlaufes zu vermeiden und gleichzeitig Terrain zu gewinnen, wurde zwischen den Hammerwerken in der Öge und der Springe an der nordöstlichen Grenze der Werksanlage verlaufend auf einer Länge von mehr als 400 m der Flußlauf absolut gerade geführt. Auf diese Weise wurde ein an allen Stellen genügendes Durchlaßprofil geschaffen; an kritischen Stellen wurden die Flußufer als starke Böschungsmauern ausgeführt. Das Terrain an der rechten Seite der Volme wurde als Baustelle für Arbeiterwohnungen ausersehen. Beide Flußufer wurden durch eine prächtige steinerne Brücke verbunden, die so solide und gediegen ausgeführt ist, daß bis heute Reparaturen an ihr noch kaum erforderlich gewesen sind.

Bevor nun C. Elbers an den Bau der von den drei Brüdern auf sein Betreiben geplanten Weberei und Spinnerei heranging, richtete er sein besonderes Augenmerk auf einen Punkt, der trotz seiner Bedeutung auch heute noch recht oft vernachlässigt zu werden pflegt, nämlich auf die Errichtung eines für die Zwecke des Werkes notwendigen Schornsteins. Im allgemeinen verläßt man sich bei Erweiterungsbauten leicht darauf, daß die Zugverhältnisse des einmal vorhandenen Schornsteins wohl ausreichen würden und notfalls dann in geeigneter Weise durch Erhöhen des vorhandenen Schornsteins verstärkt werden könnten. Anders C. Elbers: Der Schornstein wurde nicht nur so bemessen, daß er für die neu zu errichtende Kesselanlage und den schon vorhandenen Kesselbetrieb ausreichend war, sondern daß er eine weitere Reserve für die Anlagen kommender Zeiten bedeutete. Als besonderer Vorteil war auch noch daran gedacht, daß nach der Ausführung des großen Schornsteins infolge des dann vorhandenen guten Zuges notfalls die Verbrennung minderwertiger Kohle in vorteilhafter Weise ermöglicht werden konnte. So ergab sich dann der Plan für einen Schornstein von ganz gewaltigen Dimensionen. Am Fuße sollte der innere Durchmesser 10 Fuß, an der Krone sollte die lichte Weite 8 Fuß und über der äußeren Mauerkrone gemessen der Durchmesser 15 Fuß 6 Zoll betragen; dabei sollte er eine Höhe von 272 Fuß 3 Zoll = 85 m erreichen. Als dieses großartige Bauwerk im Jahre 1861 beendet war, stellte es sich heraus, daß der Schornstein nicht völlig im Lot stand. C. Elbers entschloß sich nach längerer Überlegung und Verhandeln mit Fachleuten, die freilich bei der mächtigen Größe des Bauwerks sich völlig neuen Aufgaben gegenübergestellt sahen, zu einer Begradigung des Schornsteins, die durch Heraussägen eines schmalen Keiles an der äußeren Seite erreicht werden sollte. Und wirklich, die schwierige Arbeit gelang nach sorgfältigster Vorbereitung und Ausführung vollkommen. So steht denn seit jener Zeit kerzengerade dieser gewaltige Schornstein als ragendes Zeichen des genialen Weitblicks des Erbauers!

In Deutschland, ja vielleicht in Europa, war er damals der größte Schornstein. Die Zeitungen des In- und Auslandes brachten eingehende Beschreibungen des Riesenschornsteins und beschäftigten sich mit der Person des Erbauers. Am meisten imponierte neben der Größe das Wiedereinbringen des Schornsteins in das Lot. Viel besprochen wurde auch das Fest der Einweihung, welches der Erbauer nach der wohlgelungenen Begradigung seinem Bauführer und seinen Mitarbeitern, und zwar in der durch entsprechende Holzschalung als Zimmer hergerichteten Mauerkrone des Schornsteins in einer Höhe von mehr als 80 m gab. Die Teilnehmer, welche durch einen Aufzug auf diesen originellen Aussichtspunkt gebracht waren, hatten durch die als Fenster ausgebildeten Zacken der Mauerkrone bei einem guten Umtrunk eine herrliche Fernsicht über die nähere und weitere Umgebung bis weit hinein in die Berge des Sauerlandes. Eine französische Zeitung schrieb begeistert über das Gelingen des kühnen Unternehmens:

„»Wer zu viel unternimmt, führt nichts ordentlich aus« sagt das Sprichwort und »Wer zu hoch fliegt, riskiert tief zu fallen«. Es gibt indessen glückliche Kühnheiten und wir können eine solche melden". Und am Schluß der Schilderung: „In der Tat, dieser Architekt wäre würdig, ein Engländer zu sein. Ein Sohn Albions hätte es nicht besser machen können".

Wenn die Art dieses Lobes auch unserem heutigen Geschmack nicht entspricht, so zeigt sie doch, wie sehr der Bau und seine Ausführung damals selbst im Auslande als technisches Meisterstück angesehen wurde.

※ ※ ※

Auf die Errichtung des Schornsteins folgte in den Jahren 1862 bis 1864 der Bau der Weberei und Spinnerei in einer Größe, um 500 Webstühle und 10000 Selfaktorspindeln aufnehmen zu können. Diese Besetzung der Gebäude mit Maschinen wurde nur allmählich durchgeführt, angefangen wurde mit etwa der Hälfte der angegebenen Zahl von Webstühlen und Spinnmaschinen.

Durch die Neuanlage dieser Betriebe wurde naturgemäß der Gesamtcharakter des ganzen Unternehmens wesentlich geändert. Aus dem einfachen Färberei- und Druckereibetrieb war nun ein gemischter Betrieb entstanden, der alle Vorteile dieser Betriebsart und namentlich den großen Vorteil bot, einen Teil der bisher schon erzeugten Druckstoffe vom Rohstoff an herstellen zu können, ohne auf auswärtige Webereien angewiesen zu sein. Weiter hatte man auch mit den übrigen Vorteilen, den Ersparnissen an Verpackungs-, Verkaufs- und Verwaltungsspesen gerechnet. Allerdings war andererseits auch der Kreis der Aufgaben ganz erheblich gewachsen. Es galt, in diesen neuen Betriebszweigen zunächst technisch voll auf der Höhe zu sein und zu bleiben. Ein viel versprechender Anfang war gemacht. Spinn- und Webmaschinen waren von ersten englischen Firmen bezogen, da damals deutsche Firmen als Lieferanten noch nicht in Betracht kamen. Die für den Antrieb von Spinnerei und Weberei bestimmte große Zwillingsdampfmaschine von Rothwell & Co., Bolton war in einem hohen, luftigen Maschinenhaus untergebracht, das mit seinen gediegenen Größenverhältnissen und dem aus Fließen bestehenden Fußbodenbelag auch heute noch modernen Anforderungen voll entspricht. Lange Jahre noch war in ähnlicher Weise wie der Riesenschornstein dieses neben dem Kesselhaus des Webereigebäudes liegende und diesem Gebäude vorgelagerte stattliche Maschinenhaus mit seinen originellen gotischen Spitzbogenfenstern der Gegenstand der Bewunderung für einheimische und auswärtige Besucher.

※ ※ ※

Die so geschaffene Neuanlage rechtfertigte also dank ihrer modernen und gediegenen Einrichtung in bezug auf technische Leistungsfähigkeit die bei der Projektierung gehegten Erwartungen; sie war auch ohne zu große Schwierigkeiten auf der Höhe der Zeit zu erhalten.

Aber wie stand es mit den übrigen Aufgaben, die sich nun nach der so geschaffenen Betriebserweiterung als Forderung des Tages einstellen mußten, mit den kaufmännischen und nach der Art des verwendeten Rohstoffs eng damit zusammenhängenden, wirtschaftspolitischen Fragen? Es ist nicht zu verkennen, daß für die Leitung des Unternehmens

Dr. Wilhelm Elbers,
Teilhaber der Firma
Gebrüder Elbers seit 1890.
Erster Direktor
seit 1895.

Ewald Eicken,
Mitglied des Aufsichtsrats seit 1895.
Vorsitzender seit 1906.

Franz Paessler,
Direktor seit 1897.

durch die neugeschaffenen Betriebe eine bedeutende Vermehrung der Arbeitslast eingetreten war. Denn es handelt sich eben um die Verarbeitung von Rohmaterial und Halbfabrikaten, die damals schon, wenn auch nicht so schroff wie in den letzten Jahrzehnten, plötzlichen und heftigen Preisschwankungen unterworfen waren. Im einzelnen ist dieses in dem Abschnitt III über die allgemeine wirtschaftliche Entwicklung der Baumwolltextilindustrie 1822 bis 1922 ausgeführt. Es wird sich in den Mitteilungen über die weitere Entwicklung der Firma Gebrüder Elbers zeigen, wie sehr die Resultate vieler Jahre gerade durch solche Konjunkturen auf den Rohstoff-, Garn- und Gewebemärkten beeinflußt und bedingt waren. Zweifellos hing deshalb außerordentlich viel von den persönlichen Fähigkeiten und dem Geschick der Leitung ab. Diese neuen Aufgaben, welche nun die Brüder, in erster Linie C. Elbers, übernommen hatten, sollen hier noch kurz gestreift werden.

Das Studium der Baumwoll- und Baumwollgarnmärkte war schon damals eine sehr schwierige, heikle Sache. Der Einkauf setzt eine starke Entschlußfähigkeit voraus. Durch eine Verzögerung von einer Stunde können oft viele Tausende verloren sein. Diese Verhältnisse und das mit ihnen verbundene Risiko gestalteten nun nicht nur den Einkauf selbst, sondern auch die Disposition über die jeweils zu beschaffenden Mengen an Rohstoff oder Halbfabrikat zu einer recht schwierigen Aufgabe. Deshalb mußte auch schon bei den ersten Organisationsfragen die Festsetzung des Größenverhältnisses der neu zu schaffenden Anlage zueinander und zur Druckerei sehr reiflich überlegt werden. Auf die grundlegenden Erwägungen, die hierbei in Betracht kommen und auch zweifellos Gegenstand eingehender Beratungen zwischen den Brüdern gewesen sind, soll hier ebenfalls noch kurz eingegangen werden.

Ein Betrieb kann sich normalerweise nur entsprechend rentieren, wenn er voll beschäftigt ist. Es erschien deshalb richtiger, die Hilfsbetriebe Spinnerei und Weberei nicht auf den vollen Bedarf der Druckerei einzustellen, sondern nur so groß zu wählen, daß diese Betriebe selbst in Zeiten schwächeren Bedarfs der Druckerei noch voll laufen konnten. Wäre die Leistungsfähigkeit der Weberei ungefähr so groß wie die der Druckerei bemessen worden, so hätte man in Zeiten schlechteren Geschäftsganges der Druckerei die Alternative gehabt, entweder den Betrieb der Weberei in demselben Maße einzuschränken oder über den Bedarf der Druckerei hinaus auf Lager arbeiten und somit über den Bedarf der Druckerei hinaus auch Einkäufe in Rohmaterial tätigen zu müssen. Dieses Kaufenmüssen ist leider ohnehin für den Fabrikanten im Gegensatz zum Händler, der sich aus dem Markte heraushalten kann, wenn es ihm nicht möglich ist, Deckungsverkäufe vorzunehmen, eine bittere Notwendigkeit, die die Rücksichten auf die von ihm beschäftigten Arbeiter und die Kontinuität des Betriebes von ihm fordert.

Eine dritte Möglichkeit bei gleicher Leistungsfähigkeit beider Abteilungen wäre ja auch noch die gewesen, die in Zeiten schlechten Geschäftsganges der Druckerei über ihren Bedarf hinaus durch die Weberei hergestellten Gewebe direkt als Rohgewebe an den Markt bringen zu lassen. Aber auch diese Aussicht erschien nicht empfehlenswert, da in Zeiten schlechten Geschäftsganges der Druckerei die Rohgewebemärkte für Verkäufe nicht günstig zu liegen pflegen.

Unter Berücksichtigung dieser Verhältnisse hatte C. Elbers im Einverständnis mit seinen Brüdern es für richtig gehalten, die Betriebsanlage der Weberei so groß zu bemessen, daß die Hälfte der für die Produktion der Druckerei notwendigen Gewebe erzeugt werden konnte. Die Leistungsfähigkeit der Spinnerei wurde auf die Hälfte des Webereibedarfs bemessen. Ein fernerer Grund für diese weitere Einschränkung lag übrigens neben den angeführten Gründen auch noch darin, daß eine Spinnerei kleineren Umfangs sich nicht gut gleichzeitig für feine, mittlere und grobe Garne einrichten läßt, wie sie doch häufig von der Weberei gebraucht wurden. Hinzu kam endlich auch noch der Gedanke, daß immer die Möglichkeit bestehen bleiben mußte, je nach Marktlage und Bedarf an Qualitätsware Gespinste und Gewebe von außerhalb hinzukaufen zu können.

Wir werden in den nächsten Abschnitten noch sehen, wie mal die Spinnerei, mal die Weberei in den einzelnen Betriebsjahren sich als nutzbringend erwies. Im ganzen kann jedenfalls gesagt werden, daß die Einführung des gemischten Betriebs, also die Anfang der 60er Jahre geschaffene Anlage von Spinnerei und Weberei die erhofften Vorteile brachte und ferner, daß sich das gewählte Größenverhältnis von Spinnerei und Weberei und beider zur Druckerei trefflich bewährt hat.

※ ※ ※

Von ähnlichen weitsichtigen Gesichtspunkten war der Bau der Gasanstalt getragen, die im Jahre 1868, nachdem Spinnerei und Weberei im vorgesehenen Umfange ausgebaut waren, zur Versorgung des Werks mit Leuchtgas errichtet wurde.

Auch hier wurde wieder von C. Elbers und seinen Brüdern als wichtigster Punkt neben der Frage einer möglichst modernen baulichen und technischen Einrichtung die Frage nach der Größe der Gasanstalt in den Vordergrund gestellt. Konjunkturfragen beim Einkauf des Rohstoffs usw. in ähnlicher Weise wie bei Spinnerei und Weberei schieden hier natürlich aus. Hier handelte es sich vielmehr darum, ob die Größe der Gasanstalt nur dem derzeitigen Bedarf der zu versorgenden Betriebe angepaßt werden sollte. Geschah dieses, so mußte bei jeder Vergrößerung des Werks die Gasanstalt ebenfalls gleich wieder mit vergrößert werden. Wurde andererseits die Gasanstalt erheblich größer gebaut, als es der derzeitige Betrieb erforderte, so lag wieder, abgesehen von den hohen, zunächst unnötig ausgegebenen Baukosten, ein Teil der Gebäude und der Apparatur brach, und das war ebenfalls eine mißliche Sache.

Unter diesen Umständen kam C. Elbers auf den Gedanken, der Gasanstalt zwar gleich eine erheblich über den derzeitigen Bedarf des Werkes hinausgehende Größe zu geben, dafür aber, wenn es ging, gewissermaßen als Reserve bis zu dem Zeitpunkt, in dem das eigene Werk eine weitergehende Versorgung erforderte, die Nachbarwerke und wenn möglich den ganzen Stadtteil Eilpe mit Leuchtgas zu versorgen. Dieser weitgehende Plan konnte allerdings wegen des Widerstandes eines Teiles der Kommunalbehörden nicht in seinem vollen Umfange zur Ausführung gelangen, wohl aber gelang es, ihn insoweit zur Durchführung zu bringen, als mit den Hagener Gußstahlwerken (die aus den Elbersschen Hammerwerken hervorgegangen waren) für die umfangreichen Betriebe ein Gaslieferungsvertrag abgeschlossen wurde. Diese Belieferung der Gußstahlwerke mit Leuchtgas hat mehrere Jahrzehnte gedauert.

Im übrigen wurde die Anordnung der Gebäude und der Apparatur so vorgesehen, daß außerdem noch eine Vergrößerung der Gasanstalt leicht möglich gewesen wäre, wenn

Rechtsanwalt u. Notar R. W. Glatzel,   Direktor Franz Woltze,   Wirkl. Geh. Ober-Reg. F. W. Coester,
Mitglied des Aufsichtsrats seit 1907.   Mitglied des Aufsichtsrats seit 1901.   Mitglied des Aufsichtsrats seit 1910.
Stellvertr. Vorsitzender seit 1907.

Wilhelm Altenloh,   Ökonomierat Hermann Nachtigall,   Hermann Harkort
Mitglied des Aufsichtsrats seit 1914.   Mitglied des Aufsichtsrats seit 1907.   Teilhaber d. Firma Gebrüder Elbers 1885-1892.
Mitglied des Aufsichtsrats seit 1915.

die raschere Ausdehnung des eigenen Werkes oder eine etwa doch noch in Betracht kommende Versorgung anderer Werke dies erforderlich gemacht haben würde. Zu einem Ausbau über die ursprüngliche Anlage hinaus ist es allerdings nicht gekommen, diese hat sich vielmehr allen Anforderungen gewachsen gezeigt, trotzdem später für das eigene Werk allein der Verbrauch an Leuchtgas bis auf 300000 cbm im Jahre stieg [1]).

* * *

Der Schlußstein, oder besser gesagt ein kräftiger Eckpfeiler zu dem Bau, der bei der Überführung des einfachen Färberei- und Druckereibetriebes in den modernen gemischten Großbetrieb im Laufe der Jahre errichtet wurde, war der Eisenbahnanschluß für das ganze Werk. Schon lange hatte sich bei der wachsenden Ausdehnung des Werkes und der Steigerung seiner Produktion ein solcher Anschluß als dringendes Bedürfnis herausgestellt.

Die Türkischrotgarnfärberei hatten die Brüder nach dem Tode des Vaters, dessen Lieblingsbetrieb sie bildete, mehr und mehr fallen lassen. Dafür war aber der Druckereibetrieb nach jeder Richtung gefördert worden. Zu den Taschentüchern, Blaudrucks und modefarbenen Kattunen waren weitere Kleiderstoffartikel, Piqués und Möbelstoffe getreten. Die Zahl der beschäftigten Arbeiter und der Umsatz waren daher erheblich gestiegen. Im Jahre 1856 schon wurden 160000 Stück Gewebe zu 60 Metern im Werte von 1280000 Talern erzeugt. Infolgedessen war der Güterverkehr für das Werk in Kohlen, Chemikalien, Geweben und späterhin in Baumwolle und Gespinsten immer umfangreicher geworden.

Der Massentransport aller dieser Güter mit Fuhrwerk hatte große Unzuträglichkeiten im Gefolge. Die sonst naheliegende Lösung der Frage durch einen Eisenbahnanschluß stieß auf große, ja anscheinend unüberwindliche Schwierigkeiten, weil eine Bahnlinie, an die der Anschluß des Werkes hätte erfolgen können, überhaupt noch gar nicht vorhanden war. Eine Volmetalbahn gab es damals noch nicht, sie mußte erst geschaffen werden, d. h. die Bahn mußte nicht nur erst gebaut, sondern die Vorbedingungen für den Bahnbau selbst mußten erst gesucht und gefunden werden, bevor die Direktion der Bergisch-Märkischen Eisenbahn dazu zu bewegen war, der Frage des Baues der Volmetalbahn selbst näher zu treten. Dazu gehörte zunächst einmal, daß alle die umfangreichen Vorarbeiten, die Projektierung und Tracierung der Strecke in der richtigen Weise vorbereitet wurde. Vor allem durfte auch der Grunderwerb nicht zu hohe Kosten verursachen. Die Möglichkeit der Expropriation war zudem einer Privatbahn damals bei weitem nicht so leicht gemacht, wie dieses heute bei einem Staatsbahnbetrieb der Fall ist.

Bei diesen außerordentlich schwierigen Arbeiten zeigte sich die diplomatische Meisterschaft von C. Elbers. Schwierige Expropriationsfragen, die bei dem Widerstand der Eigentümer sonst langwierige Aufenthalte und Verzögerungen herbeigeführt haben würden, wußte er durch energisches Zugreifen und raschen Kauf zu beseitigen. Dabei erwarb er

---

[1]) Nach Einführung der elektrischen Energie für Beleuchtungszwecke ging der Verbrauch an Leuchtgas naturgemäß mehr und mehr zurück. Im Jahre 1918 war die Elektrisierung des Werkes so weit durchgeführt, daß es zweckmäßig erschien, das Gaswerk stillzulegen und das noch für einzelne Betriebsabteilungen erforderliche Heizgas (Kalander, Sengmaschine, Laboratorium) sowie das für etwaige Notbeleuchtung erforderliche Leuchtgas von den städtischen Werken zu beziehen.

die Grundstücke, wenn es nicht anders ging, zunächst für eigene Rechnung und schreckte auch gemeinsam mit seinen Brüdern vor Geldopfern nicht zurück, wenn es galt, das große Ziel zu erreichen. Endlich im Jahre 1872 war trotz immer neu auftauchender Schwierigkeiten der Bau der Volmetalbahn beendet. Der Güterbahnhof der Station Hagen-Oberhagen wurde direkt gegenüber der Fabrik gelegt und von hier das Anschlußgleis zu der Fabrik selbst geführt.

* * *

Die erfolgreiche Tätigkeit im Zusammenarbeiten mit der Eisenbahnbehörde war C. Elbers wesentlich dadurch erleichtert, daß er sich schon früh und mit stets wachsendem Interesse an den öffentlichen Aufgaben von Gemeinde und Staat beteiligt hatte, so als Stadtverordneter, Mitglied des Berg.-Märkischen Eisenbahnrats, als Mitglied der Handelskammer, deren Präsident er von 1873 bis 1882 war. In dieser Stellung wurde er 1873 zum Kommerzienrat ernannt.

Stets vertrat er die Anschauung, daß die Förderung der Interessen der Allgemeinheit Pflicht jedes Staatsbürgers und der industriellen Unternehmungen sei, sofern die Stellung und die Aufgaben des eigenen Berufs es irgend zuließen. So widmete er sich denn diesen Aufgaben der Vertretung nach außen, die ihm von den Brüdern übertragen war, mit größtem Eifer und mit großem Erfolge. In vielen gemeinnützigen Unternehmungen, Schulen, städtischen Betrieben usw. konnte er die im eigenen Werke gesammelten Erfahrungen auf das beste verwerten. Auf diese Weise war auch die äußere Vertretung des Werkes, während es innerlich durch die so glückliche Zusammenarbeit der drei Brüder mehr und mehr erstarkte, in den besten Händen.

* * *

Wie die wirtschaftliche Entwicklung des Werkes sich im übrigen in den einzelnen Jahren gestaltete, wird in einem späteren Abschnitte erörtert werden. Hier kam es zunächst darauf an, die Persönlichkeiten der dahingegangenen Generationen, die das Werk geschaffen und ihm ihr ganzes Sein gewidmet, im Zusammenhange mit dem Werke selbst uns näher zu bringen.

Bei den drei Brüdern deckte sich der Name der Firma völlig mit der Leitung. Vorbildlich war während der ganzen Zeit das Zusammenwirken der Brüder, ohne Neid, ohne Rivalität, jeder auf seinem Posten so schaffend, wie es die freiwillig gewählte Arbeitsteilung erheischte, dabei mit vollem Verständnis für die Arbeit des andern, das gemeinsame Ziel im Auge behaltend. So haben sie alle drei, von dem gleichen ehrlichen Streben beseelt, zu der so raschen Entwicklung beigetragen und den festen Grund des Unternehmens gelegt. Bei aller Anerkennung für die große Tüchtigkeit und den zähen beharrlichen Fleiß der drei Brüder muß man als die treibende Kraft für den gewaltigen Entwicklungsgang des Werkes, sowie die weitschauende Grundstücks- und Baupolitik, die alle Zukunftsmöglichkeiten offen ließ, Carl Elbers bezeichnen, dem bei seinem genialen Weitblick die großen Gesichtspunkte außerordentlich lagen.

Am 26. September 1882 entriß der Tod plötzlich C. Elbers seinem großen Wirkungskreis. Wenig mehr als zwei Jahre nach diesem Zeitpunkt, am 19. Januar 1885, wurde im kräftigsten Mannesalter auch Wilhelm Elbers durch eine tückische Krankheit innerhalb weniger Tage dahingerafft. Im Herbst 1885 trat Dr. Christian Elbers aus der Firma aus, um sich ins Privatleben zurückzuziehen. Er lebte in Hannover seiner Familie und seinen Privatstudien und wurde am 14. September 1911 durch den Tod abberufen.

* * *

Weitere kurze persönliche Mitteilungen[1]). Im Herbst 1885 übernahm die Frau Ww. Kommerzienrat Carl Elbers die Firma Gebrüder Elbers für alleinige Rechnung. Sie hat es nach dem Tode ihres Gatten als ihre vornehmste Aufgabe betrachtet, in uneigennütziger Weise dem Werk mit Rat und Tat zur Seite zu stehen und eine großzügige Entwicklung zu ermöglichen.

Ihre beiden Schwiegersöhne Emil Schulz und Hermann Harkort, die nach dem Tode von C. Elbers in das Geschäft eingetreten waren, führten dasselbe zunächst allein und von 1890 ab mit den Söhnen von Kommerzienrat Carl Elbers, Carl Elbers und Wilhelm Elbers fort. 1892 trat Hermann Harkort aus der Firma aus, um sich anderweitigen industriellen Aufgaben zu widmen. Im März 1894 starb Carl Elbers. Am 1. Juli 1895 wurde die Firma Gebr. Elbers in die Aktiengesellschaft Hagener Textil-Industrie vormals Gebrüder Elbers (seit 1920 Gebrüder Elbers Aktiengesellschaft) umgewandelt und zu Vorstandsmitgliedern Emil Schulz und Dr. Wilhelm Elbers bestellt.

Zu Beginn des Jahres 1897 trat Emil Schulz von seinem Posten zurück. Seit dieser Zeit leitet Dr. Wilhelm Elbers das Werk als erster Direktor; ihm zur Seite steht als weiteres Mitglied des Vorstandes seit 1897 Direktor Franz Paessler.

Als Prokuristen des Werks sind tätig Heinrich Scheidt und Josef Fahle.

Heinrich Scheidt,
Eintritt 1882. Prokurist seit 1894.

Josef Fahle,
Eintritt 1887. Prokurist seit 1908.

---

[1]) Vgl. auch S. 135 u. f.

Der Aufsichtsrat des Werks wird zurzeit gebildet von den Herren:

	Mitglied des Aufsichtsrats seit
Fabrikbesitzer Ewald Eicken, Hagen i. W., Vorsitzender	1895.
Bankdirektor Franz Woltze, Essen-Ruhr, stellv. Vorsitzender	1901.
Ökonomierat Herm. Nachtigall, Halle-Saale	1907.
Rechtsanwalt u. Notar R. W. Glatzel, Berlin	1907.
Wirkl. Geh. Oberregierungsrat F. W. Coester, Charlottenburg	1910.
Fabrikbesitzer Wilhelm Altenloh, Hagen i. W.	1914.
Fabrikbesitzer Hermann Harkort, Berlin-Grunewald	1915.

Dr. Wilhelm Ernst Elbers,
der Urenkel des Gründers, eingetreten im Jahre 1921.

II.

Technologischer Entwicklungsgang der Baumwolltextilindustrie 1822−1922

———

A. Mechanisch=technologischer Teil.

Gewaltig sind die Umwälzungen, welche alles, was mit der Industrie im Zusammenhang steht, in der zum Bericht stehenden Zeit durchgemacht hat. Alte Industriezweige sind im Laufe des 19. Jahrhunderts, dem man auch den Namen des wissenschaftlichen Zeitalters gegeben hat, untergegangen. Mehr noch sind zwar neue Industrien, geboren aus den Erfindungen und Entdeckungen dieses Zeitraums, entstanden und haben eine ungeahnte Entwicklung genommen. Aber auch die Industriezweige, welche von alters her, wenn auch nicht als eigentliche Industrie, sondern nur als zünftiges Handwerk bestanden und den Sturm der neuen Zeit überdauert haben, wurden in ihren Grundlagen völlig verändert. Nur für kurze Zeit konnte ein Industriezweig jeweilig eine festere Gestalt gewinnen; immer und wieder mußten unter dem Einfluß weittragender Entdeckungen und Erfindungen neue Betriebsformen gesucht und gefunden werden.

Auch ohne das lebhafte Interesse, welches uns gerade im vorliegenden Fall mit diesem Gegenstand verknüpft, müßte die Textilindustrie, und namentlich auch die Baumwolltextilindustrie, in diesem Zusammenhange mit an erster Stelle genannt werden. In der Tat wird sich kaum eine Industrie finden, deren Entwicklung in dem verflossenen Jahrhundert in allen Teilen eine so vielseitige und rastlose gewesen ist. Darüber hinaus hat sie gleichzeitig die Entwicklung anderer Industrien maßgebend beeinflußt und teilweise ganz neue Industrien, wie die Farbenindustrie, schaffen helfen.

Wir wollen nun für den angegebenen Zeitraum zunächst kurz die Entwicklung der allgemeinen technischen Betriebsgrundlagen erörtern und sodann zur Vorführung des besonderen technologischen Entwicklungsganges der Baumwolltextilindustrie übergehen.

I.
Allgemeine technische Betriebsgrundlagen.

Zu Beginn des 19. Jahrhunderts spielte nicht nur im Handwerk, sondern auch in der Industrie der Handbetrieb noch die erste Rolle. Ergänzt wurde er durch den Betrieb mit Pferdegöpeln, Wind- und vor allem Wasserkraftmotoren (Wasserrädern). Dagegen war der Dampfmaschinenbetrieb noch ganz in der Entwicklung begriffen. Für die Ausnutzung der wichtigsten mechanischen Betriebskraft, der Wasserkraft, waren die Unternehmer gezwungen, ihren Betrieb an die Stelle zu legen, wo die Wasserkraft durch Wasserräder usw. am besten gefaßt werden konnte. Aus dieser Beschränkung ergaben sich manche Schwierigkeiten in der Anordnung und Unterbringung der Arbeitsmaschinen. Denn die Übertragung der Kraft durch Triebwerke (Transmissionen) steckte in vieler Beziehung damals noch ganz in den Kinderschuhen. So trat erst 1834[1] das Drahtseil im heutigen

---

[1] Conrad Matschoss, Beiträge zur Geschichte der Technik und Industrie, Bd. 1, S. 15.

Sinne an Stelle der Hanfseile. Von da ab milderte zwar die Vervollkommnung im Bau der Transmissionen allmählich eine Reihe von Schwierigkeiten, die eben darin bestanden, daß die Betriebsanlagen an bestimmte Punkte gefesselt waren. Aber erst die weitere Einführung der Dampfmaschine schuf ganz andere Entwicklungsmöglichkeiten. Jetzt erst konnten Antriebskraft und Arbeitsmaschinen an beliebigen Punkten aufgestellt werden.

Die Umwälzung, die die Einführung der Dampfmaschine hervorrief, war natürlich mit der Erfindung als solcher nicht abgeschlossen, sondern auch hier haben wir eine Kette von Erfindungen und durch sie wieder bewirkter weiterer Umwälzungen vor uns. Die nie zur Ruhe kommende Forderung besserer Dampfökonomie und die sich bei Erfüllung dieser Forderung ergebenden Vorteile ließen im allgemeinen einen bestimmten Dampfmaschinentyp nicht zu lange auf seinem Platze. Immer wieder tauchten neue Konstruktionen auf, die entweder im Dampfverbrauch Vorteile boten oder auch eine stärkere Konzentration durch ein größeres Aggregat ermöglichten.

Elektrisches Zeitalter. Dann begann Ende der 70er Jahre das elektrische Zeitalter. Die größte Errungenschaft ist zunächst die Übertragung der Energie selbst auf große Entfernungen. Die Zentrale, welche die Umtriebsmaschinen aufnimmt, deren Bewegungsenergien auf elektrischem Wege den Antriebsmotoren der einzelnen Arbeitsmaschinen zugeführt wird, braucht nicht mehr im Zentrum des Werks zu stehen, wie dieses bei der Hauptbetriebsdampfmaschine erforderlich ist. Die elektrische Kraftübertragung überwindet derartige Raumspannungen spielend. Aber mehr als das: man lernt eine ökonomische Übertragung auf immer weitere Entfernungen. Die Energiequelle braucht auch nicht einmal mehr im Werk selbst oder in seiner Nähe ihren Platz zu finden, sondern von immer weiteren Entfernungen kann die elektrische Energie von Wasserkraftstationen, von Überlandzentralen usw. übertragen werden. Die Abhängigkeit von nur einer Energiequelle kommt ferner dadurch in Fortfall.

Fast noch wichtiger für die Industrie ist die Möglichkeit der Verteilung der Energie in einer beliebigen Reihe von Antriebsmotoren. Seit der Einführung des elektrischen Antriebs braucht der Transmissionsgruppenantrieb nur da, wo er leicht durchgeführt werden kann, beibehalten zu werden. Sonst kann man an seiner Stelle in vielen Fällen sehr zweckmäßig zum elektrischen Einzelantrieb greifen. Dieser hat im Gegensatz zum Transmissionsantrieb vor allem den großen Vorteil, viel leichter eine innerhalb gewisser Grenzen beliebige Veränderlichkeit der Tourenzahl der angetriebenen Arbeitsmaschinen zu gestatten.

Elektrischer Antrieb in der Textilindustrie. Während die Frage der Regulierfähigkeit bei dem Webereibetrieb eine nicht so große Rolle spielt — bei ihr bietet der elektrische Einzelantrieb des Webstuhls im wesentlichen den Vorteil des Fortfalls der staubaufwirbelnden Riemen —, wird sie für andere Betriebe, so auch für Spinnerei und Druckerei, von großer Bedeutung.

In der Spinnerei konnte man in bezug auf Regulierfähigkeit an Aufgaben herantreten, deren Lösung man bei direktem Antrieb durch Dampfmaschinen oder auf dem Wege des entsprechenden Ausbaus der Antriebsmechanismen bisher vergeblich zu erreichen versucht hatte. Man erhielt die Möglichkeit, die Feinspinnmaschinen in ihrer Geschwindigkeit ganz der Eigenart der Spinnmaschine und des Spinnprozesses anzupassen, im kritischen Stadium des Spinnprozesses sie entsprechend zu verlangsamen, im nicht kritischen Stadium sie bis zur Höchstgrenze zu steigern. Auf diese Weise gelingt es, das Maximum der Leistungsfähigkeit aus der Spinnmaschine herauszuholen.

Für die Eigenart des Druckereibetriebs schien der elektrische Antrieb wie geschaffen. Zunächst für die Druckmaschinen selbst; gerade sie verlangten eine weitgehende Regulierfähigkeit. Um diese zu erreichen, war bis zu der Einführung des elektrischen Antriebs meist jede Druckmaschine mit einer besonderen Dampfmaschine (Zwillingsbockdampfmaschine) ausgerüstet, und ähnlich lagen die Verhältnisse bei einer großen Reihe von Arbeitsmaschinen der Hilfsbetriebe (Trockenmaschinen, Kalander usw.). Für diese Betriebe bedeutete der elektrische Antrieb neben der besseren Regulierfähigkeit, durch die Zusammenfassung der Energieerzeugung in einer großen Zentrale eine erhebliche Erhöhung der Dampfökonomie.

Indirekte Vorteile des elektrischen Zeitalters. Der indirekte Vorteil, den uns das elektrische Zeitalter gebracht hat, der aber meist nicht genügend gewürdigt wird, ist der, daß die Aufgaben, die der Bau elektrischer Zentralen dem Ingenieur stellte, außerordentlich fördernd auf den Bau und die Konstruktion der Dampfmotore gewirkt hat, die zum Antrieb der elektrischen Maschinen dienen. — Durch das Zusammenfassen solch gewaltiger Energiemengen in einem Punkte wurden Dampfmaschinen von einer Größe gefordert, an die man früher nicht zu denken wagte und auch nicht zu denken brauchte.

Dabei stellten die Elektriker außerordentlich hohe Ansprüche in bezug auf den Gleichförmigkeitsgrad sowohl bei den kleineren, als auch bei den größten Dampfmaschinen, die die elektrischen Primärmaschinen antreiben sollen. Denn dieser Gleichförmigkeitsgrad ist die unerläßliche Bedingung, einmal, um die Spannung konstant zu erhalten, und ferner, um ein zuverlässiges Zusammenarbeiten verschiedener Aggregate zu ermöglichen. So sind die großartigen Fortschritte im Dampfmaschinenbau und später im Bau und der Ausführung der Dampfturbinen während der letzten 30 Jahre in erster Linie auf die sehr hoch gesteigerten Ansprüche des elektrischen Zeitalters zurückzuführen. Die Errungenschaften in der Präzisionsmechanik, in der Erzeugung von Qualitätsstählen und Qualitätslegierungen, die Fortschritte in der Materialbeherrschung sind wesentliche Merkmale dieses Entwicklungsganges.

Andererseits haben nun diese wichtigen Fortschritte im Bau der Dampfmaschinen wieder auf die Konstruktion und den Bau der Arbeitsmaschinen eingewirkt und dort einen Entwicklungsgang ermöglicht, der ohne die Schule des elektrischen Zeitalters wohl nicht so rasch verwirklicht worden wäre.

Auch für die Grundsätze der Typisierung und Normalisierung war das elektrotechnische Zeitalter bahnbrechend. Anfangs legte man das Hauptgewicht auf eine bestimmte Abstufbarkeit der Aggregate in der elektrischen Zentrale, um bei der während der Arbeitszeit in den einzelnen Betriebsperioden schwankenden Belastung stets eine für den Dampfverbrauch günstige Beanspruchung einzelner Aggregate zu ermöglichen. Bald aber wurde dieser Gesichtspunkt untergeordnet dem Gesichtspunkt der Gleichheit und Vertretbarkeit der einzelnen Aggregate. Dazu drängte die außerordentlich wichtige Forderung, in erster Linie zu verhindern, daß durch Betriebsstörungen die Zentrale ihren Verpflichtungen nicht nachkommen konnte. Bei Gleichheit der Typen ist selbst bei einem Defekt an zwei verschiedenen Maschinen durch Zusammenbau und Ergänzung eine von ihnen meist bald wieder betriebsfähig zu machen.

Bautechnische Fragen. Auf bautechnischem Gebiete sind es zwei Umstände, die für den Fabrikbau von weittragender Bedeutung geworden sind.

1. Die Entwicklung der Eisenkonstruktionen ermöglichte das Zusammenfassen großer Räume zu luftigen, geräumigen Hallen. Dabei war man nicht mehr wie früher gezwungen, als tragende Organe so viele Säulen vorzusehen, die sich in den Fabrikräumen bei der Aufstellung von Maschinen immer mehr oder weniger störend bemerkbar machen, ja oft die freie Disposition über die Verwendung des Raumes in empfindlichster Weise stören.

2. Die Einführung und billige Massenherstellung von Zement. Dieses war die Voraussetzung für die Herstellung von Betonarbeiten, die dann mit der Einführung des armierten Betons noch einen weiteren gewaltigen Aufschwung nahmen. Jetzt konnten leichte Scheidewände und massive Bauten viel leichter und einfacher ausgeführt werden. Für die Industrie war ferner die Herstellung der für Dampf- und Arbeitsmaschinen benötigten Fundamente sehr viel einfacher möglich. Der bisher für die Herstellung der Fundamente nötige Transport schwerer Quadersteine von dem Steinbruch zur Baustelle, das Verlegen und Vermauern der Quadersteine, bot nicht geringe Schwierigkeiten. Bei großen Fundamenten, die aus mehreren Quadersteinen zusammengesetzt werden mußten, war doch niemals eine so gleichartige, kompakte Masse wie bei dem armierten Beton zu erreichen. Und mit der steigenden Größe der Arbeitsmaschinen wuchs auch die Größe der Fundamente und die Schwierigkeit der Anordnung. Hier brachte also der armierte Beton große Vorteile.

Am wertvollsten erwies sich aber der armierte Beton bei Hochbauten, Dachkonstruktionen usw. Gegenüber den reinen Eisenkonstruktionen hat der armierte Beton den Vorteil der viel größeren Feuersicherheit. Der Zement wirkt ferner wie ein Rostschutzmittel auf Eiseneinlagen, so daß auch da, wo an sich schon die Eisenkonstruktion ausreichend ist, wie bei Trägerflanschen, die nachträgliche Verkleidung mit Beton oder einer Zementmischung sehr wohl zu empfehlen ist. So sehen wir in den letzten Jahrzehnten die Verwendung des armierten Eisenbetons auf Kosten der reinen Eisenkonstruktion immer weitere Fortschritte machen.

II.
Entwicklung der speziellen Maschinen und Arbeitsvorgänge in der Baumwolltextilindustrie.

1. Spinnerei.

Der Übergang vom Spinnrad zum maschinellen Spinnereibetriebe bot weit größere Schwierigkeiten als der Übergang vom Handwebstuhl zum Maschinenwebstuhl. Denn es handelte sich bei der Spinnerei — im Gegensatz zur Weberei — nicht um die Vervollkommnung einer einzelnen Arbeitsmaschine, sondern um eine weitgehende Zerlegung des Arbeitsprozesses und die Erfindung und Konstruktion einer ganzen Reihe von Arbeitsmaschinen, die für die maschinelle Arbeitsweise, um eine größere Produktion erzielen zu können, geeignet sein mußten.

Zwar gab es um das Jahr 1640 in England schon sogenannte Baumwollmanufakturen, Fabriken von größerer Ausdehnung, in denen auf Spinnrädern gröbere Garne hergestellt wurden[1]. Eine lebensfähige Entwicklung des maschinellen Spinnereibetriebes war indessen

---

[1] Benno Niess, Die Baumwollspinnerei, S. 55 u. f.

nur auf Grund einer entsprechenden Durchbildung der einzelnen Maschinen möglich, auf deren Arbeit sich der maschinelle Spinnprozeß dann stufenweise aufbaut.

Hierzu kommt, daß der Kraftbedarf bei der maschinell betriebenen Spinnerei infolge des raschen Umlaufs der Spindel viel größer ist als bei der Weberei. Wollte man also eine Produktion nur in einem etwas größeren Maßstabe erreichen, so war man zu Beginn des 19. Jahrhunderts noch gezwungen, für das Spinnen der Baumwolle Fabriken zu errichten, die mit der damals praktisch allein in Betracht kommenden Antriebskraft, nämlich mit Wasserkräften, arbeiteten.

Trotzdem hat dieser Entwicklungsgang schon verhältnismäßig früh eingesetzt. Bereits im Jahre 1769 wurde in England von Arkwright die erste durch Wasserkraft betriebene Feinspinnmaschine gebaut, der man bezeichnenderweise, um die Art des Antriebs anzudeuten, den Namen Watermaschine[1] gab. Sie war eine Verbesserung der im Jahre 1763 von Hargreaves erfundenen Jennymaschine, auf der aus entsprechend vorbereitetem Vorgespinst zunächst acht Fäden gesponnen werden konnten. Diese Spindelzahl wurde allerdings bald auf 20, 30, ja selbst 100 vermehrt.

Mit dieser Weiterentwicklung der Feinspinnmaschine mußten die Verbesserungen an den übrigen Apparaten und Maschinen, da ja eine Teilung des Arbeitsprozesses durch stufenweise fortschreitende Behandlung eingetreten war, Hand in Hand gehen. Es mußten deshalb die Maschinen zur Herstellung des Vorgespinstes auch verbessert werden.

1772 wurde durch John Lees und Arkwright die Krempel (als Fortentwicklung der schon 1739 von John Wyatt gebauten Stokkarde) erfunden. Diese Krempel arbeitete mit Zuführtisch, zylindrischer Karde, einem in entgegengesetzter Richtung umlaufenden Abnehmer (Filet) und einer Wattenrolle.

Während man ursprünglich die Krempelbänder gleich als Vorgespinst verwandte, lernte man allmählich unter dem Druck der sich steigernden Ansprüche, auch diesen Arbeitsprozeß durch weitere Zerlegung und Verteilung auf mehrere Maschinen zu vervollkommnen. So entstanden die Strecke zum Parallellegen der Fasern, und weiter die Vorspinnmaschinen (Flyer) als Zwischenglied zwischen der Strecke und dem Feinspinnprozeß.

Aus den Jahren 1826 und 1830 datieren die Patente von Richard Roberts in Manchester auf den Selfaktor, dessen erste Ausführung von Crompton aus dem Jahre 1779 stammt. Durch ihn erfuhr die Feinspinnmaschine sehr bedeutsame Verbesserungen.

So war schon zu Ende des 18. und zu Beginn des 19. Jahrhunderts der maschinelle Spinnprozeß verhältnißmäßig gut durchgebildet. Über England, dem die wichtigsten Erfindungen auf diesem Gebiete zuzuschreiben sind, berichtet Edmund Potter[2] in einem Vortrage im Jahre 1852:

„Im Jahre 1788, ungefähr drei Jahre nach der Zeit, als Arkwrights Patent annuliert worden war, dehnte sich das Baumwollgeschäft dermaßen aus, daß 143 Wassermühlen, ungefähr 600 Mulemaschinen und an 20000 Jennies in Großbritannien gezählt wurden, die 159000 Männer, 90000 Weiber und 100000 Kinder mit dem Spinnen der Baumwolle beschäftigten."

In Deutschland wurde 1783 die erste Spinnerei nach englischem Muster in Cromford bei Ratingen errichtet. — 1809 enstand in Augsburg schon eine Spinnerei von 3000 Spindeln.

---

[1] E. Müller, Handbuch der Spinnerei, S. 23 u. f.
[2] Edmund Potter, Baumwolldruckerei als Kunstgewerbe betrachtet, London 1853.

Napoleon war ein eifriger Förderer der rheinischen Baumwollindustrie. Die ersten rheinischen Spinnereien wurden in Zoppenbroich bei Rheydt, München-Gladbach und Odenkirchen errichtet [1]. Eine Produktionsstatistik des Arrondissements Krefeld ergab schon für das Jahr 1811 in diesem Bezirk 25 Baumwollspinnereien mit etwa 1900 Arbeitern und einem Jahresumsatz von 2,75 Millionen Francs.

So war der Spinnereibetrieb in seinen Grundzügen zu Beginn des 18. Jahrhunderts festgelegt. Von allen Verbesserungen, die im Spinnereibetrieb eingeführt wurden, und die im einzelnen hier nicht vorgeführt werden können, ist die wichtigste die im Jahre 1832 in Amerika erfundene Ringspinnmaschine [2], die eine gewaltige Steigerung der Produktion bewirkte.

2. Weberei.

An den ursprünglich recht primitiven Vorrichtungen, die zur Vereinigung der beiden Fadensysteme von Schuß und Kette dienten, sind schon früh Verbesserungen zu verzeichnen, die dann allmählich zur charakteristischen Ausbildung des Arbeitsgerätes führten, das wir als Webstuhl bezeichnen. Der erste Stuhl war der Zampelstuhl. Wesentliche Verbesserungen bringt dann der Anfang des 18. Jahrhunderts [3].

1700. Der Niederländer Kuning ersetzt den Zampelstuhl durch den Kegelstuhl.

1728 führte Falcon beim Seidenwebstuhl Zylinder mit durchlochten Karten ein, um die Arbeit der zweiten Person am Webstuhl zu ersetzen.

1730 ersetzte John Kay das Rietblatt, das bis dahin aus Rohrstäbchen gefertigt wurde, durch ein Metallgitter-Riet. Dadurch wurde die Herstellung feinerer Gewebe leichter ermöglicht.

1736 erfand John Kay den Schnellschützen. Durch diese epochemachende, höchst originelle Erfindung wurde das Webschiffchen mit einer wurfartigen Bewegung mittels einer Peitsche (Schlagstock) durch das jedesmal gebildete Fach geschleudert und die Bedienung des Webstuhls dadurch sehr vereinfacht.

1790 wurde in Wien die erste Trommel oder Walzenmaschine in Gebrauch genommen; auf diese folgte

1799 die Hochsprungmaschine,

1801 die Latzenzugmaschine.

1807 wurde dann von Jacquard die so wichtige Jacquardmaschine erfunden, welche das Weben beliebiger Muster gestattet.

Neben diesen Verbesserungen und Erfindungen für den Handwebstuhl haben wir gegen Ende des 18. Jahrhunderts die Erfindung des mechanischen Webstuhls zu verzeichnen, der nicht mehr durch Menschenkraft in Bewegung gesetzt wurde.

1785 ließ der englische Pfarrer Cartwright sich den ersten mechanischen Webstuhl patentieren, und stellte schon

1787 die ersten zehn Stühle auf, auf denen karrierte Kattune usw. gewebt wurden. Der Antrieb geschah durch einen Göpel, der durch einen Ochsen in Bewegung gesetzt wurde.

Die Stühle waren in mancher Beziehung damals schon recht brauchbar und sinnreich konstruiert; sie besaßen bereits eine Vorrichtung, um den Gang des Stuhles zu unterbrechen, wenn der Schußfaden riß.

---

[1] Spinner und Weber, 17. November 1916, S. 3.
[2] Kontinuität des Arbeitsprozesses, II. Teil.
[3] J. Schams, Handbuch der gesamten Weberei, S. 11 u. f.

1789 wurde schon vereinzelt in Webereien zum Antrieb der Stühle die Dampfmaschine eingeführt.

Im übrigen wurde der Handwebstuhl dank seiner großen Vollkommenheit nur sehr allmählich durch den mechanischen Webstuhl verdrängt. Während daher Anfang des 19. Jahrhunderts im Rheinlande Fabriken für den maschinellen Spinnereibetrieb aus den oben angeführten Gründen schon in beträchtlicher Menge errichtet wurden, stand hier zu dieser Zeit die Handweberei noch in voller Blüte. In München-Gladbach und Rheydt wurden 1806 etwa 17000 Stück hergestellt und es gab Betriebe, die bis zu 1000 Hausweber in der Heimindustrie beschäftigten[1]).

Erst viel später in der zweiten Hälfte des 19. Jahrhunderts gewann die maschinelle Weberei in Fabrikbetrieben mehr und mehr Boden, wenn auch in einzelnen Fällen der maschinelle Betrieb schon früher Bedeutung errang. So stellte nach Edmund Potter[2]) Isaac Kochlin im Jahre 1826 in Willer 240 mechanische Webstühle System Heilmann auf.

Neben anderen Verbesserungen an den Hilfsmaschinen und dem Webstuhl selbst, ist späterhin besonders die Einführung des Automatenstuhles (Northropstuhles) hervorzuheben, die Ende des 19. Jahrhunderts zu verzeichnen ist. Zum ersten Male wurde dieser Stuhl, bei dem der Schußspulenwechsel automatisch erfolgt, auf der Weltausstellung in Paris im Jahre 1900 einem weiteren Kreise in Europa vorgeführt.

Diese Erfindung lag im Sinne der modernen Fortentwicklung der maschinellen Arbeitsprozesse überhaupt, wie sie sich auf den verschiedenen Gebieten vollzogen hat[3]).

3. Zeugdruckerei.

Die Kunst des Zeugdrucks, die als eine Art örtlicher Färbung der Stoffe anzusehen ist und sich aus ihr entwickelt hat, ist erst spät (im 16. und 17. Jahrhundert) aus den alten Kulturländern (Indien, Ägypten) zu uns nach Europa herüber gekommen. Seinen Weg nahm der Zeugdruck über Sizilien und Italien, das von allen europäischen Staaten die besten Verbindungen mit den morgenländischen Kalifenreichen hatte, nach den anderen europäischen Staaten, namentlich England, der Schweiz und Deutschland. Hier entstand in Augsburg im Jahre 1698 die erste deutsche Druckerei.

In Berlin wurde im Jahre 1741 die erste Druckerei, 1746 in Mülhausen i. E. eine Indiennefabrik von Köchlin, Schmalzer und Dollfus, und 1756 dann auch weiter die Schülesche Fabrik in Augsburg errichtet[4]). Um diese Zeit wurde auch die Türkischrotgarnfärberei in Deutschland heimisch.

In den neu gegründeten Druckfabriken handelte es sich natürlich zunächst nur um Handdruckarbeit, die mit dem Druckmodel ausgeführt wurde. Um 1770 setzten dann in der Druckerei die ersten Versuche ein, die Handarbeit durch eine maschinelle Arbeitsweise zu ersetzen. Diese Versuche fallen in eine Zeit, in der nach der langen, in technischer und wirtschaftlicher Hinsicht unfruchtbaren Periode es sich auf allen Gebieten mächtig zu regen beginnt. Es ist zunächst daran zu erinnern, daß die Erfindung der Hargreavesschen Spinnmaschine, über die schon oben berichtet wurde, in die gleiche Zeit (1774) fällt. Ebenso fällt in diese Zeit die epochemachende Erfindung der Dampfmaschine durch Watt 1782.

---

[1]) Spinner und Weber, 17. November 1916, S. 3.
[2]) 1852, Edmund Potter, Baumwolldruckerei als Kunstgewerbe, S. 77.
[3]) Kontinuität des Arbeitsprozesses, II. Teil.
[4]) Dinglers Polyt. Journal 1879, Bd. 234, S. 71 u. f.
   und Josef Grassmann, Die Entwicklung der Augsburger Industrie im 19. Jahrhundert, S. 4.

Lavoisier entdeckt das Gesetz von der Erhaltung des Stoffs, und schafft damit die Hauptgrundlage für die Stofflehre, die Chemie. Weiter sind auf chemischem Gebiete folgende wichtige Entdeckungen und Erfindungen zu verzeichnen, die gerade von größtem Einfluß auf die Entwicklung von Färberei und Zeugdruck geworden sind.

Scheele entdeckt den Sauerstoff und vermittelt dadurch die Erkenntnis der Reduktions- und Oxydationsvorgänge (Indigofärberei, Bleichprozeß), die Wirkung der Hänge, des Oxydationsraums usw. und findet 1776 den ersten künstlichen organischen Farbstoff, das Murexid.

1793 wird der Leblancsche Sodaprozeß eingeführt.

Es ist gewiß also kein Zufall, daß die Erfindungen, welche einen Ersatz des Handdrucks durch Druckmaschinen zum Gegenstand haben, auch in diese Zeit von 1770 bis 1800, in diese Zeit des allgemeinen Fortschritts fallen. Zunächst geht aus der Arbeitsweise mit dem Handdruckmodel die mit mechanisch hin und her bewegter Druckform arbeitende Druckmodelmaschine hervor, deren vollkommenste Form die 1834 erfundene Perrotine ist.

Auf der Druckmodelmaschine aufbauend bewegt sich dann der Entwicklungsgang der Druckmaschine nach zwei Richtungen. Einmal schreitet man auch schon um 1770 zum Bau einer Druckmaschine, die an Stelle der ebenen Druckform mit erhaben ausgearbeiteten hölzernen Walzen arbeitet. Fast gleichzeitig (1770) wird eine Maschine erfunden, die mit einer vertieft gravierten Kupferplatte (Plancheplatte) arbeitet.

Diese Arbeitsweise zeigt sich als vorteilhaft und führt dann 1785 (Bell) und 1788 (Taylor) zur Kupferwalzendruckmaschine[1]), die heute als Rouleauxdruckmaschine allgemein bekannt ist. Die erste englische Druckerei im Lancashire-Distrikt war die von Clayton in Bamber-Bride bei Preston 1764. In Preston wurde auch zuerst (1785) die von Bell erfundene Walzendruckmaschine bei der Firma Livesey, Hargreaves & Co. aufgestellt. Die Rouleauxdruckmaschine überflügelte bald in allen Ländern die übrigen mit ebenen oder reliefartigen Werkzeugen arbeitenden Druckmaschinen, und verdrängte späterhin auch für die meisten Verwendungszwecke die sonst in mancher Hinsicht sehr gut arbeitende Perrotine infolge ihrer erheblichen größeren Leistungsfähigkeit. 1803[2]) wurde der Rouleauxdruck bei der Firma Gros, Davilier, Roman & Co. in Wesserling eingeführt.

Die Grundform der Rouleauxdruckmaschine hat ziemlich früh eine gut ausgeprägte bleibende Gestalt erhalten. Die wesentlichsten Verbesserungen, die im Laufe der Zeit gemacht wurden, bezogen sich zunächst noch auf die Rapporträder, Rakeln, Bauart der Leitwalzen im Trockenstuhl usw.

Eine wesentliche prinzipielle Verbesserung war der Ersatz der Dampfplattentrockenstühle durch Heißlufttrockenstühle. Ein weiterer ganz erheblicher Fortschritt war der Ausbau der einfachen Druckmaschine zur Duplexdruckmaschine, die in einem Arbeitsvorgang während des Laufens der Gewebe über die Maschine das Drucken der beiden Seiten des Stoffes ermöglicht[3]).

Hand in Hand mit der fortschreitenden Druckereitechnik gingen die Fortschritte in der Gravur der Kupferwalzen. Zunächst wurden die Walzen von Hand graviert. Dann wurde 1808 die als Hilfswerkzeug für das Gravieren der kupfernen Banknotendruckplatten

---

[1]) Witt, Chemische Technologie der Gespinstfasern, S. 37.
[2]) Edmund Potter, Baumwolldruckerei, S. 79.
[3]) Die erste von der elsässischen Maschinenbaugesellschaft in Mülhausen erbaute Duplexdruckmaschine wurde im Jahre 1888 als erste in Deutschland bei der Firma Gebrüder Elbers in Hagen i. W. aufgestellt.

schon gebräuchliche Stahlmolette auch für die Gravur der Kupferwalzen des Zeugdrucks eingeführt. Mitte des 19. Jahrhunderts wurde von Rigby der Pantograph erfunden, der mit Hilfe einer Reihe mit Diamantspitzen versehener Hebel von einer (zuerst meist fünffach) vergrößerten Zeichnung die entsprechenden Linien auf die gefirnißte Kupferwalze überträgt. Der ursprüngliche Name Pentograph, der mit Rücksicht auf die Bedeutung der Fünfzahl für die Konstruktion und Arbeitsweise der Maschine gewählt war, wurde nach den vorgenommenen Verbesserungen in Pantograph umgeändert, um die allseitige Verwendbarkeit der Maschine anzudeuten [1]).

Pantograph und Molettiermaschine ergänzen sich in ihrer Arbeitsweise und der Art der auf die Kupferwalzen zu übertragenden Gravur [2]).

Vor ungefähr 15 Jahren ist die Photogravur [Rolffs, Mertens[3])] eingeführt worden; sie hat sich bis heute indes noch nicht allgemein durchsetzen können.

Die ursprünglich sehr primitiven Einrichtungen zum Bereiten und Kochen der Druckfarben sind allmählich vervollkommnet worden. So haben sich dann die heutigen doppelwandigen Farbkochkessel herausgebildet, die in einfacher und zweckmäßiger Weise mit Dampf geheizt und mit Wasser gekühlt werden können. An Stelle des Rührens von Hand kann in die Kessel nach Bedarf ein mechanisches Rührwerk (Planetenrührwerk) eingesetzt werden.

Bleichen der Baumwollgewebe.

Auch dieser Arbeitsvorgang zur Vorbereitung, Ausrüstung und Veredlung der Gewebe, hat sowohl in bezug auf die maschinelle Ausgestaltung als auch auf die Arbeitsmethode selbst im Laufe der Zeit mancherlei Wandlungen durchgemacht.

Zu Mitte des 18. Jahrhunderts war der Bleichprozeß im Vergleich zu den Arbeitsmethoden in Färberei und Zeugdruck noch recht primitiv. Damals bestand die Behandlung des Bleichens in einem wiederholten Begießen der im Bäuchfaß geschichteten Gewebe mit heißer Lauge. Die am Boden des etwas hoch stehenden Fasses abgezogene Lauge wurde jedesmal wieder in einem besonderen Ofen mit Kessel erwärmt, bevor sie erneut zum Aufguß auf die im Bäuchkessel befindlichen Gewebe verwendet wurde.

Um das häufige Überfüllen der Lauge von Hand zu vermeiden, wurde um 1780 eine Bäuchvorrichtung verwendet, die darin bestand, daß die in Weidenkörben geschichteten Gewebe in einen Kessel mit Lauge hineingesenkt wurden, die durch direkte Feuerung auf Kochtemperatur gebracht wurde. Die gegensätzliche Bewegung von Bleichgut und Bleichflotte, wie sie für eine gute Bleichwirkung unerläßlich ist, wurde dann dadurch geschaffen, daß der mit der Bleichware gefüllte Korb mittels eines über eine Deckenrolle geführten Seiles abwechselnd in die heiße Lauge hineingesenkt und nach einiger Zeit wieder für eine kurze Frist aus ihr herausgezogen wurde.

Eine für die meisten Fälle jedenfalls zweckmäßigere Verbesserung wurde von William Floyd[4]) im Jahre 1795 gefunden. Diese bestand in einer Verbindung des Bäuchkessels mit dem zur Erwärmung der Lauge dienenden Apparate durch zwei Rohre, so daß eine ununterbrochene Zirkulation geschaffen war. Die durch das untere

---

[1]) Dinglers Polyt. Journ. 1875, Bd. 215, S. 501.
[2]) W. Elbers, Die Bedienung der Arbeitsmaschinen zur Herstellung bedruckter Baumwollstoffe, S. 125 u. f.
[3]) Färberzeitung 1910, S. 277.
[4]) Friedr. Carl Theis, Die Strangbleiche baumwollener Gewebe, S. 2 u. f.

Verbindungsrohr zuströmende Lauge wurde in einem doppelwandigen Ofen erwärmt und floß dann durch das zweite obere Rohr dem Bäuchkessel wieder zu, in ähnlicher Weise, wie heute noch teilweise das Badewasser in der Wanne durch den seitlich angeschlossenen Badeofen mittels eines kleinen Rohrsystems erwärmt wird.

Ein weiterer bedeutsamer Fortschritt war es, als Widmer zur Anwendung einer Pumpe überging, die zwischen Bäuchkessel und Heizapparat eingeschaltet wurde und die die Lauge aus dem Heizapparat aussog und sie über das Bleichgut warf. Dadurch wurde die Zirkulation der Lauge und die Bleichwirkung ganz erheblich gesteigert.

Als weitere Verbesserung des Bleichverfahrens tauchte dann in den 90er Jahren des 18. und zu Beginn des 19. Jahrhunderts der Gedanke auf, die mit Lauge getränkten Gewebe in einem geschlossenen Kessel der Einwirkung von Wasserdampf während einer längeren Zeit (20 bis 30 Stunden) auszusetzen.

Auf dieser Arbeitsweise wurde dann von O'Reilly und Hermbstädt[1]) 1801 ein Verfahren aufgebaut, um abwechselnd die zu bleichenden Gewebe in Lauge einzutauchen und zu dämpfen. Zu diesem Zwecke wurde der Dämpfkessel in seinem unteren Teil mit Lauge gefüllt; in dem oberen Dampfraum waren zwei von außen drehbare Haspel angebracht, durch welche die Ware für die periodische Behandlung — abwechselnd in Lauge und mit Dampf — hin und her geleitet wurde (Nr. 17)[1]).

Nr. 17[2]). Bleichapparat von O'Reilly.

Theis kommt in seinem mehrfach zitierten Werk über Strangbleiche baumwollener Gewebe (S. 12) zu dem Ergebnis, daß Anfang des 19. Jahrhunderts folgende Bäuchmethoden bekannt waren:

1. Aufgießen der heißen Lauge im offenen Bäuchkessel von Hand.
2. Mechanisches Überpumpen der Lauge im offenen Bäuchfaß (Widmer, Floyd, Neumann, Parkes).
3. Dämpfen der mit Lauge imprägnierten Stoffe in breitem Zustande (Chaptal) und in Strangform (Turnbull) bei mäßigem Druck.
4. Abwechselndes Dämpfen und Laugenpassage unter geringem Druck im geschlossenen Bäuchfaß (Hermbstädt).

---

[1]) Friedr. Carl Theis, Die Strangbleiche baumwollener Gewebe, S. 2 u. f.
[2]) Als Nr. 1 bis 16 gelten die Abbildungen im ersten Abschnitt des I. Teiles.

Wir stehen also zu Beginn des 19. Jahrhunderts schon vor einer ziemlich weit fortgeschrittenen Bleichereitechnik, soweit der Hauptvorgang der Bleiche, der Bäuchprozeß, in Betracht kommt. Sehr viele Gedanken, die im 19. Jahrhundert erst festere Gestalt gewonnen haben und in ihrer Ausführungsform entsprechend vervollkommnet sind, waren in ihren Grundzügen schon damals ausgesprochen. Im folgenden sollen jetzt nur kurz die für die Praxis wichtigsten Konstruktionen gleichzeitig im dem Zeitpunkt ihrer Einführung angegeben werden.

In der ersten Hälfte des 19. Jahrhunderts ist nur eine allmähliche Fortentwicklung der bereits zu Anfang des Jahrhunderts vorhandenen Konstruktionen zu verzeichnen. Die Stücke werden gewöhnlich um ein in der Mitte des Bleichkessels befindliches aufrechtes Rohr gelegt. Die Lauge mußte dann bei der Erwärmung in die Höhe steigen und ergoß sich über die so geschichtete Ware (Übergußapparat). Die direkte Feuerung wurde mehr und mehr durch eine Erwärmung der Bäuchflotte mittels Dampf ersetzt, so auch bei dem aus dem Jahre 1852 stammenden Bäuchkessel von Robeson[1]).

Im Verlauf der 50er Jahre tritt dann insofern in dem Bau von Bleichkesseln eine neue Wendung ein, als man beginnt, die ursprünglich hölzernen, dann teils aus Gußeisen, teils aus Schmiedeeisen hergestellten Bäuchkessel in ähnlicher Weise wie die Dampfkessel unter Verwendung von starken Kesselblechen zu bauen, so daß die Bäuchkessel dann ohne Schwierigkeit einen Druck von zwei bis drei Atmosphären aushalten können. Das Bedürfnis, mit höherem Druck zu arbeiten, hatte sich bald herausgestellt, nachdem man vom offenen zum geschlossenen Bäuchkessel übergegangen war und dann die Wirkung der Drucksteigerung kennen gelernt hatte. Tatsächlich sollen auch Hochdruckbleichkessel vereinzelt schon im Jahre 1838 aus England nach Rouen geliefert sein[2]). Die allgemeine Einführung des Hochdruckbäuchkessels ist indes erst vom Jahre 1858 an zu rechnen, wo in England der Barlowsche Hochdruckkessel, und zwar als Doppelkessel auf den Markt kam.

Weitere Verbesserungen im Bau der Hochdruckkessel brachten dann englische Firmen: 1854 Mather u. Platt, und 1858 Pendlebury[3]) und die Firma André Köchlin & Co. in Mülhausen, die auch in Deutschland lange Jahre den Vorrang hatten (Mülhauser System). Charakteristisch für den Barlowschen Kessel[4]) ist auch das seinerzeit (1858) patentierte perforierte Standrohr. Eine wichtige Rolle spielt ferner bei den verschiedenen Systemen die Konstruktion des mit den Doppelkesseln verbundenen Vorwärmers; in bezug auf die Einzelheiten muß auf die angezogene Literatur verwiesen werden.

Anfang der 70er Jahre wurde der Körtingsche Injektor als Beförderungsmittel für die Bleichlauge an Stelle der Pumpe in Vorschlag gebracht und erwies sich in vielen Fällen als zweckmäßig, obwohl im allgemeinen auch späterhin die Pumpe (Zentrifugalpumpe, Näherpumpe) den Vorrang behauptet hat.

Im Jahre 1882 wird von Scheurer-Roth & Co. in Thann ein Kesselsystem eingeführt, welches mit einem Vorwärmer arbeitet, der mit einem Röhrensystem so ausgestattet ist, daß jeder Eintritt des direkten Dampfes in die Lauge, und dadurch eine Verdünnung der Bleichflüssigkeit verhindert wird.

---

[1]) Dinglers Polyt. Journ. 1854, Bd. 132, S. 184.
[2]) Ebenda 1879, Bd. 234, S. 235.
[3]) Wageners Jahresber. 1870, S. 648.
[4]) Ebenda, S. 651.

Die dadurch erzielte Beständigkeit der Laugenkonzentration ist zweifellos für die meisten Fälle ein großer Vorteil.

1885 bis 1890 wird der sogenannte Mather-Kier eingeführt, ein liegender Hochdruckkessel mit Waggoneinrichtung, bei der der auf Schienen laufende Waggon nach dem Beschicken mit Geweben im breiten Zustande oder in Strangform für die Ausführung der Bleichoperation in den Bleichkessel jedesmal hineingeschoben wird. Der Mather-Kier hat namentlich in England viel Verwendung gefunden.

Aus 1890 bis 1894 stammt das Thies-Herzigsche Bleichverfahren[1]), das in bezug auf die mechanische Konstruktion keine wesentlichen Neuerungen bringt, über das aber bei der geschichtlichen Besprechung der chemischen Seite der Arbeitsmethoden noch einiges zu sagen sein wird.

1894 wird von Fr. Gebauer der Sektionsbleichkessel auf den Markt gebracht. Das Wesentliche dieses Kessels ist ein kegel- oder zylinderförmiger, oben offener und unten geschlossener, topfartiger, durchlochter Einsatz, der mittels Stege mit den Wandungen des eigentlichen Hochdruckkochkessels fest verbunden ist, so daß ein freier Raum zwischen Topf und Kesselwandungen verbleibt. Durch diese Einrichtung soll die Zirkulation der Bleichflüssigkeit erleichtert werden. Die Sektionskessel haben in Deutschland große Verbreitung gefunden. Der Einsatz wurde späterhin aus einzelnen Segmenten angefertigt, um das Herausnehmen des Einsatzes und damit die periodisch notwendige Reinigung des Kessels zu erleichtern.

Über die Breitbleiche, von der schon mehrfach, so auch bei dem Mather-Kier die Rede war, ist noch einiges nachzutragen. Die Breitbleiche ist an sich wohl als die älteste Form für die Bleiche baumwollener und leinener Gewebe anzusehen, maschinell aber weniger leicht durchzuführen als die Strangbleicherei. Sie wurde nach der Erfindung des Jiggers vorwiegend auf diesem ausgeführt.

Ende der 90er Jahre des vorigen Jahrhunderts erfand Emil Welter ein System der Breitbleiche, die in ihrer endgültigen Form als die Endler-Weltersche Breitbleiche[2]) bezeichnet wird. Die im vorderen Teil des Apparates mit Lauge getränkten Gewebe werden in einem Dampfraum, der nach dem Muster des Kontinue-Dämpfapparates gebaut ist, während des eine Stunde dauernden Durchlaufs gedämpft. Es ist in dem der Konstruktion des Apparates zugrunde liegenden System, bei dem einerseits die Lauge, andererseits das Spülwasser als Absperrorgan dient, begründet, daß der Dampfdruck nur eine geringe Höhe (0,3 Atm.) erreichen kann. Die Bleichresultate, die sonst in bezug auf Gleichmäßigkeit usw. sehr gute sind, werden hierdurch beeinträchtigt[3]). Für viele Zwecke, namentlich auch gefärbte Druckartikel, leistet die Endler-Weltersche Breitbleiche vortreffliche Dienste.

Waschmaschinen. Das Waschen der Gewebe erfolgte ursprünglich in der Weise, daß die zu waschenden Stoffe im Flusse oder in einem vom Flusse gespeisten Kanal oder in einem Becken, dem das Wasser durch eine Pumpe zugeführt wurde, durchgezogen und geschwenkt wurden. Später ging man zu einem Bearbeiten der zu waschenden Gewebe mittels Handschläger auf der Pritsche über. Daraus entwickelte sich dann die Arbeitsweise im Waschrad, das

---

[1]) Wageners Jahresber. 1891, S. 1114.
[2]) Ebenda 1902, II, S. 483.
[3]) Verf. hat einen praktisch allerdings noch nicht durchgeführten Vorschlag für die Konstruktion von Breitbleichapparaten mit höherem Druck gemacht (Zeitschr. f. Farben- u. Textil-Chemie 1904, Heft 3).

zunächst von Hand und später mechanisch angetrieben wurde. In den 20er Jahren des 19. Jahrhunderts setzte der Bau von Strangwaschmaschinen ein, durch welche die viel weniger leistungsfähigen Waschräder, wenn auch nur sehr allmählich verdrängt wurden. Es ist sehr interessant, diesen Konkurrenzkampf zwischen Waschrad und Waschmaschine in der Literatur zu verfolgen.

In Dinglers Polytechnischem Journal im Jahrgang 1851[1]) finden sich Mitteilungen über vergleichende Waschversuche, die bei der Kattunfabrik Schöppler & Hartmann in Augsburg (der Rechtsvorgängerin der heutigen Neuen Augsburger Kattunmanufaktur) mit je 24 in Krapp gefärbten Baumwollstücken gemacht worden sind. Die eine Partie von 24 Stücken wurde in 6 Waschrädern, die andere Partie von 24 Stücken mit der neu angeschafften Robinsonschen Strangwalzenwaschmaschine gewaschen. Als Ergebnis der Versuche wird folgendes festgestellt: „Die Robinsonsche Maschine leistet also in 48 Minuten ebensoviel als 6 Waschräder in 60 Minuten. Überdies sind zur Bedienung von 6 Waschrädern 4 Mann erforderlich, während 2 Mann für die Robinsonsche Maschine ausreichen."

Zu einem ähnlichen Ergebnis kommt der Bericht[2]) über eine im Jahre 1862 von Gebr. Sulzer in Winterthur konstruierte Maschine, bei der die zwischen den beiden Walzen der Waschmaschine geführten Warenstränge der Einwirkung eines Schlägers ausgesetzt werden. Es wird dort für die Waschmaschine folgendes in Anspruch genommen: „Sie ersetzt 7 bis 8 Waschräder, wäscht ebenso gut und gleichmäßig und läßt die Stücke sich nicht verwickeln. Viermaliges Durchführen genügt vollkommen für die aus der Geranzineflotte kommenden Stücke". Wir sehen aus dieser 11 Jahre später erfolgten Veröffentlichung, daß der Ersatz der Waschräder durch die Waschmaschinen nur langsame Fortschritte gemacht hat. Die zahlreichen Patente dieser Zeit beweisen aber, wie emsig an der Vervollkommnung der Waschmaschinen gearbeitet wurde.

Die Waschmaschinen wurden dann weiterhin teils mit losem, teils mit festem Strang gebaut. Während Mather später Maschinen mit losem Strang baute, hat die Robinsonsche Maschine, von der oben die Rede war, festen Strang. Zu den Maschinen mit festem Strang, die den Vorteil haben, daß wenig Betriebsstörungen vorkommen, gehören ferner auch die in Deutschland lange Zeit sehr viel benutzten Maschinen der englischen Firma Whitaker, die sogenannten Whitaker. Die Maschinen mit losem Strang haben den Vorteil, daß die Gewebe sich auf ihr beim Waschen weniger verziehen und daß der Wasserverbrauch geringer ist. Sie nähern sich in der Arbeitsweise mehr den früher neben den Waschrädern gebräuchlichen Waschhaspeln, die über dem fließenden Wasser in geeigneter Weise aufgestellt wurden.

Vollkommener als die trotz ihrer sehr guten Spülwirkung immerhin recht primitiv und langsam arbeitenden Haspel und weiter als die Waschmaschinen mit losem Strang erreichen die Breitwaschmaschinen den Zweck, die störende Wirkung der einzelnen Falten der zu waschenden Gewebe aufeinander (Abflecken) zu verhindern. Diese Breitwaschmaschinen, aus breiten Waschkästen mit Leitrollensystem bestehend, bürgerten sich daher namentlich bei den Operationen ein, die sich an den Druck-, Dampf- und Seifprozeß anschließen.

---

[1]) Dinglers Polyt. Journ. 1851, Bd. 119, S. 408.
[2]) Schweiz. polyt. Zeitschr. 1862, S. 58.

Kurz sei noch auf folgende Punkte in der Entwicklung der Waschmaschinen hingewiesen. Die Einführung der betreffenden Neuerungen läßt sich nicht genau für einzelne bestimmte Jahre nachweisen.

1. Anbringen einer besonderen Schmutzwasserrinne.
2. Beweglicher Führungsrechen, um die Waschwirkung zu erhöhen und die Abnutzung der Quetschwalzen zu beschränken.
3. Verbindung des Rechens mit der Ausrückvorrichtung, um das selbsttätige Stillsetzen bei Knoten- und Schlingenbildung zu ermöglichen [1]).
4. Konsequente Durchführung des Gegenstromprinzips, insbesondere auch bei den Breitwaschmaschinen.
5. Anbringen von Spülschlägern bei Breitwaschmaschinen [System Farmer [2])].

Aus den Waschmaschinen gingen die Maschinen zum Säuren, Chloren, kurz zum Behandeln mit irgendwelchen Bleichflüssigkeiten hervor, indem der Waschtrog an Stelle von Wasser mit der betreffenden Bleichflüssigkeit gefüllt wird. Diese Maschinen, die dann natürlich auch alternativ, wenn entsprechende Wasseranschlüsse vorgesehen werden, als Waschmaschinen verwendet werden können, wurden allgemein als Klapots (Chlorklapots, Säureklapots usw.) bezeichnet.

Ein solches Klapot, welches sowohl zum Waschen als auch zum Säuren und Chloren verwendbar ist, wurde der Firma Fr. Gebauer im Jahre 1877 patentiert [3]). Besonderer Wert wird bei der Beschreibung der Konstruktion auf die Beweglichkeit des Führungsrechens, eines mit Porzellanringen versehenen Brettes gelegt. Durch die kräftige, während des Arbeitsprozesses durch einen Exzenter vermittelte hin und her gehende Bewegung des Brettes soll der von den Walzen zusammengequetschte Strang geöffnet werden, damit die Flüssigkeit des Troges in die Falten des Gewebes besseren Eingang findet.

* * *

In der Konstruktion den Waschmaschinen sehr nahestehend sind die Ausquetschmaschinen, die den Überschuß an Wasser, der in den Geweben nach dem Verlassen der Waschmaschine noch enthalten ist, entfernen sollen. Als man das frühere mühsame Verfahren des Auswringens der Gewebe von Hand am Pflock durch eine maschinelle Arbeitsweise ersetzen wollte, ging man zunächst dazu über, entweder den Druck der Quetschwalzen in den Waschmaschinen entsprechend zu verstärken oder, sofern ein Quetschwalzenpaar nicht vorhanden, die Waschmaschinen mit einer besonderen Quetschvorrichtung zu versehen. Die selbständige Maschine, die mit einem Walzenpaar, arbeitet, das einem starken federnden Druck ausgesetzt wird, erwies sich indes bald für die meisten Fälle als das zweckmäßigere.

Die dem gleichen Zweck dienenden Zentrifugen, die schon früh verwendet wurden wie die von Tulpin [4]), sind in mancher Beziehung den Ausquetschmaschinen vorzuziehen, doch haben sie diesen gegenüber den Nachteil, daß sie keine kontinuierliche Arbeitsweise gestatten.

---

[1]) Betriebssicherheit siehe II. Teil.
[2]) Friedr. Carl Theis, Die Breitbleiche baumwollener Gewebe, S. 120.
[3]) Dinglers Polyt. Journ. 1879, Bd. 233, S. 36.
[4]) Ebenda 1874, Bd. 211, S. 393.

Trockenmaschinen. Das Trocknen geschah anfangs in sogenannten Lufthängen und Trockenstuben. Das Einhängen und Abziehen der Gewebe wurde allmählich durch sinnreiche Vorrichtungen verbessert. Trotzdem drängte auch hier das Wachsen der Produktion auf eine maschinelle Arbeitsweise. Schon 1820 erfand der Engländer Shoffield die Anwendung hohler mit Dampf gespeister, kupferner Trockenzylinder[1]), und konstruierte sich aus drei solchen Zylindern den ersten Trockenapparat, den er zum Trocknen von Wollkaschmirs benutzte. Von hier nahm die Erfindung den üblichen Weg über die Normandie und den Elsaß nach Deutschland und den übrigen kontinentalen Ländern. Um 1840 war die Anwendung der mit einer großen Trockentrommel oder mit mehreren Trockenzylindern versehenen Trockenapparate allgemein üblich.

Die Vervollkommnungen und Verbesserungen, die die Trockenmaschinen seither erfahren haben, und die im einzelnen dem Zeitpunkt ihrer Einführung nach nicht aufgeführt werden können, bewegen sich im wesentlichen nach folgenden Richtungen:

1. Vermehrung der **Zahl der Trockenzylinder**, Anordnung in **liegenden** und **stehenden** Trockenmaschinen mit mehreren Säulenreihen.
2. Verschiedene Methoden und Konstruktionen zur **Abdichtung** zwischen der hohlen Achse der Trockenzylinder, durch die der Dampf zugeführt wird, einerseits, und dem Dampfraum andererseits, dessen äußere Begrenzung die Säulen bilden, in denen die Trockenzylinder gelagert sind.
3. Das Abfangen und Hinausschaffen des während des Trockenprozesses entstehenden Kondenswassers aus den Trockenzylindern mittels geeigneter Schöpfer usw.

Sengmaschinen und Schermaschinen.

Zur Vorbereitung für den Druck gehört auch noch das Scheren und Sengen der Gewebe. Das Sengen geschieht meist vor dem Bleichen, so daß die Besprechung der Sengmaschinen der der Bleichmaschinen hätte vorausgeschickt werden müssen. Da indes das Scheren fast immer nach dem Bleichen erfolgt und Sengen und Scheren zwei sich gegenseitig ergänzende Arbeitsvorgänge sind, so möge die Besprechung beider Maschinenarten hier Platz finden.

Sengmaschinen. Das Sengen geschieht zur Entfernung des feinen faserigen Flaums, um bei den Geweben (abgesehen von den Rauhartikeln) eine glatte Oberfläche und einen tadellosen Druck zu erreichen. Diese Arbeit setzt immerhin schon ein gewisses fortgeschrittenes Stadium der Veredlung voraus.

Das Absengen geschah zunächst in der Weise, daß die Gewebe rasch über glühende eiserne oder kupferne Pfatten oder Zylinder gezogen wurden. Eine wesentliche Verbesserung auf diesem Gebiete bedeutete die Erfindung der Gassengmaschine, besonders, nachdem in den Städten zu ihrer Beleuchtung Gasanstalten (in Manchester zuerst im Jahre 1805) errichtet waren. Eine solche Gassengmaschine wurde zuerst im Jahre 1817 in Nottingham von Hael gebaut. Die allgemeine Einführung dieser Maschine erfolgte allerdings erst viel später, nachdem inzwischen wesentliche Verbesserungen eingeführt waren. An der Vervollkommnung dieser Maschine ist dann auch weiterhin bis in die jüngste Zeit tüchtig gearbeitet worden. Erst jetzt, nachdem die Gassengmaschinen so gebaut werden, daß die Gewebe **beiderseitig** und **wiederholt** über ein Leitrollensystem

---

[1]) J. Dépierre, Die Appretur der Baumwollgewebe, S. 115.

durch die mittels Luftgebläse entleuchtete Flamme hindurchgeführt werden können, steht die Überlegenheit der Gassengmaschine über die Platten- und Zylindersengmaschine fest.

Schermaschinen. Dem Sengen in der Wirkung nahestehend ist das Scheren der Gewebe. Auch diese setzt schon gesteigerte Ansprüche an den Ausfall der Ware voraus.

Die Schermaschinen sollen außer dem Flaum, soweit er nicht schon von der Sengmaschine abgesengt ist, die aus der Weberei stammenden kurzen Fäden abschneiden. Die Scherzylinder der Schermaschinen bestehen aus einem horizontalen feststehenden Messer und (entsprechend der Schere) einem zweiten darauf arbeitenden spiralförmig um eine rotierende Achse gewundenen scharf geschliffenen Messer. Zuerst arbeiteten die Schermaschinen, die in der Tuchfabrikation schon Verwendung fanden, bevor sie zum Scheren baumwollener Gewebe benutzt wurden, mit einem Schneidzeuge; später wurden Schermaschinen mit mehreren Schneidzeugen verwendet. Vor dem Schneidzeug angebrachte rotierende Bürsten sorgten für ein Hochstellen des Flaums und der abzuschneidenden Fadenenden.

Durch entsprechende Warenführung sowie Vermehrung der Schneidzeuge wurde dann weiter eine nur ein- oder auch gleichzeitig beiderseitige Schur der Gewebe ermöglicht.

In neuerer Zeit werden die Schermaschinen auch noch so eingerichtet, daß die Schneidzeuge für gewisse Artikel (Plüsche, Samte) die Gewebe nicht unmittelbar, sondern in einer gewissen Entfernung von der Oberfläche angreifen (Kahlschurmaschinen).

In modernen Betrieben werden die Schermaschinen an eine zentrale Entstaubungsanlage angeschlossen.

Dämpfapparate.

Auf die Erfahrungen im Wolldruck fußend, fand man schon früh heraus, daß die Befestigung der auf dem Baumwollstoff aufgedruckten Druckfarben, denen außer den Farbstoffen (Blauholz, Querzitron usw.) die Beizen zugefügt waren, sich nur durch Anwendung von Wärme erreichen ließ. An Stelle der zunächst angewendeten wenig zuverlässigen Arbeitsweise der Zufuhr trockener Wärme mit dem heißen Bügeleisen trat bald die feuchte Wärme von mäßig gespanntem Dampf, mit dem die gedruckte Ware in entsprechend eingerichteten Kübeln in Berührung gebracht wurde. Ende der 20er und Anfang der 30er Jahre des 19. Jahrhunderts nahm die Verwendung von Dampffarben, und zwar sowohl für ein- als auch mehrfarbige Artikel erheblich zu. Für diese so geschaffenen Baumwolldämpfdruckartikel genügte die primitive Methode, das „Dämpfen" der gedruckten Gewebe durch Einhängen in mit Dampf gefüllte Kübel nicht mehr, um die gesteigerte Produktion zu bewältigen. Eine Verbesserung war schon das Aufrollen der Dämpfware auf einen hohlen, durchlöcherten Kupferzylinder, der dann nach dem Aufdocken in den Dämpfraum gebracht wurde. Wesentlich leistungsfähiger aber war ein späterhin eingeführter Dämpfkessel, in den die sackartig aufgehaspelten Gewebe auf einem zu ihrer Aufnahme geeigneten Schienenwagen hineingeschoben wurden. In diesem Dämpfkessel wurden die Gewebe dann mit einem Druck bis zu 1 Atm. gedämpft.

Ein bedeutender Fortschritt war es dann, als für kurze Dämpfdauer (3 bis 5 Minuten) von Mather & Platt-Manchester in den 60er Jahren[1]) ein kontinuierlich arbeitender

---

[1]) Wageners Jahresber. 1885, S. 1031.

Dämpfkasten eingeführt wurde, durch den die Ware breit mittels eines Leitrollensystems hindurchgeführt wird. Dieser Apparat hat sich bald ganz allgemein eingeführt und wird schlechthin als Mather-Platt bezeichnet.

Die meisten Dampffarben erfordern indes für eine genügende Befestigung eine längere Dämpfdauer. Dieser Forderung genügt der im Jahre 1879 eingeführte Kontinuedämpfapparat[1] von Cordillot und Mather, ein größerer geschlossener mit Ein- und Austrittsschlitzen versehener Dämpfkasten, durch den die zu dämpfenden Gewebe breit hindurchgeführt werden. Die Dämpfdauer beträgt $3/4$ Stunden. Diese lange Dauer in dem nicht sehr großen Dämpfkasten wird durch in ihm befindliche Wagen ermöglicht, in welche die Gewebe unter Beibehaltung des ununterbrochenen Laufs vorübergehend abgelegt werden.

Eine weitere Vervollkommnung ist dann der jetzt in allen großen Druckereien eingeführte große gemauerte Kontinuedämpfapparat, welcher ein Dämpfen der Gewebe in breitem Zustande während $3/4$ bis 1 Stunde gestattet, indem die Gewebe ohne Benutzung von Wagen durch ein sich langsam fortschiebendes Leitrollensystem, das eine Bildung langer Falten vermittelt, geführt werden.

Weitere Verbesserungen erfuhren die Dämpfapparate zu Beginn des 20. Jahrhunderts, als die Forderung des luftfreien Dämpfens gestellt wurde. Für die Befestigung vieler Farbstoffe (Indigo und Küpenfarbstoffe) und die Ausübung mancher Ätzmethoden (Reduktionssätzen) wirkt die Anwesenheit der Luft während des Dämpfens störend[2]. Die luftfreien Dämpfer wurden deshalb weiterhin so gebaut, daß der Dampf oben in den Dämpfkasten eintritt, während die spezifisch schwerere Luft nach unten sinkt und dort Gelegenheit zum Entweichen hat. Der für den Warenein- und Austritt bestimmte Schlitz wird dann möglichst tief an dem Dämpfkasten angebracht und, während die zu dämpfenden Gewebe den Kasten durchlaufen, durch eine federnde Zunge soweit wie möglich verschlossen.

Die neueren Dämpfapparate sind weiter vervollkommnet worden, indem die genaue Einhaltung einer bestimmten Temperatur und eines bestimmten Feuchtigkeitsgrades durch besondere Einrichtungen (Befeuchter) ermöglicht wird. Dabei ist eine sorgfältige messende Beobachtung durch Manometer, Thermometer und Hygrometer gewährleistet.

Maschinen für Färberei und Seiferei.

Als Färbeapparate dienten lange Zeit ausschließlich über freiem Feuer zu heizende Kupferkessel, in deren heißem Flotteninhalt die zu färbenden Stücke hantiert wurden. Um eine größere Anzahl von Gewebestücken auf einmal färben zu können, ging man dann allmählich zu Maschinen über, die ganz ähnlich wie die zum Chloren und Säuern dienenden Klapots gebaut und im übrigen so eingerichtet wurden, daß die Färbeflotte nicht mehr über freiem Feuer, sondern mit Dampf direkt oder indirekt geheizt wurde. Da es sich jedoch beim Seifen und Färben um heiße, wenn nicht kochende Bäder handelt, so wurde der untere hölzerne Bottich des Bleichklapots bald durch steinerne Kästen ersetzt, deren einzelne Teile durch eiserne Klammern zusammengehalten und durch Blei gedichtet wurden. An Stelle der steinernen wurden dann auch eiserne Kufen verwandt, wenn es sich um nicht saure Färbebäder handelte. — Über die Entwicklung der für die Seifen- und

---

[1] Dinglers Polyt. Journ. 1877, Bd. 224, S. 542.
[2] W. Elbers, Die Aufgaben und die Bedeutung der atmosphärischen Luft in der Baumwolltextilindustrie. Zeitschr. f. Farbenindustrie 1914, Heft 1—4.

Färbeoperation dienenden Waschmaschinen ist schon bei den Maschinen der Bleicherei berichtet worden.

Die weitere Entwicklung der Färberei und Seifmaschinen seit Beginn der 80er Jahre drängte dann dahin, um einen gleichmäßigeren Ausfall der Gewebe zu erzielen, an Stelle der Behandlung im Strange, also an Stelle des Strangfärbe- und Seifprozesses, die Breitfärberei und Breitseiferei der Gewebe einzuführen. Für eine kürzere Behandlungsdauer fand sich bald eine einfache Lösung durch Kästen mit einem Leitrollensystem von einer Breite, die die Warenbreite um ein Geringes übertraf, um einen gewissen Spielraum für etwaige geringe Verschiebungen im Warenlauf zu schaffen.

Für längere Behandlungsdauer im breiten Zustande wird in der Färberei der Jigger eingeführt. Am Ein- und Austritt der mit Leitrollensystem versehenen heizbaren breiten Kufe befindet sich je ein Aufwickelapparat. Während der Färbeoperation wird die zu färbende Ware abwechselnd von dem einen Aufwickelapparat zum andern mittels Wendegetriebe geführt.

Für die breite und namentlich auch die kontinuierliche Arbeitsweise im Seifprozeß gewinnt auch der Naßkalander dann mehr und mehr an Bedeutung. Diese Maschine ist ganz ähnlich wie die in dem Abschnitt über Appreturmaschinen zu besprechenden Rollkalander gebaut.

Maschinen für die Appretur und Ausrüstung der Gewebe.

Der Bedeutung, welche der Appretur zu Anfang des vorigen Jahrhunderts beigelegt wurde, entspricht auch der Eifer, den man zur Ausgestaltung der für sie erforderlichen Maschinen schon früh an den Tag legte. Die Methode, Gewebe und Bekleidungsstücke durch Behandeln mit Versteifungsmitteln, insbesondere Stärke, in gefälliger Weise herzurichten, zu „appretieren", war schon eine längst geübte Kunst; sie ist in ihren ersten Anfängen und im weitesten Sinne des Wortes gefaßt, wohl fast so alt wie die Kunst des Färbens und des in ihm zum Ausdruck kommenden Gedankens des Veredelns der Textilstoffe überhaupt. Nach Dépierre[1]) wurde die Stärke schon 800 Jahre vor Christi Geburt für Appreturzwecke gebraucht. Von einer regelmäßigen Ausübung des Appretierens kann indes erst seit Mitte des 16. Jahrhunderts, und zwar zuerst in England, gesprochen werden. Seit dieser Zeit gewann das Appretieren der Stoffe immer mehr an Bedeutung; vorübergehende Verbote seiner Anwendung, von denen übrigens auch andere wichtige Verfahren und Stoffe, wie z. B. der Indigo, betroffen wurden, haben die Ausbreitung des Verfahrens nicht hindern können, sondern vielleicht eher gefördert.

Die Maschinen, welche für den ersten Teil des Appreturprozesses in Betracht kommen, sind:

1. Die Imprägniermaschinen.
2. Die Spann- und Streckapparate.
3. Die Trockenmaschinen.

Anfangs wurden diese Maschinen so gebaut, daß jede für sich gesondert arbeitete, erst späterhin wurden sie zu einer zusammengesetzten Maschine nach Möglichkeit vereinigt.

---

[1]) J. Dépierre, Die Appretur der Baumwollgewebe, S. 14.

1. Zum Einverleiben von Appreturmasse dienen die zuerst aufgeführten Maschinen, die Imprägniermaschinen, welche als sogenannte Klotzmaschinen gebaut sind und im wesentlichen aus einem Trog mit Leitwalzen und einem Quetschwalzenpaar bestehen. Später wurden die Klotzmaschinen in der Richtung vervollkommnet, daß ein nur einseitiger (linksseitiger) Auftrag des Appreturmaterials durch entsprechend eingerichtete (Picotwalzen) oder entsprechend angeordnete Auftragwalzen (mit tangentialer Führung des Gewebes über dieselben) ermöglicht wurde.

2. Das mit Appreturmasse beladene Gewebe wird in die Breite gereckt, unter Umständen auch gleichzeitig getrocknet. Von den vielen älteren Breitstreckmaschinen, die nicht gleichzeitig Trockenmaschinen sind, ist insbesondere die Breitstreckmaschine von Palmer in Middleton, der sogenannte Palmer hervorzuheben. Der Apparat besteht aus zwei drehbaren Scheiben, über deren äußeren Umfang endlose Ketten so geführt sind, daß sie zum Transport von Geweben geeignet sind. Die Scheiben stehen schräg zueinander und werden jedesmal so eingestellt, daß der Abstand der Scheiben beim Einlauf der Breite der ungereckten Ware und der Abstand beim Auslauf der gewünschten Streckung des Gewebes entspricht.

3. Das Trocknen der auf die richtige Breite gereckten Gewebe erfolgte anfangs in Trockenstuben und Hängen, später auf Trockenmaschinen, die mit einer großen Trockentrommel oder einer Reihe von Trockenzylindern ausgerüstet sind. Über den Entwicklungsgang dieser Trockenmaschinen ist schon vorher bei den Maschinen für die Bleicherei die Rede gewesen. Hier ist noch ergänzend zu bemerken, daß die Konstruktion der für Appreturzwecke dienenden Trockenmaschine insofern späterhin geändert wurde, als durch Einfügen von Leitrollen vor jedem Trockenzylinder die Möglichkeit geschaffen wurde, nur die eine Seite der Gewebe mit den Flächen der Trockentrommeln in Berührung kommen zu lassen. So kommt bei linksseitiger Appretur nur die rechte Seite des Gewebes mit den heißen Metallflächen in Berührung, so daß ein Verschmutzen der Trockentrommeln mit Appreturmaterial vermieden wird.

Während des Trockenprozesses wird die vom Palmer-Apparat geschaffene Streckung zum Teil wieder beseitigt, weshalb die Gewebe unter Umständen mehrere Male den Streckapparat zu passieren haben. Es sind dieses Nachteile, die trotz der größeren Leistungsfähigkeit der Trockenmaschine für die meisten Fälle mehr und mehr zur Spannrahmmaschine führen.

Als Vorläufer für die allgemeine Einführung der Spannrahmmaschinen (denn die Spannrahmmaschine ist in ihrer ersten Ausführung wesentlich älter als die jetzt zu beschreibenden Maschinen) sei zunächst noch der Apparat von Huber[1]) aus dem Jahre 1872 angeführt. Auf einer Trockentrommel von sehr großem Umfange, die auch in diesem Falle den wesentlichen Bestandteil der zum Trocknen der appretierten Gewebe dienenden Trockenmaschine ausmacht, sind nahe den Rändern feine Nadeln befestigt, wie sie für die Nadelkette einer Spannrahmmaschine verwendet werden. Diese Nadeln halten dann das Gewebe an den Kanten, während es auf der Trockentrommel getrocknet wird und sich mit ihr fortbewegt, und verhindern auf diese Weise das Wiedereinlaufen während des Trockenprozesses. Dieses starre Befestigungssystem hat beim Auf- und Abnadeln

---

[1]) Dinglers Polyt. Journ. 1873, Bd. 209, S. 408.

erhebliche Nachteile gegenüber den beweglichen Gliederketten der Spannrahmmaschinen. Der Apparat kann aber zweifellos ein großes geschichtliches Interesse beanspruchen, weshalb wir ihn hier vorführen (Nr. 18).

Spannrahmmaschinen. Die Spannrahmmaschinen sind von vornherein als Maschinen gedacht, durch die die Gewebe gleichzeitig gereckt und getrocknet werden sollen. Die Spannrahmen wurden zunächst als feste Rahmen, mit denen die Gewebe keine fortschreitende Bewegung ausführen, gebaut. Zwei Langhölzer, die mit Nadeln oder Kluppen zum Erfassen der Gewebekanten versehen sind, werden mittels Schrauben in eine bestimmte, beliebige Entfernung zueinander gebracht, wodurch die Streckung des Gewebes erfolgt. Diese festen Rahmen, die sich mit den noch heute gebräuchlichen Tüllgardinenspannern vergleichen lassen, wurden dann, nachdem die entsprechende Einstellung durch Anziehen der Schrauben bewirkt war, in der Trockenstube zu fünf oder sechs übereinandergesetzt, um auf diese Weise den Platz möglichst auszunutzen.

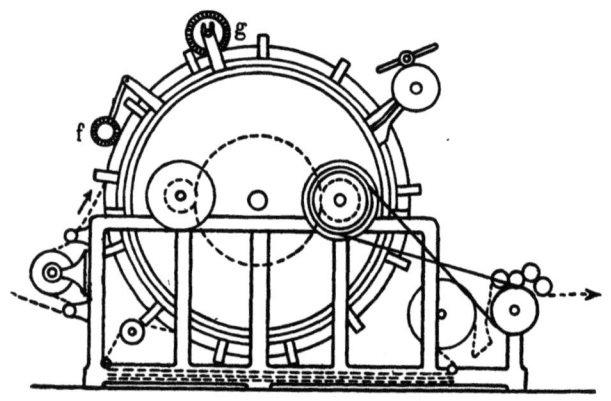

Nr. 18. Streckapparat von Huber.

Die nächste Verbesserung an den festen Spannrahmen war dann eine Vorrichtung, um das eingespannte Gewebe eine schwingende Bewegung ausführen zu lassen, und zwar in der Weise, daß entweder der ganze Rahmen oder nur die eine Seite eine schwingende Bewegung machten. Der Zweck dieser eigenartigen Bewegung war, den Trockenprozeß zu beschleunigen, gleichzeitig aber das Gewebe während des Trocknens geschmeidiger zu machen, es zu „brechen", wie man sagte.

Aus diesen festen Spannrahmmaschinen haben sich Laufspannrahmmaschinen entwickelt, die zuerst von Schlumberger 1836 vorgeschlagen wurden. Ein wichtiger Unterschied ist bei diesen Spannrahmmaschinen zunächst die Art der Gewebeführung, ob mit Nadel- oder Kluppenkette arbeitend. Groß ist die Zahl der Verbesserungen, die hier vorgeschlagen und zum Teil auch zur Ausführung gekommen sind. Schon 1831 wurde dem Engländer Morand ein Patent auf eine endlose Nadelkette erteilt. Die Form der einzelnen Glieder der Kette, ihre Verbindung, die Form der Nadeln usw., alles dieses ist Gegenstand einer ganzen Reihe von Erfindungen. Noch mehr trifft dieses für die Kluppenkette zu. Viele Konstruktionen sind vorausgegangen, bis es gelang, eine Kluppe zu finden, bei der nur ganz schmale Streifen an beiden Gewebekasten erfaßt werden, so daß die Arbeit des Streckens eine saubere und ganz gleichmäßige wird. Als Endglied dieser Entwickelung kann bei dem heutigen Stand die Tasterkluppe bezeichnet werden.

Auch im übrigen sind bis zu den heutigen Spannrahmmaschinen weitere wichtige Verbesserungen gemacht worden. Den einetagigen sind die mehretagigen Maschinen gefolgt. Die Beheizung der Heißluftkammer, durch die die Nadel- oder Kluppenkette das mit Appreturmasse imprägnierte Gewebe führt, ist im Laufe der Zeit wesentlich, namentlich auch hinsichtlich der Wärmeökonomie verbessert worden. Die Luft, welche durch Dampfheizkörper erwärmt wird, wird als vorgewärmte Luft einer Abteilung der Spannrahmmaschine entnommen, in der das Gewebe schon fast getrocknet ist, die Luft also nur wenig Wasserdampf enthält. Weitere Fortschritte sind in der Kombination von Appreturmaschinen, die dann besonders für linksseitige Appretur verwendet werden, mit Spannrahmmaschinen gemacht worden[1]).

Kalander. Mannigfache Arbeitsweisen, um gebleichte, gefärbte oder gedruckte Stoffe glänzend zu machen, sind schon lange, bevor man an eine maschinelle Lösung dieses Problems dachte, durch einen Vorgang, den man als eine Art Bügelprozeß ansprechen muß, ausgeübt worden. Die Arbeit wurde in der Weise ausgeführt, daß die Stoffe, welche glänzend gemacht werden sollten, über einen gewölbten Holzblock oder über eine aus einem anderen Material (Achat) bestehende, glatte, gewölbte Bank unter kräftigem Druck gezogen und dadurch glänzend gemacht wurden. Daraus entwickelten sich dann die Glanz- und Wichsmaschinen[2]).

Aber auch Ansätze zu einer noch zweckmäßigeren maschinellen Lösung dieser Frage im Sinne des Rollkalanders sind aus einer verhältnismäßig recht frühen Periode zu verzeichnen. In Leonardo da Vincis[3]) Nachlaß findet sich bereits die Skizze eines Kalanders.

Im Jahre 1790 wurde ferner schon von Bunting ein Kalander bestehend aus zwei Holzwalzen und aus einer Metallwalze, die mit Glühbolzenheizung versehen wurde, gebaut.

An Stelle der Glühbolzenheizung trat später die Dampfheizung, und nach der Einführung des Leuchtgases auch die noch wirksamere Gasheizung, bei der dann späterhin eine Entleuchtung und entsprechende Temperatursteigerung durch Zuführung eines Luftstroms erzielt wurde.

An Stelle der Holzwalzen der Kalander wurden dann die sehr zweckmäßigen und viel haltbareren Papier- und Baumwollwalzen eingeführt, die aus um einen eisernen oder stählernen Kern gelagertem und unter sehr hohem Druck zusammengepreßtem Papier- und Baumwollfasermaterial hergestellt wurden.

Da die Schönheit des Glanzes auch sehr von der Stärke des auf den Walzen lastenden Drucks beeinflußt wird, so ist das Druckwasser mit der Möglichkeit gleichmäßiger Drucksteigerung ein zuverlässiges Mittel, um einen guten Kalandereffekt zu erzielen; als solches wurde das Druckwasser frühzeitig erkannt. Kaselowsky erhielt schon im Jahre 1850 ein preußisches Patent auf eine hydraulische Mangel[4]). Sie bildete in vielen Fällen bald einen zweckmäßigen Ersatz für die alte Kastenmangel, bei der auch ein hoher Druck unter rollender Reibung die Hauptsache ist. Bei der Kastenmangel wird die auf Holzrollen aufgebäumte zu mangelnde Ware zwischen einem Holztisch und einem beschwerten hölzernen Kasten mit ebener Bodenplatte, der während des Arbeitsprozesses von Hand hin und her geschoben wird, gemangelt.

Interessant ist es nun, wie man nach Erfindung des hydraulischen Rollkalanders den gleichen Gedanken der Verwendung des Druckwassers auch auf die Kastenmangel zu übertragen versuchte. Hummel konstruierte eine hydraulische Kastenmangel, über die Wedding im Jahre 1858[5]) in Dinglers Polytechnischem Journal berichtet. In diesem Falle ist die

---

[1]) Vgl. Kontinuität des Arbeitsprozesses, II. Teil.
[2]) J. Dépierre, Die Appretur der Baumwollgewebe, S. 206.
[3]) Ebenda, S. 205 u. f.
[4]) Ebenda, S. 246.
[5]) Dinglers Polyt. Journ. 1858, Bd. 149, S. 26.

eigentliche Mangel in eine hydraulische Presse mit kräftigem Obergestell eingebaut. Die Maschine hatte in ihrem äußeren Aufbau große Ähnlichkeit mit der hydraulischen Packpresse, wie sie jetzt noch allgemein im Gebrauch ist. Kasten und Tisch der gewöhnlichen Kastenmangel sind bei dieser hydraulischen Kastenmangel durch zwei gehobelte Platten ersetzt, die während des Arbeitsprozesses beide durch Exzenter hin und her bewegt werden, und von denen die obere unter Vermittlung einer Reihe von Stahlwalzen gegen den oberen festen Rahmen des Gestells gedrückt wird, während die untere Platte ebenfalls unter Vermittlung von Rollen den erforderlichen Druck durch den als Tisch ausgebildeten Kopf des hydraulischen Preßstempels erhält. Der Referent kommt zu dem Ergebnis: „Das Eigentümliche dieser Mangel besteht nun darin, daß jeder beliebige allerdings bis zu einer bestimmten Grenze reichende Druck, der indessen bei den bisher üblichen Vorrichtungen nur mit vielen Umständen erreicht werden konnte, auszuüben ist". Diese Konstruktion hat in erster Linie historisches Interesse. Denn trotz dieser wesentlichen Verbesserungen ist die Kastenmangel im Laufe der Zeit immer mehr durch den kontinuierlich arbeitenden Rollkalander ersetzt worden.

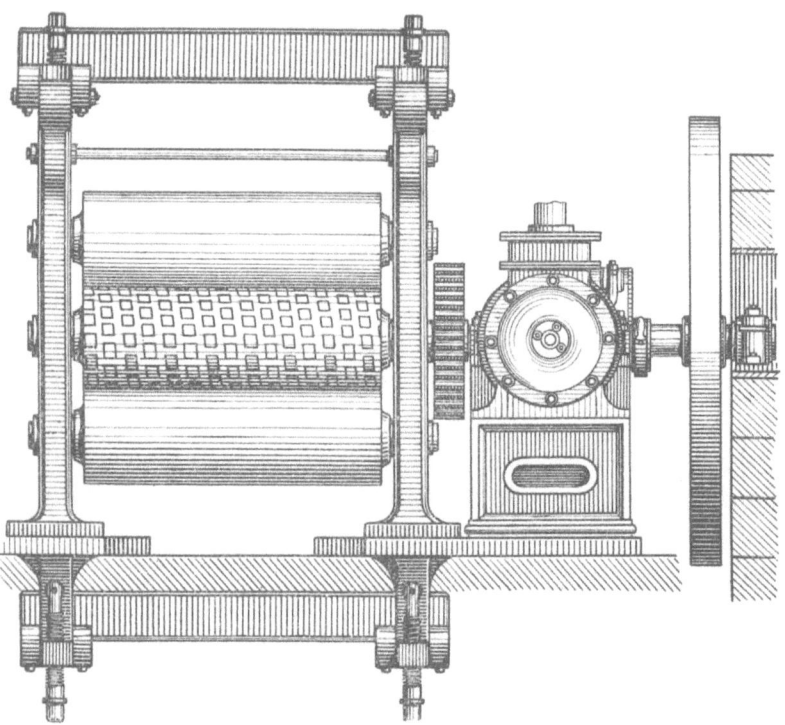

Nr. 19. Stoßkalander von Bridson.

Auch eine andere Art Mangelmaschine, die von jeher bei der Leinenindustrie eine große Rolle gespielt hat, hat in der Baumwolltextilindustrie nur eine beschränkte Anwendung gefunden; das ist der Stoß- oder Stampfkalander (Beetlemaschine). Die Maschine findet allerdings auch heute bei der Appretur der Baumwollgewebe Anwendung, wenn es darauf ankommt, ihnen einen leinwandartigen Charakter zu geben. Die Wirkung dieses Stoßkalanders beruht darauf, daß schwere hölzerne Stampfen mittels Hebedaumen und Exzenterwelle der Reihe nach gehoben, dann von den Hebedaumen freigelassen und darauf auf die zu bearbeitenden, auf einem großen Zylinder aufgebäumten Gewebe fallen.

Hier ist nun umgekehrt ein Versuch interessant, diese Arbeitsweise der intermittierend arbeitenden Stampfmaschine auf den viel leistungsfähigeren Rollkalander zu übertragen. Bridson[1]) veröffentlichte im Jahre 1856 die Beschreibung eines Kalanders, durch den er ein rotierendes Stauchen ausüben will. Die mittlere Walze (vgl. Nr. 19) eines dreiwalzigen

---

[1]) Dinglers Polyt. Journ. 1856, Bd. 142, S. 408.

Kalanders ist die eigentliche Stoßwalze; sie ist eine gegossene Metallwalze, der man eine der Länge und Quere nach gefurchte Oberfläche gegeben hat, so daß, wie in der Beschreibung ausgeführt wird, die Reihen der aus dem Walzenkörper hervortretenden Würfel mit tiefen Zwischenräumen abwechselnd etwas geneigt stehen und im übrigen eine spiralförmige Anordnung erhalten. Der Kalander hat wohl kaum weitere Verbreitung gefunden; der Konstruktionsgedanke als solcher ist indes recht beachtenswert, weshalb wir die Abbildung hier vorführen. Der gleiche Gedanke ist dann später in ähnlicher Weise in den Brechmaschinen zum Ausdruck gekommen.

Ein in praktischer Hinsicht sehr viel wichtiger Fortschritt für die Wirkungsweise des Rollkalanders war es, als man dazu überging, Stahl- und Papierwalze während des Laufens gleichzeitig eine gegensätzliche Bewegung ausführen zu lassen, und die gleitende Reibung dann auf die zu kalandernden Gewebe zu übertragen. In dieser Weise arbeiten die sogenannten Friktionskalander. Die Friktion wird dadurch bedingt, daß sich die Walzen nicht wie bei dem Rollkalander einfach aufeinander abrollen. Die heizbare Stahlwalze erhält vielmehr einen selbständigen Antrieb, der so eingerichtet wird, daß die Umfangsgeschwindigkeit der Stahlwalze nicht die gleiche wie die der Papierwalze ist, sondern eine gewisse Verminderung erfährt. Dadurch tritt eine gleitende Reibung zwischen Stahl- und Papierwalze ein, die sich auf den durchlaufenden Stoff unter Verstärkung der Glanzwirkung überträgt. Der Grad der Friktion kann durch Auswechseln der Räder des zwischen Papier- und Stahlwalze arbeitenden Antriebsvorgeleges innerhalb gewisser Grenzen beliebig eingestellt werden.

Muldenpresse. Die gleitende Reibung spielt auch bei einer Maschine eine entscheidende Rolle, die früher nur in der Wollindustrie Verwendung fand und erst seit der allgemeinen Einführung der Rauhartikel in die Baumwolltextilindustrie hier Bedeutung gewonnen hat. Das ist die Muldenpresse. Ein schwerer, geheizter Stahlzylinder dreht sich bei ihr langsam in einer mit neusilbernem Preßspan ausgelegten, halbkreisförmigen Mulde. Während die Gewebe durch die feststehende Mulde und den sich drehenden Stahlzylinder hindurchgeführt werden, erhalten sie unter dem Einfluß der sich auf sie übertragenden eigenartigen, gleitenden Reibung den gewünschten weichen angenehmen Griff.

Gauffrierkalander. Die heizbare Stahlwalze ist bei den Gauffrierkalandern nicht glatt, sondern es ist auf ihr, ähnlich wie bei den Druckwalzen, ein beliebiges Muster vertieft eingraviert, welches während des Kalanderns in die Oberfläche des Gewebes eingepreßt wird. Auch dieser Kalander ist schon zeitig verwendet worden, insbesondere auch, um sogenannte Moiré-Effekte hervorzubringen.

Eine ganz neue Bedeutung gewann der Gauffrierkalander, als zu Anfang dieses Jahrhunderts die Firma I. P. Bemberg auf Grund der Erfindung von Rob. Deissler (D. R.-P. Nr. 85368) die Stahlwalze des Gauffrierkalanders zu einem Prägewerkzeug ausbildete, um bei der Behandlung auf dem Gauffrierkalander der Oberfläche der Baumwollgewebe eine dem Seidengewebe ähnliche Struktur, und dadurch einen seidenartigen Glanz zu geben. Die Erfindung beruht auf dem Gedanken, daß beim Seidengewebe zahllose kleine Flächen, welche parallel gelagert sind, sich in dem für das Auge richtigen Reflexionswinkel befinden und das auffallende Licht gleichzeitig in das Auge des Beschauers reflektieren.

Um eine solche Wirkung durch den Kalanderprozeß auf dem Baumwollgewebe zu erreichen, wird die Stahlwalze auf ihrer ganzen Oberfläche mit sehr dicht stehenden, parallelen Rillen versehen. Während bei mäßig dichter Stellung der Rillen (3 bis 5 je mm) der schon früher beobachtete rippige, unterbrochene Seidenglanz entsteht, wird bei der im Deisslerschen[1]) Patent angegebenen sehr viel dichteren Stellung der Rillen (10 bis 20 je mm) ein homogener, verschmelzender Seidenglanz erreicht. Die mit so gravierten Stahlwalzen arbeitenden Gauffrierkalander, die dann noch mit hohem hydraulischen Druck und Preßgasheizung ausgestattet sind, werden als Seidenfinishkalander bezeichnet.

Bei der großen Bedeutung, die die Seidenfinishkalander für die Ausrüstung der Gewebe bald nach ihrer Einführung erlangt haben und auch heute noch besitzen, erscheint es natürlich, daß auch von anderer Seite ähnliche Kalander zur Erzeugung von Seidenglanz konstruiert worden sind, bei denen die Gravur der Stahlwalze auf ähnlichen Beobachtungen beruht, so z. B. der Ecksche Seidenfinishkalander[2]).

Einsprengmaschinen, Dekatiermaschinen. Außer der Friktion ist die Befeuchtung der gestärkten Gewebe ein wichtiges Mittel, um eine gute Kalanderwirkung zu erreichen. Eine solche Befeuchtung gelangt nicht neuerdings erst zur Anwendung, wenn es sich um zu glänzende Ware handelt, sondern fast alle Gewebe wurden von jeher einem Befeuchtungsprozeß unterworfen, wenn sie aus den Trockenstuben, von den Trockenmaschinen oder Spannrahmmaschinen kamen. Die älteste Art der Befeuchtung wurde in den Appreturbetrieben in gleicher Weise bewirkt, wie die Plätterinnen es noch heute zu machen pflegen, nämlich durch Besprengen mit dem zuvor in Wasser getauchten Reiserbesen; zuweilen auch wurden die Gewebe einige Zeit im feuchten Keller gelagert. Die Befeuchtung auf maschinellem Wege geschah zunächst durch in einem Wassertrog rotierende Bürsten, die das Wasser als feinen Sprühregen auf die unterhalb vorbeigeführte Ware schleudern. Der Wasserzufluß zum Troge wurde so eingestellt, daß der Sprühregen die gewünschte Stärke erhält. Unter Umständen wurde auch noch ein engmaschiges Sieb zwischengeschaltet, um den Staubregen möglichst gleichmäßig zu machen. Noch leichter dosierbar wird er, wenn an Stelle der Bürstwalze mit Preßluft betriebene, nach dem Prinzip des Injektors arbeitende Düsenrohre verwendet werden, wie dieses zuerst von Stephan in Berlin im Jahre 1864 ausgeführt wurde.

An Stelle des Staubregens wird häufig auch Wasserdampf verwendet; bei der Appretur von Wollgeweben ist dieses sogar allgemein üblich geworden. In dieser Weise arbeitet die Dekatiermaschine, auf der dann nach der Befeuchtung mit Dampf die Gewebe gleichzeitig noch gebürstet (Rauhartikel) und dann auf heißen Kupfertrommeln geglättet werden.

Meßmaschinen. Zu erwähnen ist, daß der einfache Apparat zum Messen der Gewebe, der Meßrahmen, im Laufe der Zeit durch die Meßmaschinen ersetzt ist. Auch hier gibt es weiter mannigfache Verbesserungen (mit gebogenem und ebenem geteilten Tisch usw.).

Weitere Hilfsmaschinen.

Ebenso ist noch einiges über eine Reihe von Hilfsapparaten, die in den verschiedensten Betriebsabteilungen verwendet werden, kurz nachzutragen. Zu erwähnen sind zunächst

---

[1]) Wageners Jahresberichte 1896, S. 977.
[2]) Zeitschrift für Farbenindustrie, 8. Jahrg. 1909, Heft 11 u. 12. Wilh. Elbers, Der Einfluß der Struktur d. Baumwollgewebe auf die Schönheit der Farbeffekte.

die Rauhmaschinen, welche durch mit Stahldrahthäkchen besetzte Rauhwalzen in ähnlicher Weise, wie dieses zuerst mit der Distelkarde bei den Wollartikeln geschah, das Baumwollgewebe auf einer oder auf beiden Seiten oberflächlich aufrauhen und ihm dadurch eine pelz- oder filzartige Beschaffenheit geben. Gerade in den letzten Jahrzehnten vor dem Kriege ist die Konstruktion und die Arbeitsweise der Rauhmaschinen sehr vervollkommnet worden[1]).

Sodann sei kurz hingewiesen auf die Nähmaschinen zum Zusammennähen der Gewebeenden, von Hand und von Transmission getrieben, und zwar sowohl für trockene als auch für nasse Gewebe (Naßnähmaschinen).

Einer der wichtigsten Hilfsapparate ist ferner der Breithalter, der auch bei den Streckapparaten hätte berücksichtigt werden können. Indes hat der Breithalter nur die Aufgabe, die Faltenbildung, die so mannigfache Nachteile in der Fabrikation zur Folge hat, zu verhindern oder aufzuheben. Einer der ältesten Breithalter, der vor Trockenmaschinen, Waschmaschinen usw., kurz überall da, wo Faltenbildung zu befürchten ist, angebracht wird, ist der Kegelbreithalter. Seine Erfindung stammt schon aus dem Jahre 1825 und wurde zu dieser Zeit von Coyot[2]) in den Textilbetrieben der Normandie eingeführt. Der noch heute viel angewendete Breithalter besteht aus zwei mit entsprechenden Einschnitten versehenen Holz- oder Messingkegeln, die an einem Rahmen so gelagert sind, daß sie einen stumpfen Winkel miteinander bilden.

Herfords Breithalter besteht aus einer Reihe von Exzentriks. Tulpins Breithalter aus einem System beweglicher Streichklingen[3]).

Noch geeigneter, um die Ware aus dem Strang direkt breit zu machen, ist der viel verwendete Apparat von Birch[4]), der mit einem rotierenden Schläger den losen Strang bearbeitet.

Die Einführungsapparate für Spannrahmmaschinen, die dazu dienen, die Faltenbildung zu verhüten, vor allem aber die Einführung des Gewebes an der erforderlichen Stelle zu erreichen, sind hier auch zu erwähnen. Einer der jüngsten Einführungsapparate ist der elektrische, bei dem auf elektrischem Wege eine genaue Einregulierung erreicht wird, indem die Ware je nach ihrer Breite den elektrischen Kontakt des in dem einen oder anderen Sinne arbeitenden Wendegetriebes hervorruft, welches die Einstellung der Entfernung der beiden Rahmen vermittelt.

---

[1]) Wilh. Elbers, Die Bedienung der Arbeitsmaschinen zur Herstellung bedruckter Baumwollstoffe S. 96 u. f.
[2]) J. Dépierre, Die Appretur der Baumwollgewebe, S. 172 u. f.
[3]) Dinglers Polyt. Journ. 1874, Bd. 211, S. 393.
[4]) A. Ganswindt, Die Technologie der Appretur, S. 204.

B. Chemisch=technologischer Teil.

I.
Die für die Baumwolltextilindustrie wichtigsten Farbstoffe.

Bis zur Mitte des 18. Jahrhunderts waren Färber und Drucker auf die Farben angewiesen, die aus farbstoffhaltigen Pflanzen und Hölzern gewonnen wurden. Ganz besonders sind unter den Pflanzenfarbstoffen hervorzuheben der rote in der Krapppflanze (Rubia tinctorum) enthaltene Farbstoff, sowie der blaue Farbstoff, der aus indigohaltigen Pflanzen, dem Waid- und der Indigopflanze (Indigofera tinctoria) bereitet wurde.

Die Verwendung beider Farbstoffe, des roten Krappfarbstoffs und des blauen Indigofarbstoffs, läßt sich bis zu den ältesten Zeiten, über die uns die Geschichte der Völker des Morgenlandes Kunde bringt, zurückverfolgen. Sie haben den Wechsel der Zeiten überdauert, in neuerer Zeit zunächst erfolgreich ihre überragende Stellung gegenüber den künstlichen Farbstoffen behauptet, und auch dann, als es gelang, das Alizarin des Krapps und später auch den reinen Indigofarbstoff synthetisch herzustellen, unter den künstlichen Farbstoffen eine geachtete Stellung weiter innegehabt.

Es ist ohne weiteres einleuchtend, daß bei der lang dauernden und gleichzeitig bedeutenden Verwendung dieser beiden Farbstoffe auch entsprechend ausgedehnte Kulturen für die sie enthaltenden Pflanzen vorhanden sein mußten. In der Tat sind die Krapp- und Waidkulturen im Mittelalter in allen Ländern, namentlich auch in Frankreich, wichtige Erwerbszweige gewesen. Welchen Wert man in Frankreich auf den Krappbau legte, geht daraus hervor, daß Louis Philipp zur Hebung des Krappbaues die roten Hosen in der französischen Armee mit der ausdrücklichen Bedingung einführte, daß die verwandten roten Tuche durch Färbung in Krapp hergestellt sein mußten[1]. In Deutschland war der Krappbau in Schlesien seit 1507 heimisch und gelangte auch hier im Laufe der Zeit zu großer Blüte. Erst die synthetische Herstellung des Alizarins zu Anfang der 70er Jahre des vorigen Jahrhunderts bereitete dem einträglichen Krappbau, namentlich auch in Frankreich, ein ziemlich rasches Ende.

Dem Waidbau erwuchs dagegen schon früh in Deutschland ein Konkurrent durch die Einführung des in tropischen Klimaten aus der Indigopflanze gewonnenen Indigos. Als Zeitpunkt dieser Einführung kann das Ende des 16. Jahrhunderts angesehen werden. Die Einführung des Indigos konnte durch ein Verwendungsverbot, auf dessen Übertretung durch den Regensburger Reichstag 1594 sogar die Todesstrafe gesetzt wurde, wohl aufgehalten, aber nicht unterdrückt werden. Freilich erscheint die Erregung, die das Erscheinen des Indigos auslöste, begreiflich, lebten doch von dem Waidbau, der in Mitteldeutschland zu Hause war, 1616 in den thüringischen Ländern allein 300 Dörfer, ungerechnet die fünf Waidstädte (Erfurt, Gotha, Arnstadt, Langensalza und Tannstädt), die den ausschließlichen Pastelhandel betreiben[2].

---
[1] Ad. Lehne, Krais, Handwörterbuch der Werkstoffe, S. 425.
[2] Dinglers Polyt. Journ. 1879, Bd. 234, S. 66 u. f. A. Kielmeyer, Die Entwicklung der Färberei, Druckerei und Bleicherei.

Neben diesen wichtigsten Farbstoffen Krapp, Waid und Indigo standen im Mittelalter weiter an organischen, aus dem Pflanzenreich stammenden Farbstoffen noch zur Verfügung: Safflor, Galläpfel, Eichenrinde, Kermes, Quercitronholz (um 1780), Cachou (1815) u. a.

In der zweiten Hälfte des 18. Jahrhunderts bürgern sich neben den Pflanzenfarbstoffen allmählich die **Mineralfarbstoffe** sowie die ausgedehnte Verwendung von **Metallsalzen** als Beizen ein.

1750 bringt die Verwendung der **Eisensalze als Eisenchamois.**

1785 die Anwendung des **Zinnsalzes** in der **Türkischrotgarnfärberei** zum Avivieren des Türkischrot.

1815 **Manganbraun (Bister).**

1819 die Einführung des **chromsauren Bleis (Chromgelb).**

1830 die ganze Reihe der Pigment- oder Körperfarben (die durch Albumin befestigt wurden).

Künstliche Farbstoffe[1]). Zu den ältesten künstlichen Farbstoffen gehören neben dem von Runge zuerst entdeckten Anilinschwarz, von dem später noch eingehender die Rede sein wird, die 1834 zuerst auch von Runge hergestellte Rosolsäure, der die Bildung aus dem Phenol des Steinkohlenteers beobachtet hatte[2]).

Der Farbstoff steht der Rosanilingruppe (Triphenylmethanfarbstoffe) nahe, die zuerst von allen künstlich hergestellten Farbstoffen Bedeutung gewann.

1839 wurde von Wöhler und Liebig das Murexid[3]), welches schon 1776 von Scheele entdeckt wurde, näher untersucht. Der violette Farbstoff, dessen Konstitution nicht genau erforscht ist, wurde dann aus der Harnsäure des Guano hergestellt. Während der 50er Jahre viel verwendet, wurde er wegen seiner Unechtheit späterhin durch die echteren künstlichen violetten Farbstoffe bald verdrängt.

Überschauen wir den Entwicklungsgang der Entdeckung und, wie man vielleicht im weiteren Verlauf der Entwicklung sagen darf, der Erfindung der künstlichen Farbstoffe im Zusammenhange, so zeigt sich, daß zunächst ein Derivat des einfachsten Kohlenwasserstoffs der aromatischen Reihe, ein Derivat des Benzols, das Anilin, den Ausgangspunkt bildet und zur Entdeckung des Fuchsins führt, auf die sich dann bald eine ganze Farbstoffgruppe, die Rosanilingruppe, aufbaut.

Die grundlegenden Arbeiten von Kekulé über die Konstitution des Benzolkerns und der aromatischen Verbindungen überhaupt führen dann die Entdeckungen aus dem enger begrenzten Gebiet heraus. Die Erforschung des Steinkohlenteers bietet als weiteren wichtigen Ausgangspunkt für die Auffindung neuer Farbstoffe neben dem Anilin zunächst das Anthracen. Fast ein Jahrzehnt stehen die sich von ihm ableitenden Farbstoffe im Mittelpunkt der Forschung der künstlichen Farbstoffe. Zum Teil gleichzeitig mit den Anthracenderivaten, zum Teil später kommt dann das Naphthalin und seine Derivate zur Geltung.

---

[1]) Die Angaben der Jahreszahlen stützen sich auf die auf meinem Wunsch gemachten Zusammenstellungen der Farbenfabriken vorm. Friedr. Bayer & Co., der Farbwerke vorm. Meister, Lucius & Brüning, der Badischen Anilin- u. Sodafabrik, auf die angezogenen Literaturstellen, sowie auf die Laboratoriumsjournale von Gebrüder Elbers. Für die Bezeichnung der Farbenfabriken, welche die Farbstoffe auf den Markt gebracht haben, sind meist die üblichen Abkürzungen angewendet worden: Farbenfabriken vorm. Friedr. Bayer & Co., Leverkusen = (Bayer); Farbwerke vorm. Meister, Lucius & Brüning, Höchst a. M. = (Höchst); Badische Anilin- u. Sodafabrik, Ludwigshafen a. Rh. = (Bad. und B. A. S. F.); Leopold Cassella & Co., Frankfurt a. M. = (Cassella).

[2]) Georg von Georgievics, Lehrbuch der Farbenchemie, S. 158.

[3]) Witt, Chemische Technologie der Gespinstfasern, S. 37 u. 40.

Von da ab, etwa Mitte der 80er Jahre, wird auf allen Gebieten, die so als Ausgangspunkte erschlossen sind, gleichmäßig intensiv gearbeitet. Die Arbeiten, die zur Entwicklung der Farbstoffe führen, werden immer systematischer und zielbewußter.

1876 entdeckt Witt[1]) die farbstoffbildenden, die sogenannten chromophoren Gruppen und begründet den Zusammenhang zwischen chemischer Konstitution (relative Stellung der einzelnen Gruppen) und Färbevermögen. Er weist weiter nach, wie die chromophoren Gruppen den Kohlenwasserstoff in einen chromogenen Körper umwandeln, der durch sogenannte auxochrome Gruppen (Amidogruppen, Hydroxylgruppen usw.) leicht in einen Farbstoff übergeführt werden kann. Auf diese Weise ist die Grundlage für den Aufbau von Farbstoffen geschaffen, so daß man sich ganz bestimmte Ziele in bezug auf die Eigenschaften der darzustellenden Farbstoffe stecken kann.

Hier kann man dann, wenn man größere Zeiträume überblickt, beobachten, wie in allen deutschen Farbenfabriken, die sich die Entdeckung und Auffindung neuer für bestimmte Zwecke besonders geeigneter Farbstoffe zur Aufgabe gemacht haben, in einer Reihe von Jahren wieder bestimmte Untergebiete ganz besonders intensiv bearbeitet werden, um dann in einer folgenden Reihe von Jahren wieder neuen Problemen Platz zu machen. Ein interessantes Beispiel für diese Tatsache ist z. B. die Beobachtung, wie nach der Entdeckung der für die Baumwollfärberei wichtigen Schwefelfarbstoffe diese einen sehr breiten Raum in den ihrer Entdeckung folgenden Jahren einnehmen. Alle Körper, mit denen der Farbstoffabrikant in Berührung kommt, werden daraufhin geprüft, ob bei Einführung des Schwefelmoleküls ein verwendbarer Farbstoff entsteht. Ähnlich verhält es sich späterhin mit den Küpenfarbstoffen.

Es soll nun zunächst im Anschluß an die schon aufgeführten künstlichen Farbstoffe eine kurze Aufzählung der wichtigsten Farbstoffe nach dem Zeitpunkt ihrer Entdeckung bzw. Einführung in die Technik folgen.

Als Einteilungsprinzip wollen wir uns teilweise an die zur Klassifizierung für Farbstoffe übliche Gruppierung, die auf der chemischen Konstitution der Farbstoffe beruht, anlehnen. Namentlich soll dieses für die älteren, chemisch scharf charakterisierten Farbstoffe geschehen. Für einen Teil der Farbstoffe aber ist die Einteilung entsprechend ihrer Verwendung in Färberei und Zeugdruck gewählt worden. Es erscheint dieses um so berechtigter, als für einen Teil der neueren Farbstoffe die chemische Konstitution nicht bekanntgegeben worden ist.

1856 bis 1866 Rosanilingruppe [Triphenylmethanfarbstoffe[2])].

1856 Mauvein (violetter Farbstoff) von Perkin entdeckt.

1858 Fuchsin, der wichtigste Farbstoff der Rosanilingruppe, wurde von A. W. Hoffmann entdeckt.

1861 Anilinblau, von Girard (durch Phenylieren von Rosanilin dargestellt).

1863 Aldehydgrün, der erste künstlich dargestellte grüne Farbstoff.

1863 Hofmanns Violett (Triäthylrosanilinjodid).

1866 Jodgrün (aus Methylviolett und Jodmethyl).

1863 entdeckte Ligtfoot das Anilinschwarz.

---

[1]) P. Julius, Farbstoffe, S. 29.
[2]) Georg von Georgievics, Lehrbuch der Farbenchemie, S. 120 u. f.

1868 bis 1895 Anthracenfarbstoffe.

1868 entdeckten Gräbe und Liebermann das Alizarin (Dioxyanthrachinon).

Aus dem Alizarin wurden durch Einführung von Nitro-, Amido- und Hydroxylgruppen (Polyoxyanthrachinone) und durch Chinolinbildung des Alizarins weitere Anthracenfarbstoffe hergestellt. Außerdem wurden die Anilidoderivate [1]) des Anthrachinons zum Ausgangspunkt der Erzeugung weiterer Alizarinfarbstoffe gemacht. Die Gruppe wurde auf diese Weise so bereichert, daß allmählich sämtliche Farbnuancen in dieser Gruppe vertreten sind.

    1875 Alizarinorange [2]) (Nitroalizarin).
    1875 Alizaringranat [2]) (Amidoalizarin).
    1878 Alizarinblau [3]) (das Chinolin des Alizarins).
    1882 Alizarinblau S [4]) (Alizarinblau mit Natriumbisulfit).
    1887 Anthracenbraun.
    1892 Alizarinschwarz und Alizarinschwarz S (Bisulfitverbindung).
    1892 Alizarinbordeaux (Alizarincyanin 3 R, Bayer).
    1893 bis 1895 Alizaringrün,
        Alizarinreinblau (Anthrachinonanilidoverbindung),
        Alizarinviridin usw.

Andere Beizenfarbstoffe.

    1881 Gallocyanin [5]).
    1885 Gallein, Cörulein [6]).
    1892 Gallaminblau (Bayer).
    1892 bis 1916 Chromfarben (Bayer).
        Cölestinblau, Gallomarineblau, Gallophenin usw.
    1893 Beizengelb (Bad.).

Die Azofarbstoffe. Ungefähr ein Jahrzehnt nach der Entdeckung der Darstellung des künstlichen Alizarins wird von Witt und Caro das Crysoidin entdeckt. Von diesem Zeitpunkt an datiert, abgesehen von einigen Vorläufern, auf die gleich zurückzukommen sein wird, die Einführung der Azofarbstoffe in die Technik.

Die grundlegende Reaktion zur Herstellung der Azofarbstoffe wurde allerdings schon viel früher, nämlich im Jahre 1858 durch Peter Griess entdeckt. Dieser fand damals schon, daß durch die Einwirkung von salpetriger Säure auf primäre aromatische Amine Diazokörper entstehen, die an sich zwar leicht zersetzliche Körper sind, sich aber leicht mit Aminen zu beständigen Farbstoffen, die dann als Azofarbstoffe bezeichnet wurden, kuppeln lassen. Später, 1870, wurde dann hieran anschließend die wichtige Tatsache gefunden, daß sich Diazokörper nicht nur mit Aminen, sondern auch mit Phenolen zu Azofarbstoffen kuppeln lassen.

    1861 wurde das Amidoazobenzol als erster Azofarbstoff in den Handel gebracht,
        seine Zugehörigkeit zur Gruppe der Azofarbstoffe allerdings erst später erkannt.

---

[1]) R. Nietzki, Chemie der organischen Farbstoffe, S. 118.
[2]) Wageners Jahresber. 1875, S. 973.
[3]) Ebenda 1878, S. 1113.
[4]) Ebenda 1882, S. 978.
[5]) R. Nietzki, Chemie der organischen Farbstoffe, S. 23.
[6]) Wageners Jahresber. 1885, S. 552 u. 557.

1866 der erste wertvollere Azofarbstoff, das Vesuvin[1]) oder Bismarckbraun, wird von Caro gefunden.

1868 Martiusgelb, ein gelber Azofarbstoff, wird von Martius gefunden.

1876 Crysoidin[2]) von Witt und Caro.

1879 R. Nietzki führt mit dem Biebricher Scharlach[3]) den ersten Tetrazofarbstoff ein.

1881 Croceinscharlach (als Wollfarbstoff wichtiger wie als Baumwollfarbstoff).

Außerdem eine große Reihe von Wollfarbstoffen, namentlich auch Naphthalinfarbstoffen[4]), die hier nicht zu berücksichtigen sind.

1887 Ein beizenziehender Azofarbstoff, der den irreführenden Namen Alizaringelb[5]) erhält, aber in Wirklichkeit ein Salicylazofarbstoff ist, wird von Nietzki eingeführt.

Substantive Farbstoffe[6]). Im Jahre 1884 entdeckte Paul Böttger das Congorot, einen Tetrazofarbstoff, der Baumwollstoffe ohne vorheriges Beizen zu färben vermag. Weiter wurde gefunden, daß ganz allgemein Diamine, bei denen sich die beiden Amidogruppen in Parastellung befinden, sich zur Herstellung substantiver Tetrazofarbstoffe eignen.

Aus der Verwendung dieser Diamine (Benzidin, Tolidin, Dianisidin) ist die große Gruppe der substantiven Farbstoffe, die als Diaminfarbstoffe, Benzidinfarbstoffe oder mit anderen an die beiden Amidogruppen erinnernden Fantasienamen belegt worden sind, entstanden. Es seien hier nur einige der wichtigsten substantiven Farbstoffe, die dauernd oder vorübergehend größere Bedeutung erlangt haben, herausgegriffen.

1884 Congorot von Böttger.

1884 Benzopurpurin (Bayer).

Crysamin (Bayer).

1886 Crysophenin (Bayer).

Benzoazurin (Bayer).

1887 Diaminfarben (Cassella), Diaminrot, Diamingelb, Diaminblau.

1892 Geranin (Bayer).

1896 bis 1914 Benzidinfarben (Bayer).

1905 bis 1912 Dianilfarben (Höchst).

1888 Carbazolgelb (Bad.).

1888 Baumwollgelb R (Bad.).

1883 bis 1915 Oxaminfarben (Bad.).

Naphtholazofarbstoffe. Zu Beginn der 80er Jahre wurde die Verwendungsmöglichkeit der Azofarbstoffe in der Baumwollfärberei und -druckerei, die an sich schwer löslich und mit der Baumwollfaser nur schwierig in Verbindung zu bringen sind, dadurch sehr erheblich erweitert, daß sie auf der Baumwollfaser selbst gebildet und auf diese Weise tadellos befestigt werden. Diese neue Verwendungsart hatte zur Voraussetzung,

---

[1]) Witt, Chemische Technologie der Gespinnstfasern, S. 43.
[2]) Wageners Jahresber. 1877, S. 886.
[3]) R. Nietzki, Chemie der organischen Farbstoffe, S. 23.
[4]) Wageners Jahresber. 1881, S. 438.
[5]) R. Nietzki, Chemie der organischen Farbstoffe, S. 67.
[6]) Farbenfabriken vorm. Friedr. Bayer & Co., Elberfeld, Die Benzidinfarbstoffe, S. 2 u. f.

daß die Farbenfabriken sich der neuen Arbeitsweise in der Färberei und im Zeugdruck anpaßten und sich auf die Lieferung der erforderlichen Farbstoffkomponenten einstellten. Es hatten dann die Farbenfabriken die beiden farblosen Komponenten, nämlich die Farbbase (den zur Diazotierung geeigneten Amidokörper) und das Phenol oder Amin zu liefern (in ähnlicher Weise wie schon seit den 60er Jahren von den Farbenfabriken das Anilinöl an Druckereien und Färbereien zur Herstellung von Anilinschwarz auf der Faser geliefert wurde).

In den Druckereien und Färbereien wurde dann die Farbbase als solche (vor dem Aufbringen auf das Gewebe) diazotiert und die entstehende Diazolösung zum Bedrucken oder Färben des mit β-Naphthol u. ä. imprägnierten Baumwollgewebes verwendet, so auf ihm den Azostoff erzeugend.

Zuerst wurde das Verfahren, auf der Baumwollfaser Naphtholazofarbstoffe zu erzeugen,

1882[1]) von Ch. Holliday in Huddenfield vorgeschlagen.

1888 gewann der aus der Diazolösung des p-Nitranilin und β-Naphthol hergestellte Naphtholazofarbstoff große praktische Bedeutung, indem er als Ersatz für das Alizarintürkischrot eingeführt wurde.

Als weitere Farbbasen für Naphtholazofarbstoffe, deren Diazolösungen mit β-Naphthol gekuppelt werden, wurden fast gleichzeitig eingeführt:

α-Naphthylamin für Bordeaux.

Anilin für Orange.

Toluidin für Orange.

1894 Dianisidin für Blau [Storck[2])].

1903 p-Nitro-Orthoanisidin für Scharlach. [Azorosa (Höchst).]

Haltbare Diazokörper. Die leichte Zersetzlichkeit der Diazoverbindungen, die in den Färberei- und Druckereibetrieben für den jeweiligen Gebrauch aus den Farbbasen hergestellt wurden, bereitete gewisse Schwierigkeiten, da die für den Färbe- oder Druckprozeß erforderliche Menge Diazolösung sich nicht immer genau abschätzen läßt, und die überschießende fertig bereitete Diazolösung dann verloren geht. Außerdem erfordert der Diazotierungsprozeß ein gut geschultes Personal, wie es sich nicht in allen Betrieben findet. Endlich ist die für die meisten Diazotierungsvorgänge erforderliche Verwendung von Eis eine lästige Beigabe. Diese Umstände veranlaßten die Farbenfabriken, fertig bereitete, haltbare Diazoverbindungen[3]) (beständige Chlorzinkdoppelsalze usw.) in den Handel zu bringen. Hervorzuheben sind besonders haltbare Diazoverbindungen für Rot, die aus dem p-Nitrodiazobenzolchlorid hergestellt waren.

1894 Nitrosaminrot (Bad.).

1895 Azophorrot (Höchst).

1897 Azophorschwarz usw.

Farbstoffe, die auf der Faser entwickelt werden. An die auf der Faser erzeugten einfachen Naphtholazofarbstoffe schließt sich eine Reihe von meist substantiven Farbstoffen mit freien Amidogruppen an, die, nachdem sie auf den Baumwollstoff geklotzt oder gefärbt worden sind, auf der Faser selbst dann noch diazotiert und durch Kupplung mit β-Naphthol oder anderen Phenolen zu höheren Azofarbstoffen entwickelt werden. Diese weitere Entwicklung verändert im allgemeinen die Nuance des Farbstoffs kaum, sie verleiht aber der Färbung eine wesentlich größere Echtheit.

---

[1]) Wageners Jahresber. 1883, S. 1106.
[2]) Färberzeitung 1893/94, Heft 24, S. 381.
[3]) Wageners Jahresber. 1896, S. 658 u. 667.

1887 wurde von Green zuerst als Entwicklungsfarbstoff ein gelb färbender Farbstoff, das Primulin[1] vorgeschlagen.

1892 bis 1896 Diazofarben (Bayer) (Diazurin, Diazoschwarz, Diazoindigoblau usw.).

1893 Diaminogenfarben (Cassella) (Diaminogenblau usw.).

Basische Farbstoffe. Der Name basische Farbstoffe ist ein Sammelname für eine Reihe von Farbstoffen verschiedener chemischer Konstitution, die sich mit Hilfe von Tannin auf der Baumwollfaser befestigen lassen. Auch die Rosanilingruppe ist zu den basischen Farbstoffen zu zählen.

1864 Indulin[2] (Caro und Martius); wesentlich später fand man die für die Verwendung dieses Produktes im Zeugdruck geeigneten Lösungsmittel (Acetinblau).

1870 Saffranin[2].

1877 Methylenblau[3], ein sehr wichtiger, noch heute viel benutzter Farbstoff.

1878 Malachitgrün[3].

1884 Auramin[4].

1884 Viktoriablau B.

1894 Nilblau[5].

1895 bis 1913 Rhodulinfarben (Bayer).

1895 Rhodulinrot.

1900 Rhodulinheliotrop.

1905 Rhodulinorange N.

1913 Rhodulinblau R.

Phtalsaure Farbstoffe.

1871 Phenolphthalein, Fluorescein (Ad. Baeyer).

1874 Eosin (Caro).

1888 Rhodamin[6].

Schwefelfarbstoffe. Die Schwefelfarbstoffe haben die Fähigkeit, Baumwollstoff substantiv zu färben. Außerdem haben sie die Fähigkeit, durch Überführung in Leukoverbindungen, durch sogenannte Küpenbildung sich befestigen zu lassen.

Schon 20 Jahre vor der systematischen Durcharbeitung des Gebietes der Schwefelfarben wurde 1873 das durch Schmelzen von organischen Abfallprodukten (Sägespäne, Kleie) mit Schwefelnatrium erzeugte Cachou de Laval[7] eingeführt.

1893 Vidalschwarz.

1893 bis 1912. Alle Farbenfabriken brachten eine mehr oder weniger große Reihe von Schwefelfarbstoffen. Namentlich eingebürgert haben sich die

1908 bis 1910 Katigenfarben (Bayer), Katigenschwarz, Katigenindigo, Katigengrün usw.

1898 bis 1908 Immedialfarben (Cassella), Immedialschwarz, Immedialblau, Immedialoliv usw.

---

[1] Georg von Georgievics, Lehrburch der Farbenchemie, S. 105.
[2] Witt, Chemische Technologie der Gespinnstfaser, S. 42 u. 43.
[3] Wageners Jahresber. 1878, S. 1057 u. 1058.
[4] Ebenda 1884, S. 1138.
[5] Ebenda 1894, S. 666.
[6] Ebenda 1888, S. 720.
[7] R. Nietzki, Chemie der organischen Farbstoffe, S. 291.

1902 bis 1914 Thiogenfarben (Farbwerke Meister, Lucius & Brüning), Thiogenschwarz, Thiogenblau, Thiogencyanin usw.

1898 bis 1914 Kryogenfarben (Bad.), Kryogenschwarz, Kryogendirektblau usw.

Die chemische Konstitution dieser Schwefelfarbstoffe ist natürlich aus den Namen in keiner Weise ersichtlich.

Die Methode der Farbstofferzeugung ist bei den Schwefelfarbstoffen besonders einfach; es handelt sich meist nur um ein Verschmelzen der Ausgangsprodukte mit Schwefelalkalien. Dieser Umstand hat die Arbeiten auf diesem Gebiete sehr begünstigt. Allerdings wurde bei diesen Arbeiten nicht mit der wissenschaftlichen Methodik und Systematik wie auf den anderen Gebieten der Farbstoffauffindung gearbeitet. Namentlich seitdem seit etwa Ende des vorigen Jahrhunderts sich das Bestreben geltend machte, möglichst auch billige Farbstoffe zu erzeugen, ist wohl kein organischer Körper und kein Abfallprodukt in den Farbenfabriken von der Prüfung verschont geblieben, ob sich durch Zusammenschmelzen mit Schwefelalkalien nicht ein brauchbarer Schwefelfarbstoff herstellen ließe. Besonders wurde auf ein billiges Schwefelschwarz gefahndet, da schwarze Schwefelfarbstoffe in der Unifärberei der Baumwollstoffe sich gut eingeführt hatten. Von der Art der Forschung auf diesem neuen Gebiet sagt Georgievics[1]) in seinem 1902 erschienenen Handbuch: „Das rein empirische Suchen auf diesem Gebiet erinnert lebhaft an die erste Zeit der Anilinfarbenfabrikation". Dieser Arbeitseifer erlahmte auch sobald nicht und erreichte wohl seinen Höhepunkt im Jahre 1910, in dem von den insgesamt als neu herausgebrachten 265 Farbstoffen der Farbenfabriken 51 Schwefelfarbstoffe waren. In den fünf Jahren von 1908 bis 1912 wurden 140 Schwefelfarbstoffe neu herausgebracht bei insgesamt 976 neuen Farbstoffen[2]).

Indigo und Indigoderivate.

1880 die Synthese des Indigos wurde von Ad. Baeyer[3]) gefunden.

1897 wurde zuerst von der Badischen Anilin- und Sodafabrik[4]) in großem Maßstabe (auf Grund der Heumannschen Synthese) künstlich hergestellter Indigo in die Technik eingeführt.

1908 Indigo M. L. u. Br. (vom Naphthalin ausgehend).

1902 Halogenindigo von Ratjen[5]).

Indigoide und Küpenfarbstoffe.

1881 Indophenol[6]) (Witt und Köchlin).

1901 bis 1915 Indanthrenfarben (Bad.), Indanthrenblau, Indanthrenviolett usw.

1907 bis 1913 Algolfarben (Bayer), Algolblau, Algolgelb, Algolviolett usw.

1910 bis 1916 Alizarinindigoblau, Alizarinindigorosa, Alizarinindigoviolett usw.

1908 bis 1913 Helindonfarben (Höchst), Helindongelb, Helindonrosa, Helindonblau usw.

1910 Hydronfarben (Cassella), Hydronblau, Hydronschwarz, Hydronviolett usw. Cibafarbstoffe (Chem. Industrie, Basel).

---

[1]) Georg v. Georgievics, Lehrbuch der Farbenchemie, S. 311.
[2]) Wageners Jahresber. 1913, S. 513.
[3]) O. N. Witt, Chemische Technologie der Gespinnstfasern, S. 44.
[4]) Broschüre Indigo rein, B. A. S. F., S. 7 und Wageners Jahresber. 1890, S. 664.
[5]) Wageners Jahresber. 1902, II, S. 159.
[6]) R. Nietzki, Die Chemie der organischen Farbstoffe, S. 23.

II.

Die Arbeitsmethoden für den Baumwollzeugdruck[1]).

Bei der geschichtlichen Vorführung der Arbeitsmaschinen für die Baumwolltextilbetriebe sind auch schon manche Arbeitsmethoden kurz besprochen worden. Es war dieses schon aus dem Grunde nötig, weil die Arbeitsmethoden ja in den meisten Fällen die Voraussetzung für den Bau der Arbeitsmaschinen sind, zum mindesten ihn maßgebend beeinflußt haben. Trotzdem gibt die Aufzählung der Arbeitsmaschinen kein zutreffendes Bild über die Entwicklung der Arbeitsmethoden. Es kommt hier folgendes in Betracht.

Eine Arbeitsmaschine eines textilen Betriebes kann zur Ausübung der verschiedensten Arbeitsmethoden verwendet werden. Das Färbebad einer Färbemaschine kann mit allen möglichen Farbstoffen und Drogen beschickt werden, eine Druckmaschine kann die nach ganz verschiedenartigen Gesichtspunkten zusammengesetzten Druckfarben ohne weiteres drucken. Die Arbeitsmethode baut sich eben nicht nach rein technisch-mechanischen, sondern auch nach chemisch-technologischen Gesichtspunkten auf; sie geht ihre eigenen Wege und weist der Arbeitsmaschine die Rolle eines vielseitigen Werkzeugs zu.

Ebensowenig gibt die Aufzählung der Farbstoffe in geschichtlicher Reihenfolge, wie sie im vorhergehenden Abschnitt in großen Zügen gegeben ist, ein Bild über die Zeit ihrer tatsächlichen Einführung in die Praxis des Färberei- und Druckereibetriebes. Viele Fragen sind in einem solchen Falle zu beantworten. Zunächst von vornherein die Frage der Echtheit der Farbstoffe an sich, die Licht-, Chlor-, Luftechtheit usw. Sodann ist die wichtige Frage zu erörtern, ob der Farbstoff in nicht zu schwieriger Weise und genügend echt (reib-, seifen-, bügelecht usw.) auf der Faser selbst, in unserem Falle der Baumwollfaser, befestigt werden kann, weiter dann die Frage, ob die Befestigung nach einer Methode vorgenommen werden kann, die bereits für andere Farbstoffe geübt wird, so daß die für bunte Artikel so wichtige Aufgabe der gleichzeitigen Befestigung mit anderen Farbstoffen ohne weiteres ausführbar erscheint. So ist von der ersten Vorführung eines Farbstoffes bis zu seiner dauernden Einführung oft schon ein weiter Weg.

Andererseits ist auch noch zu beachten, daß ein sonst brauchbarer und guter Farbstoff keineswegs nur nach einer Methode befestigt werden kann. Da die echten Farbstoffe das Fundament bilden, auf dem die Druck- und Färbeartikel aufzubauen sind, so sucht man für diese Farbstoffe die Befestigungsmethoden zunächst zwar möglichst zu vereinfachen, andererseits aber auch in gewisser Beziehung mannigfaltiger zu gestalten. Man

---

[1]) Als Literatur für diesen Abschnitt wurde benutzt: Dinglers Polyt. Journ., insbesondere Bd. 234 u. 235; Kielmeyer, Die Entwicklung der Färberei, Bleicherei und Druckerei; Wageners Jahresber.; Die Laboratoriumsjournale der Firma Gebrüder Elbers und die in den Fußnoten angegebenen Werke.

will auf diese Weise die Möglichkeit bekommen, um Kombinationen mit anderen unter Umständen auch weniger echten Farbstoffen zu schaffen und Artikel hervorzubringen, die der jeweiligen Geschmacksrichtung Rechnung tragen. So hat mancher Farbstoff und erst recht manche Farbstoffgruppe durch die verschiedenen Befestigungsmethoden, die bei ihnen angewandt werden, und durch die verschiedenartigen Artikel des Zeugdrucks, die mit ihnen hergestellt sind, seine eigene Geschichte.

Es kann also weder der Abschnitt über die geschichtliche Entwicklung der Arbeitsmaschinen, noch der vorhergehende Abschnitt, in dem die Mitteilungen über die Reihenfolge enthalten sind, in der die künstlichen Farbstoffe entdeckt, erfunden und auf den Markt gebracht sind, uns ein Bild auch über die geschichtliche Entwicklung der Arbeitsmethoden im Zeugdruck, der uns hier besonders interessiert, geben. Dieses soll deshalb im folgenden unsere Aufgabe sein. Wir wollen zunächst in kurzen Zügen, als Ergänzung zu den Ausführungen im mechanisch-technologischen Teil, die chemisch-technologische Entwicklung der Baumwollstückbleicherei vorführen, und sodann von der geschichtlichen Entwicklung der Befestigungsmethoden der Farbstoffe und der im Laufe der Jahre mit ihnen geschaffenen Druckartikel ein einigermaßen zusammenhängendes Bild, namentlich über die Zeit von 1822 bis 1922, zu geben versuchen. Dabei werden sich allerdings kurze Wiederholungen nicht vermeiden lassen.

❋ ❋ ❋

Chemisch-technologische Entwicklung des Bleichprozesses.

Die Grundzüge der Entwicklung der Bleichapparate sind, soweit die mechanisch-technologische Seite in Betracht kommt, schon im zweiten Abschnitt bei der Besprechung der zum Bleichen dienenden Maschinen gekennzeichnet worden, und zwar haben wir als Hauptmerkmale dieser Entwicklung dort kennen gelernt:

1. Allmähliche Vereinfachung und Verbesserung in der Zirkulation der Bleichflotte.
2. Verwendung von Kesseln, in denen mit hochgespanntem Dampf gearbeitet werden kann.
3. Bessere Zugänglichkeit aller Teile des Bleichkessels.

Es ist also hier im wesentlichen nur noch einiges über die Entwicklung des chemischen Teiles des Bleichprozesses zu sagen. Für das Auskochen der Gewebe, zur Beseitigung der inkrustierenden Stoffe, des Pflanzenwachses usw., wurde zuerst nur Soda, dann später auch Kalk verwendet[1]. 1827 wurde die Harzseife als Zusatz zur Soda eingeführt. Diese Arbeitsweise hat sich trotz der leicht auftretenden Harzflecke in manchen Betrieben bis auf den heutigen Tag erhalten.

Als Ersatz für die an den Kochprozeß sich auch heute noch anschließende Säurebehandlung diente bis zu Anfang des 19. Jahrhunderts das Hantieren der gekochten Gewebe

---

[1] Wageners Jahresber. 1889, S. 1134; Scheurer, Das Bleichen der Baumwollgewebe.

in Bädern von saurer Milch oder Kleie[1]), bis dann die weitere Ausdehnung der Schwefelsäurefabriken, von denen die erste schon im Jahre 1774 errichtet wurde, genügende Mengen Schwefelsäure den Bleichern zur Verfügung stellte. Die Schwefelsäure wurde dann später meist durch Salzsäure ersetzt, besonders auch, seitdem Kalklösung zum Auskochen der Gewebe verwendet wurde.

Zum Zerstören des dem Gewebe dann noch anhaftenden Pflanzenfarbstoffs wurde an Stelle der Rasenbleiche die Behandlung der Stoffe mit Chlor schon früh verwendet. Bereits 1785 bleicht Berthollet Leinwand und Baumwollstoffe in einer Lösung von Chlorgas in Wasser. Diese wässerige Chlorlösung wird später durch die sogenannte Javellesche Lauge und dann durch den 1798 von Tennant zuerst bereiteten Chlorkalk ersetzt.

Der eigentliche Chemismus des Bleichverfahrens für Baumwollstoffe ist zwar im wesentlichen derselbe geblieben, aber im Laufe der Jahrzehnte doch mehr und mehr erforscht worden; die gewonnenen Resultate haben dann zu neuen Vorschlägen für die Ausübung der Bleichverfahren geführt und die ganze Arbeitsweise im Bleichprozeß doch wesentlich beeinflußt. Auch in dieser Hinsicht soll hier nur auf einige der wichtigsten Punkte hingewiesen werden.

Die Rolle der atmosphärischen Kohlensäure beim Chlorprozeß wurde erst verhältnismäßig spät erkannt[2]). Lunge machte dann in den 80er Jahren den Vorschlag, Essigsäure und Ameisensäure zur Verstärkung der Wirkung des Chlorkalks zu verwenden[3]).

Zu den wesentlichsten Ergebnissen in der Aufklärung des Bleichprozesses gehört die Erforschung der Eigenschaften der Cellulose[4]) und der aus ihr durch Umwandlung während des Bleichprozesses entstehenden Körper, der Hydrocellulose, der Hydratcellulose und der Oxycellulose. Sehr wesentlich ist namentlich die Entdeckung der Eigenschaften und der Bedeutung der Oxycellulose, die zuerst von Witz im Jahre 1883[5]) klar erkannt wurde.

Die Möglichkeit der Bildung der Oxycellulose besteht bei allen Oxydationsvorgängen, denen die Baumwollgewebe unterworfen werden. In der Bleicherei ist das Chloren der Gewebe der kritische Prozeß, bei dem am leichtesten Oxycellulosebildung eintritt. Diese Frage ist zunächst studiert worden. Ferner kann sich Oxycellulose beim stärkeren Erhitzen der mit Lauge imprägnierten Gewebe bei Luftzutritt bilden. Die völlige Entlüftung vor dem Kochen der Gewebe wird deshalb zu einer wichtigen Frage. Thies[6]) fügt, um die Bildung von Oxycellulose beim Kochen mit Lauge auszuschließen, gewisse Mengen von Erdalkalien zu.

Neuerdings werden aus dem gleichen Grunde und mit größerer Sicherheit in der Wirkung Bisulfit- und Hydrosulfitverbindungen der Bleichlauge zugegeben.

Für die Festigkeit der Baumwollgewebe bedeutet die Oxycellulosebildung insofern eine große Gefahr, als Gewebe, die größere Mengen von Oxycellulose enthalten, beim nachträglichen Behandeln in schwach alkalischen heißen Bädern zerfallen. Es wurde weiter gefunden, daß auch geringe Mengen von Oxycellulose sich bei Färbeartikeln insofern störend bemerkbar machen[7]), als die oxycellulosehaltigen Gewebe, als Färbedruckartikel

---

[1]) Dinglers Polyt. Journ. 1879, Bd. 234, S. 237.
[2]) Wageners Jahresber. 1869, S. 534.
[3]) Ebenda 1885, S. 965.
[4]) M. P. Schützenberger, Die Farbstoffe, Bd. I, S. 52 u. f.
[5]) Wageners Jahresber. 1883, S. 1068 u. f.
[6]) H. Thies u. E. Herzig, Wageners Jahresber. 1891, S. 1114.
[7]) Wageners Jahresber. 1885, S. 1023 u. 1886, S. 918.

verwendet, nachher beim Färben in Farbstoffbädern ein schlechtes, eingefärbtes Weiß liefern. Daraus ergab sich, daß die Oxycellulose einen beizenartigen Charakter gegenüber solchen Farbstoffen besitzt, die auf nur aus Cellulose bestehende Baumwollgewebe nicht aufziehen. Eine recht vorsichtige Leitung des Bleichprozesses zur Vermeidung von Oxycellulosebildung wurde daher für die Druckware unbedingt als sehr wesentlich erkannt.

Die Frage der Oxycellulosebildung erweist sich dann weiterhin auch für den Anilinschwarzprozeß bei Baumwollgeweben sowie bei den Indigoätzartikeln[1]) von großer Wichtigkeit. Auch die Veränderung, die die Baumwollgewebe im Laufe der Zeit durch das Licht, namentlich das direkte Sonnenlicht, erleiden, wird als auf Oxycellulosebildung beruhend ermittelt.

Als ein Teil des Bleichprozesses kann ferner die Mercerisation angesprochen werden. Eine Reinigung und Veredlung der Baumwollfaser im gleichen Sinne war jedenfalls von ihrem ersten Erfinder [Mercer[2])] 1851 erstrebt. Bei ihm bestand die Mercerisation in einer Behandlung in kalter Natronlauge von 20° bis 30° B. Die Baumwollfaser schrumpft zusammen, die Cellulose geht zum Teil in Hydratcellulose über, die Affinität zu den Farbstoffen wird erhöht.

Durch gleichzeitige Streckung während oder nach der Laugenpassage wird eine noch weit bessere Wirkung erzielt, die Faser erhält einen dauernden seidenartigen Glanz. Dieses Verfahren, welches von Thomas und Prevost 1896[3]) ausgearbeitet wurde, und welches jetzt schlechthin als Mercerisation bezeichnet wird, hat eine außerordentliche Bedeutung erlangt. Umfangreiche Arbeiten sind auch für die Wiedergewinnung und Verwendung der bei der Mercerisation abfallenden Lauge geleistet worden.

Elektrische Bleiche. Seit dem Anfang der 80er Jahre sind die ersten Versuche mit der sogenannten elektrischen Bleiche ausgeführt worden. Der Bäuchprozeß ist in diesem Fall der gleiche wie bisher; aber für den zweiten Teil des Bleichprozesses werden für die Zerstörung des Pflanzenfarbstoffs an Stelle von Chlorkalklösung unterchlorigsaure Salze verwendet, die auf elektrolytischem Wege aus Chlornatrium (und Chlormagnesium) in den Bleichereien jedesmal vor der Bleichoperation in dazu geeigneten Apparaten hergestellt werden. Als besonderer Vorteil gilt es, daß die so gebleichten Gewebe nicht gesäuert, sondern nur gewaschen zu werden brauchen. Im übrigen sind auch bei der elektrischen Bleiche alle die Vorsichtsmaßregeln zu beobachten, wie bei der Bleiche mit Chlorkalk. Es ist also auch darauf zu achten, daß der Gehalt an aktivem Chlor bei den elektrolytisch hergestellten Bleichlaugen nur so groß wird, daß eine Oxycellulosebildung nicht eintritt. Entscheidend für die Einführung der elektrischen Bleiche ist der Strompreis und die Haltbarkeit der mit Platinelektroden ausgerüsteten Elektrolyseure.

Die ersten Vorschläge für die Einführung der elektrischen Apparate knüpfen sich an die Namen Hermite[4]), Kellner[5]) und Knöfler. In die Praxis eingeführt sind die Apparate von Gebauer und neuerdings von Haas und Oettel[6]).

---

[1]) Wagners Jahresber. 1891, S. 1138.
[2]) Ebenda 1871, S. 805.
[3]) Färberzeitung, Ad. Lehne, 1896, Heft 16, S. 256.
[4]) Wageners Jahresber. 1888, S. 1100.
[5]) A. C. Theis, Die Breitbleiche baumwollener Gewebe, S. 180.
[6]) Wagners Jahresber. 1901, II, S. 518.

Die Entwicklung der Baumwoll-Zeugdruckartikel.

1. 1822 bis 1870.

Wir beginnen mit den Farbstoffen, die wir nach unseren früheren Darlegungen schon am meisten als die beiden wirklich klassischen Farbstoffe gekennzeichnet haben, nämlich mit der Geschichte der Verwendung des Indigos und des Krapps für Baumwollfärberei und Zeugdruck.

Indigodruck- und Färbeartikel. Der erste Indigoartikel, der in den europäischen Kulturstaaten eine größere Bedeutung gewann, war der aus dem Orient herübergekommene weißblaue Leinenartikel (Porzellandruck), der nach dem Wachsdruckreserveverfahren (Batikverfahren) hergestellt wurde. Die als Schutzmasse dienende Paste wurde mit dem Pinsel aufgetragen und der so bemalte Stoff dann in der mit Urin angesetzten Waidküpe ausgefärbt.

Die wesentlichste Verbesserung für die Herstellung dieses Artikels, den man mit Recht schon als einen Blaudruckartikel bezeichnen kann, war die zu Mitte des 18. Jahrhunderts gemachte Erfindung der aus Indigo, Kalk und Eisenvitriol bestehenden kalten Indigoküpe, die das Unifärben des Baumwollstoffs mit Indigo eigentlich erst ermöglichte. Nebenher gingen die Verbesserungen der Reservedruckfarben. Die Wachsreserve wurde durch teils mechanisch, teils chemisch wirkende Reservefarben ersetzt, die sich leichter mit dem Druckmodel auftragen ließen, als die zähe Wachspaste.

Schon früher als die Verbesserung der Reservefarben setzen die Bestrebungen ein, die umständliche Küpenfärberei wenn möglich ganz zu umgehen und statt dessen eine verdickte konzentrierte Küpe direkt aufzudrucken. In dieser Weise ist das zu Anfang des 18. Jahrhunderts eingeführte Pinsel- oder Schilderblau hergestellt, für welches als konzentrierte Küpe eine Mischung von Indigo, Schwefelarsen und kaustischer Lauge verwendet wurde.

Dieses Verfahren der Herstellung von Pinsel- oder Schilderblau stellt eine Methode dar, die sich bis auf den heutigen Tag in ihren Grundzügen erhalten hat. Gewechselt hat nur das Reduktionsmittel sowie der Zeitpunkt und die Art, wann und wie man das betreffende Reduktionsmittel zur Wirkung kommen ließ. Bald gelangte das Reduktionsmittel vor dem Druck durch Imprägnieren des Gewebes auf die Faser, bald wurde der mit Indigo bedruckte Stoff nachher durch mit reduzierenden Flüssigkeiten gefüllte Bäder gezogen. Allen Indigodruckverfahren gemeinsam blieb aber der Umstand, daß der Indigo selbst durch direkten Druck auf das Gewebe gebracht wird und dieser dann ein Reduktionsstadium unter Indigoweißbildung durchlaufen muß.

Zu den bekannteren Indigodruckverfahren gehört dann weiter das 1826 eingeführte Solidblauverfahren, das als Reduktionsmittel an Stelle des giftigen Schwefelarsens des Pinselblaus Zinnoxydul enthält, und ferner das schon vor dem Solidblau eingeführte

Fayenceblau, bei dem der Indigo als solcher ohne Reduktionsmittel aufgedruckt und die erforderliche Reduktion durch nachfolgende reduzierende Bäder (Eisenvitriol) erreicht wird.

Eine neue Wendung erhielt Ende der 80er Jahre des vorigen Jahrhunderts die Bearbeitung dieses Problems durch das Schliepersche Indigodruckverfahren[1]), insofern als Schlieper die Wirkung des Dampfes zu Hilfe nimmt, um im gewollten Augenblick die der Faser einverleibten Reduktionsmittel zur Geltung zu bringen. Das Gewebe wird nach diesem Verfahren vor dem Druck mit dem Reduktionsmittel (Traubenzucker) imprägniert. Bei neueren sich an das Schliepersche anlehnenden Verfahren wird das verdickte Gemisch von Indigo und Reduktionsmittel (Hydrosulfit, Rongalit) aufgedruckt und das bedruckte Gewebe dann gedämpft.

Auf einen Punkt ist bei dem Schlieperschen Verfahren im Zusammenhange mit den früheren Erörterungen noch hinzuweisen. Während die bisherigen Verfahren, nachdem sie auf Grund der fortschreitenden chemischen Kenntnisse ersonnen und ausgearbeitet waren, ohne weiteres mit den vorhandenen Maschinen ausgeführt werden konnten, stellte das Schliepersche Verfahren besondere Anforderungen an die zur Ausführung des Verfahrens erforderliche Arbeitsmaschine. Der Dämpfkasten muß luftfrei sein. Die Arbeitsmaschine mußte also den Anforderungen der neu einzuführenden Methode entsprechend konstruiert sein. Von dem Erfinder selbst ist ein solcher Dämpfapparat angegeben worden, der allerdings nachher noch wesentliche Verbesserungen erfahren hat, besonders auch, nachdem außer Indigo auch andere Farbstoffe (Küpenfarbstoffe, Schwefelfarbstoffe), wie wir sehen werden, zu ihrer Befestigung eine luftfreie Dämpfeinrichtung verlangten.

Indigoätzartikel. Schon früh wurde eine dritte Möglichkeit gefunden, um weißblaue Effekte mit Hilfe von Indigo hervorzubringen, das ist die Methode des Ätzdrucks auf vorgefärbter Ware. Im Jahre 1826 fand Thompson[2]) das Verfahren, welches die Grundlage des noch heute geübten Chromatätzverfahrens bildet. Ebenso ist ein anderes Ätzverfahren mit Ferricyankalium in alkalischer Lösung von Mercer schon bald nach jener Zeit in Aufnahme gekommen. Auch dieses Verfahren hat bis auf den heutigen Tag eine gewisse Bedeutung behalten. Weiterhin wurden in den 70er Jahren zum Ätzen von indigo gefärbten Geweben die chlorsauren Salze, insbesondere die chlorsaure Tonerde eingeführt. Die Führung der Küpen wurde durch die Einführung des Hydrosulfits als Reduktionsmittel durch Schützenberger wesentlich erleichtert.

Bunte Reserve- und Ätzartikel. Bisher ist immer nur von den einfachen blauweißen Indigoartikeln die Rede gewesen. Natürlich machte sich auch schon früh das Bestreben geltend, neben den blauweißen auch bunte Effekte auf dem echten Indigogrunde, und zwar sowohl bei den Reserveartikeln als auch bei den Ätzartikeln hervorzubringen. Bei den Reserveartikeln wurden den Reservefarben Bleisalze zugefügt, die nach dem Färben der mit ihnen gedruckten Gewebe in Chrombädern ausgefärbt werden. Auf diese Weise entstehen neben Weiß je nach der Basizität des entstehenden chromsauren Bleis gelbe oder orange Töne sowie grün-olive Effekte, wenn die Reserve ungenügend ist oder die Reservefarben auf hellblau vorgefärbten Stoff gedruckt werden. Im letzteren Falle wurden dann noch wieder neben den Reservefarben Reserveätzfarben verwendet, um alle auf diesem

---

[1]) Dinglers Polyt. Journ. 1882, Bd. 245, S. 267.
[2]) Ebenda 1879, Bd. 234, S. 228.

Wege erzielbaren Nuancen nebeneinander herzustellen. Eine Erleichterung für die Küpenführung war dabei die Erfindung der Zinkstaubkalkküpe im Jahre 1845, die von da ab neben der Eisenvitriolküpe verwendet wurde.

Für die Ätzverfahren wurden, um die bunten Ätzeffekte hervorzubringen, dann weiter die Erfahrungen nutzbringend verwertet, die man beim direkten Druck zu sammeln Gelegenheit hatte. So wurden nach Einführung der Albuminfarben (um 1840), von der später die Rede sein wird, auch für den bunten Ätzgenre auf Indigo Albuminätzfarben verwendet. Der geniale Gedanke, der dieser Arbeitsmethode zugrunde lag, bestand in der Übertragung der für die Befestigung erforderlichen Koagulation des Eiweißes von der Dampfpassage auf das Ätzbad.

Als Ende der 80er Jahre die Naphtholazofarbstoffe in den Zeugdruck eingeführt wurden, suchte und fand der Berichterstatter ein Verfahren, um die Chromatätzmethode mit der Herstellung der Naphtholazofarbstoffe auf der Faser zu vereinigen. Es gelang auf diese Weise, unter Benutzung der Diazolösung des Amidoazobenzols auf naphtholiertem, indigoblauem Stoff ein Azorot nach dem Chromatätzverfahren einzuätzen[1]). Auch andere Azofarbstoffe (Azophorrot, Nitrosaminrot) sind unter Anlehnung an das vorstehende Verfahren mit Vorteil verwendet worden. Ebenso hat man die Idee dieser Kombination dann auch auf das alkalische Ätzverfahren mit Ferricyankalium übertragen[2]).

In den letzten Jahrzehnten erfolgt das Ätzen der indigo gefärbten Gewebe wieder vorwiegend durch Reduktionsätzmethoden, und zwar werden hierzu die haltbaren Hydrosulfite (Formaldehydsulfoxylate) verwendet. Eine grundsätzliche Schwierigkeit bestand in der vorzeitigen Regenerierung des reduzierten Indigos. Diese ist in vortrefflicher Weise dadurch beseitigt worden, daß organische Ammoniumverbindungen (Leukotrope) der Druckfarbe zugesetzt wurden. Von diesen tritt ein Radikal an Stelle des Wasserstoffs in das Indigoweißmolekül ein, so ein stabiles Pigment bildend. Von diesen von der Badischen Anilin- und Sodafabrik herausgebrachten Leukotropen bildet das Leukotrop W ein weißes, Leukotrop O ein gelbes Pigment[3]).

Kombination von Indigo und Krappartikeln. Sehr viel Reizvolles hat von jeher der Gedanke gehabt, mit dem blauen Indigo das leuchtende mit so vortrefflichen Echtheitseigenschaften ausgestattete Türkischrot zu kombinieren. Die Verschiedenartigkeit der Befestigungsmethoden, die für die beiden Farbstoffe in Betracht kommen, scheint zwar zunächst ein unübersteigliches Hindernis zu bilden. Indigo läßt sich als blauer Farbstoff nur auf dem Wege der Küpenbildung, also der Indigoweißbildung und nachherigen Regeneration durch den Sauerstoff der Luft als Indigoblau befestigen, während der Farbstoff des Krapps, um auf dem Baumwollstoff befestigt zu werden, einer Beize bedarf, die dann im warmen Färbebade während längerer Zeit allmählich angefärbt wird. Ein Nebeneinanderdrucken von Indigodruckfarbe und Tonerdebeize behufs nachheriger Ausfärbung im Krappbade ist deshalb an sich praktisch kaum möglich, weil eben Indigodruckfarbe und Krappbeize ganz verschiedene Behandlungsweisen und Bäder nach dem Drucken zu ihrer Befestigung verlangen. So mußte man denn auf andere

---

[1]) Wilh. Elbers, Azorot auf Küpenblau, D. R.-P. Nr. 55779.
[2]) Wageners Jahresber. 1891, S. 1132 u. 1133.
[3]) Indigo rein, B. A. S. F., Leukotropverfahren. R. Reinking: Über die Reduktion des Indigos, Lehnes Färberzeitung 1912, S. 250.

Möglichkeiten sinnen, um eine Kombination der beiden so echten und in ihren Farbtönen so trefflich sich ergänzenden Farbstoffe zu ermöglichen, und es ist interessant, zu beobachten, mit welchem Aufwand von Geduld, Scharfsinn und Experimentierkunst man es verstanden hat, das Problem in verschiedenartigster Weise zu lösen.

Indigodruckfarbe neben Beize zu drucken und nachher im Krappbade auszufärben, ließ sich also an sich, wie oben erwähnt, nicht ausführen. Ein Weg indes war ohne weiteres gangbar. Der auf dem Reservewege fertiggestellte blauweiße Indigoartikel wurde nachträglich mit einem entsprechenden Muster mit verdickter Rotbeize (basischer essigsaurer Tonerde) überdruckt und im Krappbade ausgefärbt.

Diesem Artikel nahestehend, aber viel unabhängiger in der Ausmusterung war der sogenannte Lapisartikel[1]), der 1811, namentlich von Daniel Köchlin, sehr vervollkommnet wurde. Der Lapisartikel geht von der Verwendung von Rotbeize enthaltenden Pappreserven aus, die in der Küpe den Indigo abwerfen und sich dann infolge ihres Tonerdegehalts im Krappbade rot anfärben lassen, so daß die Reservepartien als Alizarinrot im blauen Grunde herauskommen. Artikel, die auf der Verwendung solcher Pappreserven beruhen, kannte man zwar schon vor dem Lapisartikel. Die besondere Eigentümlichkeit des Lapisartikels besteht nun darin, daß bei ihm zunächst eine Grundreserve als Unterdruck gedruckt wird, die dann sowohl den Indigo in der Küpe als auch die zu zweit über den Rotreservepapp aufgedruckte Tonerdebeize abwirft. Auf diese Weise entstehen dann nach dem Färben in der kalten Indigovitriolküpe und dem heißen Krappfärbebade dem Muster entsprechende regelmäßige Weißeffekte in blauroten Partien, die dann eventuell noch durch andere farbige Druckpartien (braun, schwarz usw.) ergänzt werden können.

Bei Indigoätzartikeln hat man es gleichfalls verstanden, Türkischrot im Indigogrund einzuätzen, indem man nach dem alkalischen Ätzverfahren chlorsaure Tonerde enthaltende Druckfarben als Ätzfarben verwandte und so gleichzeitig Tonerde auf dem Gewebe fixierte, die dann im Alizarinbade ausgefärbt wurde. Ende der 80er Jahre wurde von der Firma Gebr. Elbers A.-G. nach einem ähnlichen Ätzverfahren, jedoch unter Fortfall der Alkalipassage, gearbeitet, indem mit einer aus chlorsaurer Tonerde, Ferricyankalium und Citronensäure bestehenden Rotätzfarbe der indigoblaue Stoff gedruckt und dieser dann gedämpft und im Alizarinbade ausgefärbt wurde (Schottenartikel).

Synthetischer Indigo. Ein außerordentlicher Fortschritt für alle Indigoartikel war die Herstellung des synthetischen Indigos. Der große Vorteil, welcher für die Schönheit der Farbnuancen und die Reinheit der Ätzeffekte in der Verwendung möglichst reinen Indigos lag, hatte sich bereits bei der Verwendung feiner, hochprozentiger Indigomarken (Java, Guatemala usw.) gezeigt. Es hatte dieses weiterhin zu einer ausgedehnteren Einführung und Verwendung wiederholt gereinigten sogenannten raffinierten Indigos (mit 99 Proz. Indigotin) in den 80er und 90er Jahren geführt. Hier zeigte es sich schon, wieviel gleichmäßiger und reiner der blaue Farbton und besonders auch die Ätzeffekte bei raffiniertem Indigo im Vergleich zu den gewöhnlichen Naturindigos waren. Die gleichen Vorteile wie der raffinierte Indigo zeigte der synthetische Indigo, der zuerst in für den Großbetrieb in Betracht kommenden Mengen im Jahre 1898 von der Badischen

---

[1]) M. P. Schützenberger, Die Farbstoffe II, S. 549.

Anilin- und Sodafabrik, und zwar nicht ausgesprochen als künstlicher oder synthetischer Indigo, sondern unter dem Namen Indigo rein in den Handel gebracht wurde. Es geschah dieses wahrscheinlich, um zunächst einmal die Vorurteile, die einem Kunstprodukt leicht entgegengebracht zu werden pflegen, nicht aufkommen zu lassen.

Indigograu. Die Bestrebungen, Indigo neben den übrigen Dämpffarben, namentlich auch neben Türkischrot in direktem Druck in der Weise, als wie die übrigen sauren und basischen Farbstoffe zu drucken und zu befestigen, haben den Verfasser zu der Auffindung und Ausarbeitung eines Verfahrens geführt, um den Indigo, ohne das Stadium der Küpe zu durchlaufen, durch längeres Dämpfen (Sublimation) als Indigograu[1]) zu befestigen. Wenn das Grau als Farbton auch nicht die gleiche Bedeutung wie das Blau hat, so spielen doch für manche Zwecke (Wandbespannungen, Möbelstoffe) echte, besonders auch lichtechte graue Farbtöne eine wichtige Rolle.

❋ ❋ ❋

Krappartikel. Die Türkischrotfabrikation, das Krappen, wie diese Fabrikation ursprünglich genannt wurde, war von jeher durch die erforderlichen vielen langwierigen Behandlungen eine recht umständliche Arbeitsweise. Das Abziehen (Degummieren) und gleichzeitige Befestigen der Tonerdebeize war ähnlich wie das Färben selbst eine Wissenschaft für sich geworden. An Stelle des (übrigens bis in die neueste Zeit verwendeten) Kuhmistes, bei dem dessen Gehalt an phosphorsaurem Kalk in Wirksamkeit tritt, wurden später arsensaure Salze verwendet. Diese giftigen Salze, die namentlich in England viel verwandt wurden, wurden dann späterhin durch phosphorsaure und kieselsaure Salze (phosphorsaures Natron, kieselsauren Kalk) ersetzt.

Schwierige Fragen gab es auch für das Färben selbst, sowie das voraufgehende Waschen mit warmem und kaltem Wasser, sodann das Ölen (Avivieren), Dämpfen, Seifen usw. zu lösen, zumal viele Operationen wiederholt ausgeführt werden mußten.

Zwar gelangte man auf Grund der natürlich von so vielen Seiten gemachten Proben allmählich schon zu Vereinfachungen in der komplizierten Behandlungs- und Arbeitsweise. Meist stiegen dann aber auch wieder auf der anderen Seite die Ansprüche an die Schönheit des Farbtons, die dann gewöhnlich leider wieder nur durch neue weitere Behandlungen des Fasermaterials befriedigt werden konnten. So war die Türkischrotfärberei zu Ende des 18. Jahrhunderts schon ein recht entwickelter und gut durchgebildeter Industriezweig, der aber auch an die Fähigkeiten des Färbers große Anforderungen stellte[2]). In Rouen war schon 1785 die Benutzung des Zinnsalzes zum Avivieren in der Türkischrotgarnfärberei bekannt.

Im Jahre 1810 wurden zum erstenmal Gewebe als solche von D. Köchlin türkischrot gefärbt. Die uniroten Gewebe wurden dann mit Schwarz bedruckt.

---

[1]) D. R.-P. Nr. 101 190 u. 106 708. W. Elbers, Mitteilungen über Indigograu, Zeitschr. f. Farbenindustrie 1902, Heft 7 und Indigo rein, B. A. S. F., S. 122. — Das Verfahren ist im Jahre 1898 von der B. A. S. F. übernommen worden.

[2]) J. Persoz, Handbuch des Zeugdrucks II, S. 144 u. f.

Türkischrotätzartikel. Bereits ein Jahr, nachdem zum erstenmal die Gewebe unirot gefärbt worden waren, kam D. Köchlin auf den Gedanken, einen Ätzartikel auf Türkischrot dadurch herzustellen, daß er verdickte Weinsteinsäure auf das unitürkischrote Gewebe druckte und dieses, entweder im Sternreifen eingespannt, kurze Zeit in einer erwärmten Chlorkalkküpe[1]) behandelte, oder es durch einen mit einer warmen Chlorkalklösung gefüllten Rollenständer laufen ließ. Das an den bedruckten Stellen frei werdende Chlor zerstörte das Türkischrot. Dadurch entstanden dann weiße Druckeffekte im roten Grunde. Neben dem Weiß lernte man bald gelbe (Chromgelb und Kreuzbeeren), blaue (Berlinerblau), grüne (gelb und blau) und schwarze (schwarz ohne Ätzmittel und rot) Farbtöne herzustellen. Von dem so zu erzeugenden Türkischrotartikel sind außerordentlich große Mengen im Laufe der Jahre in allen Ländern fabriziert worden, und noch heute wird dieser Artikel in großen Mengen in England für den Export (Indien und China) hergestellt.

Andere Türkischrotätzartikel. Erst sehr viel später, nämlich Anfang der 80er Jahre des vorigen Jahrhunderts, kam neben dem Chlorätzverfahren das alkalische Ätzverfahren für türkischrote Gewebe auf. Der Ausgangspunkt war das Schliepersche Indigodruckverfahren. Die gleiche alkalische Indigodruckfarbe, die auf weißem Stoff gute Resultate ergab, zeigte sich auch geeignet, um gleichzeitig mit der Fixation des Indigos das Türkischrot zu zerstören. Auf diese Weise ergab sich ein sehr schönes Indigoblau auf Türkischrot. Dieser Artikel hat sehr viel Anklang gefunden, und es zeigte sich auch hier wieder, wie gesund der Gedanke war, eine geeignete Kombination der beiden so schönen und dabei so echten Farbstoffe herbeizuführen. Nach dem gleichen Grundgedanken nun, wie beim Indigoblau, wurde auch nach dem Verfahren des Drucks mit einer stark alkalischen Farbe Weiß und Gelb auf Türkischrot geätzt; der einfache Blau-Rotartikel hat aber bei diesem Verfahren immer die größte Bedeutung behalten.

Krapppräparate, Garanzine und Alizarin. Versuche, aus dem Krapp das wirksame Prinzip, das Alizarin, zu gewinnen, haben schon früh eingesetzt. Schon 1826, also etwas mehr als ein Jahrzehnt nach der Zeit, wo die Türkischrotfärberei der Gewebe im Stück und die Fabrikation der Türkischrotätzartikel eingeführt wurde, stellten Robiquet und Colin aus dem Krapp das reine Alizarin dar, das allerdings nicht in den Handel gebracht wurde. 1836 wurde von denselben beiden Forschern zuerst ein Krappextrakt unter dem Namen Colorin in den Handel eingeführt. Dasselbe hatte eine sehr hohe Färbekraft und wurde vereinzelt zu Dampfrot und Dampfrosa verwendet. Seine allgemeine Einführung verhinderte indes der hohe Preis. In dem gleichen Jahre 1836 wurde zuerst aus dem Krapp die Garanzine dargestellt, die dann während eines halben Jahrhunderts für die Färbereien das wichtigste aus dem Krapp hergestellte Präparat wurde. Die Garanzine besaß die drei- bis vierfache Färbekraft des Krapps. Die Vorteile der Verwendung dieses konzentrierteren Produktes machten sich bald geltend. An Stelle des drei- bis viermaligen Färbens in Krappbädern genügte ein einmaliges Färben im Garanzinebad.

Sehr viel einfacher gestaltete sich ferner bei der Verwendung der Garanzine im Vergleich zum Krapp die Einstellung für gemischte Färbebäder, bei denen außer Krapp andere Farbstoffe (Quercitron, Wau, Sumach usw.) zum Nuancieren und zur Herstellung brauner Farbtöne verwendet wurde.

---

[1]) J. Persoz, Handbuch des Zeugdrucks II, S. 423.

Das einmalige Färbebad mit Garanzine an Stelle der mehrmaligen Krappfärbebäder war ferner besonders auch für die Druckartikel, bei denen also die verdickte Beize aufgedruckt und die Gewebe nachher im Krappbade ausgefärbt wurden, sehr wichtig. Denn das wiederholte Färben wirkte bei Druckartikeln stets nachteilig auf den weißen Grund, der nicht bedruckt war und wenn möglich leuchtend weiß bleiben sollte; zudem war auch die Zahl der mit Krapp herstellbaren Druckartikel erheblich gestiegen, seitdem man es gelernt hatte, durch andere Beizen als Tonerde auch andere Farbtöne mit dem Krapp herzustellen, so mit der Eisenbeize die bekannten Krapplilaartikel, die lange Zeit große Bedeutung behalten haben.

An Stelle der Garanzine wurden im Laufe der Zeit noch reinere Krapppräparate in den Handel gebracht, so seit 1851 die Krappblumen (Fleurs de Garance), 1854 von Pincoff das sogenannte kommerzielle Alizarin, 1860 die die beiden Farbstoffe des Krapps, Alizarin und Purpurin, in großer Reinheit enthaltenden Koppschen Krapppräparate und 1866 der Pernodsche Krappextrakt[1].

Die treibende Kraft bei allen diesen Versuchen war das eifrige Streben, ein Präparat zu erhalten, das den Farbstoff in so reiner und konzentrierter Form enthielt, daß es vor allem zur Herstellung von Dampfrot-rosa-Druckfarben geeignet war. Das vorherige Klotzen des Gewebes mit Tonerdesalzen und nachherige Aufdrucken des Farbstoffs war nämlich verlassen und an Stelle dessen Farbstoff und Beize in der Druckfarbe vereinigt worden. Unendlich viel Versuche waren schon ausgeführt worden, um dem Problem beizukommen, ein lebhaftes Dampfrot zu erzielen, das sich einigermaßen mit dem Färberot vergleichen ließ. Die Art der Beize, die verschiedenen Salze der Tonerde und ihre Basizität, die chemische Natur der zugesetzten Öle und Fette waren der Gegenstand umfassender Versuche; nicht genügend basische Salze ergaben abgerissene, magere Töne. Ebenso wurden Dampfdruck und Dämpfdauer, wie sie für den Dämpfprozeß am besten waren, eingehend studiert; auch nach dieser Richtung hin erwiesen sich die Krappextraktdampffarben empfindlicher als die übrigen Dampffarben.

Aber der wichtigste Punkt blieb doch der Krappextrakt selbst. Von den genannten Krappextrakten hatten sich die in den 60er Jahren herausgebrachten Präparate zum Teil schon als recht brauchbar erwiesen, aber wegen ihres hohen Preises nicht einbürgern können. Zweifellos aber haben sie den großen Vorteil gehabt, daß sie die Einführung des Alizarins ganz bedeutend erleichtert haben, in ähnlicher Weise, wie der raffinierte Indigo der Schrittmacher für den synthetischen Indigo gewesen ist.

Unter den geschilderten Umständen war bei dem dringenden Bedürfnis nach einem reinen Krapppräparat die Einführung des synthetischen Alizarins eine befreiende Tat. Sie kam auch insofern gerade im rechten Augenblick, als infolge des Krieges von 1870/71 Garanzine und Krapppräparate im Preise eine außerordentliche Steigerung erfuhren.

Für den Drucker war es bei dem neuen Produkt, dem synthetischen Alizarin, besonders wichtig, daß nicht nur genau die gleiche Mischung, in der die Farbstoffe (Alizarin, Flavopurpurin und Anthrapurpurin) in dem Krapp enthalten sind, hergestellt werden, sondern daß diese Mischung jetzt nun auch noch ganz nach Belieben geändert werden konnte. So kam man zu den verschiedenen Alizarinmarken (Gelbstich, Blaustich usw.), die bei den einzelnen Farbenfabriken verschiedene Bezeichnungen erhielten. Mit ihnen

---

[1] Dinglers Polyt. Journ. 1879, Bd. 234, S. 477.

konnte man ganz nach den jeweiligen Bedürfnissen gelbstichige Rots oder zarte blaue Rosa herstellen. Standen schon vorher, wie wir gesehen, die Garanzinefärbungen und Garanzinedampffarben für solide Druckartikel im Vordergrunde des Interesses, so war dieses erst recht nach der Einführung des Alizarins und der verschiedenen Alizarinmarken der Fall. Neue Kombinationen, so auch Reservefarben (mit citronensaurem Natron) gegen Alizarindampfrot-rosa wurden geschaffen.

Ein sehr beachtenswerter Umstand ist endlich auch noch der, daß mit der Einführung des Alizarins die künstlichen Farbstoffe, die Anilinfarben, wie man kurz sagte, denen man bisher im Grunde nicht viel zutraute, und zu denen das Alizarin ja doch auf Grund seiner synthetischen Herstellung nun auch gehörte, sich jetzt mit einem Schlage durchgesetzt hatten.

Allerdings war dieser Erfolg des Alizarins auf der anderen Seite auch ein Grund, der der weiteren Ausbreitung der Verwendung dieses Farbstoffes selbst wieder Einhalt tat, und ihn bis zu einem gewissen Grade aus der überragenden Stellung durch andere künstliche Farbstoffe, wie wir später sehen werden, verdrängte.

✽ ✽ ✽

Andere Artikel außer mit Indigo und Krapp hergestellt. Welches waren nun die Artikel, die außer Indigo- und Krappartikel bis zum Beginn des Zeitalters der künstlichen Farbstoffe, für das das Alizarin wohl den wichtigsten Markstein bildet, hergestellt wurden? Die Verwendung des Eisenchamois war schon Mitte des 18. Jahrhunderts bekannt, und die mit ihm erzeugten Cremetöne waren sehr beliebt. Als Braundruck wurden seit 1815 Manganbister mit Ätzeffekten verwendet.

Einen größeren Umfang nahm auch schon früh die Verwendung der Farbhölzer (Rotholz, Blauholz, Quercitron, Wau, Gelbholz, Orleans, Erlenrinde usw.) sowie des Catechou an.

Die mit diesen wenigen echten Farbstoffen hergestellten Artikel gewannen neben den Indigo- und Krappartikeln an Bedeutung, seitdem die Rolle der Beizen an sich und die der gemischten Beizen[1]) (Tonerde, Zinn, Eisen-, Kupfer-, Chrombeizen usw.) in der Baumwollfärberei und im Baumwolldruck mehr und mehr erkannt worden war, und die Befestigung als Dampffarben sich ganz allgemein für die Beizenfarbstoffe als eine sehr bequeme Methode erwiesen hatte.

Diese Methode des Befestigens durch Dämpfen war ursprünglich vom Woll- und Seidendruck entlehnt worden, bei dem sich diese Arbeitsweise noch viel einfacher gestaltete, da Beizen hier infolge der größeren Affinität der tierischen Faser für Farbstoffe meist nicht erforderlich waren. Schon zu Beginn des 19. Jahrhunderts wurden deshalb im Woll- und Seidendruck Dampffarben verwendet, während im Baumwolldruck die Dampffarben erst Ende der 20er und Anfang der 30er Jahre allmählich eingeführt wurden. Allerdings liegen die ersten Anfänge weiter zurück. So druckte Kurrer schon 1822 Dampffarben auf mit Zinnpräparation geklotztes und dann getrocknetes Baumwollgewebe und entwickelte die Farben durch nachfolgendes Dämpfen.

---

[1]) Horace Köchlin, Wageners Jahresber. 1882, S. 989.

Eine Reihe von weiteren Umständen ist es dann noch, die die Entwicklung der Dampffarben und die Verwendung der genannten Farbstoffe begünstigt hat. Zunächst lernte man es immer besser, aus den Farbhölzern Extrakte herzustellen, die für die Bereitung von Druckfarben, die als Dampffarben befestigt wurden, gut geeignet waren. Ende der 30er Jahre entstanden schon eigene Fabriken für die Extraktion der Farbhölzer (Blauholz, Rotholz, Gelbholz, Quercitron, Kreuzbeeren), die den Druckereien diese zeitraubende und schwierige Arbeit abnahmen.

Weiter war natürlich die allmählich einsetzende, im mechanisch-technologischen Teil geschilderte Besserung der Dämpfeinrichtungen und Dampfapparate ein wichtiges Moment für die zunehmende Verwendung der Dampffarben und der Farbholzextrakte. Endlich war auch die schon zu Anfang der 30er Jahre zuerst auftretende und seit 1844 ganz allgemein eingeführte Methode der Befestigung mit Albumin, die Verwendung der Albuminfarben der Entwicklung von Dampffarben außerordentlich günstig. Konnten doch auf diese Weise die verschiedenartigsten Mineralfarbstoffe (Ultramarin, Zinnober, Guignetgrün, Chromgelb, Ocker, Mennige u. a.) und auch Lackfarbstoffe (die aus organischen Pflanzenfarbstoffen mit Beizen gefällten Lacke) ohne Rücksicht auf ihre chemische Natur und Zusammensetzung durch das während des Dämpfprozesses koagulierende Albumin befestigt werden. An Stelle des teuren und oft schwer zu beschaffenden Eieralbumins, das anfangs ausschließlich verwendet wurde, wurden weiterhin verschiedene andere Ersatzstoffe, so Casein, Kleber[1]), Leim[2]), das Eiweiß aus dem Fischrogen[3]) in Vorschlag gebracht und verwendet, späterhin dann aber das Blutalbumin dauernd eingeführt.

Die Albuminfarben erwiesen sich zwar bei der verschiedenen Verwendung des Stoffes als nicht genügend reibecht, ebenso ließ auch die Echtheit vieler der übrigen mit Hilfe von Farbholzextrakten nach der einfachen Methode des Dämpfens hergestellten Druckartikel oft noch manches zu wünschen übrig; trotzdem wurden sehr große Mengen solcher Druckartikel zu Anfang und Mitte des Jahrhunderts hergestellt.

❋   ❋   ❋

Den Grundstock der soliden Artikel bildeten aber nach wie vor die Indigoartikel und Krappartikel. Durch die Verwendung verschiedener Beizen war auch namentlich für diese letzteren an sich ja schon eine gewisse Mannigfaltigkeit gegeben. Jedenfalls machten Anfang des 19. Jahrhunderts die Ausmusterungen der Krappartikel allein mit ihren rosa-rotbraunen und violetten Tönen schon einen recht mannigfaltigen Eindruck. Belebt wurden aber dann späterhin diese Artikel durch Kombinationen mit den vorher erwähnten Farben (Farbhölzer, Cachou, sowie das später zu besprechende Anilinschwarz), sei es, daß diese durch nachträgliches Überdrucken der gefärbten Krappdruckartikel oder durch ·gleichzeitigen Druck, bei denen dann die Krappfarben späterhin auch als Dampffarben mitdruckten, geschaffen wurden. Auf diese Weise war dann bei solchen Kombinationen wenigstens das wichtigste Farbenelement in dem betreffenden Druckartikel echt,

---

[1]) Wageners Jahresber. 1860, S. 481.
[2]) Ebenda 1861, S. 584.
[3]) Ebenda 1861, S. 595.

wenn auch in bezug auf die begleitenden Farben eine gewisse Nachsicht geübt werden mußte. Jedenfalls kann man auch einer solchen Kombination eine gewisse Berechtigung nicht absprechen und es geschieht dieses ja auch heute teilweise leider noch trotz der heute uns zur Verfügung stehenden ungleich größeren Hilfsmittel.

❊ ❊ ❊

Anilinschwarz. Um einen einigermaßen erschöpfenden Überblick zunächst über den Zeitraum bis zu dem Beginn der 70er Jahre, also über den Zeitraum, bis zu dem die künstlichen Farbstoffe für die Herstellung der Druckartikel nur eine untergeordnete Rolle spielen, zu geben, muß hier eines für diese Periode schon sehr wichtigen künstlichen Farbstoffes gedacht werden, nämlich des Anilinschwarz. Obwohl dieser Farbstoff einer der zuerst entdeckten künstlichen Farbstoffe ist, wird er in diesem Zusammenhange meist nicht gebührend hervorgehoben, weil er im allgemeinen nicht als fertiges Produkt von den Farbenfabriken an die Färbereien und Druckereien geliefert wurde, sondern in diesen erst aus dem Anilinöl und seinen Salzen auf der Faser selbst erzeugt wurde. Die wichtigsten, seine Einführung in den Zeugdruck betreffenden Daten (über das Jahr 1870 hinaus) mögen hier jetzt folgen[1]).

1834 schon beobachtete Runge, daß beim Zusammenbringen von salpetersaurem Anilin und Kupferchlorid Anilinschwarzbildung eintritt. Späterhin wurde die Anilinschwarzbildung mit Hilfe anderer Oxydationsmittel von verschiedenen Forschern beobachtet.

Im Jahre 1863 wurde Anilinschwarz zuerst aus dem Anilinöl auf dem Gewebe hergestellt, und zwar von Calvert und Lightfoot. Der letztere vervollkommnete die technische Durcharbeitung des neuen Verfahrens, es wird ihm daher gewöhnlich die Erfindung allein zugeschrieben.

1863[2]). Lauth ersetzt die lösliche Kupferverbindung, welche die Rakel angreift, durch das unlösliche Schwefelkupfer.

1864. Cordillot ersetzt die Kupfersalze durch Ferrocyansalze. Die nach diesen Grundsätzen aufgebaute Druckfarbe wird nicht durch kurzes Verhängen oder Dämpfen entwickelt; das Verfahren verlangt vielmehr eine längere Dämpfdauer, so daß das so zusammengesetzte Anilinschwarz als Dampfanilinschwarz bezeichnet und mit anderen Dampffarben kombiniert werden kann.

Camille Köchlin ersetzte das salzsaure Anilin durch weinsaures Anilin und fand auf diese Weise ein sehr zuverlässiges Oxydationsanilinschwarz, bei dem Faserschwächung nicht so leicht vorkommen kann.

1876 fand Guyard, daß die Kupfersalze mit Vorteil durch Vanadinsalze ersetzt werden können. Dieses Verfahren hat sich als sehr zweckmäßig erwiesen und wird noch heute allgemein angewendet.

Prudhomme fand, daß die Unvergrünlichkeit des entstehenden Anilinschwarz wesentlich gesteigert werden kann, wenn statt des reinen Anilin Mischungen von Anilin mit den höheren Homologen (Toluidin und Xylidin) genommen werden.

---

[1]) A. Nölting und A. Lehne, Anilinschwarz und seine Anwendung in Färberei und Zeugdruck, S. 28 u. f.
[2]) Wageners Jahresber. 1872, S. 668.

1886 arbeitete Prudhomme einen Anilinschwarzdruckreserveartikel aus. Die Druckfarben, welche als Reservemittel reduzierende Stoffe (Hydrosulfit, Bisulfit) oder Alkalien und außerdem für Buntdruck Pigmentfarben und Albumin enthalten, werden auf das mit Dampfanilinschwarzlösung (Anilinsalz, Ferrocyankalium und chlorsaures Natron) geklotzte Gewebe gedruckt.

Als Reserve für Anilinschwarzüberdruckartikel war schon 1873 von Kielmeyer[1]) Tonerdenatron an Stelle des bis dahin verwendeten essigsauren Natrons vorgeschlagen worden.

1901. Das p-Phenylendiamin und seine Derivate werden als Diphenylschwarzbase (Höchst) an Stelle von Anilinöl oder auch mit ihm gemischt zur Anilinschwarzbildung verwendet.

Fertiges Anlinschwarz wird seit 1871 (zuerst von Gebr. Heyl & Co., Charlottenburg) auch von den Farbenfabriken geliefert[2]) und dann als Albuminfarbe gedruckt (Futterstoffartikel).

2. 1870 bis 1922.

Der Beginn der 70er Jahre ist, wie wir gesehen haben, der Wendepunkt, von dem ab die künstlichen Anilinfarbstoffe die natürlichen Pflanzenfarbstoffe mehr und mehr zu verdrängen beginnen. Interessant ist ein Bericht über die Druckindustrie aus jener Zeit (1874), der in Dinglers Polyt. Journ. von Dr. Kielmeyer[3]) veröffentlicht worden ist, und zwar bei einer Gelegenheit, wo auch die deutschen Drucker ihr bestes Können der Welt vorgeführt hatten, nämlich bei Gelegenheit der Wiener Weltausstellung im Jahre 1873. In diesem Bericht sind die Fabrikationsmethoden, wie sie für die ausgestellten Stoffe damals üblich waren, beschrieben. Ebenso kommt der Berichterstatter dieser Ausstellung bei dieser Gelegenheit auf die sonstigen für die Fabrikation von Baumwolldruckartikeln zu jener Zeit wichtigen Fragen zu sprechen. Er warnt vor den unechten Genres, vor den Farbhölzern, den teilweise noch recht lichtunechten Anilinfarben und den reibunechten Albuminfarben. Um so begeisterter stimmt er das Lob des Alizarins an, von dem ja schon viele Beweise seiner hervorragenden Brauchbarkeit, ebenso wie der Schönheit der mit ihm hergestellten Druckartikel in den Ausstellungsobjekten vorlagen.

Ein Zitat aus der Kielmeyerschen Abhandlung wird uns die Gedankengänge jener Zeit am besten näher bringen. Aus dieser längeren Abhandlung wählen wir in diesem Falle die Beschreibung der von der Firma Gebr. Elbers ausgestellten Stoffe. Nach einer Beschreibung der Rolffschen sogenannten Andrassytücher heißt es dann:

„Als ebenbürtige Rivalin in Baumwollfoulards zeigt sich auf deutscher Seite die Fabrik von Elbers. Den Mittelpunkt ihrer Exposition, welche noch durch ein Assortiment von Blaudruckmustern bereichert ist, bildet eine große, breite Baumwolldecke mit rotem Fond und schwarzem Medaillon in der Mitte, und zwar hergestellt durch Maschinendruck. Jedoch ist in Anbetracht der Größe der Dimensionen der Druck nicht in einer, sondern in zwei Operationen erfolgt, zuerst die eine, dann die andere Seite, ein wahres Kunststück der

---

[1]) Dinglers Polyt. Journ. 1879, Bd. 234, S. 419.
[2]) E. Nölting, A. Lehne, O. Piequet, Le noir d'aniline, S. 6.
[3]) Dinglers Polyt. Journ. 1874, Bd. 211, S. 310.

Kattundruckerei, das aber so vollkommen geglückt ist, daß man kaum eine schwache Rapportzeichnung auf der Grenze der beiden Hälften wahrnimmt. Unter den sehr schönen Orangetüchern von Elbers figuriert auch die neuerdings beliebte Kombination von Anilinschwarz und Chromorange mit einem Modegrau als Bodenfarbe. Dasselbe ist ein gewöhnliches, kräftiges Mitfärbecachou mit einer starken Dosis von holzsaurem Eisen, macht die ganze Behandlung der schweren Chromorange mit durch und hält sie aus; was in der Soda- und Ammoniakpassage an Intensität der Farbe verloren geht, wird vor der Kalkpassage in dem kräftigen Chrombad wieder gewonnen. Man hat es natürlich ganz in der Hand, durch Verminderung der Eisenlösung im Druckrezept die Nuance beliebig dem eigentlichen rotstichigen Cachouton zu nähern. Dadurch unterscheidet sich die Entwicklung der Cachoufarbe auf dem Stoff von der sonst analogen Anilinschwarzbildung. Eine angesäuerte Cachoulösung, mit chlorsaurem Kali erwärmt, gibt erst mit dem Zusatz von Kupfersalz einen Niederschlag, gerade wie die Lösung eines Anilinsalzes; dieselbe Bedingung ist auch an die Bildung der beiden echten Farben auf der Baumwolle geknüpft, ein vermehrter Gehalt der Druckfarbe an Eisen- oder Kupfersalz influiert jedoch nicht auf die Nuance des Anilinschwarz, aber sehr wesentlich auf die der Cachoufarbe. Je mehr Kupferchlorid ein Cachou enthält, desto olivenfarbiger ist es in seinen dunklen, und desto gelber in seinen hellen Tönen; statt Kupferchlorid direkt anzuwenden, wird meist eine Mischung von Salmiak mit salpetersaurem Kupfer, oder noch besser mit essigsaurem Kupfer verschrieben. Letztere Zusammensetzung, die Grünspanfarbe, läßt sich in ihren Coupüren, mit oder ohne gleichzeitigem Zusatz von Eisenmordant, auch als Dampffarbe benutzen, mit der sich eine Fülle von echten, vollkommen glatten Modenuancen herstellen läßt, sicherer und weniger umständlich als nach den bisher üblichen Verfahren, die Baumwolle mit Eisensalz zu mordanzieren und nach dem Verhängen und Aussieden in Sumach, Gallusabsud, Catechu oder in allen diesen zu färben. Dieses vereinfachte Verfahren verdient gerade jetzt eine besondere Beachtung, da sowohl unigefärbte Stoffe als auch einfarbige Bodenmuster, sowohl auf glatter als auf gemusterter Brillantineware in allen erdenklichen Modefarben einer großen Beliebtheit sich erfreuen."

* * *

Druckartikel der 70er und 80er Jahre. Die zu Anfang der 70er Jahre hauptsächlich in Betracht kommenden Druckartikel sind zunächst Alizarinrotartikel in Kombination vor allem mit Dampffarben aus echten Farbhölzern, Cachou usw., Artikel also, wie sie auch in dem erwähnten Bericht gekennzeichnet sind.

Namentlich die Dampfrot-rosa-Artikel kamen seit der Einführung des Alizarins immer mehr in Aufnahme. Ebenso wurden auch die Derivate des Alizarins, die übrigen Alizarinfarben, Alizarinorange, Alizarinblau usw., die man als Begleitfarben neben Alizarinrot gut verwenden konnte, sehr gern benutzt. Das Vertrauen, welches man dem Alizarin entgegenbrachte, übertrug sich auch auf seine Abkömmlinge. Am meisten wurde jedoch das Alizarin selbst verwendet und auch die Theorie der Bildung des Farblacks weiter erforscht[1]). Ein vollwertiger Ersatz in anderen künstlichen roten Farbstoffen war nicht

---

[1]) Liechti und Suida, Wageners Jahresber. 1884, S. 1122 und 1885, S. 1000. H. Schmid, ebenda 1895, S. 1012.

vorhanden und ist auch trotz aller Arbeiten auf diesem Gebiete weiterhin in den 70er Jahren nicht auf den Markt gebracht worden, weder in den Saffraninen-, noch in den Fluoresceinfarbstoffen (Eosin, Fluorescein, Rhodamin).

Wie früher das Rotholz als Mischfarbe und manchmal sogar unberechtigterweise als Ersatzfarbe für Krapprot gedient hatte, so ging man zwar auch jetzt dazu über, diese in der Färbung so prächtigen, künstlichen neuen Farbstoffe zu Misch- und Ersatzfarben bei Alizarinrot-rosa einzuführen, namentlich wurde Alizarin-Rhodaminrosa und auch Rhodaminrosa allein für lebhafte und dabei satte blaurosa Töne verwendet. Diese Verwendung blieb aber im allgemeinen verständigerweise auf solche Artikel beschränkt, bei denen es auf die Lichtechtheit nicht so sehr ankommt (Ballkleiderstoff, Futterstoff usw.). Noch weniger ist dagegen etwas einzuwenden, daß diese leuchtenden Farbstoffe zum Schönen des echtfarbigen, vorher fertiggestellten Unterdrucks von Alizarinrot-rosa verwendet wurden, wie dieses bei dem bekannten, auch heute noch hergestellten rot-rosa Bettkattunartikel ohne Weiß geschieht.

Basische Farbstoffe. Überhaupt beginnen Ende der 70er und Anfang der 80er Jahre die basischen Farbstoffe aller Schattierungen, begünstigt durch eine für ihre Befestigung auf dem Baumwollstoff sehr wichtige Erfindung an, eine größere Rolle zu spielen. Außer Methylgrün, Malachitgrün, Methylenblau und Methylviolett, Farbstoffe, die für lebhafte helle und mittlere Töne benutzt wurden, kam das Indulinblau für blaue Böden zur Geltung. Was die angedeutete Frage der Befestigung dieser basischen Farbstoffe betrifft, so ist folgendes vorauszuschicken.

Die Befestigung der basischen Farbstoffe auf dem Baumwollgewebe beruhte bis dahin auf der Bildung unlöslicher Farbstofftannate. Die Unlöslichkeit dieser gerbsauren Verbindungen und damit ihre Befestigung auf der Faser ließ jedoch zu wünschen übrig; sie war sogar stellenweise ziemlich ungenügend. Ein Zusatz von Leim[1]) erhöhte zwar die Echtheit, aber nicht in befriedigender Weise. Es wurde schon 1861 gefunden, daß bei einer nachträglichen Behandlung der mit Farbstofftannaten gedruckten und nachher gedämpften Gewebe mit Brechweinsteinlösung[2]) die Echtheit, und zwar sowohl die Lichtechtheit als auch die Seifenechtheit der so hergestellten Drucktöne ganz erheblich verbessert werden konnte. Die Farbstofftannate waren eben durch die Ausfällung mit der Brechweinsteinlösung sehr viel unlöslicher geworden; es hatte sich ein Doppellack des Tannins mit der Farbbase und dem Metalloxyd (Antimonoxyd) gebildet. Nach dieser Methode wird im wesentlichen noch heute gearbeitet. An Stelle des Brechweinsteins ist im Laufe der Zeit eine Reihe anderer Metallsalze (essigsaures Zink) und vor allem auch anderer Antimonsalze vorgeschlagen und eingeführt worden, die sich zum Teil sehr gut eingebürgert haben. Zuerst der sogenannte Brechweinsteinersatz [oxalsaures Antimonoxydkali[3])], dann Antimonsalz (Antimonfluorid) und in neuerer Zeit das Antimonin [basisches Antimonlactat[4])], dessen Verwendung im Gegensatz zu den anderen Antimonsalzen den Vorzug hat, daß auch bei dem Durchnehmen einer großen Reihe von Stücken die Bäder nicht sauer werden.

---

[1]) Wageners Jahresber. 1860, S. 506.
[2]) Ebenda 1861, S. 588.
[3]) Ebenda 1883, S. 1099.
[4]) Ebenda 1887, S. 1161.

Für die Verwendung der Induline lag nun noch eine besondere Schwierigkeit darin, ein geeignetes Lösungsmittel zu finden, welches das schwer lösliche Indulintannat während des Druckens in Lösung hielt. Von den verschiedenen Farbenfabriken wurden verschiedene aus Indulin und Lösungsmittel bestehende Präparate in den Handel gebracht, von den Höchster Farbwerken die aus Indulinblau und Äthylweinsäure bestehende Indulinblaulösung, von der Badischen Anilin- und Soda-Fabrik das Acetinblau, welches aus Indulinblau und Acetin (Acethylglycerinester) besteht. Mit Acetinblau als Decker sind dann in den 80er Jahren große Mengen eines Artikels hergestellt worden, der nach entsprechendem Nuancieren mit Methylenblau und Malachitgrün in seinem indigoähnlichen Farbton einen vortrefflichen Eindruck machte, und mit seinen bunten Objekten im Pompadurgeschmack sich an frühere Vorbilder anlehnte.

Das für die Druckartikel verwendete neue Verfahren der Ausfällung und der dadurch bedingten vollständigeren Befestigung der Farbstofftannate auf dem Baumwollgewebe zeigte gleichzeitig auch einen Weg, um das Unifärben der Gewebe mit basischen Farbstoffen in zweckmäßiger Weise durchzuführen. Nur mußte man für diesen Fall die Brechweinsteinpassage nicht an das Ende, sondern in die Mitte der Arbeitsoperationen legen. Der gebleichte Stoff wurde also mit Tanninlösung geklotzt, durch Brechweinsteinlösung gezogen und dann in basischen Farben ausgefärbt.

Druckt man den durch Tannin und Brechweinstein gezogenen Baumwollstoff mit einer aus verdickter Lauge bestehenden Ätzfarbe, dämpft und wäscht ihn dann, so erhält man beim Ausfärben in basischen Farbstoffen weiße Ätzeffekte in farbigem Grunde. Dieser Tanninätzartikel ist schon bald nach der Einführung des Brechweinsteinverfahrens vorgeschlagen worden. Aber erst vor 10 bis 15 Jahren ist er für gute Kleiderstoffartikel stark in Aufnahme gekommen und hat als solcher viel Anklang gefunden.

Färbe- und Druckartikel mit substantiven Farbstoffen. 1884 tauchten zuerst die substantiven Farbstoffe auf; allen voran das Benzopurpurin, dem keine geringere Aufgabe zugemutet wurde, als das so fest eingebürgerte, mit Alizarin hergestellte Türkischrot aus seiner beherrschenden Stellung zu verdrängen. Dieser Aufgabe zeigte sich das Benzopurpurin aber keineswegs als gewachsen. Die Säureempfindlichkeit der mit Benzopurpurin gefärbten Stoffe erwies sich als viel zu groß, schon die Kohlensäure der Luft bewirkte einen Umschlag der lebhaften Rotnuance in Blauviolett. Man hatte sich mit dem neuen Farbstoff doch zu weit vorgewagt.

Weit größere Erfolge hatten die fast gleichzeitig mit dem Benzopurpurin eingeführten gelben substantiven Farbstoffe (Baumwollgelb, Crysamin, Carbazolgelb usw.) Zunächst wurden sie für creme Nuancen an Stelle des klassischen Eisenchamois mit und ohne Albumin verwendet. Als außerordentliche Erleichterung empfand man es dabei, daß für den Cremeton ein einfaches Klotzen genügte, und jede Nachbehandlung (wie Ziehen des Gewebes durch heiße Soda, wie beim Eisenchamois, oder Dämpfen zur Befestigung des Albumins bei den Albuminfarben) ganz fortfiel. Ja, unter Umständen konnte die Lösung des gelben substantiven Farbstoffes unmittelbar in die Stärkelösung gegeben und auf diese Weise das Cremeklotzen des Gewebes ohne besonderen Arbeitsvorgang gleich bei dem Stärken der Baumwollgewebe erreicht werden.

Ebenso leicht zu behandeln war dann auch noch außer den Chamoisfarben eine Reihe andersfarbiger substantiver Farbstoffe von guter Echtheit, für Rosa Erika (Aktiengesellschaft f. Anilinfabrikation, Berlin), für Blau Diaminblau (Cassella). Das Klotzen der gedruckten Gewebe vor dem Appreturprozeß mit all diesen substantiven Farbstoffen wurde besonders für einen Artikel allgemein üblich, den man damals als mille fleurs-Artikel bezeichnete.

Das Färben mit substantiven Farbstoffen war natürlich schon nicht mehr so einfach wie das Klotzen, aber immerhin doch sehr viel einfacher als das Färben mit Beizenfarbstoffen. An Stelle des Färbens mit Kreuzbeeren trat das Färben mit substantiven gelben Farbstoffen, z. B. Crysamin (Bayer). So wurden die gelb gefärbten türkischroten Taschentücher (Kaschmir), die bis dahin durch Imprägnieren fertigen türkischroten Gewebes mit Tonerdesalzen und Ausfärben in Kreuzbeeren hergestellt wurden, seit Einführung der substantiven Farbstoffe nur durch Ausfärben des türkischroten Gewebes in Crysamin oder Crysophenin hergestellt.

Für viele substantive Farbstoffe wurde als ein gutes Mittel, um die Echtheit der Färbungen zu erhöhen, die nachträgliche Behandlung mit Kupfervitriollösung (Nachkupfern) erkannt.

Das Drucken mit substantiven Farbstoffen mußte sich in gewissen Grenzen halten, weil ein Bluten in das Weiß trotz gewisser Zusätze zur Druckfarbe (Eiweiß) nicht immer ganz zu vermeiden war. Trotzdem haben die substantiven Farbstoffe für eine ganze Reihe von Druckartikeln Verwendung gefunden[1]).

Ein Nachteil für die Verwendung der substantiven Farbstoffe sowohl als Färbe- als auch als Druckartikel ist die meist etwas geringe Seifenechtheit und der Umstand, daß sie in der Nuance etwas stumpf sind und nur wenige die Lebhaftigkeit anderer Farbstoffe z. B. der basischen Farbstoffe erreichen.

Druck- und Färbeartikel mit Naphthoalzofarbstoffen. Ende der 80er Jahre tauchte zuerst der Gedanke der Herstellung der Naphtholazofarbstoffe auf der Faser auf. Der Naphtholazofarbstoff, der zuerst eingeführt wurde, war wieder als ein Konkurrenzprodukt, gegen Türkischrot gedacht. Dieses Mal sollte dem neuen Produkt ein größerer Erfolg beschieden sein. Der rote Azofarbstoff wurde aus β-Naphthol und der Diazolösung von p-Nitranilin auf dem Baumwollgewebe hergestellt. Von den Druckereien wurden zuerst nach diesem Verfahren unirote Gewebe hergestellt, die dann nachträglich mit schwarzen oder mit schwarzbordeaux Objekten bedruckt wurden. Oft auch wurden diese Objekte zuerst gedruckt und die gedruckten Gewebe nachträglich rot überfärbt.

Bereichert wurde die sogenannte Eisfarbenkollektion dann sehr bald durch eine Amarantnuance, die aus β-Naphthol und der Diazolösung von α-Naphthylamin hergestellt wurde, und zwar als Unifarbe mit Über- oder Vordruck oder als einfarbige Objekte bzw. als einfarbiger Decker. Dieses sogenannte Eisenamarant aus α-Naphthylamin wurde dem Alizarinbordeaux, welches kurz zuvor eingeführt war, aber einen nicht so glatten Druck lieferte, allgemein vorgezogen.

---

[1]) Gottlieb Stein, Zeitschrift für angewandte Chemie 1898, S. 897.

Anilin und o-Nitranilin lieferten nach der Diazotierung und Kupplung mit β-Naphthol ein Orange, das namentlich in Österreich, wo Orangenuancen stets eine weit größere Rolle als in Deutschland gespielt haben, sehr viel angewendet wurde.

Andere Nuancen (Blau aus Anisidin, Schwarz aus Amidoverbindungen des β-Naphthols an Stelle von β-Naphthol) wurden auch auf dem Stoff hergestellt, konnten sich aber nicht so allgemein einführen.

* * *

Lange Zeit beschränkte man sich darauf, nur die eine Komponente, nämlich die Diazolösung zu variieren, während man für die andere Komponente als organische Base stets β-Naphthol (abgesehen von Amidonaphthol für Schwarz) verwendete. Aber auch hierin trat mit der Zeit ein Wandel ein. 1906 wurden zuerst die Parafarben (Farbenfabriken Friedr. Bayer) an Stelle des β-Naphthols eingeführt und zur Kupplung die Diazolösung des p-Nitranilins, das p-Nitrodiazobenzolchlorid, verwendet. Ein Umschlag der Farbnuance trat bei der Kupplung meist nicht ein, wohl aber die Bildung des nunmehr seifenecht befestigten unlöslichen Azofarbstoffs. Die in dieser Weise mit Parafarben, z. B. auch parablau gefärbten Baumwollstoffe wurden viel zu Ätzartikeln, von denen gleich noch die Rede sein wird, verwendet, und ermöglichten so eine wertvolle Bereicherung der Kollektionen.

Zur Erzeugung schwarzer Druck- und Färbetöne mit Hilfe von Azofarbstoffen wurden weiter neben dem schon früher von Cassella vorgeschlagenen Amidonaphthol von der B. A. S. F. kupplungsfähige Monoazofarbstoffe in Vorschlag gebracht, und ein besonders gut geeigneter Monoazofarbstoff unter dem Namen Nigrophor[1]) in die Praxis eingeführt.

Reges Interesse erweckten auch die an Stelle von β-Naphthol von Griesheim-Elektron eingeführten Produkte Naphthol AS und Naphthol NA.

Die drei Basen β-Naphthol, Naphthol AS und Naphthol NA geben mit derselben Diazolösung ganz verschiedene Nuancen; mit der Diazolösung von m-Nitroorthoanisidin gibt z. B.:

β-Naphthol . . . . Orange,
Naphthol AS . . . . Rot,
Naphthol NA . . . . . . Amarant.

Verdickte Lösungen der drei Basen nebeneinander gedruckt liefern dann nach der Passage durch die Diazolösung orangerot-amarant Töne. Orange Töne kommen für Deutschland weniger in Betracht, wohl aber rot-amarant (etwa in Verbindung mit hellblau und schwarz).

* * *

Die Naphtholazofarbstoffe errangen einen anfangs kaum erwarteten großartigen Erfolg. Das für unersetzbar gehaltene Türkischrot war in vielen Fällen durch das Eisrot, wie man die roten Naphtholazofarbstoffe kurz bezeichnete, verdrängt worden. Das Pararot hatte zwar nicht ganz die Seifen- und Reibechtheit des Türkischrots. Für viele Fälle

---

[1]) W. Elbers, Die Erzeugung schwarzer primärer Disazofarbstoffe auf der Faser (Zeitschrift für Farben- und Textilchemie 1903, Heft 2).

aber war diese Echtheit völlig ausreichend und dabei die Nuance des Azorots feuriger als die des Türkischrots.

Indes war man auch beim Druck von Naphtholazofarbstoffen doch auch wieder auf Kombinationen mit den bisher erprobten Farbstoffen angewiesen. Die Naphtholazofarbstoffe boten eben an sich auch nicht eine vollständige Skala aller wünschenswerten Farbnuancen.

Es wurde deshalb versucht, die Druckmethoden, die für die bisher verwendeten Farbstoffe üblich waren, so umzugestalten, daß diese Farbstoffe **neben den Azofarbstoffen** befestigt werden konnten. Als **Anilinschwarz** wurde ein starkes saures Schwarz verwendet, das sich trotz der alkalischen Beschaffenheit der β-Naphthollösung, mit welcher der Stoff vor dem Drucken geklotzt ist, entwickelte. Ebenso gelang es, eine ganze Reihe von Chrom- und Tanninfarben neben Azofarben zu drucken und zu befestigen.

Da **längeres Dämpfen** für die Azofarbstoffe, die alle mehr oder weniger Neigung zum Sublimieren haben, nachteilig ist, so mußte man dabei sein Augenmerk auf solche Tannin- und Chromfarbstoffe richten, die sich schon durch kurzes Dämpfen fixieren lassen.

Hierzu erwiesen sich eine ganze Reihe von Farbstoffen geeignet; auch wurden sie zum Teil von den Farbenfabriken eigens für diesen Zweck neu herausgebracht.

Ätzartikel mit Naphtholazofarbstoffen. Das Ätzen der mit Azofarben gefärbten Baumwollstoffe stieß anfangs auf ziemliche Schwierigkeiten. Das Ätzen mit **Zinnsalz**[1]), ein Verfahren, das in den 90er Jahren allgemein beim Ätzen solcher Farbstofffärbungen benutzt wurde, die durch reduzierende Agenzien zerstörbar sind, lieferte bei Azofarbstoffen keine ganz befriedigenden Ergebnisse, für bunte Ätzeffekte allerdings schon eher als für weiße.

Dann wurde **Acetin** in konzentrierter Lösung vorgeschlagen, jedoch ohne durchschlagenden Erfolg. Eine wirkliche Lösung des Problems brachten erst die haltbaren **Hydrosulfite**[2]), die sich für Indigofärbungen als sehr zweckmäßig erwiesen hatten, und auch in diesem Falle eine glatte Weißätzung ohne weiteres für Pararot lieferten. Für α-Naphthylaminamarant wurden geringe Mengen von **Indulinscharlach** oder **Anthrachinon** zugefügt. Für bunte Ätzfarben wurden dann diesen Weißätzen zunächst einigermaßen **reduktionsfeste** basische Farbstoffe (Methylenblau, Rhodamin und Auramin) nebst Tannin als Beize und später auch Küpenfarbstoffe (Indanthren) zugefügt. In dieser Weise hergestellte durchgefärbte Azorot- und Azoamarantätzartikel verdrängten in vielen Fällen die früheren Alizarintürkischrot- und Alizarinbordeauxätzartikel.

Großes Interesse beanspruchte ferner auch ein bunter Azofarbenreserveartikel, der sogenannte **Rolffsche Artikel**[3]), der darauf beruht, daß die Gerbsäure das Alkali der Naphthollösung neutralisiert und dadurch dem naphtholierten Stoff die Fähigkeit nimmt, sich an den Stellen mit der Diazolösung zu kuppeln, an denen er mit gerbsäurehaltigen Druckfarben gedruckt wird. Der naphtholierte Stoff wird also mit Druckfarben, die basische Farbstoffe nebst der zur Befestigung nötigen (oder auch mehr) Gerbsäure usw. enthalten, gedruckt, kurz gedämpft und dann in der entsprechenden Diazolösung ausgefärbt. Diese Kombination zweiseitig gefärbter Azofarbstoffe und basischer Farbstoffe

---

[1]) Wageners Jahresber., Lauber u. Caberti 1895, S. 1020.
[2]) Ebenda 1906, S. 439.
[3]) Ebenda 1900, S. 477.

wurde besonders viel als Rauhartikel (Barchent, Velours) von der Erfinderin Rolffs & Co. hergestellt und erfreute sich großer Beliebtheit.

Durch Kondensation auf der Faser entstehende Farbstoffe. Auf der Faser (ähnlich wie bei der Anilinschwarzbildung durch Oxydation) entstehen durch Kondensation die sogenannten Nitrosofarben, von denen das Nitrosoblau größere Bedeutung erlangt hat. Der Farbstoff entsteht auf dem Gewebe durch Kondensation von Nitrosobase (p-Nitrosodimethylanilin) mit Resorcin, Phenolen usw. Mit Hilfe von Kaliumsulfit (analog dem Prudhommeschen Dampfanilinschwarzartikel) hergestellte Reserveätzartikel haben recht gute Erfolge gehabt.

Schwefelfarbstoffe. Die Schwefelfarbstoffe haben sich zunächst mehr für Färbungen als für Druckartikel eingeführt. Der direkte Druck ist dadurch erschwert, daß der Befestigungsprozeß in ähnlicher Weise wie bei dem Indigo einen Reduktionsprozeß zur Voraussetzung hat. Die Befestigung der Schwefelfarbstoffe als Dampffarben kann deshalb auch nur im luftfreien Dämpfer erfolgen. Nachdem die luftfreien Dämpfapparate neuerdings allgemein eingeführt sind, kann diese Schwierigkeit indes als überwunden gelten. Ebenso ist eine andere Schwierigkeit überwunden worden, die darin lag, daß die Kupferwalzen infolge des Gehalts der Druckfarbe an Schwefelalkalien sich während des Druckens durch Schwefelkupferbildung schwärzten. Das anfangs empfohlene Vernickeln der Kupferwalzen erwies sich als umständlich und unzweckmäßig, weil eben die Kupferwalzen bei jeder Neugravur wieder abgedreht werden müssen. Seitdem dann die Farbenfabriken die Schwefelfarbstoffe einer gründlichen Reinigung unterzogen haben und sie frei von Schwefelalkalien in den Handel bringen, ist dieser Übelstand beseitigt.

Das Reservieren von Schwefelfarbstoffärbungen ist wohl über ein gewisses bescheidenes Maß nicht hinausgekommen. Mehr in Aufnahme gekommen ist schon das Ätzen von Schwefelfarbstoffärbungen. Als Ätzfarbe gelangt zur Anwendung die auch für andere, durch Oxydation zerstörbare Farbstoffärbungen verwendete Chloratätze, die aus chlorsauren Salzen, Ferro- oder Ferricyankalien und Weinsteinsäure besteht. Nach dem Vorschlag der Farbenfabriken Friedr. Bayer & Co. wurden die mit Schwefelfarbstoffen gefärbten Gewebe vor dem Drucken mit Chromverbindungen imprägniert. Die Ätzbarkeit wird dadurch wesentlich verbessert[1]).

Küpenfarbstoffe. Eine noch größere Bedeutung als die Schwefelfarbstoffe haben die Küpenfarbstoffe im letzten Jahrzehnt errungen, in dem ja auch die Zahl der von den verschiedenen Farbenfabriken gebrachten Küpenfarbstoffe, namentlich Küpenfarbstoffe der Anthracenreihe, eine ganz beträchtliche Höhe erreichte. Die außerordentliche Lichtechtheit ließ sie für viele Zwecke (Möbelstoffe, Wandbekleidungsstoffe, Tischdecken usw.) sehr geeignet erscheinen. Die Befestigungsmethode der Küpenfarbstoffe gestaltet sich zudem auch hier wieder einfach, wenn ein luftfreier Dämpfer zur Verfügung steht.

Ein Nachteil vieler Küpenfarbstoffe, der aber der sehr großen Echtheit entspricht, ist ihre Reaktionsträgheit, die geringe Ätzbarkeit der mit ihnen hergestellten Färbungen.

---

[1]) W. Elbers, Ätzeffekte auf Schwefelfarbstoffärbungen (Zeitschrift für Farben- und Textilchemie, Jahrg. 1904, Heft 6, S. 99).

Man ist deshalb für manche Küpenfarbstoffe, so z. B. für das Indanthren, zum Reserveverfahren übergegangen, ein Verfahren, das nach heutigen Begriffen allerdings in gewisser Beziehung als ein Rückschritt anzusehen ist.

✻ ✻ ✻

Immer mehr arbeiteten sich die Farbenfabriken im übrigen darauf ein, den Bedürfnissen der Stoffdruckereien Rechnung zu tragen. Nur einige wichtige Punkte seien als Beispiele hier herausgegriffen.

Von allgemeineren Gesichtspunkten ist an das Bestreben zu erinnern, für gewisse Farbstoffe, so z. B. die substantiven Farbstoffe, die Löslichkeit zu erhöhen, um an Stelle des Färbens das viel einfachere Klotzen der Farbstofflösungen treten lassen zu können.

Die Farbenfabriken suchten weiter nach solchen Farbstoffen, die von der Verdickung, deren Zugabe bei der Bereitung der Druckfarben ja unvermeidlich ist, nachträglich leichter befreit werden können, als dieses bei den meisten Farbstoffen der Fall ist. Dieses ist namentlich bei Rauhartikeln sehr wichtig, damit die Stahldrahthäkchen der Rauhtrommel das eigentliche Gewebe besser erfassen können.

Viel Arbeit wurde auch darauf verwandt, Farbstoffe zu finden, die sich, wie bereits angegeben, schon durch kurzes Dämpfen befestigen lassen, ferner Farbstoffe, die hydrosulfitbeständig sind, die also als bunte Illuminationsätzfarben beim Hydrosulfitätzdruck Verwendung finden können. Entweder können solche Farbstoffe verwendet werden, die von dem Hydrosulfit nicht angegriffen werden, oder die Hydrosulfite können auch gleichzeitig als Befestigungsmittel dienen (Küpenfarbstoffe).

Ferner war die Ausrüstung und Appretur des Gewebes, wie wir im mechanisch-technologischen Teil gesehen, im Laufe der Zeit mehr und mehr vervollkommnet worden. Man war im Zusammenarbeiten mit den Maschinenfabriken allmählich zu Methoden gekommen, die es ermöglichten, den Baumwollgeweben — natürlich entsprechende Garnnummer und Fadenstellung vorausgesetzt — nach Belieben den Charakter eines Wollgewebes (Musselin, Velour), eines Leinwandgewebes (Bettzeuge) oder eines Seidengewebes (durch Mercerisation und Gauffrage) zu geben.

✻ ✻ ✻

So hatte die Industrie des Zeugdruckes in Deutschland vor Beginn des Krieges einen hohen Grad der Vollkommenheit erreicht. Durchgefärbte Genres in allen Nuancen und mit völlig befriedigender Echtheit, dabei in allen nur denkbaren Variationen farbiger Illumination wurden hergestellt; ferner einseitiger und zweiseitiger Druck sowohl in diesen durchgefärbten Genres als auch im Dampffarbenartikel in jeder nur gewünschten Ausrüstung.

Nachdem nach Beendigung des Krieges die Bahn für neues Wirken und Schaffen frei geworden ist, wird die Farben- und Maschinenindustrie Deutschlands gewiß ihr bestes Können für eine planvolle Fortentwicklung einsetzen, und die Baumwolltextilindustrie wird es für ihre Pflicht erachten, Hand in Hand mit diesen Industrien zu arbeiten und ihre Arbeitsmethoden und ihre Fabrikate weiter zu vervollkommnen.

III.

Die wirtschaftliche Entwicklung der Baumwolltextilindustrie 1822—1922

Allgemeine wirtschaftliche Entwicklung der Baumwolltextilindustrie 1822 bis 1922[1].

Baumwolle.

Schon seit den ältesten Zeiten ist die Baumwolle in manchen Gegenden, so in Indien, Persien, China und Ägypten, angebaut und zur Herstellung von Geweben verwendet worden. In Indien, der eigentlichen Heimat der Baumwolle, dienten Baumwollgewebe schon zu Herodots Zeiten (450 v. Chr.) allgemein zur Kleidung der Eingeborenen. In China wurden Baumwollgewebe sogar schon um 2300 v. Chr. hergestellt. Doch wurde der Anbau nur in kleinem Maßstabe betrieben. Hielt man in China doch noch im 5. Jahrhundert n. Chr. es für ein bemerkenswertes Ereignis, daß ein chinesischer Kaiser bei seiner Krönung ein baumwollenes Gewand getragen habe. Ebenso wurden im Lande der Pharaonen Baumwollgewebe im Altertum hauptsächlich von den Vornehmen und Priestern getragen.

In Amerika ist die Baumwolle ebenfalls wohl schon früh angebaut worden, denn bei der Entdeckung Amerikas (1492) wurden dort schon schöne, aus Baumwolle hergestellte Gewebe vorgefunden; aber auch hier handelte es sich damals doch noch um keine ausgedehnten Kulturen.

Am spätesten wurde die Baumwolle in Europa angebaut und verwendet. Noch im Mittelalter wurde hier fast ausschließlich die Woll- und Leinenfaser für Bekleidungszwecke benutzt. Immerhin rühmt sich Spanien, schon vor 300 Jahren den Sitz der Baumwollindustrie von Europa gebildet zu haben. Auch Italien, wo seit Anfang des Mittelalters in Süditalien, Venedig und Malta Baumwolle angebaut wurde, erhebt Anspruch darauf, in der Umgegend von Rom und auch in Süditalien schon vor mehreren Jahrhunderten von asiatischen Kulturvölkern (Mohammedanern) eingerichtete Baumwollspinnereien und Webereien besessen zu haben.

Auch hier kann es sich jedoch nur um verhältnismäßig nicht große Mengen gehandelt haben. Zweifellos galten Baumwollstoffe in Europa im Mittelalter überall noch als Luxusgegenstände. Erst vom Ende des 18. Jahrhunderts an, seitdem die Baumwollkultur in Amerika größere Ausdehnung gewann und festen Fuß faßte, kann im Abendlande von dem Beginn eines Massenverbrauchs in Baumwolle und Baumwollartikeln gesprochen werden.

Vor Beginn dieser neuen Epoche, etwa zu Anfang des 18. Jahrhunderts, war Amsterdam der größte Baumwollmarkt für Europa, während England noch ganz zurücktrat. Noch im Jahre 1721 wurde in England, in dem später ein so gewaltiges Zentrum für die Baumwolltextilindustrie entstehen sollte, das Verbot erlassen, Baumwollstoffe zu kaufen und zu verkaufen. Als dann dieses Verbot später aufgehoben wurde und man die Baumwolle hier zu verarbeiten begann, wurden zunächst Gewebe aus Baumwollschuß und Leinenkette hergestellt, da man dem Baumwollfaden für Kette anfangs noch nicht die nötige Festigkeit zu geben verstand.

---

[1] Außer der angezogenen Literatur sind auch die Eingaben der Firma Gebr. Elbers an die Behörden usw. berücksichtigt worden.

Nach Witt[1]) wurden in England erst im Jahre 1772 in dieser Weise die ersten Gewebe unter Verwendung von Baumwolle gefertigt. Nach Edmund Potter[2]) wurden aber schon vor 1750 in Schottland Stoffe für Kleidung gewebt, und zwar auch nach seiner Angabe zunächst wieder aus leinener Kette und baumwollenem Schuß. Die Gewebe wurden dann in den in Schottland schon 1738 (26 Jahre früher als in Lancashire) gegründeten Zeugdruckereien bedruckt.

Zu Ende des 18. Jahrhunderts trat aber jedenfalls die Verwendung von Baumwolle gegenüber der der anderen Fasern noch sehr erheblich zurück. Nach einer Statistik aus dem Jahre 1783[3]) sollen zu dieser Zeit 78 Proz. aller Kleiderstoffe aus Wolle, 18 Proz. aus Leinen und nur 4 Proz. aus Baumwolle hergestellt worden sein. Diese Verhältnisse haben sich in den folgenden 130 Jahren vollständig umgekehrt. Heute bestehen von allen Bekleidungsstoffen 74 Proz. aus Baumwolle, 20 Proz. aus Wolle und etwa 6 Proz. aus Leinen. Diesen Zahlen entspricht auch die Steigerung der Welterzeugung in Baumwolle in diesem Zeitraum.

Die wirtschaftliche Entwicklung bis 1913.

1822 bis 1860. Die Welterzeugung in Baumwolle betrug im Jahre 1800, also etwa 20 Jahre vor dem Zeitraum, mit dem wir uns etwas näher befassen wollen, nur etwa 1 Million Ballen zu rund 150 kg. An dieser Erzeugung war Indien am stärksten, nämlich mit 30 Proz., Südamerika mit 20 Proz. und die Vereinigten Staaten mit 10 Proz. (nach anderen Zusammenstellungen allerdings auch schon mit 20 Proz.) beteiligt.

Vergleichen wir mit diesen Zahlen die Welternte von 1914/15, so ergibt sich folgendes Bild[4]). Die Welternte 1914/15 betrug 27 Millionen Ballen zu 200 kg.

Von diesen lieferten

Vereinigte Staaten . . . . 17 Millionen Ballen
                                     (gegenüber 14,6 „   „ in 1913/14)
Indien . . . . 4,2 „   „
China . . . . 2,5 „   „
Ägypten . . . . 1,3 „   „
Rußland . . . . 1,2 „   „
Südamerika . . . . 0,414 „   „
Türkei . . . . 0,150 „   „
Persien . . . . 0,124 „   „
Übrige Länder . . . . 0,112 „   „
                                      Zusammen . . . 27 Millionen Ballen.

Die Zusammenstellung zeigt, daß die Vereinigten Staaten Nordamerikas eine ganz rapide Produktionssteigerung aufzuweisen haben, im Vergleich zu der die verhältnismäßige Steigerung der Erzeugung in anderen Ländern trotz ihres auch gewiß nicht unbeträchtlichen **absoluten** Wachstums ganz erheblich zurücktritt. Am meisten fällt auf, daß Südamerika seine jährliche Erzeugung während des hundertjährigen Zeitraumes nur verdoppelt hat.

Einen Anhaltspunkt, wie sich im einzelnen seit Ende des 18. Jahrhunderts in Zeitabschnitten von je fünf Jahren die Ernte an Baumwolle in Amerika und die Entwicklung der Preise gestaltet hat, gibt die nachfolgende Tabelle[5]).

---

[1]) O. N. Witt, Chemische Technologie der Gespinnstfasern, S. 119.
[2]) Edmund Potter, Baumwolldruckerei als Kunstgewerbe betrachtet, S. 14.
[3]) Prometheus Nr. 1521, S. 47.
[4]) Jahrbuch mit Kalender für die gesamte Baumwollindustrie 1915.
[5]) Ebenda, S. 47.

Ernteergebnisse und Preise von Baumwolle in den Vereinigten Staaten von Nordamerika
von 1790 bis 1913 in Abschnitten von je fünf Jahren. (Nach W. Rieger, Stuttgart.)

Jahrgang	Ernte in Ballen	Preis in Cents		Jahrgang	Ernte in Ballen	Preis in Cents	
		niedrigster	höchster			niedrigster	höchster
1790	8 889	—	26	1875	4 632 313	11³/₄	14⁵/₈
1795	44 444	—	36¹/₂	1880	6 605 750	10¹/₂	13
1800	210 526	—	44	1885	6 575 601	9¹/₈	10
1805	347 286	—	22	1890	8 652 597	7¹⁵/₁₆	10⁵/₈
1810	269 360	—	15¹/₂	1895	9 892 766	5⁹/₁₆	8³/₁₆
1815	457 565	—	29¹/₂	1900	10 425 141	8	12
1820	647 482	11	20	1905	11 319 860	9,80	12,60
1825	891 608	12	30				
1830	1 038 847	7¹/₂	13¹/₄			Preis in Pfg.	
1835	1 360 725	12¹/₂	20				
1840	1 634 954	7	11¹/₂	1907/08	11 581 829	44,75	63
1845	2 100 537	7	11¹/₂	1908/09	13 829 000	45,75	79,5
1850	2 454 442	8³/₄	15	1909/10	10 651 000	73,5	80
1855	2 982 634	8¹/₂	13	1910/11	12 132 322	—	—
1860	3 849 469	10	22	1911/12	16 120 000	—	—
1865	2 269 316	32¹/₂	60	1912/13	14 128 902	—	—
1870	4 352 317	14³/₄	21	1913/14	14 608 968	—	—

Aus dieser Tabelle geht hervor, wie sprunghaft zunächst von 1790 bis 1800 die Produktion an amerikanischer Baumwolle gestiegen ist, wie dann mit Ausnahme der Jahre 1810 und 1860 bis 1865 (der Zeit des amerikanischen Bürgerkrieges) eine im allgemeinen stetige Steigerung einsetzt, welche im 19. Jahrhundert die Jahresproduktion der Vereinigten Staaten von Nordamerika von 210000 auf rund 10500000 Ballen bringt. Vom Beginn des 20. Jahrhunderts setzt dann eine neue gewaltige, allerdings mit zeitweiligen Rückschlägen verbundene Steigerung der Baumwollproduktion der Vereinigten Staaten ein. Die Erzeugung von Baumwolle erreicht hier im Jahre 1911/12 schon 16 Millionen und im Jahre 1914/15 sogar die Höhe von 17 Millionen Ballen.

Ein viel bewegteres Bild ergibt sich aus der zweiten und dritten Spalte der Tabelle, in denen der niedrigste und höchste Preis in den betreffenden Jahren verzeichnet ist. Daß ein erheblicher Rückgang in der Produktion von einem Jahr zum anderen große Preisbewegungen auslöst, erscheint selbstverständlich. Es geht aber aus der Tabelle hervor, daß auch selbst bei gleichmäßiger Entwicklung der Produktion und geringen Schwankungen der Ernteziffern ganz erhebliche Preisschwankungen auftreten, so in den Jahren 1825 von 12 bis 30 Cents, 1830 von 7¹/₂ bis 13¹/₄ Cents, 1835 von 12¹/₂ bis 20 Cents. Diese Schwankungen erscheinen zwar gering im Vergleich zu den Schwankungen während der Periode des amerikanischen Unabhängigkeitskrieges (1860 ist der niedrigste Stand 10 Cents, 1865 der höchste Stand 60 Cents, zeitweise sogar 140 bis 150 Cents) aber immerhin sind auch die Schwankungen wie etwa 1835 (12¹/₂ auf 20 Cents) schon sehr erheblich.

* * *

Hier zeigt sich ein außerordentlich kritischer Punkt unserer Industrie insofern, als die verhältnismäßig sehr großen Preisschwankungen im Rohmaterial sich als ein schwerwiegender Faktor in der wirtschaftlichen Entwicklung der Baumwolltextilindustrie erweisen und den Fabrikanten vor sehr schwierige Aufgaben stellen.

Wie bei allen wirtschaftlichen Gütern bestimmen auch bei der Baumwolle Angebot und Nachfrage den Preis. Das Angebot geht von den Baumwolle produzierenden Ländern aus. Alle politischen Verwicklungen, Krieg und hierdurch bedingte wirtschaftliche Krisen beeinflussen zunächst mal die Höhe der Erzeugung und dadurch die Preisbildung in den betroffenen Ländern. Da nun die Baumwolle in fast allen Ländern der Erde gebaut wird, so bedeutet das weiter, daß die politischen und wirtschaftlichen Geschicke aller Länder, in denen die Baumwollkultur betrieben wird, für die Menge und den Preis der angebotenen Baumwolle von Bedeutung sein können.

Das gleiche gilt nun aber in gewissem Maße auch von der Nachfrage. Alle Länder der Erde gebrauchen entweder die Rohbaumwolle, um sie in ihren Fabriken zu Garnen und Geweben zu verarbeiten, oder aber, wenn diese Länder keine Textilfabriken haben, so sind sie Abnehmer der aus Baumwolle hergestellten Fabrikate. So beeinflussen also auch die Geschicke aller Länder und Völker die Nachfrage in Baumwolle und damit die für sie verlangten Preise; es ist daher klar, in wie starker Wechselwirkung die wirtschaftlichen und politischen Geschicke aller Länder die Baumwolltextilindustrie beeinflussen müssen.

Das schwerwiegendste Moment für die Preisbildung bleibt natürlich die Größe des Ernteergebnisses in dem Erzeugerland. Diese löst die stärksten Schwankungen im Weltmarktpreis aus.

Für das einzelne Land sind aber trotzdem die wirtschaftlichen Krisen im eigenen Lande und die damit zusammenhängenden Absatzstockungen usw. am meisten verhängnisvoll. Wenn bei flottem Geschäftsgang in der Baumwolltextilindustrie die Anlagen erweitert worden sind, wenn die Spinner neue Spindeln und die Weber neue Webstühle aufgestellt haben, so ist natürlich bei Rückschlägen der Konjunktur die Absatzkrisis um so größer. Das haben die deutschen Textilindustriellen, nachdem auch in Deutschland die Baumwoll-

Zusammenstellung über die Zunahme der Spindel- und Webstuhlzahl.

	Im Jahre	Spindeln	Mech. Stühle		Im Jahre	Spindeln	Mech. Stühle
Großbritannien	1812	4 000 000	—	Deutsches Reich	1846	750 000	—
	1850	21 000 000	—		1877	4 200 000	80 465
	1877	39 500 000	440 676		1891	6 000 000	—
	1890	44 504 819	615 714		1898	7 381 629	194 726
	1901	46 100 000	719 398		1901	7 910 800	211 818
	1909	57 026 000	739 000		1909	10 162 968	230 000
	1910	53 397 466	—		1910	10 200 000	—
	1911	54 522 554	—		1911	10 480 090	—
	1912	55 317 000	—		1912	10 726 000	—
	1913	55 652 820	—		1913	11 186 023	—

textilindustrie bis zu einem gewissen Grade ausgebaut war, oft erfahren müssen. Allerdings kann Deutschland erst viel später von einer eigenen Textilindustrie sprechen, als viele der anderen Länder, namentlich England. In dieser Beziehung gibt zunächst die vorstehende, allerdings nicht ganz lückenlose Tabelle[1]) guten Aufschluß.

---

[1]) Jahrbuch mit Kalender für die gesamte Baumwollindustrie 1915, S. 15.

Noch etwas eingehender ist für Deutschland die folgende Tabelle[1]).

Zusammenstellung über die Entwicklung der deutschen Baumwolltextilindustrie.

Jahr (im Zollvereinsgebiet)	Spindeln	Mechanische Webstühle	Jahr (im Zollvereinsgebiet)	Spindeln	Mechanische Webstühle
1840	658 358	—	1892	6 033 498	—
1852	900 000	—	1893	—	128 983
1861	2 235 195	23 491	1895	6 860 424	170 533
1870	2 767 000 *)	—	1898	7 880 714	194 726
1872	2 890 400 *)	—	1900	8 200 000	—
1873	3 000 000 **)	—	1901	8 434 601	211 818
1875	4 265 336 ***)	84 244	1904	8 800 000	—
1877	4 600 000	—	1905	8 830 016	231 199
1880	4 750 000	—	1906	9 339 448	—
1881	4 815 000	—	1907	9 882 505	—
1882	4 900 000	—	1909	10 162 872	260 323
1883	4 900 000	—	1910	10 200 000	—
1885	5 000 000	—	1911	10 480 090	—
1887	5 054 795	—	1912	10 726 000	—
1890	5 500 000	—	1913	11 186 023	286 003

*) Ohne Elsaß. — **) Ohne Elsaß mit etwa 1 000 000 Spindeln. — ***) Mit Elsaß mit 1 434 406 Spindeln.

Davon liefen 1913 in Rheinland und Westfalen allein
3 200 000 Spindeln und 62 000 mechanische Webstühle.

In den 40er und zu Beginn der 50er Jahre war also die deutsche Baumwollspinnerei und Weberei noch verhältnismäßig gering entwickelt. Sie hatte deshalb auch unter den Schwankungen des Weltmarktes in Rohstoffen damals noch weniger zu leiden.

Viel stärker war die Färberei (Türkischrotgarnfärberei), die Buntweberei (deren Begründung gewöhnlich vom Jahre 1776 datiert wird), und besonders die Druckerei zu jener Zeit schon in Deutschland in ihrer Ausdehnung fortgeschritten. Namentlich setzte eine gute Entwicklung ein, nachdem die allgemeine Geld- und Finanzkrisis, die Mitte der 40er Jahre auf die Industrie einen starken Druck ausübte, überwunden war.

Gegen die Konkurrenz des Auslandes waren die deutschen Drucker seit der Begründung des Zollvereins im Jahre 1834 durch hohe Zölle geschützt. In Preußen betrugen die Zölle für Kattune Anfang der 50er Jahre 25 bis 30 Proz., zum Teil sogar 50 Proz. des Wertes. Die englischen Drucker, die außer Garnen und Rohgeweben auch gerne ihre Prints eingeführt hätten, klagten, daß solche Zölle, wie sie von Preußen oder vielmehr dem ganzen Zollvereinsgebiet und Österreich erhoben würden, einem Verbot gleichkämen.

Die Engländer hatten im übrigen, trotzdem die Druckerei im Vergleich zu anderen Ländern sich erst spät bei ihnen eingebürgert hatte, bis zur Mitte des 19. Jahrhunderts es verstanden, ihre Druckerzeugnisse in allen Weltteilen in großem Maßstabe einzuführen. Der Handdruck war mehr und mehr vom Rouleauxdruck verdrängt worden. Die Produktion der englischen Druckereien war daher schon recht beträchtlich; wurde doch Anfang der 50er Jahre der jährliche Konsum des einheimischen englischen Marktes, der, abgesehen von einigen von Frankreich gelieferten Modekattunen, von der englischen Druckindustrie

---

[1]) Jahrbuch mit Kalender für die gesamte Baumwollindustrie 1915, S. 11.

versorgt wurde, auf 4500000 Stück geschätzt. Ein Drittel von diesen 4500000 Stück war Stapelware, zwei Drittel bessere Artikel. Die Musterfrage, die im Gebiet der Druckerei von jeher eine große Rolle gespielt hat, hatten die Engländer nicht nur für den einheimischen Markt, sondern auch für den Export in sehr verständiger, geschickter Weise zu lösen verstanden. Paris wurde damals als die Zeichenschule der Welt bezeichnet, die allen Ländern ihre Entwürfe lieferte. Die englischen Drucker bezogen auch einen Teil der Musterzeichnungen für ihre Druckereien von Paris; sie wußten indes sich von einseitigen Übertreibungen frei zu halten und bemühten sich in bezug auf Geschmacksrichtung und Geschmackswandlung in enger Fühlung mit ihren zahlreichen Absatzmärkten zu bleiben. Treffend charakterisiert Edmund Potter in einer in London im Jahre 1852 erschienenen Broschüre „Die Baumwollindustrie als Kunstgewerbe betrachtet" den Standpunkt des nüchternen praktischen Engländers in dieser Angelegenheit[1]):

> „Das Streben des Druckers soll dahin gerichtet sein, den besonderen Geschmack der Konsumenten zu befriedigen; greift er diesem zu weit vor, gleichviel wie neu auch der Geschmack seines Fabrikates, gleichviel wie kunstreich und geschmackvoll dasselbe, oder wie sonst verdienstlich; wenn solches nicht dem Geschmack des Konsumenten entspricht, so hat der Produzent zu leiden und der Wert seiner Arbeit erscheint ihm ungefähr im Lichte eines unverkauften historischen Gemäldes; es mag große Talente und geniale Auffassung an den Tag legen, allein es bleibt auf dem Lager."

Diese Auffassung ist auch heute noch für sehr viele Fälle zutreffend. Andererseits hat auch der Standpunkt eine gewisse Berechtigung, daß der Drucker durch die Auswahl der Muster erzieherisch auf den Geschmack des Konsumenten wirken und ihn günstig beeinflussen kann und soll.

Die Auffassung von Potter war der Niederschlag der praktischen Erfahrungen, die die englischen Drucker bei der Einführung ihrer Druckartikel in die verschiedensten Absatzgebiete gemacht hatten. Natürlich ist nicht zu übersehen, daß diese Einführungsarbeit den englischen Druckern durch eine Reihe günstiger Produktionsfaktoren sehr erleichtert wurde. Edmund Potter faßt die Vorteile wie folgt zusammen: „Der (englische) Drucker besitzt ohne Widerrede das wohlfeilste Erzeugungsvermögen in der Welt: Kapital, Maschinen, erfahrene Arbeiter, sicherlich die besten Rohmaterialien zum niedrigsten Einkaufspreis und alle seine Farbstoffe zollfrei." Die größte Unterstützung für die englischen Drucker war zweifellos die sehr leistungsfähige und billig arbeitende Spinnerei- und Webereiindustrie des Landes. Die große Bedeutung und Ausdehnung dieser Industrie zeigt am besten die erstaunliche Entwicklung der englischen Textilzentren. Manchester, das im Jahre 1717 nur 8000 Einwohner und 1779 29000 Einwohner zählte, war Mitte des 19. Jahrhunderts schon zu einer mächtigen Fabrikstadt emporgeblüht. In ähnlicher Weise wie in der Hauptstadt dieses Bezirks hatte sich die Baumwollindustrie des ganzen Lancashiredistrikts entwickelt.

* * *

Demgegenüber hatte die deutsche Industrie einen schweren Stand. Die deutschen Drucker konnten zwar unter dem Schutz der hohen Zollschranken den einheimischen Markt für sich behaupten. Nur einzelne feine Modekattune kamen auch aus Frankreich.

---

[1]) Edmund Potter, Baumwolldruckerei als Kunstgewerbe betrachtet, London, S. 24.

Aber wie sah es mit dem Export aus? Wohin sollte bei Absatzkrisen im Inlande die Produktion geleitet werden? Den Bedürfnissen der überseeischen Absatzgebiete würde es auch der deutsche Drucker, der auch den einheimischen Markt mit recht geschmackvollen Mustern versorgte, sehr wohl verstanden haben, sich anzupassen. Allerdings war der Verkehr mit überseeischen Gebieten für deutsche Fabrikanten und Kaufleute damals bei weitem nicht so entwickelt wie für englische Firmen, die entweder zahlreiche Filialen in den Kolonien hatten oder von denen ein Teilhaber beinahe ständig auf überseeischen Reisen war, um Geschäfte zu machen und Gedankenaustausch mit der Kundschaft zu pflegen.

Die Hauptschwierigkeit war für die deutschen Drucker aber die Preisfrage. Garne, besonders auch feine Garne, mußten als Pincops und Warpcops in ungebleichtem oder gebleichtem Zustande zu hohen Preisen von England bezogen werden. In Deutschland wurden sie dann gefärbt (Türkischrotgarn) oder zu Geweben verwebt und dann bedruckt. Wie sollten da die deutschen Drucker mit England konkurrieren, das in seinen vielen Kolonien ohnedies ein so vortreffliches Absatzgebiet besaß? Andere Staaten, wie z. B. Belgien, hatten dieser Schwierigkeit durch Zollerleichterungen und Ausfuhrprämien schon früh Rechnung getragen. In dieser Beziehung versagten die deutschen Behörden vollständig. Immer wieder wiesen die deutschen Industriellen die Regierung auf die Vorteile hin, die Belgien und England ihren Industrien durch Ausfuhrprämien und Zollerleichterungen gewährte. Die deutschen Drucker mußten natürlich noch einen Schritt weiter gehen und die Forderung stellen, daß die Zollerleichterung auch für den Fall gewährt werden sollte, wenn die aus England bezogenen Garne zu Geweben verarbeitet und als solche dann gefärbt oder bedruckt wieder ausgeführt würden.

In dem Bericht der Hagener Handelskammer vom Jahre 1852 heißt es in bezug auf diesen Punkt:

„Der Zustand der Kattundruckereien ist dem Auslande gegenüber noch immer derselbe geblieben. — Die Twiste, die als Warps und Pinkops für die Verwendung zu Nesseln meistens weiß von England bezogen werden müssen, geben uns ein teureres Tuch zum Bedrucken wie diesem und machen daher die Konkurrenz damit auf neutralen Märkten unmöglich. Ein Rückzoll (Ausfuhrprämie) bei der Ausfuhr von gedruckten Kattunen würde dagegen diesem Industriezweige sowohl hinsichtlich der Webereien als Druckereien eine außerordentliche Ausdehnung verschaffen und unsere Etablissements in den Stand setzen, sich an den enormen Exporten Englands in diesem Artikel in großartiger Weise zu beteiligen."

Eine wirksame Unterstützung der deutschen Regierung war indes nicht zu erreichen. Es fehlte auch an den Organen, die den Wünschen von Handel und Industrie Nachdruck zu geben verstanden. Trat doch der erste preußische Handelstag erst im Februar 1860 zusammen. So war es gut, daß allmählich die Spinnerei und Weberei in Deutschland selbst erstarkten. Eine gute Entwicklung setzte besonders in der zweiten Hälfte der 50er Jahre ein. Da traten unerwartet weltgeschichtliche Ereignisse ein, durch die die Abhängigkeit der deutschen Baumwolltextilindustrie von den Geschicken der übrigen Welt so recht eindringlich vor Augen geführt werden sollte, der amerikanische Unabhängigkeitskrieg.

Gewaltige Wirkungen übte der amerikanische Unabhängigkeitskrieg aus, kein Staat blieb von seinem mächtigen Einfluß verschont. Diese wirtschaftlich so außergewöhnliche Zeit, in der die Grundlagen der gesamten Baumwolltextilindustrie erschüttert wurden und zum erstenmal der ganzen Welt die Abhängigkeit von Amerika und seiner Baumwolle zum Bewußtsein gebracht wurde, ist so interessant und lehrreich, daß wir zunächst bei dieser Periode etwas länger verweilen wollen.

1860 bis 1866, die Zeit des amerikanischen Unabhängigkeitskrieges. Gerade vor Ausbruch des Krieges war infolge der günstigen Entwicklung der wirtschaftlichen Verhältnisse aller Länder der Konsum in Textilien und namentlich auch Baumwollfabrikaten gestiegen. Auch standen Garne und Gewebe verhältnismäßig hoch im Preise, trotzdem die Vorräte, wie sich später herausstellte, keineswegs gering waren. Als dann der Krieg im Jahre 1860 ausbrach, trat daher bald ein Mangel an guter Baumwolle ein. Die Preise stiegen rapide. Zunächst verdienten die Textilfabrikanten noch durch die Verarbeitung ihrer Rohstoffvorräte. Dann aber wurde die Lage kritisch, da die Preise für Fertigfabrikate lange nicht in dem Maße wie für Rohbaumwolle gestiegen waren. Weitere Eindeckungen im Rohstoff getraute man sich bei den hohen Preisen meist nur für kurze Termine zu machen, weil man eben glaubte, daß der Krieg bald beendet sein würde.

Als sich dann aber weiterhin zeigte, daß der Krieg doch voraussichtlich längere Zeit andauern würde, setzte Liverpool im Sommer 1862 mit sehr starken Einkäufen ein. Es begann in England eine wilde Spekulation, an der sich sowohl in England als auch in Deutschland Privatpersonen aller Stände und, wie es in dem Hagener Handelskammerbericht vom Jahre 1862 heißt, selbst das weibliche Geschlecht beteiligten. Middling Orleans stieg im Jahre 1862 zeitweise von 20 auf 30 Pence und der Totalvorrat in Baumwolle wurde in jeder Woche bis zu zweimal umgesetzt.

Größere Ankäufe in Baumwolle in Liverpool und Mitteilungen vom Kriegsschauplatz, die eine baldige Beendigung des Krieges erhoffen ließen, brachten dann im Herbst 1862 eine starke Abschwächung des Baumwollmarktes; in Liverpool stand im November 1862 die Baumwolle wieder auf 20 Pence. Im Dezember 1862 trat unter dem Eindruck entgegengesetzter Berichte erneut eine Steigerung von 2 bis 3 Pence ein.

Diese schroffen Schwankungen, die ein richtiges Vorgehen für die Einkäufe der Textilindustriellen außerordentlich erschwerten, veranschaulicht die folgende Tabelle[1]).

Bewegung des Baumwollmarktes in Liverpool im Jahre 1862.

1862	Vorrat				Preise	
	Nordamerika	Ostindien	Andere Sorten	Total	Middling Orleans	Fair Dholl
	Ballen	Ballen	Ballen	Ballen	d	d
10. Januar	248 000	278 000	50 000	576 000	$13^5/_8$	$8^3/_4$
28. März	144 000	182 000	75 000	401 000	$12^5/_8$	$8^1/_4$
30. Mai	103 000	163 000	105 000	371 000	$12^5/_8$	$8^1/_4$
4. Juli	62 000	57 000	66 000	185 000	$17^1/_4$	$13^7/_8$
25. „	43 000	72 000	57 000	172 000	18	13
15. August	27 000	55 000	44 000	126 000	$19^3/_4$	$13^7/_8$
29. „	17 000	13 000	33 000	63 000	27	$17^5/_8$
5. September	16 000	14 000	29 000	59 000	30	$18^1/_8$
16. Oktober	12 000	227 000	38 000	277 000	26	16
21. November	24 000	218 000	40 000	291 000	22	$14^1/_2$
12. Dezember	23 000	190 000	40 000	253 000	$23^1/_2$	16

[1]) Hagener Handelskammerbericht aus dem Jahre 1862, S. 37.

Im Anschluß hieran sei auch eine interessante Zusammenstellung[1]) der Baumwollpreise des Jahres 1862 im Vergleich zu den früheren Zeiträumen mitgeteilt. Sie bildet gewissermaßen eine Ergänzung zur Tabelle S. 99, da dort nur die Zeiträume von fünf zu fünf Jahren berücksichtigt sind.

	Middling American	Surat		Middling American	Surat
	d	d		d	d
1814	30	21½	1820	11½	8½
1815	21½	17½	1821 bis 1840 . . .	7⅞	5⅞
1816	18¼	15⅛	1841 bis 1860 . . .	5¾	4
1817	20⅛	17	1861	8½	5¾
1818	20	15¾	31. Dezember 1862 .	23½	17½
1819	13½	9⅝			

Die Tabelle zeigt, daß auch vor der geschilderten Periode schon gerade so hohe Preise von Baumwolle wie im Jahre 1862 zu verzeichnen waren. Das Verhängnisvolle waren indes die kolossalen Schwankungen innerhalb so kurzer Zeiträume. Ebenso machte der plötzliche Rückgang der erzeugten Mengen alle beteiligten Kreise stutzig. Gerade dieser Rückgang gab damals zu den schwersten Bedenken Veranlassung. Wie sehr die Geschäftswelt in ihren Anschauungen von der jeweiligen Lage ganz und gar gefangen genommen ist und nur in gerader Linie sieht, geht auch aus dem zitierten Bericht hervor. Es heißt dort:

„Die amerikanische Baumwollproduktion ist durch den dortigen Krieg so bedeutend alteriert worden, daß man für viele Jahre, vielleicht für immer, das bis jetzt regelmäßig gelieferte Quantum von Amerika nicht mehr erwarten darf, und es wird daher namentlich Englands Sorge sein müssen, mit allen seinen Mitteln den Baumwollbau in Indien und den anderen Produktionsländern so zu unterstützen, daß von denselben dauernd der Ausfall gedeckt werden kann. Lincolns Emanzipationsdekret bildet eine Epoche im Baumwollhandel, von ihm datiert die verringerte Sklavenarbeit im Süden Nordamerikas und damit die verringerte Produktion der Baumwolle."

Dieser Pessimismus erwies sich in der Zukunft als nicht berechtigt; Amerika erholte sich recht bald in der Produktion, damals aber war er wohl zu verstehen. Unter der Einwirkung der stark gestiegenen Preise gingen 1861 und namentlich 1862 große Mengen von Baumwolle von England nach Amerika wieder zurück. Viele Spinnereien in England und auch in Deutschland kamen aus Mangel an Rohmaterial zum Stillstand. Der Verbrauch an Baumwolle, der in ganz Europa

     im Jahre 1860 . . . . 4 093 000 Ballen
   und   „   1861 noch . . . . . 3 913 000   „   betragen hatte,
  ging „   „ 1862 auf . . . . . 1 893 000   „   zurück.

Allerdings bewirkte die große Menge vorher aufgespeicherter Vorräte an Garnen und Geweben, daß die Preise für die Fertigfabrikate über ein gewisses Maß nicht hinausgingen. Während die Preise für Rohbaumwolle von 1860 bis 1862 von 4½ d auf 17½ d gestiegen

---

[1]) Hagener Handelskammerbericht aus dem Jahre 1862, S. 38.

waren, gingen die Preise für Rohnessel nur von z. B. 18 Pfennig auf 28 Pfennig. Das Schwinden der vor dem Kriege geschaffenen Vorräte, die namentlich, wie sich jetzt herausstellte, auch in England ziemlich bedeutend waren, söhnte manchen bis zu einem gewissen Grade mit den Wirkungen des amerikanischen Bürgerkrieges aus. In dem Bericht heißt es:

„Wie groß die angehäuften Vorräte allein in England gewesen sein müssen, läßt sich daraus ermessen, daß dieses Land in den ersten 11 Monaten des vorigen Jahres 93 850 000 Pfund an Baumwollgarn und Manufakturwaren mehr ausgeführt als produziert hat — welches große Quantum doch nur aus den alten Vorräten genommen werden konnte — und daß außerdem noch der ganze heimische Konsum Großbritanniens im vorigen Jahre aus älteren Vorräten gedeckt worden ist. Durch diese Tatsachen ist man 1862 zu der Überzeugung gekommen, daß im Laufe der letzten Jahre viel mehr Baumwollwaren fabriziert worden sind, als für den Konsum nötig waren. Der Rohstoff wurde wohl versponnen, allein der Vorrat von Garn und Geweben hat sich stets gehäuft. Hätte Amerika jährlich 4 Millionen Ballen fortgeliefert, so wäre eine Produktionskrise unausbleiblich gewesen. Man würde die Preise in Indien auf einem nie gekannten niedrigen Standpunkt gesehen, und es würde ein solcher Zustand vielleicht jahrelang gedauert haben, ehe die niedrigen Preise von Rohstoff und Fabrikat die Produktion in ein richtiges Verhältnis zur Konsumtion gebracht hätten. Wie groß auch die durch den amerikanischen Krieg herbeigeführte Kalamität sein mag, durch denselben ist eine furchtbare Krisis dadurch vermieden worden, daß infolge desselben das Gleichgewicht zwischen Produktion und Konsumtion in kürzerer Zeit und auf weniger schmerzliche Weise hergestellt werden wird."

Das Jahr **1863** brachte eine Zunahme der Produktion an Baumwolle besonders in Ostindien und Ägypten (vgl. Tabelle S. 107), jedenfalls ein Zeichen, wie infolge des vorhandenen fühlbaren Mangels ein gewisser Ausgleich sich anbahnte. Trotzdem gingen die Preise im Jahre 1863 nochmals stark in die Höhe, da durch die Mehrerzeugung in Ostindien und Ägypten der Ausfall der amerikanischen Ernte keineswegs voll gedeckt wurde. Die Spekulation setzte im Herbst 1863 sogar wieder so stark ein, daß die Bank von England sich genötigt sah, den Bankdiskont von 4 auf 8 Proz. zu erhöhen, um den Abfluß des englischen Geldes in das Ausland zu verhindern. Diese Maßnahme verfehlte ihre mäßigende Wirkung nicht; die Baumwollpreise in Liverpool sanken um 2 bis 3 Pence, so daß die Bank von England den Bankdiskont zu Ende des Jahres auf 7 Proz. herabsetzen konnte.

Eine eigenartige Begleiterscheinung dieser ganz außergewöhnlichen Konjunktur war es, daß trotz der damaligen Überlegenheit der englischen Textilindustrie große Mengen französischer und deutscher Rohgewebe und Kattune der deutschen Druckereien des Zollvereins nach England gingen. Ebenso fanden unter diesen Umständen Kattune deutscher Druckereien in vielen überseeischen Märkten, in denen man bisher nur englische Prints kannte, guten Eingang und Absatz.

Bedeutend war übrigens auch die Steigerung der Baumwollernten in manchen anderen Ländern, abgesehen von Ostindien und Ägypten, in der Zeit des amerikanischen Bürgerkrieges. Die folgende Tabelle, die diese Steigerung der Ernten in einzelnen Ländern veranschaulicht, entstammt dem Berichte[1]) des Jahres 1863.

---

[1]) Hagener Handelskammerbericht 1863 S. 32.

Jahr	Nord-Amerika	Brasilien	West-indien	Ägypten	Ostindien	Ballen	Durch-schnittsgewicht p. Ballen Pfd.	Zusammen Pfd.
1854	1 667 902	107 037	8 225	81 218	308 184	2 172 593	408	886 417 900
1855	1 626 086	134 528	6 708	113 961	396 027	2 277 310	396	901 814 700
1856	1 758 295	121 521	11 323	113 111	459 508	2 463 768	414	1 019 999 900
1857	1 481 717	168 340	11 467	75 528	680 466	2 417 588	403	974 287 900
1858	1 855 340	108 886	6 867	101 405	350 218	2 422 746	419	1 018 130 000
1859	2 086 341	124 867	8 338	99 876	509 688	2 829 110	421	1 191 055 300
1860	2 580 843	103 050	9 956	109 985	562 852	3 366 686	421	1 417 374 800
1861	1 842 610	99 120	10 390	97 280	987 530	3 036 930	415	1 260 325 900
1862	72 369	133 807	21 486	146 420	1 071 868	1 445 950	370	535 001 500
1863	131 865	137 293	67 438	204 270	1 390 276	1 932 142	353	682 816 000

Allmählich kam man zu der Überzeugung, daß der Ausfall der amerikanischen Ernte durch die Ernte der übrigen Länder ausgeglichen werden würde:

„Die hohen Baumwollpreise", sagt der Bericht, „sind ein mächtiger Hebel für die Baumwollkultur in anderen Ländern gewesen, und hat dieselbe so bedeutende Fortschritte gemacht, daß die Gefahr einer Baumwollnot, selbst wenn der amerikanische Krieg noch viele Jahre dauern sollte, beseitigt ist, und daß wir für die nächsten Jahre reichliche Zufuhren aus Indien, Ägypten, Brasilien und anderen Quellen erwarten dürfen."

Auf den Geldmärkten der verschiedenen Länder machte sich der Einfluß der stark gestiegenen Baumwollpreise einstweilen in scharfer Weise geltend. Die Einkäufe von Baumwolle erforderten das Vier- bis Fünffache der früheren Geldmittel.

Noch mehr zeigte sich dieses im Jahre **1864.** In diesem Jahre trat zudem noch eine noch weitere Steigerung des Baumwollpreises ein. Diese erreichte ihren Höhepunkt im Juli/August 1864 (in Neuyork stieg die Baumwolle auf 145 bis 150 Cents). Die Bank von England sah sich genötigt, um weiteren Geldabfluß zu verhindern, den Bankdiskont auf 9 Proz. zu erhöhen.

Ende August 1864 brachte die Londoner Times aufsehenerregende oder vielmehr, wie man später annahm, von interessierter Seite erfundene Nachrichten von einer bevorstehenden Aussöhnung der nordamerikanischen Staaten mit dem Süden und angeblichen Friedensverhandlungen auf britischem Gebiete.

Die nächste Folge dieser Nachrichten der Times war ein gewaltiger Preissturz in Baumwolle, Garnen und Geweben. Der Zusammenbruch einer Reihe von großen Handelshäusern und Banken war die weitere Folge. Baumwolle war von Ende August bis zum 25. Oktober von 31½ Pence auf 22 Pence gesunken. Dann setzte wieder eine etwas steigende Bewegung ein, die aber nach kurzer Zeit durch erneute Friedensgerüchte zur Umkehr gebracht wurde. Als dann am Schluß des Jahres 1864 der kriegerische Inhalt einer neuen Note des Präsidenten Lincoln an den Kongreß zu Washington bekannt wurde und Berichte von Ostindien einliefen, welche einen geringen Ernteausfall befürchten ließen, stieg die Baumwolle bis Ende 1864 wieder auf 27 Pence. So schloß das wechselvolle Jahr 1864 also wieder mit recht hohen Preisen. Die außerordentlichen Steigerungen und auch

Schwankungen der Preise während der vier ersten Jahre des amerikanischen Bürgerkrieges zeigt die folgende Tabelle [1]).

Jahr	Nord-amerika	Brasilien	West-indien	Ägypten und Smyrna	Ostindien und China	Ballen	Durch-schnitts-gewicht per Ballen Pfd.	Zu-sammen Pfd.	Durch-schnitts-preis per Pfd. d
1854	1 667 902	107 037	8 225	81 218	308 184	2 172 593	408	886 417 900	—
1855	1 626 086	134 528	6 708	113 961	396 027	2 277 310	396	901 814 700	$5^5/_8$
1856	1 758 295	121 521	11 323	113 111	459 508	2 463 768	414	1 019 999 900	$5^1/_8$
1857	1 481 717	168 340	11 467	75 528	680 466	2 417 588	403	974 287 900	$7^1/_4$
1858	1 855 340	108 886	6 867	101 405	350 218	2 422 746	419	1 018 130 000	$6^1/_4$
1859	2 086 341	124 867	8 338	99 876	509 688	2 829 110	421	1 191 055 300	$6^1/_4$
1860	2 580 843	103 050	9 956	109 985	562 852	3 366 686	421	1 417 374 800	$5^3/_4$
1861	1 842 610	99 120	10 390	97 280	987 530	3 036 930	415	1 260 325 900	$7^3/_8$
1862	72 369	133 807	21 486	146 420	1 071 868	1 445 950	370	535 001 500	$14^1/_4$
1863	131 865	137 293	67 438	204 270	1 390 276	1 932 142	353	682 816 000	$20^1/_2$
1864	197 776	212 192	59 645	319 155	1 798 588	2 587 356	348	901 850 000	$22^1/_2$

Auch das Jahr **1865** brachte keine länger andauernde Ermäßigung, wenn auch die Rohstoffmärkte häufigen Schwankungen unterworfen waren, je nachdem die Friedensaussichten in größere Nähe rückten, oder je nachdem man den von den Zeitungen gebrachten oder in sie hinein lancierten Nachrichten Glauben schenkte.

Die andauernd hohen Preise führten natürlich auch zu einer starken Einschränkung des Verbrauchs in Baumwollwaren. Zu Beginn des Jahres 1866 zeigte es sich, daß die Vorräte an Baumwolle auch in Amerika allmählich größer geworden waren, als man angenommen hatte, und daß vor allem aber auch an Garnen und Geweben sich recht beträchtliche Vorräte angesammelt hatten, die bei den teuren Preisen nicht hatten abgestoßen werden können; und nun trat zu Anfang des Jahres 1866 die ganz unerwartete Erscheinung ein, daß trotz der Fortdauer des amerikanischen Krieges die Baumwollpreise allmählich fielen und sich bis Mitte des Jahres dem früheren Friedenszustand näherten. Das Geschäft in Baumwollfabrikaten belebte sich erst wieder im Juli 1866, also zu dem Zeitpunkt, wo man den Krieg als beendet ansehen konnte. Umgekehrt trat nun wieder entgegen der allgemeinen Erwartung nach diesem Zeitpunkt nicht ein weiteres Sinken, sondern ein wenn auch nicht lange anhaltendes Steigen der Preise ein, wieder ein Beweis, wie trügerisch alle scheinbar durch die Erfahrung berechtigten und auf Analogieschlüssen beruhenden Vermutungen sind.

1867 bis 1870. Im Laufe des Jahres **1867** stellten sich dann die Rohbaumwollpreise allmählich wieder so ein, wie sie vor dem Kriege gestanden hatten. Die Fabrikanten der Baumwollartikel, die sehnlichst eine gesunde billige Preisbasis für die Belebung des Geschäftes gewünscht hatten, klagten jetzt freilich nicht mit Unrecht über eine zu plötzliche Entwertung der Bestände. In dem Bericht vom Jahre 1867 [2]) heißt es:

> „In Baumwolle und in den Fabrikaten aus derselben ist im Jahre 1867 ein unberechenbares Vermögen verloren gegangen. Am Schlusse des Jahres 1867 standen die Baumwollpreise ungefähr so, wie sie vor Ausbruch des amerikanischen Krieges

[1]) Bericht der Hagener Handelskammer 1864, S. 41.
[2]) Ebenda, S. 87.

gangbar waren. Im kurzen Zeitraum von ungefähr ⁷/₄ Jahren sind Preise vom Zenit ihrer Höhe bis auf den niedrigsten Stand gesunken, während der Aufgang über einen Zeitraum von mehr als vier Jahren sich erstreckt hatte."

Der Beginn des Jahres **1868** war zunächst recht günstig; die Nachfrage stieg infolge der solange erstrebten und jetzt wieder erreichten normalen, günstigen Preisbasis allmählich doch wieder. Aber so rasch war eine Stetigkeit der Märkte leider nicht zu erreichen; der Sommer und Herbst des Jahres 1868 brachte vielmehr sowohl in Baumwolle als auch in Baumwollfabrikaten ziemlich erhebliche Schwankungen, die eine richtige Disposition für den Fabrikanten sehr erschweren. Mit Recht klagt der Bericht des Jahres 1868:

„Solange der Wert des Rohmaterials so bedeutenden Schwankungen unterworfen ist, befinden sich alle bei der Baumwollindustrie Beteiligten in einem Zustande, welcher mehr einem Roulettespiel, als einem soliden Geschäfte gleicht. Von einem regelmäßigen, segenbringenden Geschäfte kann erst dann wieder die Rede sein, wenn Amerika uns wieder größere Quantitäten Baumwolle liefert und dadurch für Baumwollpreise eine solidere Basis geschaffen wird. Solange die Ernten klein bleiben, werden periodisch auch hohe Preise wiederkehren. Hohe Baumwollpreise sind aber mit dem Gedeihen der Baumwollindustrie unvereinbar."

In dem Jahre **1869** trat nun eine Beruhigung der Baumwollmärkte und eine größere Stabilität der Baumwollpreise ein. Während im Jahre 1867 die Schwankungen der Baumwollpreise 8 bis 9 Pence und im Jahre 1868 noch 5 bis 7 Pence betragen hatten, gingen die Preisschwankungen im Jahre 1869 nicht über 2 bis 3 Pence für das Pfund hinaus. Trotzdem trat die erwünschte Wirkung in vollem Umfange auch diesmal wieder nicht ein. Jeder, der geglaubt hatte, daß eine nicht zu hohe und gleichmäßige Preisbasis für die Baumwolle das Vertrauen des kaufenden Publikums bald wieder herstellen und zu einem lebhaften Geschäft führen würde, sah sich bitter getäuscht. So rasch war eben das Vertrauen weiter Kreise nach so vielen wechselvollen Jahren nicht wieder zu erlangen. Es zeigte sich sogar eine ausgesprochene Mattigkeit in den Garn- und Gewebemärkten. Jetzt versprach man sich nun eine Besserung der Verhältnisse von einem Wechsel der Moderichtung, wenn nämlich das konsumierende Publikum von den Woll- und Halbwollstoffen, die während der Zeit des amerikanischen Bürgerkrieges mit seinen teuren Baumwollpreisen sehr in Aufnahme gekommen waren, wieder mehr zu den Baumwollgeweben übergehen würde.

❀ ❀ ❀

1870 bis 1913. Der deutsch-französische Krieg gab dann der wirtschaftlichen Entwicklung der deutschen Textilindustrie eine ganz neue, unerwartete Wendung. Zunächst wirkte der Ausbruch des Krieges ebenso wie auf die meisten übrigen deutschen Industriezweige auch auf die deutsche Textilindustrie lähmend. Bald aber wurde den Betrieben durch Kriegslieferungen Beschäftigung zugeführt. Außerdem trugen die glänzenden Erfolge der deutschen Waffen und die rasche, glorreiche Beendigung des Feldzuges dazu bei, das Geschäft bald wieder hoch zu bringen.

Unbeirrt durch diese günstige Lage und die Freude über die Rückeroberung der beiden Provinzen Elsaß und Lothringen erkannten die deutschen Textilindustriellen die wirtschaftliche Gefahr, die mit der Einverleibung dieser Gebietsteile in das deutsche Zollgebiet für die deutsche Baumwolltextilindustrie verbunden war. Denn gerade diese Industrie war in den beiden Provinzen besonders hoch entwickelt, betrug doch die Produktion in bedruckten Kattunen damals mehr als $^2/_3$ dieser Industrie des gesamten Zollvereins. Die Zahl der im Elsaß arbeitenden Baumwollspindeln wurde damals auf 2½ Millionen, die Zahl der mechanischen und Handwebstühle auf 60000 und die Zahl der Rouleaudruckmaschinen auf 120 geschätzt[1]. Doch sind die beiden ersten Zahlen wohl zu hoch gegriffen (vgl. Tabelle, S. 101).

Allerdings war damit zu rechnen, daß es eine geraume Zeit dauern würde, bis die elsässischen Druckereien sich auf die in Deutschland fabrizierten und dort gangbaren Stapelartikel in bezug auf Ausrüstung und Mustergeschmack eingestellt haben würden. Außerdem war für die Hersteller von Baumwollgeweben, für Spinner und Weber, die Lage ohnedies günstiger. Denn die elsässischen Druckereien bezogen ziemlich bedeutende Posten von Rohgeweben aus Süddeutschland, die dann im Elsaß gedruckt und nach Frankreich geliefert wurden. Diese Lieferungen nach Frankreich waren durch eine im Friedensvertrag zwischen Deutschland und Frankreich vorgesehene Übergangsbestimmung ermöglicht, nach der alle mit Ursprungszertifikaten versehenen elsässischen Waren bis zum 31. Dezember 1871 zollfrei nach Frankreich eingeführt werden konnten. So ging die gesamte Produktion der elsässischen Baumwolltextilindustrie bis zu diesem Termin nach Frankreich.

Vom 1. Januar 1872 trat jedoch eine neue Bestimmung in Kraft. Von diesem Zeitpunkt an bis zum 30. Juni 1872 wurde ¼ der tarifmäßigen Zollsätze, vom 1. Juli bis 31. Dezember 1872 dann die Hälfte der tarifmäßigen Zollsätze und vom 1. Januar 1873 ab die vollen Zollsätze erhoben. Für Bleicher, Drucker und Färber blieb aber die Vergünstigung bestehen, baumwollene Rohgewebe zollfrei aus Frankreich zu beziehen und nach der Veredlung zollfrei nach Frankreich zurückzuliefern.

In dem Maße nun, wie die Zollsätze stiegen, ging die Ausfuhr der aus Deutschland und dem Elsaß stammenden Gewebe nach Frankreich zurück. Die elsässischen Drucker und Ausrüster verlegten sich vorwiegend auf die Veredelung französischer Rohgewebe. Die Folge davon war, daß die elsässische Webereiindustrie, deren Produktion im Jahre 1873 schon auf 134 Millionen Meter geschätzt wurde, als scharfe Konkurrenten auf den deutschen Märkten auftreten und diese mit Ware überschwemmen mußte.

Diese Wirkung sollte sich in den Preisen für Gewebe bald zeigen. Hinzu kam, daß die Erzeugungskosten an sich durch die nach dem Kriege einsetzende Erhöhung der Löhne und der Preise für Kohlen sehr gestiegen waren. Weiter wurde die Lage im Jahre 1873 durch Börsen- und Finanzkrisen in Österreich und Neuyork und damit wieder zusammenhängende stark rückläufige Preisbewegungen in Baumwolle verschärft. Die Baumwollweber waren also gewiß nicht auf Rosen gebettet. Sich täglich steigernde Erzeugungskosten, größte Schwierigkeiten im Absatz und dabei eine scharf rückläufige Konjunktur, die die Bestände entwertete. Wollten die Baumwollweber ihre Betriebe aufrecht erhalten, so mußten große Opfer gebracht werden. Bitter klagt schon der Bericht aus dem Jahre 1873:

> „Rückgängige Konjunkturen führen stets große Verluste für die Fabriketablissements herbei, weil letztere schon mit Rücksicht auf die Arbeiter den Betrieb nicht einstellen dürfen und Material zur Fortsetzung desselben einkaufen

---

[1] Dinglers Polyt. Journ. 1874, Bd. 211, S. 303.

müssen, selbst wenn sie mit positiver Gewißheit voraussehen, daß dasselbe, bevor es verarbeitet und zum Verkauf gelangt sein kann, schon einen ferneren Abschlag erfahren haben wird."

Auch für die Baumwollstoffdruckereien war die kritische Zeit nicht viel später als für die Webereien hereingebrochen. Mit dem 31. Dezember 1873 wurde der zollfreie Veredlungsverkehr zwischen Deutschland und Frankreich aufgehoben.

Auch sonst vereinigte sich eine ganze Reihe weiterer ungünstiger Umstände, um den Stoffdruckern den Export in das Ausland, der bei der jetzt geringen Absatzmöglichkeit im deutschen Inlande doch so wünschenswert gewesen wäre, zu erschweren. Rußland, das in vielen Artikeln, namentlich auch in Taschentüchern viele Jahrzehnte ein so guter Kunde für Deutschland gewesen war, ging, unterstützt durch ausländisches Kapital, in den 70er Jahren dazu über, sich eine eigene Textilindustrie zu schaffen und diese durch starke Zollschranken zu schützen. Amerika begann einzusehen, daß es töricht sei, Baumwolle zu bauen und stark zu exportieren und dann wieder große Mengen von Baumwollfabrikaten einzuführen. So begann auch Amerika in den 70er Jahren mit der Begründung einer eigenen Baumwolltextilindustrie in größerem Maßstabe, errichtete ein kräftiges Schutzzollsystem und beteiligte sich sogar selbst am Export nach England usw. Dadurch kam wieder England, für dessen Baumwollfabrikate Amerika ein sehr wichtiges Absatzgebiet gebildet hatte, in arge Bedrängnis. Um sich für seine Textilzentren, die 1875 schon mit etwa 40 Millionen Baumwollspindeln arbeiteten, für den Ausfall in Amerika einen Ausgleich zu schaffen, mußte England auf allen übrigen Überseemärkten um so schärfer in Wettbewerb treten. So waren die Exportmärkte heftig umstritten.

Zudem ging der Verbrauch an Baumwollwaren in dem Zeitraum nach 1873 in Deutschland selbst rückwärts statt vorwärts. Eine Hauptschuld hieran trug die sehr schlechte Lage der deutschen Eisenindustrie. Während man bisher immer die Erfahrung gemacht hatte, daß bei ungünstiger Konjunktur in der Eisenindustrie der Absatz sich hob, weil die Arbeiter von den teuren Wollstoffen zu den billigen Baumwollstoffen übergingen, trat jetzt statt dieser günstigen Wirkung das Gegenteil ein. Der Rückschlag in der Eisenindustrie war zu jener Zeit der 70er Jahre doch wohl zu stark.

Steigende Konjunkturen in den Baumwollmärkten gingen in den nächsten Jahren vorüber, ohne eine nennenswerte Wirkung auf die Beschäftigung in der Textilindustrie auszuüben, und vor allem ohne eine Aufbesserung der für Weber und Drucker sehr ungenügenden Preise ihrer Erzeugnisse herbeigeführt zu haben. Im Gegenteil. Hatte die Hausse in Rohbaumwolle auch keine Aufbesserung gebracht, so bröckelten trotzdem bei der nachfolgenden Baisse die Preise für die Baumwollfabrikate unter dem Einfluß der allgemeinen schlechten Geschäftslage noch weiter ab.

Die Schwierigkeit der Lage und das Nachgrübeln über ihre Ursache kommt in allen Berichten der 70er Jahre zum Ausdruck. So heißt es in dem Bericht des Jahres 1876[1]):

„Den Fabrikanten von baumwollenen Waren in Deutschland ist es nicht möglich, die Preise für Fabrikate in einem richtigen Verhältnis zum Preise des

---

1) Bericht der Hagener Handelskammer 1876, S. 15.

Rohstoffs zu erhalten, und zwar nicht allein, weil der Verbrauch bedeutend abgenommen hat, sondern weil überhaupt die Produktion im Deutschen Reich weit größer ist als der Konsum. Dieses Mißverhältnis ist aber nicht etwa durch Gründungen oder erhebliche Erweiterungen bestehender Etablissements hervorgerufen worden, sondern lediglich die Folge der Annexion des Elsaß und Lothringens mit ihrer großartigen Baumwollindustrie."

❊   ❊   ❊

Wie sollte da Abhilfe geschaffen werden? Immer wieder wurde seitens der Fabrikanten auf den Veredelungsverkehr hingewiesen, der mit Österreich noch möglichst gefördert und mit Frankreich wieder angebahnt werden sollte. Man dachte auf diese Weise wenigstens einem Teil der elsässischen Druckereien, die auf den französischen Geschmack in Mustern usw. eingearbeitet waren, Beschäftigung zu geben und dadurch den deutschen Markt zu entlasten. In bezug auf Rußland sollte es das Bestreben der deutschen Regierung sein, zu erreichen, daß die Zollsätze in Rußland zum mindesten auf die Hälfte des Satzes ermäßigt würden, der von deutscher Seite erhoben wurde. Außerdem befürworteten die deutschen Textilindustriellen die Einführung von Staffelzöllen, also eine Erhöhung des Zolles für feinere und eine Herabsetzung für gröbere Garnnummern.

Leider wurde nach allen diesen Richtungen trotz des lebhaften Drängens der deutschen Färber und Kattundrucker wenig erreicht. Im Gegenteil, in bezug auf Österreich kam eine schwere Enttäuschung hinzu: Als nämlich mit dem 31. Dezember 1879 der Handelsvertrag und damit die Bestimmungen über den Veredelungsverkehr mit Österreich abgelaufen war, kam eine Verlängerung auf der gleichen Grundlage nicht wieder zustande. Die österreichischen Drucker wußten sich ihren großen Einfluß bei ihrer Regierung zunutze zu machen, um diese Verlängerung zu hintertreiben, und fanden eine kräftige Unterstützung bei den schlesischen Leinenwebern, die eine Aufhebung des Veredelungsverkehrs mit Österreich wünschten und ihrerseits in diesem Sinne die deutsche Regierung bearbeiteten. Die Folge dieser Bestrebungen war, daß tatsächlich der freie Veredelungsverkehr aufgehoben wurde und eine Bestimmung in Kraft trat, nach der alle nach dem 15. Februar 1880 aus Österreich in das deutsche Zollgebiet zum Färben und Bedrucken einzuführenden Gewebe bei der Wiedereinfuhr nach Österreich mit einem Veredelungszoll, sogenannten Appreturzoll, von 14 Gulden für je 100 Kilo belegt werden sollten. Ausgenommen waren nur die feineren, wertvolleren Stoffe.

Die deutschen Drucker nahmen im Januar 1880 in einer gemeinsamen Eingabe an die Regierung hiergegen Stellung. Interessant sind die Ziffern, auf die sich die Eingabe stützt. Es wird angegeben, daß zu jener Zeit etwa 500000 Stück zu 60 m im Werte von ungefähr 17 Millionen Mark jährlich im Wege des Veredelungsverkehrs von Deutschland nach Österreich eingeführt wurden. Es wird ferner berechnet, daß 40 Proz. dieses Betrages die Herstellungskosten ausmachten, die auf diese Weise beim Aufhören des Veredelungsverkehrs der deutschen Baumwolltextilindustrie und ihren Hilfsbetrieben, den Farbenfabriken, Maschinenfabriken usw. entzogen würden. Zum Schluß wird darauf hingewiesen, daß ohne den Veredelungsverkehr mit Österreich eine Einschränkung einer ganzen Reihe von deutschen Textilbetrieben um ein Drittel unvermeidlich sei.

Gerade den entgegengesetzten Standpunkt hinsichtlich der Veredelungsfrage vertritt ein Antrag der Drucker im April des gleichen Jahres. Dieser den Veredelungsverkehr mit der Schweiz betreffende Antrag muß zunächst überraschen. Aber der Unterschied gegenüber dem vorhin erörterten Falle mit Österreich liegt eben darin, daß ein kleines Land wie die Schweiz mit einem geringen Konsum in Textilfabrikaten einerseits und mit einer verhältnismäßig stark entwickelten Industrie andererseits dem großen, für alle Textilfabrikate sehr aufnahmefähigen Deutschen Reiche im Veredelungsverkehr kein genügendes Äquivalent bieten konnte. Es wird in dem Antrage ausgeführt, daß im Jahre 1879 Deutschland kein einziges Stück Baumwollgewebe für die Schweiz habe veredeln können, während über Konstanz und Friedrichshafen in dem gleichen Jahre allein 70 091 Stück zu 60 m zum Bedrucken nach der Schweiz gegangen seien. Zum Teil wird dieses auch darauf zurückgeführt, daß die Zollgesetzgebung für die Textilindustrie in der Schweiz in bezug auf die Einfuhr von Kupferwalzen, Maschinen, Farbstoffen usw. wesentlich günstiger als die deutsche Zollgesetzgebung für die deutsche Textilindustrie war.

Ferner wird darauf hingewiesen, daß ein Teil der in der Schweiz veredelten Stücke in zerschnittenem Zustande, wie es z. B. die Fabrikation und der Handel für Taschentücher erforderte, zu $1/2$ oder 1 Dutzend aufgemacht, und zwar merkwürdigerweise zum Teil mit Erlaubnis der süddeutschen Zollbehörden, an den deutschen Auftraggeber von dem Schweizer Fabrikanten zurückgeliefert würden. Für den Fall, daß die Zollbehörden sich nicht bestimmen ließen, die veredelte Ware in zerschnittenem Zustande, zu Dutzenden aufgemacht, durchzulassen, und der Identitätsnachweis nicht zu erbringen war, wußten sich dann die Schweizer Drucker in der Weise zu helfen, daß sie die unzerschnittenen, aus sogenannter langer Ware bestehenden, als Taschentücher gedruckten Gewebe an bestimmte in Deutschland errichtete kleine Filialen schickten, die dann das Zerschneiden und Aufmachen zu $1/2$ oder 1 Dutzend vornahmen. Auf diese Weise wurde dem deutschen Kaufmann, der die Ware in der Schweiz ausrüsten ließ, die lästige Arbeit des Zerschneidens und Umpackens erspart und so bei ihm das Interesse an dem sich so einfach abwickelnden Veredelungsverkehr erhalten. Den gleichen Weg zu beschreiten, war aber für die deutschen Drucker eben nicht möglich, da es sich bei dem kleinen Konsum der Schweiz nicht rentieren konnte, etwa in entsprechender Weise Filialen in der Schweiz zu errichten, um das Zerschneiden und Umpacken der zu Taschentücher veredelten Schweizer Ware dort zu bewirken.

So forderten denn die deutschen Drucker in bezug auf die Schweiz entweder die Aufhebung des Veredelungsverkehrs oder aber die Festsetzung eines Veredelungszolles von 40 ℳ für 100 Kilo. In jedem Falle aber verlangten sie, daß die in der Schweiz gedruckte Foulardware nur nach zweifelloser Feststellung der Identität durch Kontrolle der an den Enden der Stücke angebrachten Stempel wieder nach Deutschland hineingelassen wurde. Die Feststellung der Identität der Ware durch Prüfung der Fadenstellung und des Gewichts wird als unzulässig bezeichnet, da sowohl Fadenstellung als auch Gewicht durch das Veredelungsverfahren, besonders den Vorgang des Bleichens, wesentlich geändert werden.

In bezug auf den letzteren Punkt setzten die deutschen Drucker ihren Willen durch. Der Vertreter der Regierung gab in der Reichstagssitzung vom 11. Juni 1881 die Erklärung ab, „daß künftig nur dann die zollfreie Wiedereinfuhr zugelassen werden solle, wenn die absolute Garantie vorliege, daß dieselbe Ware, welche ausgeführt wurde, auch wieder zurückkehrt". Im übrigen aber wurde der Vertrag bezüglich des zollfreien Veredelungsverkehrs mit der Schweiz bis zum 30. Juni 1886 erneuert.

❊ ❊ ❊

So hatten sich die Bestrebungen der Drucker, die die sich immer verschärfende Überproduktion mildern sollten, nach keiner Seite durchsetzen können. Zum Teil aus diesen Gründen waren die 80er Jahre im allgemeinen nicht günstig. Die Preisschwankungen im Rohstoff waren in den meisten Jahren recht bedeutend. Ein einigermaßen befriedigendes finanzielles Ergebnis hing, wie der Bericht des Jahres 1881 sagt, „nicht mehr allein von der guten Einrichtung und Leistung der Etablissements, sondern auch wesentlich davon ab, ob es gelingt, den richtigen Moment zum Einkauf des Rohstoffs zu treffen". Der wirtschaftliche Aufschwung, den die deutsche Eisenindustrie zu verzeichnen hatte, kam in der Textilindustrie kaum zur Geltung; nur einzelne Jahre entwickelten sich unter dem Einfluß einer plötzlich steigenden Baumwollkonjunktur befriedigend. Meist war es dann auch wieder nicht die gesamte Baumwolltextilindustrie, sondern entweder die Spinnereien, die Webereien oder die Druckereien, bei denen sich dann plötzlich eine günstige Konjunktur in Gestalt einer stärkeren Nachfrage einstellte, die dann wohl entsprechend ausgenutzt werden konnte.

Bei den Spinnern sorgte zwar immer wieder die zu Zeiten außerordentlich billig arbeitende englische Baumwollspinnerei dafür, daß dem deutschen Spinner die Bäume nicht in den Himmel wuchsen. In den Webereien Deutschlands fanden gerade in der Mitte der 80er Jahre namhafte Vergrößerungen durch Vermehrung der Webstühle statt — in den Berichten des Jahres 1886 ist von 5000 bis 6000 die Rede —, so daß eine auftauchende günstige Konjunktur in Geweben dann nie recht zur Entfaltung kommen konnte.

Die Stoffdrucker litten in den 80er Jahren fast ständig daran, daß sie ihre Produktion nicht unterbringen konnten. Nur einzelne günstige Momente, wie Haussen auf dem Baumwollmarkt, heiße Sommer, oder Erfolge durch besonders gut gelungene Mustersortimente und Ausnutzung der Moderichtungen, hoben einzelne Jahre heraus. So waren im 9. Jahrzehnt des vorigen Jahrhunderts wohl die Jahre 1886 und 1889 als günstig anzusprechen.

Im allgemeinen aber war die Lage für die deutschen Drucker keineswegs gut. Die Zollschranken der Länder, an die Deutschland noch Textilfabrikate liefern konnte, wurden mehr und mehr erhöht, so daß der Export auch nach diesen Ländern immer mehr unterbunden wurde. Mit um so größerer Energie mußte man sich daher trotz der trüben Erfahrungen mit Österreich und der Schweiz doch immer wieder auf den Veredelungsverkehr werfen. Mit den Ländern, mit denen das Abkommen eines gegenseitigen freien Veredelungsverkehrs nicht möglich oder zweckmäßig war, sollte der Transitveredelungsverkehr gemäß § 115 des Zollvereinsgesetzes zur Anwendung kommen. Der Einfuhrzoll wurde in diesem Falle den deutschen Druckern also auch dann zurückerstattet, wenn die Ware nach der Veredelung nicht in das Ursprungsland, sondern in einen anderen Auslandsstaat ausgeführt würde. Auch bei diesem Transitveredelungsverkehr ergaben sich indes mancherlei Schwierigkeiten, und es zeigte sich ferner, daß die deutschen Drucker in ihrem Streben, die Konkurrenz der Schweiz mit ihren billigen Arbeitslöhnen und großen Wasserkräften nicht zu mächtig werden zu lassen, bezüglich der strikten Forderung des Identitätsnachweises doch etwas zu weit gegangen waren.

Diese Schwierigkeiten, den Identitätsnachweis zu erbringen, zeigten sich vor allem, wenn große Warenmengen zu bewältigen waren. Zu leicht gingen einzelne der an den Enden angebrachten Stempel dann verloren, ein Versehen, das natürlich die Verpflichtung zur Zahlung des Zolls bedingte. Die deutschen Drucker verlangten daher angesichts dieser Erfahrungen Mitte der 80er Jahre gerade das, was man früher gegenüber der Schweiz verworfen hatte. Die Regierung sollte auf den Identitätsnachweis verzichten und nur die Wiederausfuhr einer gleichen Menge von gleichartiger Ware zur Bedingung machen. Bezeichnenderweise wird in den Eingaben der Drucker an die Regierung jetzt gerade die Schweiz als Muster hingestellt, bei der eine solche Regelung bereits getroffen sei. Aber auch diese Bestrebungen hatten keinen Erfolg.

* * *

Die in anderen Industrien, namentlich in der Kohlenindustrie, Ende der 80er und zu Beginn der 90er Jahre einsetzenden Zusammenschlüsse durch Bildung von Syndikaten, Trusten und durch Fusionen konnten sich in der Baumwolltextilindustrie in größerem Umfange nicht durchsetzen. Die Spinner- und Weberkonventionen hatten meist keinen langen Bestand oder beschränkten sich nur auf Zahlungs- und Lieferungsbedingungen ohne den eigentlichen Kernpunkt, die bindende gemeinsame Preisfestsetzung, zu treffen. Von den Konventionen der Artikel der Stoffdrucker sind aus den 80er und 90er Jahren die **Tücherkonvention** (1888) und die **Blaudruckkonvention** (1882 und 1889) zu erwähnen. Diese betrafen nur einen eng begrenzten Teil der von den Stoffdruckern hergestellten Artikel und sind auch nur von verhältnismäßig kurzer Dauer gewesen.

Dabei ging auch in den 90er Jahren die Aufstellung neuer Textilmaschinen in Deutschland immer weiter. Namentlich auch die Spinnereien wurden vergrößert und viele Tausende neuer Spindeln zu Anfang der 90er Jahre aufgestellt, und zwar nicht nur zum Spinnen von feinen Garnen, für die ja allerdings noch ein entschiedenes Bedürfnis vorlag, sondern auch zum Spinnen von groben Garnen, für die die Produktion schon ausreichend war. Die gewaltige großzügige Entwickelung der Eisenindustrie in jener Zeit riß eben auch die anderen industriellen Kreise mit sich. So sehr eine starke wirtschaftliche Entwicklung zu begrüßen war, so fehlte doch in der Baumwolltextilindustrie im Gegensatz zur Eisenindustrie der dann auch erforderliche mäßigende und regulierende Einfluß der Verbände fast vollständig.

Unter diesen Umständen stand die deutsche Baumwolltextilindustrie auch in den 90er Jahren ganz im Zeichen der Überproduktion, und es konnten nur in Zeiten vom Rohstoff ausgehender Preissteigerungen einigermaßen in Betracht kommende Gewinne erzielt werden. Die Unkosten für die Herstellung der Musterkollektionen waren zudem ganz erheblich gestiegen. Von Jahr zu Jahr steigerten sich diese übertriebenen Musteransprüche, denen sich die Drucker unter dem Zwange der scharfen Konkurrenz fügen mußten. Auf diese Weise erreichten die Mustersortimente und Kollektionen einen Umfang, der volkswirtschaftlich durchaus nicht zu rechtfertigen war.

Die Gewinne sanken immer mehr zu reinen Konjunkturgewinnen herab, und diese waren auch nur recht schmal, wenn nicht besonders günstige Umstände hinzukamen, wie z. B. im Jahre 1892 der große Spinnereistreik in England, bei dem von den 46 Millionen Spindeln, die damals in englischen Spinnereien aufgestellt waren, 18 Millionen für längere Zeit zum Stillstand kamen. Sonst war es recht schwer, eine nur einigermaßen der Preissteigerung der Rohstoffe entsprechende Erhöhung für das weiter veredelte Fabrikat herauszuholen. Das traf sowohl für Garne als auch Gewebe und Kattune zu. Maßlos war nach solchen Zeiten mittlerer Konjunkturgewinne die Preisschleuderei, sobald ein Preisrückgang oder gar eine ausgesprochene Baisse einsetzte. Nicht selten wurde durch eine solche Preisschleuderei der vorausgegangene Konjunkturgewinn mehr als aufgezehrt. Dieses war in besonders ausgesprochenem Maße der Fall, als in der zweiten Hälfte des Jahres 1893 die Baumwolle einen scharfen Preissturz erfuhr und in kurzer Zeit auf den bis dahin nicht gekannten Stand von 3 pence sank.

Da die Druckereien, wie wir gesehen, mit dem Ausbau des Veredelungsverkehrs in den 90er Jahren in vielen Fällen nicht die erhofften Erfolge hatten, so versuchten sie wieder in stärkerem Maße, sich Auslandsmärkte zu erschließen, auf denen man trotz des zu zahlenden Zolles noch konkurrieren konnte. Dieser Weg war freilich nicht leicht.

Die soziale Gesetzgebung, die in Deutschland von den 90er Jahren an in großzügiger Weise ausgebaut wurde, während man in anderen Staaten von einer solchen Fürsorge geschweige denn von einer Beschränkung der Arbeitszeit kaum etwas kannte, war eine ziemlich starke Belastung der Industrie, so sehr auch sonst diese Fürsorge selbst zu begrüßen war. Ferner waren die Zollsätze der meisten Auslandsstaaten recht hoch, und in den Zollverträgen vom Jahre 1891 waren die Zollsätze fast nur in den Fällen ermäßigt worden, in denen auch trotz dieser Ermäßigung an eine Ausfuhr nicht zu denken war.

Neben den nordischen Ländern, Dänemark, Schweden und Norwegen, die allerdings nur Abnehmer für einzelne ganz bestimmte Artikel (abgepaßte Schürzenstoffe, Möbelstoffe usw.) waren, sind in diesem Zusammenhange in erster Linie als Exportgebiet für Deutschland die Balkanstaaten zu erwähnen. Außer Rumänien, das schon seit längerer Zeit als Absatzgebiet für deutsche Waren geschätzt wurde, kam Serbien, Bulgarien und namentlich auch die Türkei als Verbraucher deutscher Waren in Betracht. Ferner gingen seit den 90er Jahren auch größere Lieferungen von Deutschland nach Ägypten. Dieses Land entwickelte sich infolge seiner gewinnbringenden Baumwollkulturen zu einem recht zahlungsfähigen Lande, das, selbst nur auf Hausindustrie angewiesen, eine große Menge von Textilwaren aufnehmen konnte, die allerdings dem Geschmack und den Gewohnheiten des Landes entsprechen mußten.

Als weiteres Absatzgebiet (in erster Linie für Blaudruck) kam dann späterhin Südafrika, vor allem die Burenrepublik, der Orangefreistaat und die deutschen Kolonien hinzu.

So vorteilhaft an sich für die Baumwolltextilindustrie die Ausdehnung der Absatzmöglichkeiten war, so hatte dieses auf der anderen Seite doch den Nachteil, daß die deutsche Textilindustrie, die doch schon in bezug auf den Rohstoffbezug vom Ausland so abhängig war, nun auch betreffs des Absatzes ihrer Fabrikate von den politischen und wirtschaftspolitischen Verhältnissen des Auslandes und vor allem auch der überseeischen Staaten noch mehr in Abhängigkeit gebracht wurde. Dieses sollte sich bald zeigen: Außerordentlich schwer lasteten denn auch die kriegerischen Verwicklungen und die politischen Spannungen in allen Ländern vom Beginn des 20. Jahrhunderts bis zum Ausbruch des Weltkrieges im Jahre 1914 auf der deutschen Baumwolltextilindustrie, die bei ihrer chronischen Überproduktion besonders empfindlich auf jede Störung des in bezug auf Produktion und Konsum mühsam zustande gekommenen Gleichgewichtes reagierte.

Im Jahre 1900 die Wirren in China, deren Folgen freilich nur mittelbar durch die Beeinflussung des allgemeinen Wirtschaftslebens für die deutsche Baumwolltextilindustrie zu spüren war. Dann aber gleich darauf der südafrikanische Krieg, der auf Jahre hinaus ein sehr wichtiges Absatzgebiet für deutsche Textilfabrikate verschloß. Das Jahr 1903 brachte nach Beendigung des südafrikanischen Krieges zwar wieder bessere Beschäftigung. Die Konjunktur wurde auch unterstützt durch eine kräftige Hausse in Baumwolle. Dieser folgte aber im nächsten Jahre 1904 wieder ein um so stärkerer Rückgang der Preise. Die Baumwolle fiel in diesem Jahre in Bremen in kurzer Zeit von 86 ₰ auf 35 ₰ für das Pfund also um 60 Proz. Die üblichen Begleiterscheinungen, unbegründete oder wenigstens weit übertriebene Preisschleuderei, Entwertung der Fertigfabrikate usw. blieben auch diesmal nicht aus.

In dem nächsten Jahre 1905 stieg die Baumwolle wieder auf 75 ₰. Diese Hausse konnte natürlich wieder nur einen Teil der Schäden heilen, die die vorausgegangene schroffe Baisse der Baumwolltextilindustrie gebracht hatte. Immer eindringlicher wurde von den interessierten Kreisen der Baumwolltextilindustrie die Forderung aufgestellt, daß Deutschland sich im Bezuge von Baumwolle von Amerika unabhängig machen und sie in seinem eigenen Kolonialgebiet in Afrika anbauen müsse, um die verhängnisvollen, starken Schwankungen der Rohstoffpreise nach Möglichkeit zu beseitigen. Diese Forderung hat, wie hier gleich vorweg genommen werden möge, in den maßgebenden Regierungskreisen niemals das richtige Verständnis gefunden. Wohl hielt man den Wunsch der Baumwolltextilindustriellen für gerechtfertigt, und man machte auch mit dem Anbau der Baumwolle in Afrika einen Anfang. Aber bei allen Schritten, die ergriffen wurden, hat es an der nötigen Sachkunde und Energie gefehlt, um eine gedeihliche Entwicklung zu ermöglichen. Zu den selbstverständlichen Vorbedingungen gehören nach den Erfahrungen in anderen Baumwollkulturgebieten, in Amerika (Texas) und auch schon in Ägypten, Indien usw., der Bau von Eisenbahnen, die systematische Heranbildung eines Arbeiterstammes, Pflanzerschulen, biologische Laboratorien usw.

An allen diesen Vorbedingungen fehlte es fast vollständig. Die Erfolge waren daher auch ziemlich kläglich und standen leider in gar keinem Verhältnis zu dem Aufheben, das im allgemeinen in jener Zeit in der Öffentlichkeit von dem Baumwollanbau in den deutschen Kolonien gemacht wurde. Nur einige, wenige Zahlen mögen hier zum Beleg dieser Behauptung angeführt werden. Das Kolonialwirtschaftliche Komitee veröffentlicht für 1908 und 1909 folgende Ziffern[1]):

	1908 Ballen	1909 Ballen
Ostafrika	1081	2077
Togo	1667	2043
Französische Kolonien	686	955
Englisch-Westafrika	4600	9500
„ -Ostafrika	4600	5900
Andere englische Gebiete	6800	6200

[1]) Bericht der Hagener Handelskammer 1910, S. 38.

Berücksichtigt man, daß zu jener Zeit (1908/09) die Weltproduktion an Baumwolle etwa 17 Millionen Ballen und der Konsum Deutschlands allein 1,4 Millionen Ballen betrug, so ist es klar, daß eine so winzige Erzeugung, wie sie die Produktion der deutsch-afrikanischen Kolonien darstellt, nämlich von 4000 Ballen, um eine preisregulierende Wirkung auszuüben, praktisch gar nicht in Betracht kommen konnte. Ernstliche Bestrebungen zur durchgreifenden Besserung der Anbauverhältnisse haben auch in den späteren Jahren nicht eingesetzt, so daß auch in den folgenden Jahren keine besseren Erfolge zu verzeichnen waren. Jetzt ist ja leider die Frage der Erzeugung von Baumwolle in eigenen deutschen Kolonien einstweilen ausgeschaltet.

Freilich wären selbst bei konstanten Baumwollpreisen für die Baumwolltextilindustrie zu jener Zeit günstige Verhältnisse wohl kaum eingetreten, wenn ja auch für die deutsche Volkswirtschaft große Vorteile durch Anbau und Verwendung deutscher Kolonialbaumwolle hätten erzielt werden können. Die deutsche Baumwolltextilindustrie selbst litt damals aber zu sehr unter der Überproduktion, die sich durch die Vergrößerung des Maschinenparks der Fabriken, die Beschränkung des Exports und auch des Absatzes im Lande selbst ergeben hatte. Eine beredte Illustration dafür, daß nicht nur die Abhängigkeit vom ausländischen Rohstoff die ungünstige Lage der Baumwolltextilindustrie in jener Zeit bedingte, ist eine vergleichende Übersicht über die Durchschnittsmarktpreise für die Baumwolle und für die Baumwollfabrikate, Garne und Gewebe in den Jahren 1906, 1907 und 1908[1]):

	1906 ₰	1907 ₰	1908 ₰
Baumwolle, Upland middling, Bremer Not. für ½ Kilo	57	59	58
Garn Nr. 20 er Warpkops für ½ Kilo	82	100	72
Gewebe, 88 cm Nessel 16/16, 20/20er das Meter	30	33	26
„ 34 „ Kalikos 19/18, 36/42er „ „	24	29	20

Aus dieser Tabelle geht also hervor, wie in den Jahren 1906, 1907 und 1908 bei ungefähr gleichen Durchschnittspreisen der Rohbaumwolle die Durchschnittspreise für Gespinste um 25 bis 30 Proz. und für Gewebe um 22 bis 31 Proz. gegenüber dem Höchststande zurückgegangen waren.

Auch das Jahr 1909 brachte trotz einer vorübergehenden Hausse keine nennenswerte Belebung des Geschäftes.

Zu Beginn des zweiten Jahrzehnts des 20. Jahrhunderts wurde in Deutschland wieder eine weitere größere Spindelzahl aufgestellt. Verbesserte dieses die allgemeine Lage der Baumwolltextilindustrie schon nicht, so kamen bald noch weitere Momente hinzu, um die allgemeine wirtschaftliche Lage sehr ungünstig zu gestalten. Schwere Wolken ballten sich am politischen Horizont zusammen. Der Ausbruch des italienisch-türkischen Krieges sollte der Auftakt zu den schwersten kriegerischen Verwicklungen werden, die die Welt je gesehen. Dem italienisch-türkischen Kriege folgte 1913 der Balkankrieg, in den der Reihe nach alle Balkanstaaten verwickelt wurden.

Während dieser Jahre ruhte der Export deutscher Baumwollfabrikate nach dem Balkan fast vollständig. Auch nach Beendigung des Balkankrieges hielten die Schwierigkeiten für das Hauptabsatzgebiet, die Türkei an. Griechische Ware war als Revanche für die Wegnahme von Methylene in der europäischen und asiatischen Türkei boykottiert.

---

[1]) Bericht der Hagener Handelskammer 1908, S. 42.

Als griechische Ware galten aber auch deutsche Stoffe, soweit sie von griechischen Händlern, die neben den Armeniern meist die Inhaber der großen Einkaufsfirmen in der Türkei sind, vertrieben wurden. So waren für die Einfuhr deutscher Waren die Geschäfte nur durch die wenigen armenischen Kaufleute zu machen, da der Türke selbst sich mit dem Handel im allgemeinen nicht befaßt.

Ägypten war zu jener Zeit mit Waren überschwemmt, zudem lagen infolge starker Treibereien und Spekulationen auf dem Grundstücksmarkt die finanziellen Verhältnisse dort recht schwierig. Im übrigen Afrika, namentlich in Westafrika ging das deutsche Exportgeschäft in Blaudruck, infolge Überproduktion und Sinkens der Preise für Rohgummi, der sogenannten Gummikrisis, ganz außerordentlich zurück.

Dem Absatz im Inlande war die damals herrschende Mode, Blusen zu tragen, sehr wenig vorteilhaft; die ganze Kleiderstoffindustrie wurde durch sie nachteilig beeinflußt. So zeigte, während die anderen Industrien, besonders auch die Eisenindustrie, in jener Zeit sich einer recht günstigen Konjunktur zu erfreuen hatten, die Baumwolltextilindustrie, abgesehen von einer vorübergehenden Belebung des Geschäftes, die durch steigende Baumwollpreise eingeleitet und dann auch bald wieder begrenzt wurde, keine befriedigende Entwicklung. Die Warenbestände häuften sich nicht nur in den deutschen, sondern auch in den ausländischen Textilfabriken, besonders auch in den österreichischen Textilwerken an, die durch die Balkanwirren noch stärker als die deutschen Betriebe in Mitleidenschaft gezogen worden waren. Die Zinsenlast, die die Textilwerke unter diesen Umständen infolge großer Bankkredite auf sich zu nehmen hatten, war recht beträchtlich. Diese Lasten wuchsen mit der Verschärfung der politischen Lage insofern, als diese in allen Ländern eingreifende Maßnahmen in der Diskontpolitik zur Folge hatte. In Deutschland stand fast während des ganzen Jahres 1913 der Reichsbankdiskont auf 6 Proz.

Der im Jahre 1913 erreichte Stand der wirtschaftlichen Entwicklung.

Bevor wir die Lage der Baumwolltextilindustrie während des Krieges schildern, wollen wir uns den im Jahre 1913 erreichten Stand der wirtschaftlichen Entwicklung der deutschen Baumwolltextilindustrie im Vergleich zu den Textilindustrien anderer Länder und auch im Vergleich zu den übrigen deutschen Industrien kurz vor Augen führen.

Es wurde schon vorher bei der Mitteilung über die Entwicklung der Baumwollproduktion (S. 98) hervorgehoben, daß die Weltbaumwollernte 1914 27 Millionen Ballen zu je 200 kg betragen haben.

Ungefähr zu dem gleichen Ergebnis kommt Kertesz[1]), indem er die Gesamtbaumwollwerte 1913 auf 5846613 Tonnen zum damaligen Werte von 6928 Millionen Mark, also rund 7 Milliarden Mark schätzt. Dem Wert nach betrug die Welterzeugung an Baumwolle mehr als die Hälfte des Wertes aller Textilrohstoffe, der 1913 auf 11882 Millionen Mark geschätzt wird[2]). Die Zahl der Baumwollspindeln der Welt betrug 1913 etwa 142000000. Diese verteilten sich nach einer Aufstellung in der Textilnummer der Times[3]) wie folgt:

---
[1]) A. Kertesz, Die Textilindustrie sämtlicher Staaten, S. 4.
[2]) Ebenda, S. 23.
[3]) Textil-Nummer, The Times, 27. Juni 1913, W. Macara, Bart.

Die Baumwollspindeln der ganzen Welt 1913.

Großbritannien	55 576 108	Belgien	1 468 838
Deutschland	10 920 426	Schweden	529 772
Rußland	8 950 000	Portugal	482 000
Frankreich	7 400 000	Holland	470 956
Indien	6 400 000	Dänemark	86 836
Österreich	4 864 453	Norwegen	74 564
Italien	4 580 000	Ver. Staaten von Nordamerika	30 597 000
Spanien	2 200 000	Kanada	855 293
Japan	2 250 000	Mexiko	
Schweiz	1 398 062	Brasilien usw.	3 100 000

Spindeln in Summa 142 204 308

Die Gesamtzahl der mechanischen Webstühle auf der ganzen Welt wurde 1913 auf 2 500 000 geschätzt. Die Weltproduktion in allen Baumwollfabrikaten betrug 1913 rund 25 Milliarden Mark, in allen Textilfabrikaten zusammen 44 Milliarden Mark[1]).

❋ ❋ ❋

Vergegenwärtigen wir uns sodann nach diesem Überblick über die Welttextillage zunächst die Stellung Deutschlands im Jahre 1913 innerhalb der europäischen Staaten in bezug auf den Produktionswert sämtlicher Textilfabrikate und der Baumwollfabrikate, und zwar absolut und in Prozenten ausgedrückt.

Produktionswert der Baumwolltextilindustrie und der Gesamttextilindustrie in den einzelnen europäischen Staaten im Jahre 1913[2]).

	Baumwollfabrikate Werte in Millionen Mark	Anteil an Baumwollfabrikaten In Prozenten ausgedrückt	Sämtliche Textilfabrikate Werte in Millionen Mark	Anteil an sämtlichen Textilfabrikaten In Prozenten ausgedrückt
Deutschland	2339,4	19,1	5312,8	20,3
Großbritannien	3502,2	28,6	6361,4	24,2
Frankreich	1233,7	10,0	3973,0	15,2
Rußland	1821,0	14,9	3484,4	13,3
Österreich-Ungarn	889,4	7,2	1971,8	7,5
Italien	697,5	5,7	1517,1	5,8
Schweiz	284,4	2,3	595,5	2,3
Belgien	259,3	2,1	723,3	2,7
Niederlande	289,1	2,4	432,8	1,6
Spanien	367,3	3,0	633,2	2,4
Portugal 1912	72,2	0,6	131,0	0,5
Schweden	113,7	0,9	244,5	0,9
Norwegen	27,2	0,2	79,2	0,3
Dänemark	39,3	0,3	75,4	0,3
Finnland	40,7	0,3	79,4	0,3
Türkei 1911	187,1	1,5	334,7	1,26
Rumänien	48,0	0,4	114,4	0,4
Bulgarien 1911	27,4	0,2	99,6	0,38
Griechenland 1911	25,6	0,2	51,2	0,19
Serbien 1911	12,5	0,1	44,8	0,17
	12277,0	100,0	26259,5	100,0

[1]) A. Kertesz, Die Textilindustrie sämtlicher Staaten, S. XVI.
[2]) Ebenda, S. 36 u. 37.

Von dem Produktionswert sämtlicher Textilfabrikate Deutschlands in Höhe von 5312,8 Millionen Mark entfielen auf den Inlandsverbrauch 77,5 Proz., auf die Ausfuhr 22,5 Proz.

Nach vorstehender Tabelle war also 1913 die Baumwollindustrie Deutschlands die zweitgrößte unter den europäischen Staaten. In diese zweite Stelle war Deutschland schon Mitte der 80er Jahre des 19. Jahrhunderts an Stelle von Frankreich aufgerückt. — Wie schon auf S. 101 erwähnt, betrug 1913 die Zahl der in Deutschland arbeitenden

Spindeln 11 186 023,
Webstühle . . . . 286 003.

Mit ihnen wurden etwa 2 000 000 Ballen Baumwolle verarbeitet.

Von dem Produktionswert der Baumwollfabrikate, die nach vorstehender Tabelle für Deutschland im Jahre 1913

2339,4 Millionen Mark betrug,

entfiel auf den Inlandsverbrauch

1885,4 Millionen Mark [1]).

Der Inlandsverbrauch an Baumwollfabrikaten erreichte damit die Höhe von rund 28 ℳ je Person und Jahr, das ist der höchste Verbrauch in allen Staaten mit Ausnahme der Niederlande, deren Baumwollwarenverbrauch im Jahre 1913 30,69 ℳ je Person und Jahr betrug [2]).

Der im Jahre 1913 nach Abzug des Inlandsverbrauchs für den Export verbleibende Produktionswert der Baumwollfabrikate in Höhe von mehr als 500 Millionen Mark hat (unter Berücksichtigung der Einfuhrwerte) vom Jahre 1890 an in Zeiträumen von 5 zu 5 bzw. 3 Jahren folgende Entwicklung erfahren:

Entwicklung der Baumwollindustrie Deutschlands in den Jahren 1890 bis 1913 [3]).

	Sämtliche Werte in Millionen Mark							
	Einfuhr				Ausfuhr			
	1890	1900	1910	1913	1890	1900	1910	1913
Rohstoffe	290,1	340,7	601,0	663,7	34,9	43,5	85,5	84,9
Halbfabrikate	51,1	72,4	116,4	139,5	16,7	25,1	38,6	41,5
Fertigwaren	12,6	25,6	40,6	46,8	154,3	227,6	378,7	459,3
	353,8	438,7	758,0	850,0	205,9	296,2	502,8	585,7

Die durchschnittliche Erhöhung im Vergleich zu 1890 betrug demnach im Jahre 1913 bei der

Einfuhr . . . . 140 Proz.
Ausfuhr . . . . 184 „

Die Erhöhung der Ausfuhr bei den Fertigfabrikaten stellt sich noch höher. Die Ziffern beweisen also, wie die deutsche Baumwolltextilindustrie es ungeachtet der geringen Erträgnisse und aller Erschwerungen verstanden hat, in dem Zeitraum von 1890 bis 1913 ihr Absatzgebiet erheblich zu erweitern.

---

[1]) A. Kertesz, Die Textilindustrie sämtlicher Staaten, S. 38.
[2]) Ebenda, S. 51.
[3]) Ebenda, S. 56.

Der Anteil der gesamten deutschen Textilindustrie, in welcher im Jahre 1913 in rund 18000 Betrieben annähernd 1 Million Arbeiter beschäftigt waren, an dem deutschen Export ist aber trotzdem in der Zeit von 1890 bis 1913 ziemlich stark zurückgegangen. Es liegt dieses zum Teil daran, daß die Ausfuhrtätigkeit der übrigen Zweige der deutschen Textilindustrie sich nicht so günstig entwickelt hat wie die der Baumwolltextilindustrie. In der Hauptsache ist dieser Rückgang darauf zurückzuführen, daß einzelne Industrien Deutschlands wie die elektrotechnische und chemische Industrie einen außerordentlich raschen Entwicklungsgang genommen haben. Auf diese Weise hat sich der Gesamtausfuhrhandel Deutschlands in der Zeit von 1890 bis 1913 fast verdreifacht.

Während somit 1890 die Textilindustrie noch fast den dritten Teil aller Ausfuhrwerte Deutschlands ausmachte, hat sich dieses Verhältnis bis zum Jahre 1913 so weit verschoben, daß die gesamte Textilindustrie zu diesem Zeitpunkte nur noch mit 15,5 Proz. an der Gesamtausfuhr Deutschlands beteiligt war. — Auch in anderen Ländern ist übrigens der prozentuale Anteil der Textilindustrie am Gesamtaußenhandel zurückgegangen. So in England auf 36,9 Proz. im Jahre 1913 gegenüber 45,9 Proz. im Jahre 1890.

Einen Überblick über den Anteil der verschiedenen Industrien Deutschlands an den Ausfuhrwerten 1890 und 1913 gibt die folgende Tabelle[1]:

	Ausfuhr Deutschlands		Anteil an der Gesamtausfuhr	
	1890 Mill. Mark	1913 Mill. Mark	1890 Proz.	1913 Proz.
Maschinen, elektrotechnische Erzeugnisse, Fahrzeuge .	164,0	1146,0	4,9	11,4
Rohstoffe und Erzeugnisse der Eisenindustrie, mit Ausnahme der obigen	347,6	1336,2	10,5	13,3
Rohstoffe und Erzeugnisse der Aluminium-, Zink-, Kupfer- und anderen unedlen Metallindustrien . . .		566,9		5,7
Fossile Brennstoffe (Steinkohlen, Koks, Braunkohlen) .	146,5	722,5	4,4	7,2
Chemische und pharmazeutische Erzeugnisse, Farben und Farbwaren	275,0	956,0	8,3	9,5
Kautschukwaren	30,1	128,2	0,9	1,3
Erzeugnisse der Papier- und Pappenindustrie	89,0	263,0	2,6	2,6
Tonwaren, Glas und Glaswaren, Waren aus Stein . .	118,0	293,0	3,5	2,9
Erzeugnisse der Leder- und Rauchwarenindustrie . . .	237,0	553,0	7,1	5,5
Rohstoffe und Erzeugnisse der Textilindustrie	989,3	1568,8[2]	29,7	15,5

Die wirtschaftliche Entwicklung und Lage während des Weltkrieges 1914 bis 1918.

Mit elementarer Gewalt brachte der Ausbruch des Weltkrieges das ganze Wirtschaftsleben nahezu zum Stillstand. Möglichst suchten sich die Abnehmer der Textilwerke von eingegangenen Verpflichtungen frei zu machen; keiner dachte an den Abschluß neuer Verträge. Erst allmählich begann das Wirtschaftsleben aus dieser Lähmung und Betäubung

---

[1] A. Kertesz, Die Textilindustrie sämtlicher Staaten, S. 42.
[2] Die Einfuhr in Rohstoffen und Erzeugnissen der Textilindustrie betrug 1913 2018,8 Mill. Mark, Kertesz, S. 87.

zu erwachen, und zwar unter dem Einfluß der sich durch den Krieg einstellenden Bedürfnisse. Außerordentlich zahlreich waren sogar die Artikel, die die Heeresverwaltung von der deutschen Baumwolltextilindustrie benötigte (Hemdentuche, Handtücher, Taschentücher und noch viele weitere Spezialartikel). Auf diese Weise galt es, die Betriebe, soweit erforderlich, sofort umzustellen, um einen solchen Auftragsbestand zu bekommen, der es ermöglichte, die Betriebe einigermaßen aufrecht zu erhalten und durch die kritische Zeit hindurchzubringen. Eine gewisse Einschränkung der Größe der Produktion ergab sich ja ohne weiteres, da ein Teil der Arbeiter und Beamten zum Heeresdienst eingezogen war.

Die Schwierigkeiten, welche der Krieg mit sich brachte, sollten sich indes bald in viel schärferer Weise bemerkbar machen. Zahlreiche Beschlagnahmungen und amtliche Gebrauchsbeschränkungen in vielen zur Herstellung von Kriegsmaterial benötigten, aber auch für die Textilveredlungsindustrie sehr wichtigen Drogen (Kupfersalze, Schwefelsäure, Kartoffelmehl, Seife, Öle, Gummi usw.) wurden sehr bald verfügt. Die Verwendung der Rohbaumwolle selbst war im ersten Kriegsjahre noch frei; die Beschaffung aber wurde sehr bald schwierig und recht kostspielig dazu. Denn die Preise für Rohbaumwolle, welche in dem ersten Halbjahre nach Ausbruch des Krieges nur allmählich gestiegen waren, erfuhren im Sommer 1915, als die Gefahr der völligen Absperrung vom Auslande für Deutschland drohender wurde, plötzlich eine sprunghafte Steigerung.

Am 1. August 1915 erging dann ein Herstellungsverbot für Baumwollwebereien in einem bestimmten Umfange. Dieser Erlaß verbot das Verweben gewisser Garnnummern (unter Nr. 16 engl. und über Nr. 32 engl.) und beschränkte die Baumwollwebereien auf die Verwendung von Garnen mittlerer Stärke, während grob- und feinfädige Gewebe ausgeschlossen sein sollten. Diese Verfügung vom 1. August 1915 ist der Beginn der amtlichen Bewirtschaftung in der Baumwolltextilindustrie. Es muß zunächst zweierlei auffallen. Einmal, daß diese amtliche Bewirtschaftung so spät einsetzte, als die schon so lange drohende völlige Absperrung der Rohstoffe zur vollendeten Tatsache geworden war. Zweitens verriet es sehr wenig Planmäßigkeit, daß die erste Verfügung, anstatt sich gleich mit dem Rohstoff selbst und seiner unmittelbaren Verwendung in der Spinnerei zu befassen, zunächst mit der Weberei anfing und für diese eine Verfügung von ziemlich untergeordneter Bedeutung erließ. Gewissermaßen um das Versäumte nachzuholen, gab es dann weiterhin um so mehr amtliche Verordnungen, ja es regnete zeitweise von den verschiedensten Kriegsämtern und Behörden so viel Verfügungen, die sich gegenseitig ergänzen sollten, teilweise aber einander aufhoben, daß in diesem Wust von Verordnungen zum Schluß sich nicht einmal die amtlichen Stellen zurechtfinden konnten. Weniger wäre hier zweifellos mehr gewesen.

Wir wollen nun kurz der Reihe nach die wichtigsten Verfügungen herausgreifen, um die weitere Entwicklung der wirtschaftlichen Verhältnisse in der Baumwolltextilindustrie während des langen, schweren Krieges verstehen und verfolgen zu können. Am 14. August 1915 wurde ein Spinnverbot verfügt, durch welches das Spinnen und sonstige Verarbeiten von Baumwolle und Baumwollabgängen von einem bestimmten Zeitpunkt an (4. September 1915) verboten wurde. Erlaubt war von da an das Spinnen von Baumwolle nur für Heereslieferungen. Dadurch waren die Baumwolltextilbetriebe von diesem Zeitpunkt an lediglich auf das Hereinnehmen von Heeresaufträgen oder auf die Verarbeitung von Ersatzfasern für Baumwolle angewiesen. Beides war unter Umständen recht schwierig. Bei den

Heeresaufträgen handelte es sich um große Mengen ganz bestimmter Artikel, auf die man sich ganz besonders einstellen mußte. Außerdem war der anbietende Fabrikant bei der damaligen Organisation der Kriegsgesellschaften und der Art der Vergebung der Aufträge keineswegs sicher, selbst beim Angebot guter Ware und bei vorteilhafter Preisstellung auch einen entsprechenden Anteil mitzubekommen.

Die Verwendung von Ersatzfasern, auf die wir später noch zu sprechen kommen werden, war auch nicht ohne weiteres möglich, erforderte vielmehr meist die Aufstellung von Maschinen und den Ausbau der sonstigen Betriebseinrichtungen. Außerdem wurde durch die Verfügung vom 7. Dezember 1915 das Spinnverbot (abgesehen von Heereslieferungen) auch auf eine Reihe von Ersatzfasern (Flachs, Ramie usw.) ausgedehnt.

Durch die Verfügungen vom 19. August und 27. November 1915 wurde, um das Material zu strecken, ferner in betreff der Arbeitszeit angeordnet, daß der Betrieb in allen Textilfabriken nur an höchstens fünf Tagen in der Woche je zehn Stunden laufen dürfe.

Am 1. Februar 1916 erging eine Verfügung zur Beschlagnahme eines großen Teiles der Baumwollwebwaren. Nicht von der Verfügung betroffen wurden nur die Webwaren, die unter 130 g je Quadratmeter schwer waren, sowie diejenigen Baumwollwebwaren, die nach Erlaß der Verfügung vom Auslande eingeführt wurden.

Am 1. April und 10. Mai 1916 wurden durch weitere Verfügungen alle baumwollenen Garne und Zwirne beschlagnahmt. Es muß auch hier wieder auffallen, daß die Beschlagnahme für Garne und Gewebe nicht gleichzeitig ausgesprochen wurde. Dadurch hätten viel Unruhen, die auf diese Weise in die Kreise der Baumwolltextilindustrie hineingetragen wurden und viele unzweckmäßige Maßnahmen erspart werden können. So suchten alle Webereien, nachdem die Verfügung vom 1. Februar 1916 ergangen war, ihre Gewebe durch leichtere Einstellung auf ein Gewicht von unter 130 g je Quadratmeter zu bringen. Es wurde so ein ganz unzweckmäßiger und auch gar nicht gewollter Druck ausgeübt, die Gewebe feinfädiger und loser herzustellen, als den damaligen Erfordernissen der Kriegszeit entsprach. Wenn man zu der Erkenntnis gekommen war, daß die im Inlande vorhandenen Vorräte an Baumwolle, Garnen und Geweben dem freien Verkehr, um den Heeresbedarf sicherzustellen, entzogen werden mußten, so hätte die gleichzeitige und vollständige Beschlagnahme von Baumwolle und Baumwollfabrikaten erfolgen müssen. Als Ausgleich hätte dann ja natürlich bei der öffentlichen Bewirtschaftung ein gewisser Prozentsatz für den Zivilbedarf nach bestimmten Grundsätzen zur Verfügung gestellt werden können.

Am 1. Februar und 30. März 1916 wurden endlich noch Verfügungen über die Höhe der für Web-, Wirk- und Strickwaren gestatteten Preise erlassen. Diese Bestimmungen beschränkten den Verdienst der Textilbetriebe in vielen Fällen ganz erheblich. Sie gingen im wesentlichen von zwei Grundsätzen aus, nämlich erstens davon, daß der Verdienst an den einzelnen Verkäufen den in Friedenszeiten erreichten Verdienst nicht überschreiten dürfe, und zweitens davon, daß die Kalkulation der Verkaufspreise auf Grund einer Durchschnittsberechnung von Einkaufspreisen, Gestehungskosten usw. der zu verschiedenen Zeiten gekauften oder hergestellten Waren unzulässig sei.

Beide Verordnungen bedeuteten eine große Härte. Der prozentuale Gewinn konnte nicht auf den Friedensverdienst aufgebaut werden, sondern mußte mit Rücksicht auf das Kriegsrisiko höher kalkuliert werden. Eine Berechnung der Verkaufspreise auf Grund einer Durchschnittskalkulation ist ferner eine der elementaren kaufmännischen

Grundregeln. Um so weniger waren aber auch aus dem Grunde diese Bestimmungen zu verstehen, als andere Industrien, z. B. die Granatdrehereien, in keiner Weise mit solch beschränkenden Bestimmungen bedacht wurden, im Gegenteil, hohe Prämien über die reichliche Gewinne lassenden Preise hinaus für den Fall pünktlicher Lieferung von den Kriegsämtern zugewiesen erhielten.

Die besonderen Preisbeschränkungen waren aber auch aus dem Grunde überflüssig, weil die schon vorhandenen und während der Kriegszeit noch ergänzten Bestimmungen über Wucher und Preisüberschreitungen bei Gegenständen des täglichen Bedarfs eine genügende Handhabe geboten haben würden, um unangemessenen Preisforderungen entgegenzutreten. Zur Erreichung des erstrebten Zieles mußte es nicht sowohl auf die große Fülle der Gesetze, sondern auf ihre richtige Handhabung ankommen.

✤ ✤ ✤

Einstellung der Baumwolltextilbetriebe auf die Kriegswirtschaft. Wie sollte nun die Baumwolltextilindustrie angesichts dieser schwierigen Verhältnisse und der so weit gehenden Beschränkungen ihre Betriebe in der weiteren Kriegszeit fortführen oder wenigstens so weit aufrecht erhalten, um ihre Arbeiterstämme durch den Krieg hindurchzubringen? Ein Teil der Textilbetriebe richtete sich auf Granatendreherei und die Herstellung von Kriegsmaterial der Kleineisenindustrie ein. Hier lagen keine oder längst nicht so weit gehende Beschränkungen in bezug auf Materialbeschaffung, Preisfestsetzung usw. vor und man konnte auf diese Weise wenigstens einen Teil der allgemeinen Unkosten verdienen.

Ein Teil der Textilbetriebe warf sich erneut mit aller Macht auf die Erlangung von Heeresaufträgen in Textilien. Aber auch diese Möglichkeit wurde immer geringer; leider fehlte es auch sehr oft an der nötigen Unparteilichkeit bei der Verteilung der Aufträge seitens der Behörden.

Für die Stoffdruckereien ergab sich als ein Ausweg, um die Betriebe zu beschäftigen, der Bezug von Baumwollwebwaren aus dem neutralen Ausland (Holland und der Schweiz). Baumwollwebwaren unter 130 g waren ja von der Beschlagnahme nicht betroffen worden; und so wurden denn große Mengen von leichteren Geweben (Schleierstoffe usw.) namentlich aus der Schweiz von deutschen Ausrüstern und Druckern bezogen. Teilweise wurden auch mit Rücksicht auf die schon während der späteren Kriegszeit nicht günstige Lage der deutschen Valuta größere Kredite in der Schweiz in Anspruch genommen, die man zur Zeit einer Besserung der Valuta abzulösen gedachte. Diese Kredite sollten sich allerdings späterhin bei dem jähen Fall der deutschen Valuta in der Revolutionszeit für manchen Kreditnehmer als verhängnisvoll erweisen.

Ersatzfasern. Neben der Herstellung von Rüstungsartikeln und der Veredlung von leichten, aus dem Auslande bezogenen Geweben ergab sich als dritte Möglichkeit, um die Betriebe durch die Kriegszeit hindurchzubringen, für die Textilindustrie noch die Verarbeitung von Ersatzstoffen an Stelle der Baumwolle. Empfohlen wurden von allen Seiten die verschiedensten Ersatzfasern (Nessel, Ginster, Typha, Torf usw.). Allerdings nahm diese Empfehlung oft den Charakter einer nicht ganz einwandfreien Reklame an. So berechtigt und notwendig es an sich war, die beteiligten Kreise auf die Ersatzfaser aufmerksam zu machen, so wäre doch oft etwas mehr Zurückhaltung und Sachlichkeit bei der Orientierung der in Betracht kommenden Kreise zu wünschen gewesen. Denn es handelte sich doch nicht nur darum, wie man nach den damals erscheinenden Propagandaschriften fast vermuten sollte, die Vertretbarkeit der einen Faser durch die andere nachzuweisen, sondern vor allem doch darum, auch der Menge nach einen tatsächlichen Ersatz für 500000000 kg Baumwolle, den letzten Friedensbedarf Deutschlands, zu schaffen.

Der Anbau der Flachsfaser, die ja etwa bis Mitte des 18. Jahrhunderts, bevor die Baumwolle in Deutschland festen Fuß faßte, für die Herstellung von Textilien ihren Platz eingenommen hatte, konnte natürlich angesichts der veränderten Verhältnisse und bei der gesteigerten Bevölkerungsziffer die frühere Bedeutung nicht zurückgewinnen. Denn abgesehen von allen anderen Schwierigkeiten konnte man an eine erhebliche Vergrößerung der Anbaufläche nicht denken, da alles Kulturland für den Anbau von Getreide ja ganz unentbehrlich war. Aber ebensowenig war dieses für einen systematischen Anbau der anderen Bastfasern möglich, die mit viel Reklame als Ersatz für die Baumwolle angepriesen wurden. Am meisten Hoffnung setzte man während längerer Zeit auf die Brennesselfaser, die früher neben der Flachsfaser viel verwendet worden war. Der Nachweis, daß der Anbau auch in Ödflächen, wie immer in den Propagandaschriften betont wurde, möglich sei, mußte erst erbracht werden. Kulturflächen konnten aber aus den angegebenen Gründen auch in diesem Falle nicht in Frage kommen. So standen die Aussichten, die von interessierter Seite auf einen baldigen genügenden Ersatz der Baumwolle durch die Brennesselfaser gemacht wurden, auf recht schwachen Füßen. In noch größerem Maße galten die Bedenken, daß die erzielbaren Mengen im Vergleich zu dem großen Bedarf völlig unzureichend seien, von den anderen Bastfasern, Typha, Ginster, Torf usw. In den meisten Fällen sind unseres Erachtens die Arbeiten, die während der Kriegszeit auf diesem Gebiete geleistet sind, lediglich als Vorarbeiten für eine weitere Zukunft anzusehen.

Papiergarn. Die einzige Faser, von der wirklich große Mengen zur Verfügung standen, so daß sie einen tatsächlich in Betracht kommenden Ersatz für Baumwolle bilden konnte, war die Papierfaser. Dieser Umstand und die praktischen Erfolge mit dieser Faser während der Kriegszeit mögen die jetzt folgende, etwas eingehendere Darstellung rechtfertigen.

Auf dem Gebiet der Verwertung der Cellulose war vor dem Kriege schon ein guter Anfang gemacht worden. Beträchtliche Leistungen hatte schon zu Ende des 18. und zu Anfang des 19. Jahrhunderts die Kunstseidenindustrie aufzuweisen. Diese beruht auf der Umwandlung der Cellulose des Holzes unter Aufgabe ihrer Struktur auf chemischem Wege in Cellulosederivate (Nitrocellulose usw.), die dann in bestimmten Lösungsmitteln gelöst und aus ihnen während des Spinnprozesses in Fadenform ausgeschieden wurden. An eine wesentliche Ausdehnung dieser in Deutschland schon vor dem Kriege ziemlich gut eingeführten Industrie war indes während des Krieges nicht zu denken, weil die erforderlichen Chemikalien nicht zu beschaffen waren, und die notwendigen Fabriken erst hätten gebaut werden müssen. Doch sind auch nach dem Kunstseideverfahren für die Ersatzfaserstoffindustrie während der Kriegszeit gute Fortschritte gemacht worden, auf die weiter unten noch mit einigen Worten zurückzukommen sein wird.

Eine größere Bedeutung konnte aus den angegebenen Gründen in der Kriegszeit daher nur der Industrie der direkten Verwertung des Holzes zufallen. Auch in bezug auf diese direkte Verwertung war schon früher ein recht beachtenswerter Anfang gemacht worden. Bereits 1891 hatte Mitscherlich verschiedene Patente auf das Verspinnen der Holzfaser zu Garnen genommen. Die tatsächlichen Erfolge auf diesem Gebiete waren damals zwar nicht erheblich, doch wurde von da ab die direkte Verarbeitung der Holzfaser zu brauchbarem Papiergarn Gegenstand eines eifrigen Studiums weiterer Kreise, und zwar sowohl von Gelehrten als Praktikern. So machte Professor E. Pfuhl[1]) in einer im Jahre 1904 im Verlage von G. Löffler in Riga erschienenen vortrefflichen Studie über Papierstoffgarne schon auf die Bedeutung des Grades der Drehung für die Festigkeit der entstehenden Papiergarne aufmerksam. Mit richtigem Blick erkannte er damals schon die Bedeutung der Papierstoffgarne für die Textilindustrie, indem er sagt: „Die Zeiten dürften vielleicht nicht allzu fern sein, wo viele Papiermacher auch Spinner sein müssen, und umgekehrt, viele Spinner sich mit den Verarbeitungsweisen der Papiergarnindustrie werden genauer vertraut machen müssen."

Dazu drängte dann allerdings die Kriegszeit mit ihrer beispiellosen Stoffnot die Spinner mit elementarer Gewalt. Die bis dahin vorliegenden Arbeiten von bedeutenden Praktikern des Spinnereibetriebes, wie Claviez, die in erster Linie auf der Verarbeitung von Mischfasern beruhten, konnten für die jetzt in Betracht kommenden Arbeitsweisen, die bei dem Fehlen von klassischen Fasern auf die ausschließliche Verwendung von Papierfaser sich stützen mußten, nicht ohne weiteres benutzt werden. Man mußte vielmehr nur aus Cellulose bestehende Papiere, sogenannte Spinnpapiere, verarbeiten. Die aus der Papierbahn auf Schneidmaschinen geschnittenen schmalen Bänder wurden deshalb von den Spinnern, die sich mit dieser neuen Aufgabe beschäftigten, auf den bisher für die Verarbeitung von Baumwolle verwendeten Spinnmaschinen, so gut es ging, zu Papiergarnen versponnen. Die Weber machten aus ihnen lose eingestellte, straminartige Gewebe, die dann zu Sandsäcken verarbeitet und, um sie wasserfest zu machen, mit fettsauren Salzen imprägniert wurden.

Die Not der Kriegszeit drängte aber zur Herstellung von anderen Textilstoffen, Überzugstoffen, Kleiderstoffen usw. So schob sich die weitere Frage in den Vordergrund: Reichte für solche Verwendungszwecke die Festigkeit der Papiergarne, und waren solche Stoffe nicht nur wasserfest, sondern auch waschbar herzustellen? Die Forschungsinstitute beteiligten sich an der Lösung dieser schwierigen Probleme. Professor Dr. Johannsen-Reutlingen veröffentlichte 1916 Mitteilungen über den für die Festigkeit günstigsten Drehungsgrad für trockene und nasse Garne (Naßdrall). Am wichtigsten waren für die Ermittlung der Bedingungen, um waschbare Papiergarnstoffe herzustellen, die Forschungsergebnisse von Professor Dr. Ubbelohde-Karlsruhe insofern, als diese Versuche nicht nur auf die Festigkeit der Garne im trocknen und nassen Zustande, sondern auch auf die Festigkeit nach der Entleimung ausgedehnt wurden.

Es ergab sich die überraschende Erscheinung, daß bei einem gewissen, ziemlich hohen Drehungsgrad der Garne, der im übrigen für die einzelnen Garnnummern verschieden ist, und den Ubbelohde als „Optimaldrall" bezeichnet, die Garne nach dem Spinnen von dem Leim völlig befreit werden können, ohne daß irgendwelche Verminderung der Festigkeit eintritt. Das war an sich schon ein großer Vorteil, denn dadurch konnte man die Papiergarne und Papiergarngewebe für viele Zwecke brauchbarer machen. Weiter aber war folgender Schluß berechtigt. Konnte der Leim, der bisher als das Bindeglied galt,

---

[1]) E. Pfuhl, Papierstoffgarne, S. 2.

ohne Einbuße der Festigkeit der Garne beseitigt werden, so war unbedingt daraus zu folgern, daß sich ein tatsächlicher Spinnprozeß, wie bei den klassischen Fasern durch Umeinanderschlingen der Fasern, vollzogen haben mußte.

Dann allerdings konnte man es unternehmen, den Papiergarnen und Papiergarngeweben ganz etwas anderes zuzumuten, und das Papiergarngewebe auch stärkeren Behandlungsmethoden bei und nach der Entleimung aussetzen.

Man konnte also auch an eine weitere Veredlung und Ausrüstung der Papiergarngewebe denken. Der Verfasser hat gleich nach dem Bekanntwerden der Versuche und Ergebnisse von Ubbelohde unter Beifügung von Proben in der Literatur[1] darauf hingewiesen, daß Papiergarngewebe aus mit Optimaldrall gesponnenen Garnen 10 bis 12 Stunden in kochender 3proz. Natronlauge behandelt werden können, ohne daß eine erhebliche, praktisch bedenkliche Minderung der Festigkeit eintritt. So war die Bahn frei, um die für das Bleichen, Färben und Bedrucken der Papiergarngewebe erforderlichen Methoden auszuarbeiten. Diese Arbeiten machten um so raschere Fortschritte, als sich die bisher bei Baumwollgeweben üblichen Methoden des Bleichens, Druckens und Färbens ohne zu große Schwierigkeiten auf die Papiergarngewebe übertragen ließen, wenn auch in mancher Beziehung Änderungen getroffen werden mußten[2]. Im Laufe der letzten Kriegsjahre wurde so eine Reihe sehr brauchbarer Papiergarnartikel herausgebracht. An bedruckten Artikeln erwiesen sich aus gut gedrehten Garnen hergestellte Papiergarngewebe besonders geeignet für Arbeiterschürzen, Matratzendrell, Wandbespannungen, Möbelstoffe usw. (vgl. auch Muster auf Tafel IV).

※ ※ ※

Die Papiergarnindustrie blieb von einschneidenden Verordnungen während der Kriegszeit auch nicht verschont. Durch eine der ersten Verfügungen auf diesem Gebiete, durch den Erlaß vom 10. November 1916, wurde das Verweben von Papiergarn mit pflanzlichen und tierischen Fasern verboten. War diese Verfügung in gewissem Sinne auch zu verstehen, obwohl auch vieles gegen sie sprach, so erschienen doch die nun folgenden Verordnungen ganz unzweckmäßig. Am 1. Dezember 1916 wurden die zum Schneiden der Papierbahn dienenden Schneidmaschinen beschlagnahmt. Am 1. Februar 1917 folgte sogar die Beschlagnahme der Spinnpapiere selbst, mit Ausnahme einiger (aus Sulfitcellulose hergestellter) Sorten. Am 20. Februar 1917 wurden Höchstpreise für Papiergarne festgesetzt. Durch alle diese Verordnungen, von denen nur die wichtigsten herausgegriffen sind, wurde die Versorgung des Zivilbedarfs der Bevölkerung erschwert und ferner der Textilindustrie, die doch ohnedies wahrlich genügend Schwierigkeiten zu überwinden hatte, die Bewegungsfreiheit genommen, die ihr um so notwendiger war, als der neu einzurichtende Industriezweig in bezug auf die Anschaffung von Maschinen und die Anstellung von Versuchen von den Betrieben der Baumwolltextilindustrie große Anstrengungen und Opfer forderte.

Im Herbst 1917 wurde sogar die Bezugscheinpflicht für Papiergarngewebe eingeführt, glücklicherweise aber bald wieder aufgehoben.

---

[1] Wilh. Elbers, Die Cellulose des Holzes als Ersatzfaser, Westfälische Verlagsanstalt, Dohanys Erben, Hagen i. W., 1918.

[2] Wilh. Elbers, Zeitschrift für Farbenindustrie 1919, Heft 1 bis 4; Das Färben und Drucken von Papiergarngeweben.

Trotz aller behördlicher Schwierigkeiten machte die Verbesserung der Papiergarngewebe namentlich während der letzten Kriegsjahre anerkennenswerte Fortschritte. Man lernte es nicht nur allmählich, die Papiergarngewebe durch gute Drehung der verwendeten Garne waschbar zu machen, sondern man fand auch Mittel und Wege und entsprechende Maschinen, um sie **feinfädiger, dichter und weicher** herzustellen, so daß das Rohmaterial, das Papier, selbst von Fachleuten oft nicht ohne weiteres zu erkennen war. Ein weiter Schritt von dem straminartigen Sandsackstoff zu dem dichten, weichen, mit prächtigen Farben bedruckten Satingewebe!

Zum erstenmal bekam das Geschäft in Papiergarngeweben einen starken Stoß im Winter 1917/18, kurz nach Beginn der Friedensverhandlungen zu Brest-Litowsk. Man hoffte auf einen baldigen Frieden und damit auf baldige Zufuhren von Baumwolle, die die Versorgung mit Baumwollgeweben ermöglichen sollten. Die Erwartung, daß für viele Zwecke das Papier der Baumwolle das Feld würde räumen müssen, war begreiflich, denn für die so wichtige Verwendung als Leibwäsche hatten sich die Papiergarngewebe, die ja als Gewebeelement die nur höchstens 4 mm lange Cellulosefaser enthielten, als nicht geeignet erwiesen. Dazu kam, daß auch in solchen Artikeln, die sehr wohl für die Papiergarngewebe geeignet gewesen wären, viel minderwertige, aus schlecht gedrehten Garnen bestehende Ware an den Markt gebracht worden war.

Als sich dann aber zeigte, daß die Friedensverhandlungen von Brest-Litowsk den Krieg noch nicht zum Abschluß brachten, kamen die Papiergarngewebe nochmals in bessere Aufnahme. Weitere Fortschritte in der Ausrüstung usw. wurden gemacht, bis sich mit einem Schlage durch den Ausbruch der Novemberrevolution 1918 und die Beendigung des Krieges die Sachlage änderte.

※ ※ ※

Kurz muß noch darauf hingewiesen werden, daß während des Krieges auch außer Papiergarn noch andere, gleichfalls aus Cellulose hergestellte Ersatzfasern eine gewisse Rolle gespielt haben.

Zunächst handelt es sich um die Verwendung der Holzfaser ohne chemische Umwandlung, und zwar in einem Arbeitsvorgang, bei dem von vornherein auf die Leimung der Faser verzichtet wird. Garne, die als **Silvalin-, Xylolingarne und Cellulon** bezeichnet worden sind, wurden durch ein Zusammenwingeln des im Holländer vorgearbeiteten und auf einem Sieb in schmale Bändchen zerlegten Faserbreis erzeugt.

Ferner ist noch über die **Stapelfaser** etwas zu sagen; sie ist nach dem schon erwähnten Kunstseideverfahren hergestellt[1]) und sollte, in kurze Fäden geschnitten, vor allem als Mischfaser dienen.

Für beide Verfahren war, wie schon vorher erwähnt, hindernd, daß die zu ihrer Herstellung erforderlichen Maschinen in der Kriegszeit nicht beschafft werden konnten. Für die Stapelfaser kam als weitere Schwierigkeit hinzu, daß auch die erforderlichen Chemikalien nicht zur Verfügung standen. Die Stapelfaser wird vielleicht späterhin als Mischfaser mit klassischen Fasern mal größere Bedeutung erlangen. Für sich allein verarbeitet hat sie den großen Nachteil wie alle Kunstseideprodukte, daß die Naßreißfestigkeit nur gering ist.

---

[1]) G. Rohn, Textilfaserkunde, S. 60.

So hat von allen von der Cellulose sich ableitenden Ersatzfasern das Papiergarn während des Krieges die größte Bedeutung gehabt, und zwar nicht nur in volkswirtschaftlicher Hinsicht, sondern auch für die Textilindustrie selbst. Ich möchte zum Schluß hier das anfügen, was ich im Dezember 1918 an anderer Stelle über die hervorragende Stellung des Papiergarns unter den Ersatzfasern und die wirtschaftliche Bedeutung der Papiergarnindustrie angeführt habe[1]):

„Das ist der große Vorteil bei der Papiergarnindustrie gegenüber den anderen Ersatzfaserindustrien, daß sie sich an eine Industrie anlehnte, für die die erforderlichen Maschinen vorhanden waren, so daß wirklich große Quantitäten während des Krieges hergestellt werden konnten. In diesem Zusammenhange muß auch anerkannt werden, eine wie große Bedeutung die Papiergarnindustrie neben der Volksversorgung auch für die Textilindustrie selbst während des Krieges gehabt hat. Nur durch sie war es möglich, einen großen Teil der Textilbetriebe, die sonst zum Stillstand verurteilt gewesen wären, während der ganzen Kriegszeit, wenigstens teilweise, aufrecht zu erhalten. Die einmal vorhandenen Maschinen — und das ist das wichtigste im Vergleich zu den anderen Verfahren — konnten größtenteils nach nicht sehr bedeutenden Veränderungen für die Zwecke der Papiergarnindustrie ohne weiteres in Benutzung genommen werden. Zwar haben die Maschinen infolge des mit der neuen Industrie unvermeidlich verbundenen nassen Verfahrens ziemlich gelitten; aber die Hauptsache ist, die Betriebe sind doch aufrecht erhalten geblieben und, was fast noch wichtiger ist, die Arbeitskräfte, soweit sie nicht zum Heeresdienst eingezogen wurden, und namentlich auch die weiblichen Arbeitskräfte sind dem Werke erhalten geblieben und haben ihre Kenntnisse auf textilem Gebiete nicht eingebüßt; ja im Gegenteil, ihre Fähigkeiten sind infolge der hohen Anforderungen, die die neue Industrie, vor allem bei dem Spinnen und Weben von feinen Garnen, an sie stellte, gesteigert worden. So ist die Textilindustrie in der Lage, sobald ihr wieder andere Materialien zugeführt werden, ihrer Aufgabe voll gerecht zu werden."

Die wirtschaftliche Entwicklung nach dem Kriege.

Die Verhältnisse nach dem Kriege gestalteten sich so ganz anders, wie man erwartet hatte. Man hatte geglaubt, daß nach einem siegreichen Feldzuge die Wirtschaftsverhältnisse der früheren Friedenszeit allmählich zurückkehren würden. Selbst wenn der Krieg nicht glücklich verlaufen sollte, so hatte man doch auf einen ehrenvollen Frieden gehofft.

Als dann infolge der ungeheuren zahlenmäßigen Übermacht, der Aushungerung und vor allem infolge der Novemberrevolution 1918 die Deutschen nun doch trotz ihrer großartigen Erfolge und glorreichen Siege die Waffen strecken mußten, nahm auch die wirtschaftliche Entwicklung Deutschlands einen ungeahnt ungünstigen Verlauf.

Die deutschen Farbenfabriken kamen alle in das vom Feinde besetzte Gebiet. Die Preise der Farbstoffe stiegen außerordentlich und erreichten das 30- bis 40fache des Friedenswertes. Eine ähnliche Steigerung der Preise trat bei den Kohlen ein; eine

---

[1]) Konfektionär 1918, Nr. 100, Dr. Wilh. Elbers, Die Bedeutung der Papiergarnindustrie für die deutsche Textilindustrie.

besondere Belastung war ferner damit verbunden, daß die Eisenbahnen, die im Kriege so großes geleistet, jetzt völlig versagten, und für die Industrie der waggonweise Bezug von Kohlen kaum möglich war. Die Industrie mußte vielmehr die Kohlen durch Auto und Fuhrwerk heranschaffen. Das bedeutete natürlich eine weitere außerordentliche Steigerung der Kohlenpreise.

Die Kriegsgesellschaften wurden nicht abgebaut, weil die Beamten ihre einträgliche Stellung nicht verlieren wollten. Die Arbeitszeit wurde in allen Betrieben auf höchstens acht Stunden je Tag ermäßigt. Diese gleichmäßige Regelung, ganz gleichgültig, welcher Art die Arbeit war, bedeutete natürlich gerade für die Textilindustrie, für die bei ihrer leichten Arbeit eine längere Arbeitszeit sehr gut möglich ist, auch hinsichtlich ihrer Exportfähigkeit einen großen Nachteil. Außerdem wurde unter der Wirkung des zwecklosen Politisierens und der ganzen revolutionären Tendenz in vielen Betrieben sehr wenig gearbeitet.

Angesichts dieser wirtschaftlich außerordentlich schwierigen Lage ging die deutsche Valuta im Herbst 1918/19 stark zurück. Von dieser rapiden Verschlechterung der deutschen Valuta wurde die deutsche Baumwolltextilindustrie besonders empfindlich getroffen, weil die deutsche Baumwolltextilindustrie für den Bezug der Baumwolle ja ganz auf das Ausland angewiesen ist. Im Herbst und Winter 1919/20 waren die Preise für Baumwolle in den Erzeugungsländern (Amerika usw.) keinen großen Schwankungen unterworfen, und trotzdem zeigten sich in Deutschland infolge des Fallens der Valuta außerordentliche Preissteigerungen in Baumwolle, die natürlich ein großes Einkaufsrisiko in sich schlossen.

Die unmittelbare Abhängigkeit der Baumwollnotierungen in Deutschland von dem Fallen und Steigen der Valuta geht aus der folgenden Tabelle hervor:

Datum	Für 1 Dollar Mark	Preis für 1 kg Baumwolle fully middling Mark
August 1919	etwa 20,00	etwa 20,00
September	25,00	23,00
Oktober	27,50	26,90
November	39,70	41,90
Dezember	48,45	51,55
Januar 1920	58,05	62,20
Februar	99,50	106,20
März	85,55	95,65
April	60,35	74,20
Mai	48,20	54,75
Juni	39,55	44,45

Für den Hauptrohstoff, die Baumwolle, waren also für den Textilfabrikanten im Vergleich zur Friedenszeit ganz außerordentlich hohe Beträge aufzuwenden. Das gleiche galt für die anderen für den Betrieb erforderlichen Ausgaben: Kohlen, Farbstoffe, Löhne, Materialien usw. Da für alle diese Ausgaben zum mindesten die zehnfachen Beträge aufzuwenden waren, so waren für die Wiederaufnahme der Betriebe von vornherein sehr große Geldmittel erforderlich. Die weitere Folge war dann, daß auch in der Baumwolltextilindustrie die Betriebe zunächst nur in beschränktem Umfange wieder aufgenommen wurden. Es war dieses im übrigen auch schon aus dem Grunde nötig, weil die Fabriken einer durchgreifenden Wiederinstandsetzung dringend bedurften.

Der große Warenhunger und die damit zusammenhängende gute Absatzmöglichkeit drängte indes die Textilbetriebe dahin, sich doch bald wieder auf eine höhere Produktion einzustellen, wobei allerdings größere Bankkredite für die meisten Werke nicht zu umgehen waren. Eine gewisse Erleichterung brachte dann ein Rückgang der Baumwollpreise, der im Herbst 1920 infolge der amerikanischen Wirtschaftskrisis einsetzte. Die so schwierige, politische und wirtschaftspolitische Lage, die Ausdehnung der Besetzung, weiter die Einführung der rheinischen Zollgrenze und der Sanktionen, waren wiederholt die Ursache von plötzlichen Absatzstockungen. Doch war im ganzen in den Jahren 1920 und 1921 die Baumwolltextilindustrie gut beschäftigt. Die Wiederaufnahme des Exports, die eine zwingende Notwendigkeit für den Wiederaufbau des deutschen Wirtschaftslebens ist, wurde durch die schlechte deutsche Valuta, so schwer sie im übrigen auf Handel und Wandel lastete, erleichtert. Die Aufgabe der deutschen Baumwolltextilindustrie muß es sein, neben der Versorgung des Inlandes zu mäßigen Preisen, sich die frühere Stellung im Export wieder zu erobern.

So steht die deutsche Baumwolltextilindustrie vor neuen gewaltigen Aufgaben, deren Lösung ihre ganze Kraft in Anspruch nehmen wird. Deutscher Zähigkeit und Tatkraft aber wird es gelingen, dieses Ziel zu erreichen.

IV.

Die weitere wirtschaftliche und technische Entwicklung der Firma Gebrüder Elbers A.-G.

1850—1922

Die weitere wirtschaftliche und technische Entwicklung der Firma Gebrüder Elbers A.=G. von 1850 bis 1922.

1850 bis 1870. Wir haben im ersten Abschnitt schon ausgeführt, daß die Erträgnisse in den Jahren nach der Gründung der Aktiengesellschaft für Türkischrotgarnfärberei zunächst recht günstig waren. Die Verdienste brachte aber fast ausschließlich die Druckerei. Dagegen wollte die Türkischrotgarnfärberei nicht mehr recht in Schwung kommen. Das Geschäft nach Holländisch-Indien, dem Hauptexportabsatzgebiet für türkischrote Garne in jener Zeit, wurde unter dem Einfluß der englischen Konkurrenz unlohnend. Zu Ausfuhrprämien war die Regierung nicht zu bewegen. So wurde im Jahre 1855, kurz nach dem Tode von Vater Carl Elbers, die Türkischrotgarnfärberei ganz eingestellt. Mit um so größerem Nachdruck wurde von da ab die Baumwollzeugdruckerei betrieben.

1856 wurde in einer durch die Aufgabe der Türkischrotfärberei frei gewordenen Betriebsabteilung eine Gruppe von Webstühlen aufgestellt, die dann im Laufe der nächsten Jahre um weitere Gruppen bis auf 200 im Jahre 1860 vermehrt wurde.

Erst dann, als sich der neue Betrieb bewährte, kam der Gedanke der Errichtung einer großen Weberei und auch Spinnerei in selbständigen neuen Gebäuden zur Reife. Die allmähliche Einführung des Webereibetriebes hatte den Vorteil, daß auf diese Weise auch allmählich ein Stamm von Webern angelernt und seßhaft gemacht werden konnte.

In die Jahre 1859 und 1860 nach der Auflösung der Aktiengesellschaft und dem Übergang des Unternehmens an die drei Brüder unter der Firma Gebrüder Elbers fällt dann noch die Ausführung der großen Bauten, die Regulierung der Volme, der Bau der Arbeiterhäuser im sogenannten Hessenland, die Errichtung des 85 m hohen Schornsteins. Die so lange projektierte Webereianlage wurde im Jahre 1863 in der Hauptsache fertiggestellt und der erste Teil am 22. Mai 1864 in Betrieb genommen, und zwar in der Zeit einer schweren wirtschaftlichen Krisis, nämlich des amerikanischen Bürgerkrieges. Zur Schaffung dieser großen neuen Anlage gehörte gewiß ein starker Unternehmergeist. Denn die Jahre 1860 bis 1865 standen auch bei der Firma Gebrüder Elbers ganz unter dem Zeichen dieses Unabhängigkeitskrieges, dessen Wirkungen auf die Baumwolltextilindustrie im allgemeinen Teil schon geschildert worden sind.

Die Eindeckung in den Rohstoffen war durch die Firma Gebrüder Elbers glücklicherweise im allgemeinen so zeitig erfolgt, daß die Krisen auf den Baumwollmärkten keine zu einschneidende Wirkung hatten. Eine größere Produktionseinschränkung war indes auch für das Hagener Werk nicht zu vermeiden, im Jahre 1863 ging die Produktion auf die Hälfte zurück. Im Jahre 1864 fiel sie noch weiter. Dabei schwollen infolge des schwachen Betriebes während des Krieges die Läger an und erforderten größere Betriebsmittel.

Die starken Preisschwankungen und wechselnden Konjunkturen ließen einen normalen Geschäftsgang auch im vorletzten Jahre des amerikanischen Krieges 1865 noch nicht wieder aufkommen. Von den damals im Werke vorhandenen sechs Walzendruckmaschinen und

15 Perrotinen konnten im Jahre 1865 nur drei Druckmaschinen und sechs Perrotinen in Gang gehalten werden. Trotz der ungünstigen Zeiten entschloß man sich aber zur Anschaffung von ungefähr 200 weiteren neuen Webstühlen, um die nun einmal errichtete Neuanlage in Zeiten besseren Geschäftsganges dann auch ausnützen zu können. Die Zahl der Webstühle, die bis dahin 210 betragen hatte, wurde so auf 410 vermehrt. Von diesen liefen aber im Jahre 1865 allerdings nur durchschnittlich 230. Für die Spinnerei wurden 5500 Selfaktorspindeln angeschafft, die Ende Mai 1866 in Betrieb kamen. Im Jahre 1866 stieg nun auch die Zahl der in der Weberei laufenden Stühle auf 360. Die Druckerei war dagegen nur schwach beschäftigt.

Die Jahre 1867 und 1868 waren, wie im allgemeinen Teil ausgeführt, für die Baumwolltextilindustrie keineswegs günstig. Die Nachwehen der 1866er Krise machten sich in den Jahren 1867 und 1868 erst recht fühlbar. Im Laufe des Jahres 1867 fiel die amerikanische Baumwolle ständig im Preise, und zwar von $15^5/_8$ auf $7^3/_8$ Pence am Schluß des Jahres und erreichte damit den Stand, den sie vor dem amerikanischen Kriege eingenommen hatte.

Begreiflicherweise konnte auch in den Jahren 1867 und 1868 der Druckereibetrieb der Firma Gebrüder Elbers nicht voll in Betrieb gehalten werden. Doch wurde trotz des weniger guten Geschäftsganges der maschinelle Ausbau der Spinnerei beendet, indem die Zahl der **Selfaktorspindeln** durch Neuanschaffungen auf **9064** erhöht wurde. Man hatte doch schon erfahren, daß die eigene Weberei in Verbindung mit der Spinnerei die Druckerei in vieler Beziehung unabhängiger machte.

Als auch das folgende Jahr 1869 keinen Aufschwung für die bis dahin hergestellten Druckfabrikate brachte, entschlossen sich die Inhaber der Firma Gebrüder Elbers, einen für sie ganz neuen Druckartikel, nämlich die Fabrikation **baumwollener Taschentücher**, der sogenannten **Foulards**, aufzunehmen. Da die damals vorhandenen Druckmaschinen für die Herstellung größerer Taschentücher wegen des erforderlichen größeren Umfangs der Kupferwalzen nicht geeignet waren, so wurde im Jahre 1869 zur Anschaffung und Aufstellung von zwei neuen Tücherdruckmaschinen geschritten, in denen mit Kupferwalzen bis zu 100 cm Umfang gedruckt werden konnte.

1870 bis 1895. Die Anschaffung der Tücherdruckmaschinen war gerade rechtzeitig erfolgt. Im Jahre 1870 kam infolge des Ausbruchs des deutsch-französischen Krieges der Absatz in Kattunen zunächst völlig ins Stocken. Der einzige Artikel, der jetzt gefragt, und zwar lebhaft gefragt wurde, waren baumwollene **Taschentücher** mit bildlicher Darstellung der **kriegerischen Ereignisse**.

In diesen Bilderfoulards erwarb sich die Firma durch die dargestellten schönen Bilder und ihre vortreffliche Ausführung bald einen großen Ruf.

Der Absatz in baumwollenen Taschentüchern mit Darstellungen kriegerischer Ereignisse usw. hielt auch noch im folgenden Jahre an. In Kattunen besserte sich zudem der Absatz, so daß das Jahr 1871 für die Druckerei eine volle Beschäftigung brachte. Die gute Beschäftigung verminderte sich indes im folgenden Jahre (1872) so weit, daß die Produktion der Druckerei bei unserer Firma wieder um $1/_5$ gegen das Vorjahr zurückging. Der Grund lag zum Teil an einer Erhöhung der Kattunpreise, die bei den Käufern eine gewisse Einschränkung zur Folge hatte, zum größeren Teil aber an der Konkurrenz der **Elsässer Druckereien**, die jetzt, nachdem die frühere Zollschranke weggefallen war, sich mit ihren Erzeugnissen auf den deutschen Markt einzustellen begannen.

Diese Konkurrenz der Elsässer Druckereien machte sich in den folgenden Jahren, wie bei allen Zeugdruckereien, so auch für die Hagener Firma, noch schärfer bemerkbar. Hinzu kam ein gewisser allgemeiner, auf die Hochkonjunktur nach dem Kriege folgender Rückschlag, der die 70er Jahre, abgesehen von den Jahren 1872 und 1873, recht schwierig gestaltete. Ständig wechselnde Baumwollkonjunkturen erschwerten Einkauf und Verkauf; die immer mehr zunehmende Konkurrenz von England und später auch Amerika auf den Exportmärkten drängte auch die Firma Gebrüder Elbers dahin, möglichst nach weiteren Absatzgebieten Umschau zu halten, und zwar um so mehr, als die Schwierigkeiten für die Verlängerung des Veredlungsverkehrs, der zwischen verschiedenen Staaten und dem Deutschen Reich bestanden hatte, ihre Schatten voraus warfen. An den Verhandlungen und Eingaben wegen der Verlängerung des zollfreien Veredlungsverkehrs mit Österreich beteiligten sich Gebrüder Elbers in nachdrücklicher Weise. Leider war, wie schon früher berichtet, das Ergebnis nicht günstig. Da war es eine Erleichterung, daß die Firma inzwischen schon in anderen Absatzgebieten, vor allem in einem Teil der Balkanstaaten, festen Fuß gefaßt hatte. So war gerade das Geschäft mit Rumänien (Piqués, Möbelkattunen) in der wirtschaftlich ungünstigen Zeit der zweiten Hälfte der 70er Jahre recht vorteilhaft. Außerdem fand damals ein eigenartig ausgemusterter Buntdruckartikel der Firma, dem der Name Pompadour (s. Tafel I) erteilt wurde, vorzüglichen Absatz.

Das Ende der 70er Jahre brachte endlich eine Wendung zum Besseren, insofern, als sowohl im Inlande als auch im Auslande eine stärkere Beschäftigung und dann auch Erhöhung der Preise einsetzte. Diese hielt auch in den Jahren 1880 und 1881 an. Alle Betriebe der Firma Gebrüder Elbers waren flott beschäftigt. Die Spinnerei und Weberei leisteten treffliche Dienste. Die Genugtuung darüber, daß man in der Abmessung der Größenverhältnisse das Richtige getroffen, kommt auch in dem Bericht der Firma Gebrüder Elbers an die Hagener Handelskammer vom Jahre 1881 zum Ausdruck. Es heißt dort:

„Die hiesige Baumwollspinnerei und -weberei war gleich wie in den früheren Jahren, so auch in dem letztverflossenen voll beschäftigt, weil sie nicht für den Verkauf, sondern lediglich für den Bedarf der mit ihr verbundenen Kattundruckerei arbeitet, und weil diese vermöge ihrer größeren Ausdehnung selbst in geschäftsstillen Zeiten ein viel größeres Quantum bedruckt, als die Weberei beim stärksten Betriebe fertigstellen kann."

Im Jahre 1881 war auch die Kattundruckerei besonders stark beschäftigt, und zwar hauptsächlich durch einen von der Firma originell fabrizierten und ausgemusterten Indigoartikel, dem der Name „Cordova" beigelegt wurde. Eine Probe dieses interessanten Cordovaartikels findet sich auf Tafel II.

Im Laufe des Jahres 1882 trat jedoch wieder ein ziemlich plötzlicher Umschwung ein. Nur das erste Quartal des Jahres 1882 war für alle drei Betriebe noch gut. Während von da ab Spinnerei und Weberei zur Deckung des Bedarfs der Druckerei noch vorteilhaft arbeiten konnten, ging die Beschäftigung für den Druckereibetrieb selbst doch ganz wesentlich zurück. Diese Lage verschärfte sich noch in den folgenden Jahren 1883 und 1884; die Beschäftigung der Druckerei ließ so nach, daß im Sommer nur an drei bis vier Tagen der Woche gearbeitet werden konnte.

Das Jahr 1885 brachte zwar für die Druckerei eine etwas bessere Beschäftigung, doch waren die Preise wenig lohnend; einigermaßen befriedigend war die Preislage für die

Fabrikate der Weberei; dagegen waren die Verhältnisse in der Spinnerei trotz voller Beschäftigung nicht günstig, weil in England damals für die Baumwollspinnerei das Geschäft sehr schwierig lag, und diese daher große Garnmengen zu Schleuderpreisen auf den deutschen Markt warfen.

❀ ❀ ❀

Die folgenden Jahre gaben für die Baumwollspinnereien und -webereien im allgemeinen dasselbe Bild; die Spinnerei arbeitete ungünstig, die Weberei ziemlich günstig. Dabei zeigt sich für die Spinnereien noch das eigenartige Bild, das sich auch in England oft zum Kummer der Spinner einstellt, cotton up, yarns down: Baumwolle steigt und die Garnpreise fallen weiter.

Im Jahre 1886 gingen die Garnpreise sogar so weit zurück, daß die Firma Gebrüder Elbers die von ihr benötigten Garne viel billiger kaufen, als in der eigenen Spinnerei herstellen konnte. Wenn trotzdem in der Spinnerei keine Betriebseinschränkung vorgenommen wurde, so geschah dieses mit Rücksicht auf den Arbeiterstamm und die zukünftige Entwicklung des Werkes. Auf der anderen Seite lag allerdings gerade in diesem Jahre, 1886, das Geschäft in der Weberei, die bis zum gewissen Grade mit der Spinnerei ein einheitliches Ganzes bildet, recht günstig.

In den Jahren 1887 bis 1888 war die allgemeine Geschäftslage in Deutschland für die Baumwolltextilindustrie günstiger als in den Vorjahren. Die schlechte Lage der Spinnereien hatte sich besonders in England erheblich gebessert, so daß die Spinner einen befriedigenden Spinnlohn erzielen konnten. Dagegen ließ jetzt umgekehrt die Lage der Webereien in Deutschland zu wünschen übrig, in der Hauptsache wohl eine Folge davon, daß die Vergrößerung der deutschen Webereien um 5000 bis 6000 Stühle das Angebot verstärkt hatte. Die Preise für Rohgewebe gingen im Laufe des Jahres 1888 sogar so weit zurück, daß nur Spinnweber, d. h. also solche Webereien, mit denen gleichzeitig Spinnereien verbunden sind, noch ohne große Verluste arbeiten konnten.

❀ ❀ ❀

Nach diesem kurz wiederholten Bilde über die allgemeine Lage in den Jahren 1887 bis 1888 gestalteten sich auch die Erfolge bei der Hagener Firma in ihrer Spinnerei und Weberei. Nur durch scharfes Beobachten der Märkte und Wahrnehmen der Einkaufschancen konnten zeitweise noch gewisse Vorteile für den Gesamtbetrieb herausgeholt werden.

In der Druckerei lag in der zweiten Hälfte der 80er Jahre das Geschäft überhaupt nicht gut; für die meisten Druckartikel war die Konkurrenz immer größer geworden. Auch in den Balkanstaaten waren neben den alten Konkurrenten (England, Belgien, Österreich) als neue Wettbewerber für dieses Absatzgebiet italienische und spanische Druckereien hinzugekommen.

Der Veredlungsverkehr nach verschiedenen Ländern war noch beibehalten worden; mit ihm machte unsere Firma allerdings auch manche trübe Erfahrung. Der Nachweis der Indentität der als Rohware vom Auslande bezogenen und dann in der eigenen Druckerei veredelten Gewebe war in der Tat oft nicht leicht zu erbringen. Wenn durch Nachlässigkeit der Arbeiter oder auch durch andere Unregelmäßigkeiten in der Fabrikation das Ende eines Stückes, auf dem der amtliche Stempel von dem Steuerbeamten angebracht

Nr. 20. Gruppenbild der im Jahre 1922 bei Gebrüder Elbers beschäftigten Beamten.

					Ernst Drüge 1920.		Rich. Homburg 1921.			
		Heinrich Hoffmeister 1912.	Joh. Franzen 1905.	Carl Knöller 1911.		Leonh. Harnischmacher 1903.		Carl Bernhard 1909.	Emil Sporbeck 1905.	
	Ernst Bergfeld 1918.	Adolf Hornung 1897.	Eduard Hempelmann 1895.	Otto Windfuhr 1915.		Wilhelm Schüppstuhl 1898.		Carl Zimmermann 1903.	Joh. Habrock 1898.	Carl Schambach 1904.
Fritz Damm 1900.	Emil Hold 1900.		Fritz Brenne 1889.	Eduard Emde 1874.		Heinrich Böke 1895.		Ernst Kutschke 1887.	Georg Ehehalt 1890.	
Gustav Bergner 1889.	Jul. Weistenfeld 1889.									

Nr. 21. Gruppenbild der im Jahre 1922 bei Gebrüder Elbers beschäftigten Meister.

Heinrich Vogt 1912. Wilh. Bédué 1877. Wilh. Buss 1883. Hugo Griese 1886. Rud. Stiebing 1893. Aug. Dickhage 1910. Heinr. Schewe 1889. Eduard Klutke 1892. Gust. Pohl 1896
August Binder 1882. Wilh. Sallowski 1887. Ed. Haarmann 1886. Andr. Klug 1893. Joh. Schott 1879. Hugo Willmund 1880. Hugo Kleff 1894. Jos. Karcher 1898.
Wilh. Bauseler 1873. Joh. Lefevre 1887. Emil Tschimperly 1895. Aug. Rinschede 1875. Ludw. Schönthaler 1893.

Nr. 22. Gruppenbild von 6 Arbeitern, die im Jahre 1922 über 50 Jahre bei der Firma Gebrüder Elbers beschäftigt waren.

Christ. Peter 1871.   Wilh. Siebenberg 1869.   Herm. Becker 1867.   Joh. Ellermann 1868.   Wilh. Oehm 1870.   Arnold Niefelstein 1870.

war, abgerissen oder zugefärbt wurde, so entstanden bei der Abnahme durch den Kontrollbeamten große Schwierigkeiten, selbst wenn der Stempel an der anderen Seite des Stückes noch vorhanden war und Zweifel an der Indentität der Stücke nicht bestehen konnten. Auch die rechtzeitige Abfertigung der veredelten und zum Versand bereit stehenden Kattune wurde oft unberechtigterweise verzögert.

Die Firma ging deshalb dazu über, im Einvernehmen mit der Behörde einen besonderen Zollbeamten auf Kosten des Werkes anzustellen, um auf diese Weise den Abfertigungsdienst für die Ware zu vereinfachen.

Das Jahr 1889 brachte einen Wendepunkt für alle drei Betriebe. Die Baumwollpreise zogen an und größere Aufträge wurden zu lohnenden Preisen an die Baumwolltextilbetriebe vergeben.

* * *

Auf das gute Jahr 1889 folgte aber wieder eine Reihe von Jahren mit ungünstiger Konjunktur. Immer mehr verstärkte sich in Spinner-, Weber- und Druckerkreisen der Wunsch, von den ewig wechselnden Baumwollmärkten unabhängiger zu werden. Zu diesem Zwecke beteiligten sich Gebrüder Elbers an Konventionen für verschiedene Druckartikel, an eine Tücherkonvention im Jahre 1888 und Blaudruckkonventionen in den Jahren 1882 und 1889. Diese Konventionen, die nur während einer beschränkten Reihe von Jahren aufrecht zu erhalten waren, konnten leider nur zum Teil die Krisen und Erschütterungen ausgleichen, die durch die schroffen Baumwollkonjunkturen (Rückgänge der Baumwolle bis auf 4 Pence) in den Jahren 1890 und 1891 veranlaßt waren. Die beiden Jahre 1890 und 1891 schlossen deshalb sehr wenig günstig ab.

Im zweiten Halbjahr 1892 fing die Baumwolle wieder an zu steigen, sie erreichte sogar den Stand von 5½ Pence, und die Geschäftsaussichten für alle drei Betriebe der Firma Gebrüder Elbers wurden wieder günstiger. Garne, Gewebe und Kattune erholten sich bald im Preise, und als weiteres günstiges Moment für eine flotte Beschäftigung der Druckerei kam ein warmer Sommer hinzu. So gestaltete sich das Geschäftsjahr 1892/93 befriedigend und brachte eine gewisse Erholung nach den schweren voraufgegangenen Zeiten.

Leider dauerte auch diesmal wieder die gute Konjunktur kaum ein Jahr. Im Jahre 1894 sank der Preis für Rohbaumwolle, wie schon früher ausgeführt, sogar auf 3 Pence und der Preis für 36/42-Garne auf 69 ₰ für das Pfund. Bei diesem Preisrückgange zeigte es sich so recht, wie die Abnehmer aus den häufigen und starken Preisschwankungen des Baumwollmarktes während der letzten Jahrzehnte es gelernt hatten, aus einer rückläufigen Preisbewegung der Baumwolle Nutzen zu ziehen. Der Nachrichtendienst der Zeitungen über Notierungen auf dem Textilmarkt hatte sich sehr verbessert, und jeder Rückgang wurde sofort dem Fabrikanten vorgehalten. Der Bericht der Firma aus dem Jahre 1894 an die Handelskammer kennzeichnet diese Frage mit den Worten:

„Vom Großkaufmann bis zum kleinsten Händler im Lande ist jeder aus den Zeitungen über den Stand der Baumwollpreise orientiert und glaubt nun, jede Schwankung der Baumwollpreise nach unten müsse auch sofort einen entsprechenden Ausdruck in den Preisen der fertigen Ware finden."

* * *

1895 bis 1914. Die Firma Gebrüder Elbers wurde mit dem 1. Juli 1895 in eine Familienaktiengesellschaft unter dem Namen Hagener Textil-Industrie vormals Gebrüder Elbers umgewandelt. Durch Generalversammlungsbeschluß vom 28. Oktober 1920 ist dann der Name in Gebrüder Elbers Aktiengesellschaft umgewandelt worden, um in dem Namen der Firma die geschichtliche Entwicklung des Werkes stärker zum Ausdruck zu bringen. In den folgenden Ausführungen ist die Firma immer nur kurz als Gebrüder Elbers bezeichnet worden.

Die ersten Geschäftsjahre nach Gründung der Aktiengesellschaft entwickelten sich wenig günstig. Auf ein Jahr mit befriedigendem Geschäftsgang folgten meist zwei bis drei Jahre, die durch ständige Preisrückgänge charakterisiert waren. Dazu kam noch die große, in der gesamten Baumwolltextilindustrie herrschende Überproduktion, die auf den Preis drückte. Andererseits mußte man darauf sinnen, schon um konkurrenzfähig mit dem Auslande zu bleiben, wie die Produktion zu verbilligen war. Der wichtigste Faktor in dieser Hinsicht war und blieb nun aber wieder eine Erhöhung der Produktion, denn durch sie konnten die Maschinen und die ganze Einrichtung am besten ausgenutzt und die Generalspesen verbilligt werden. Ein einzelner konnte sich von einem Wettkampf in dieser Richtung nicht ausschließen, selbst wenn er sich mit einer solchen allgemeinen Erhöhung ohne Rücksicht auf den tatsächlichen Bedarf nicht einverstanden erklären konnte.

Ein sehr bedeutsamer Schritt auf diesem Wege der Erhöhung der Produktion war die damals auftauchende Frage der elektrischen Kraftübertragung und Verteilung, die Elektrisierung der Betriebe. Bereits im Jahre 1896, als man im übrigen nur ganz vereinzelt an dieses Problem heranging, wurde bei der Firma Gebrüder Elbers schon eine elektrische Versuchszentrale eingerichtet, an die in den Jahren 1897 bis 1899 die ganze Druckerei nebst Hilfsbetrieben elektrisch angeschlossen wurde.

Auch sonst wurden in jenen Jahren trotz der wenig günstigen wirtschaftlichen Ergebnisse viele wertvolle Verbesserungen in baulicher und technischer Hinsicht in die Wege geleitet. Es wurde dabei nun nicht nur Wert auf solche Anlagen gelegt, durch die die Firma in den Stand gesetzt wurde, die Herstellung der bisher erzeugten Druckartikel (Blaudruck, Barchent, Kleiderstoffe, Möbel usw.) zu verbilligen, sondern auch sie nach jeder Richtung zu vervollkommnen. Insbesondere gilt dieses von den Möbelstoffen.

Die Firma hatte schon Ende der 80er Jahre in Deutschland die erste Duplexdruckmaschine zur Herstellung zweiseitig gedruckter Möbelstoffe aufgestellt. Im Jahre 1896 wurde nun noch eine achtfarbige Duplexdruckmaschine zum Druck bis zu 140 cm Warenbreite, und im Jahre 1897 eine einseitige zwölffarbige Druckmaschine aufgestellt, um in den Möbelstoffen alle nur möglichen Genres herstellen zu können. Um ferner die ganze Fabrikation der Möbelstoffe auf ein höheres Niveau zu heben und Muster von feinsinnigem künstlerischen Geschmack zu bringen, wurden als Möbelstoffe Entwürfe von ersten Künstlern (Peter Behrens, van de Velde, Rud. Weiss, Margold, Torn-Prikker, Patter, Penner u. a.) gebracht. Diese Bestrebungen, wahre Kunst als Kulturfaktor auch für das vielleicht etwas zu stark mechanisierte Kunstgewerblertum in der Baumwolltextilindustrie nutzbar zu machen, waren von großem Erfolge. Die Firma Gebrüder Elbers erwarb sich in ihren ein- und zweiseitigen Möbelstoffen und Künstlerkattunen eine führende Stellung, die sie bis auf den heutigen Tag behauptet hat (vgl. Tafel III).

In steter Fühlung mit den Bedürfnissen des täglichen Lebens wurde auch den übrigen Artikeln in der zweiten Hälfte der 90er Jahre die größte Aufmerksamkeit gewidmet.

Bettzeuge und Schürzenzeuge wurden in den Breiten bis zu 140 cm hergestellt. Für die Weberei wurde zu diesem Zwecke eine große Gruppe mit Schaftmaschinen ausgestatteter Webstühle, für die Druckerei mehrere breite Druckmaschinen (wodurch die Zahl der arbeitenden Druckmaschinen auf 17 stieg) nebst Hilfsmaschinen beschafft.

Der äußere Anlaß zu einer noch weitergehenden großzügigen Inangriffnahme der technischen und baulichen Reorganisation des Werkes waren zwei Brandschäden,

Nr. 23. Turbinenhaus, erbaut im Jahre 1906.

von denen das Werk im Jahre 1900 betroffen wurde. Der größte Teil der Spinnerei und des Fertigwarenlagers wurden durch die beiden Brände eingeäschert. Dem sofortigen Eingreifen der Fabrikfeuerwehr war es in beiden Fällen gelungen, des Feuers Herr zu werden, bevor es auf die Nachbargebäude übergreifen konnte. Immerhin erschien es wichtig, durch noch weitere Unterteilung in feuersicher abgegrenzte Räume eine noch größere Feuer- und Betriebssicherheit zu schaffen.

Nach den Grundsätzen der von den Feuerversicherungsgesellschaften aufgestellten Tarifierung wurden in allen Betriebsabteilungen des Werkes durch Brandmauern, feuersichere Türen, Fenster und Treppenhäuser Trennungswerte geschaffen, die eine

Versicherung des Werkes zu mäßigen Sätzen ermöglichten und, was noch wertvoller ist, auch tatsächlich eine größere Sicherheit bei etwa ausbrechendem Feuer gewährleisteten. Auf diese Weise ist die Fabrik seit jener Zeit von größeren Brandschäden tatsächlich verschont geblieben.

Die damals als vom Feuer unmittelbar betroffenen Abteilungen wurden zunächst in möglichst kurzer Frist wieder aufgebaut und betriebsfertig hergerichtet. Die Spinnerei wurde statt mit den vor dem Brande arbeitenden Selfaktoren mit den viel leistungsfähigeren

Nr. 24. Altes Nessellager, erbaut im Jahre 1828, vor dem Abbruch im Jahre 1902.

Ringspinnmaschinen besetzt. Die Lagerräume wurden so eingerichtet, daß nur kürzeste Transporte auf Schmalspurbahnen zwischen den Lagerräumen und den Appretur- und Packräumen nötig waren, und daß selbst bei erheblicher Produktionssteigerung die Abfertigung der Ware leicht möglich bleiben mußte.

Völliger Umbau des Werkes. Im übrigen wurde sodann vom Jahre 1900 an ein Bauprogramm nach den Grundsätzen der Betriebssicherheit und des kontinuierlichen Arbeitsprozesses[1] für mehrere Jahrzehnte aufgestellt und im Rahmen dieses Zukunftsprogramms

---

[1] Vgl. II. Teil, Technologische Richtlinien der Baumwolltextilindustrie.

in jedem Jahre je nach den Erträgnissen ein Teil dieses Programms zur Ausführung gebracht, ohne daß während des Umbaus die Produktion eine Einbuße erlitten hatte.

Als Grundlage dieses Programms und als wesentlicher Faktor zur Erleichterung seiner Durchführung mußte zuerst die vollständige Elektrisierung des Werkes, einschließlich Spinnerei und Weberei, durchgeführt werden. In den Jahren 1900 bis 1902 wurde die Zentrale ausgebaut, die auf diese Weise auf **1400 PS** gebracht wurde. Die Sekundärstationen wurden auf Grund sorgfältig ausgeführter Versuche je nach den Betriebserfordernissen mit elektrisch betätigtem Gruppenantrieb oder Einzelantrieb ausgestattet.

Nr. 25. Neues Rohwarenlager, erbaut im Jahre 1903.

Ein weiterer wichtiger Faktor zur Durchführung eines in jeder Beziehung rationellen Gesamtplans war ein Geländeaustauschvertrag, der im Jahre 1905 mit der Stadt Hagen zustande kam und von dem beide Teile sehr große Vorteile hatten. Zu seinem Abschluß drängte die ganze Entwicklung der Verhältnisse der Stadt Hagen und des Werkes. Für die Stadt Hagen wurde ein den freien Platz, die Springe, in seiner ganzen Länge durchquerender Obergraben beseitigt. Für die Firma Gebrüder Elbers kam eine öffentliche Straße in Fortfall, die den äußeren Teil des Werkes, von dem Stammwerk abschnitt. Außerdem wurde durch den Geländeaustausch ein zweckmäßiger Ausbau der Wasserkraft sehr erleichtert. Dieser Ausbau wurde im Jahre 1906 nach der Fertigstellung der Jubach- und Glörtalsperre in zwei Wasserkraftstationen bewirkt. Die insgesamt **174 PS** leistenden drei Francisturbinen erzeugen in direkter Kupplung mit Dynamos elektrischen Strom, der zum Hauptschaltbrett der elektrischen Zentrale geleitet wird, so eine restlose Ausnutzung der dem Werke zur Verfügung stehenden „weißen Kohle" ermöglichend (Nr. 23).

Alle diese grundlegenden, von ersten Firmen ausgeführten Anlagen nahmen indes die finanziellen Mittel stark in Anspruch, zumal auch der infolge der erhöhten Produktion steigende Umsatz größere Betriebsmittel erforderte. Unter diesen Umständen war die Zuführung neuer Geldmittel nicht mehr zu umgehen. Im Jahre 1905 wurde das Aktienkapital von 3,7 auf 4,5 Millionen Mark und im Jahre 1910 von 4,5 auf 5 Millionen erhöht. Das neue Aktienkapital wurde von der Familie Elbers übernommen. Im Jahre 1909 wurde eine Obligationsschuld von 1,7 Millionen Mark aufgenommen. Allerdings war zu jener Zeit die im Jahre 1895 aufgenommene Obligationsschuld von 2 Millionen Mark durch die jährlichen Auslosungen ungefähr in der Höhe der neu aufzunehmenden Anleihe getilgt.

Trotz dieser Zuführung größerer Mittel war zeitweilig die Inanspruchnahme eines größeren Bankkredits nicht zu vermeiden, namentlich wenn bei der gesteigerten Produktion die Betriebsbestände vorübergehend anschwollen.

Die stärkste Aufwendung von Betriebsmitteln erforderten indes die Betriebsanlagen selbst, die fortlaufenden Bauten und die Beschaffung von Maschinen. Nachdem im ersten Jahrzehnt des 20. Jahrhunderts mit dem Ersatz der älteren, am meisten zusammengeschachtelten Gebäude begonnen war, drängte eben alles auf die weitere Durchführung der planvollen Neugestaltung, und das um so mehr, als die Betriebsvorteile in die Augen springend waren.

1903 wurde Nessellager (Nr. 24 und 25) und Farbküche mit Drogenmagazin neu errichtet. In allen diesen Räumen wurden im Interesse möglichster Sauberkeit sämtliche Wände, einschließlich der Flure bis zur Decke, mit Kacheln belegt. Es entstanden ferner 1905/06 am Eingang der Fabrik das Verwaltungsgebäude, durch dessen Errichtung vielen Bedürfnissen Rechnung getragen wurde. Es erhielt eine Reihe von Sitzungssälen (darunter einen Aufsichtsratssitzungssaal nach den Entwürfen von Professor van der Velde) (Nr. 26), ein großes Archiv, einen Arbeiterspeisesaal und einen Schulsaal (Nr. 27) für die Schüler der gewerblichen Fortbildungsschule, denen auf diese Weise der Unterricht in der Fabrik selbst erteilt werden konnte.

1909/10 wurde der Spinnerei- und Webereibetrieb durch eine Neuanlage für 300 schmale und breite Northropstühle nebst 6 Ringspinnmaschinen, die für den Automatenwebstuhlbetrieb eingerichtet wurden, erweitert. Die neue Spinnerei wurde gleich voll, die Weberei zur Hälfte mit neuen Maschinen besetzt.

Diese Anlagen bewährten sich sehr gut. In jeder Weise traf dieses auch für die neu angeschafften Maschinen zu, die von der Firma selbst konstruiert und nach ihren Angaben von ersten Spezialfirmen gebaut wurden. Vor allem erwiesen sich die in dieser Weise geschaffenen kombinierten Maschinenaggregate als so zweckmäßig, daß trotz der in der Zeit von 1900 bis 1910 in der Druckerei durchgeführten Produktionssteigerung auf das Doppelte die Zahl der beschäftigten Arbeiter auf 750 bis 700 gegenüber früher 900 und mehr ermäßigt werden konnte.

Eine Verbilligung der Produktionskosten war allerdings auch angesichts der scharfen Konkurrenz und der infolgedessen gedrückten Preislage der Fabrikate dringend notwendig.

Nr. 26. Sitzungssaal (Entwurf: Prof. Henry van der Velde) im Verwaltungsgebäude, erbaut im Jahre 1904.

Nr. 27. Saal der Gewerblichen Fortbildungsschule im Verwaltungsgebäude.

Durch die weitgehenden Verbesserungen in der Fabrikation gelang es der Firma Gebrüder Elbers aber, wenn auch in einzelnen Jahren mit ihren schlechten Konjunkturen nur geringe oder keine Verdienste erreicht wurden, doch ohne direkte Verluste die für manche Textilbetriebe damals oft so kritische Zeit im ersten Jahrzehnt glatt zu überwinden und den Betrieb als solchen in technischer und technologischer Hinsicht zu stärken und zu festigen.

❁ ❁ ❁

Die schlechte Konjunktur im Inlande bildete auch den Ansporn zu einem gründlichen Studium der Auslandsmärkte. Neben der Kollektion für den einheimischen Markt, die stets mit besonderer Sorgfalt ausgearbeitet wurde (Tafel V bis VIII), mußten deshalb auch die Genres und Kollektionen für die verschiedenen Exportgebiete gepflegt werden.

Die so für die einzelnen Exportabsatzgebiete geschaffenen Kollektionen brachten gute Aufträge und erfreuten sich des Beifalls der Kundschaft. Besonders gut eingeführt waren die Blaudrucks der Firma Gebrüder Elbers in Südafrika, ihre Barchente in Rumänien, Konstantinopel und Ägypten, ihre Cretonnes und Möbel in Bulgarien und dem Distrikt von Saloniki. Der Berichterstatter hat sich von der Wertschätzung Elbersscher Kollektionen und Warenlieferungen durch eine kurz vor dem Kriege ausgeführte Orientreise und den Besuch der maßgebenden Textilgrossisten im Orient (Rustschuk, Bukarest, Konstantinopel, Smyrna, Alexandrien, Kairo usw.) überzeugt.

Und gut mußten die Artikel und Kollektionen, gut mußten die betriebstechnische Einrichtung und Organisation des Werkes sein. Wie wäre es sonst möglich gewesen, sich in der mit dem zweiten Jahrzehnt anbrechenden, noch schwierigeren Zeit, zunächst von 1910 bis 1913, in den drei Jahren, die dem Weltkriege vorausgingen, zu behaupten. Schien sich in jenen Jahren doch alles vereint zu haben, um dem Textilindustriellen, namentlich dem Stoffdrucker, das Herz schwer zu machen. Der Balkankrieg, eine stark gespannte politische Lage in allen Ländern, hoher Bankdiskont, teure Kohlenpreise, stark weichende Preise in den meisten Textilfabrikaten und dabei eine Mode, die den Stoffkonsum ungünstig beeinflußte („weiße" Mode, Blusen und eng anliegende Kleidung) Deshalb lagen denn auch überall bei Ausbruch des Krieges in den Magazinen der Druckfabriken außerordentlich große Bestände, die eine starke Anspannung der Bankkredite bedingten.

1914 bis 1918. Die schwierige Lage, in die der Weltkrieg die Baumwolltextilindustrie brachte, stellte naturgemäß auch an die Hagener Firma hohe Anforderungen; auch für sie galt es, sich den veränderten und sich täglich weiter verändernden Bedingungen und Forderungen anzupassen.

Nach der ersten allgemeinen Stockung des Absatzes setzte wieder stärkerer Bedarf in Textilien ein, und zwar sowohl für den Zivilbedarf, als auch für den Kriegsbedarf. Zu dem Zivilbedarf, der insoweit allerdings auch Kriegsbedarf war, als er durch kriegerische Ereignisse, nämlich durch die raschen glänzenden Erfolge der deutschen Waffen bedingt war, gehören die aus Baumwolle durch Färben oder Drucken hergestellten Fahnenstoffe (Nr. 28). Ferner wurden große Mengen von gedruckten Hemdenstoffen, Handtüchern und Taschentüchern fabriziert, die zum Teil von der Heeresverwaltung direkt bestellt waren, zum größeren Teil zunächst aber als Liebesgaben ins Feld gesandt wurden.

In dem Maße, wie die Absperrung der Grenzen durch die Feinde durchgeführt wurde, stiegen zunächst die Preise für Baumwolle und dann auch für Baumwollfabrikate. Infolgedessen war es den Textilbetrieben und Händlern möglich, die Lagerbestände mit Vorteil abzustoßen. Die Gespinste und Rohgewebe stiegen derart im Preise, daß sich das Umarbeiten (Umfärben und Umdrucken) mancher in den Lägern befindlicher Artikel mit wenig gangbaren Mustern, namentlich Exportmustern, mehr als das Ausrüsten der Rohgewebe lohnte. Waren so die Preise für die Fertigfabrikate günstiger geworden, so stiegen andererseits auch die Unkosten für Kohlen, Farbstoffe, Drogen usw. beträchtlich. Eine relative Steigerung der Betriebsunkosten war an sich schon gleich in der ersten Kriegszeit dadurch bedingt, daß die Produktion an Waren zurückgegangen war. Endlich erforderte auch die Unterstützung der Familien der Kriegsteilnehmer, die unsere Firma sofort als eine unabweisbare Verpflichtung ansah, ziemlich bedeutende Beträge.

Dann traten im weiteren Verlauf der Kriegszeit die weiteren Verfügungen und Beschränkungen auf (vgl. S. 123), die die Herstellung und den Verkauf beschlagnahmter Ware fast unmöglich machten. Nun mußte man versuchen, von den Kriegsämtern Heeresaufträge, für die die Rohstoffe dann freigegeben wurden, zu erlangen. Als für unsere Hagener Firma besonders geeignete Artikel, für welche Aufträge von der Heeresverwaltung erteilt wurden, kamen feldgrau gefärbte Munitionsköper und gedruckte Hemdentuche in Betracht. Sehr zustatten kam der Firma Gebrüder Elbers, daß bei ihr diese Druckartikel von der Rohbaumwolle an gesponnen, gewebt und gedruckt wurden. Die schon oft hervorgehobenen Vorteile des gemischten Betriebes machten sich besonders in der Kriegszeit geltend. Außerdem war günstigerweise schon früher bei der baulichen und maschinellen Organisation des Werkes darauf Rücksicht genommen, daß der Betrieb, wenn es erforderlich war, verkleinert werden konnte, ohne daß ein ungünstig hoher Dampfverbrauch eintrat. Dazu nötigte in der Friedenszeit die Rücksicht auf eine jederzeit sparsame und rationelle Betriebsleitung und im Zusammenhang damit insbesondere der Umstand, daß der Druckereibetrieb im wesentlichen auf ein Saisongeschäft aufgebaut ist, derart, daß im Sommer der Betrieb nur etwa zur Hälfte voll aufrecht erhalten werden kann.

Manche Betriebssäle des Werkes konnten bei stark verminderter Produktion, zur Zeit des sogenannten kleinen Betriebes, ganz stillgelegt werden. Einzelnen Arbeitsmaschinen, die in den noch betriebenen Abteilungen nicht aufgestellt waren, wurde der Dampf durch besondere Leitungen zugeführt. Diese für die Betriebsökonomie sehr günstigen Verhältnisse, ebenso wie die nicht unbedeutende Wasserkraft gewährten nun gerade für den Kriegsbetrieb ganz wesentliche Erleichterungen und ließen das Fabrikunternehmen der Firma Gebrüder Elbers zur Fortführung in der Kriegszeit als besonders geeignet erscheinen. Diesen Umständen war es in erster Linie zuzuschreiben, daß dem Antrage des Hagener Werkes auf Anerkennung als Höchstleistungsbetrieb, der zu einer gewissen Kohlenversorgung berechtigte, stattgegeben wurde, und zwar zunächst als Höchstleistungsbetrieb für die Baumwollspinnerei, Weberei und Druckerei und später auch in gleicher Weise für die Herstellung von Papiergarnfabrikaten.

Eigene Güterwagen für den Pendelverkehr zwischen Zeche und Betrieb sowie Lastautos erleichterten die Möglichkeit der Durchführung eines ungestörten Betriebsfortgangs, soweit sich dieser in der Kriegszeit überhaupt erreichen ließ.

Solange die unter 130 g je Quadratmeter schweren Gewebe für Verkauf und Herstellung allgemein freigegeben waren, wurden diese zur Verarbeitung herangezogen; ebenso

Nr. 28. Ausstellung im Festsaal des Verwaltungsgebäudes im Kriegsjahr 1914.

wurden größere Mengen von Rohgeweben aus den neutralen Staaten (Holland und der Schweiz) beschafft und bedruckt. Die Verarbeitung der Auslandsware trug dazu bei, dem Werke die nötige Mindestbeschäftigung zuzuführen.

Ersatzfaserverarbeitung. Außerdem beteiligte sich die Firma seit 1915 an der Lösung des Problems der Verwendung der in Deutschland selbst zu gewinnenden Ersatzfasern an Stelle der Baumwolle. Nach allen Richtungen wurde diese Frage geprüft und Versuche angestellt. Aus den schon früher angegebenen Gründen erschien es jedoch zweckmäßig, sich während des Krieges im wesentlichen auf die Verwendung der Cellulose des Holzes als Ersatzfaser zu beschränken. Mit dieser Faser, ihrer Verarbeitung zu Papiergarn und weiter zu bedruckten Papiergarngeweben wurden nun systematische Versuche angestellt und den Ergebnissen entsprechende Verbesserungen und Ergänzungen der Maschinen in Spinnerei, Weberei und Druckerei vorgenommen. Die Firma ging sogar noch einen Schritt weiter. Die ihr nahestehende und durch gemeinsame Leitung mit ihr verbundene Papierfabrik Julius Vorster, G. m. b. H., Hagen, wurde veranlaßt, die Herstellung von Spinnpapier aufzunehmen und dann solches auch weiter nach den Wünschen und Angaben von Gebrüder Elbers in der gewünschten Beschaffenheit zur Verfügung zu stellen.

Für die Spinnerei wurden Schneidmaschinen zum Schneiden der Papierbahn und Tellerspinnmaschinen zum Verspinnen der Papierstreifen aufgestellt. Ein Teil der Baumwollflyer wurde weiter nach eigenem, durch zahlreiche Versuche ausgeprobten System umgebaut, um sie für die Herstellung von Papiergarn verwendbar zu machen. Ebenso wurde ein Teil der Webstühle in der Weberei für den neuen Betrieb umgebaut; endlich wurden auch in der Druckerei nach einer großen Reihe von Versuchen die für den neuen Fabrikationszweig erforderlichen Änderungen durchgeführt.

Diese Arbeiten waren von Erfolg gekrönt. In der Erzeugung von Arbeiterschürzenstoff, Matratzendrell, Möbelstoffen und Vorhangstoffen aus Papiergarn (s. Tafel IV) erlangte die Firma während der Kriegszeit eine führende Stellung. Auch Papiergarne als solche wurden an fremde Papiergarnwebereien geliefert. In der Weberei aus Papiergarn hergestellte Gewebe und Schlauchgewebe wurden zu Strohsäcken usw. verarbeitet und dann an die Lebensmittelämter geliefert; auch in Mullbindenstoff wurden zeitweilig von der Weberei größere Aufträge ausgeführt.

Umbau der Fabrik während der Kriegszeit. Noch eine weitere, für das gesamte Unternehmen wichtige Aufgabe wurde während des Krieges gelöst. Da der Betrieb trotz aller Maßnahmen zur Heranschaffung von Arbeit zeitweise notgedrungen auf ein Drittel bis ein Viertel eingeschränkt war, so wurde die Zeit benutzt, um solche Reparaturen, Umbauten und Änderungen der Fabrikation durchzuführen, die während des vollen Betriebes nicht oder aber ohne große Stillstände nicht durchzuführen gewesen wären, wie z. B. der Umbau der Kontinuedämpfe.

Nach dem Kriege. Solange die Betriebe noch nicht voll wieder aufgenommen werden konnten, wurde, nachdem die Baumaterialien wieder freigegeben waren, die Zeit dazu benutzt, um größere Umbauten, wie die der mechanischen Werkstätte (Nr. 29), vorzunehmen und ältere Gebäude umzubauen und in ihnen die Holzdecken durch massive Betondecken zu ersetzen.

Der Betrieb wurde dann von 1919 bis 1921 allmählich wieder in Gang gebracht und in solchem Umfange dann auch dauernd in Gang gehalten, daß auch bei den unausbleiblichen zeitweiligen Konjunkturrückschlägen gleichmäßig durchgehalten werden konnte und eine Einschränkung der Produktion nicht wieder erforderlich wurde. Anfangs wurden in den Betrieben der Firma die Stoffe hergestellt, unter dessen Fehlen die Bevölkerung während der Kriegszeit am meisten gelitten hatte, und die daher am meisten gefragt waren (Bettzeuge, Blaudruck, Dirndlstoffe usw.). Dann aber wurde auch die Fabrikation von mehr dem Luxus dienenden Stoffen (Möbelstoffe, Künstlerkattun usw.) aufgenommen.

Während der Kriegszeit hatte sich die Firma dem Verband Rheinisch-Westfälischer Baumwollspinner, E. V., Duisburg, und der Vereinigung Deutscher Stoff-Druckereien, E. V., Berlin-Charlottenburg, angeschlossen.

Dieser letzte Verband hat für unsere Firma die größere Bedeutung, weil sie in der Hauptsache nur gedruckte Stoffe auf den Markt bringt. Während der Kriegszeit bildete die Vereinigung Deutscher Stoff-Druckereien, E. V., ein einheitliches Ganzes, um die Interessen der Stoffdrucker gegenüber den Behörden vertreten zu können. Nach dem Kriege blieb die Vereinigung bestehen und schuf einheitliche Lieferungs- und Zahlungsbedingungen.

❀ ❀ ❀

So steht unser Werk heute, in organisatorischer, technischer und technologischer Hinsicht mit den besten Mitteln ausgerüstet da, so muß es ihm gelingen, den Platz, den es sich in 100 jähriger Arbeit in der Baumwolltextilindustrie und im deutschen Wirtschaftsleben errungen, auch weiterhin zu behaupten.

Nr. 29. Mechanische Werkstätten der Firma Gebrüder Elbers, erbaut im Jahre 1921.

V.
Soziale Arbeit

Soziale Arbeit.

Die Verschiedenheit der Menschen in ihren Anlagen, ihrem Charakter und ihren Fähigkeiten ist die Ursache, daß die einzelnen Menschen zu ganz verschiedenen Leistungen befähigt sind.

Im Interesse der Allgemeinheit liegt es aber, daß jeder Einzelne das Höchstmaß von Leistungen aufbringt, zu dem er mit Anspannung aller geistigen und körperlichen Kräfte befähigt ist. Ein solches Höchstmaß wird nun aus dem einzelnen Menschen in den meisten Fällen nur herausgeholt werden können, wenn auf der anderen Seite eine der Leistung entsprechende Gegenleistung in materieller und ideeller Hinsicht gewährleistet ist. Um den richtigen Überblick in dieser Frage zu gewinnen, muß man sich von einer einseitigen Beurteilung der Leistungen der Menschen freihalten. Eine solche Verkennung der Verhältnisse ist die Ansicht, daß nur die Handarbeit produktiv sei. Man übersieht dabei, daß die geistige Arbeit die Voraussetzung für die Beschaffung, Einteilung und nachher wieder Zusammenfassung der Arbeit ist. Ja mehr als das: die ganze Kultur, an deren Entwicklung alle geistigen und immateriellen Kräfte im weitesten Sinne des Wortes beteiligt sind, schafft erst die Möglichkeit einer intensiven wirtschaftlichen Arbeit. So muß im Interesse des Gedeihens und der Entwicklung eines Volkes nicht nur für das eigentliche Wirtschaftsleben die Möglichkeit des Aufstieges und der Erlangung führender Stellungen gegeben sein, sondern für alle Gebiete geistigen und körperlichen Schaffens.

Treffend sagt Rudolf Eucken in seinem Buch „Geistesprobleme und Lebensfragen" [1]:

„Wer aber zu der Überzeugung steht, daß das menschliche Leben sich im Aufstreben zu höheren Zielen befindet und erst dadurch einen Wert erlangt, für den kann die Entscheidung (ob der geistige Lebensgehalt in einem Volke oder die Verteilung der Güter das Wichtigere) nicht zweifelhaft sein, der wird aber zugleich einer bloßen Gleichmacherei widerstreben. So erwächst an dieser Stelle eine Aufgabe schwierigster Art: es gilt vor allem im Menschen den Menschen zu achten und das Verhältnis von Mensch zu Mensch allem voranzustellen, es gilt aber zugleich den Unterschieden, die das Wohl des Ganzen erfordern, ihr Recht zu geben und die Antriebe zur Bildung einer besonderen Art innerhalb des Ganzen nicht zu schwächen, sondern zu stärken."

Es greift dieses in alle Lebensgebiete ein, Politik, Erziehung und besonders auch das Gebiet, von dem wir ausgegangen sind, das Wirtschaftsleben. So ist die Entstehung und Bildung der verschiedenen Berufsgruppen und Stände und die Trennung in Arbeiter, Beamte und Unternehmer durchaus natürlich. Auch die Berechtigung des Unternehmergewinns ist unbestreitbar. Zwar ist nichts dagegen zu sagen, daß der Gewinn durch den Wettbewerb und steuerliche Maßnahmen auf ein angemessenes Maß zurückgeführt wird.

---

[1] Rudolf Eucken, Geistesprobleme und Lebensfragen, S. 119.

Aber dies Maß darf nicht zu gering bemessen werden; denn nur dann ist es dem Unternehmer möglich, die Unternehmungen auch durch schlechte Zeiten hindurchzubringen und zum Wohle des Ganzen zu verbessern und zu erweitern.

Die im festen Lohnsatz Angestellten werden im allgemeinen sich mit einem bestimmten Einkommen einrichten müssen. Immerhin besteht die Möglichkeit, auch neben diesen festen Bezügen nach dem Prinzip von Leistung und Gegenleistung durch Gewinnbeteiligung durch ein Prämien- und Akkordsystem einen gewissen Ausgleich zu schaffen, Von dieser Möglichkeit sollte man meines Erachtens einen möglichst weitgehenden Gebrauch machen, im Interesse des Einzelnen und im Interesse des Ganzen, um eben das Höchstmaß an Leistungen herauszuholen. Denn die Gemeinsamkeit der Interessen und ein verständnisvolles Zusammenarbeiten ist die beste Gewähr für eine gedeihliche Entwicklung des Werks.

Für den Festbesoldeten ist in jedem Falle ein gewisses Minimum gesichert, dagegen ist ihm, auch wenn ihm weitere Bezüge zufallen, nicht so leicht die Möglichkeit gegeben, sich für außergewöhnliche Fälle Reserven zu schaffen. Deshalb ergibt sich für den Unternehmer die sittliche Pflicht, soweit es in seinen Kräften steht, über die staatliche Fürsorge hinausgehend, für seine Werksangehörigen zu sorgen, in dieser Hinsicht, wie Eucken dieses ausdrückt, das Verhältnis von Mensch zu Mensch allem voranzustellen, d. h. in erster Linie in Krankheit und Not ihnen beistehen und in allen schwierigen Fragen des Lebens ihnen zu helfen suchen.

* * *

Die Firma Gebrüder Elbers A. G. hat die Betätigung einer solchen sozialen Auffassung stets für ihre Pflicht gehalten.

Kranken- und Pensionskasse 1854.

Schon im Jahre 1854 wurde eine Kranken- und Pensionskasse gegründet, die unter dem 18. Januar 1855 von der Regierung in Arnsberg genehmigt wurde.

Die Satzungen dieser Krankenkasse waren sehr zweckentsprechend abgefaßt und stehen sehr gut im Einklang mit den Erfahrungen, die später im Krankenversicherungswesen gemacht worden sind. Viele Fragen sind bereits damals in dem Sinne geregelt worden wie das heutige Musterstatut dieses vorschreibt.

Aus den wichtigsten Bestimmungen seien folgende hervorgehoben:

Die Einkünfte der Kasse (§ 6) werden zum Teil von den Mitgliedern, für die bestimmte Beiträge festgesetzt waren, zum Teil von der Firma, aufgebracht, die sich in diesem Statut verpflichtet hatte, einen Zuschuß von ein Viertel der Mitgliedsbeiträge zu leisten.

Von den Leistungen der Kasse (§ 8 und 9) ist hervorzuheben, daß die von dem angenommenen Vereinsarzte verordneten Arzeneien und sonstigen Heilmittel von der Kasse bezahlt werden. Es ist dieses aus dem Grunde besonders beachtenswert, weil auch heute noch von vielen Kassen nur die Hälfte dieser Beträge vergütet wird. Das Krankengeld wurde bis zur Dauer von zwölf Wochen an die Meister und Arbeiter gezahlt, welche mindestens drei volle Monate hintereinander ohne Unterbrechung bei der Firma gearbeitet hatten.

Nach Ablauf dieser zwölf Wochen war es dem Ermessen des Vorstandes der Kasse anheimgestellt, ob und in welcher Art das erkrankte Mitglied noch unterstützt werden sollte.

Die Krankenkasse der Firma Gebrüder Elbers aus dem Jahre 1884 ist dann verschiedentlich in einzelnen Bestimmungen umgearbeitet worden, namentlich auch, nachdem durch die Novelle zum Krankenkassengesetz vom 15. Juli 1883 die Krankenkassen für alle Betriebe obligatorisch gemacht und Normalbestimmungen in verschiedenen Richtungen festgelegt waren. In bezug auf die Leistungen ist jedenfalls die Krankenkasse der Firma Gebrüder Elbers stets weiter gegangen als die staatlichen Forderungen es verlangten.

Die mit der Krankenkasse verbundene Pensionskasse gewährte nach § 8

e) Unterstützung den im Dienst invalide gewordenen Meistern, Arbeitern und Arbeiterinnen,

f) Unterstützung den hinterlassenen Witwen.

In § 19 ist die Höhe der Altersversorgung vorläufig auf den vierten Teil desjenigen Tagelohns festgesetzt, den der zu Versorgende während der letzten zehn Jahre durchschnittlich verdient hat; allerdings konnte dieser Pensionssatz im Verhältnis der vorhandenen Mittel ermäßigt werden.

Jedenfalls aber bekunden diese Bestimmungen des Statuts aus dem Jahre 1854 eine weitgehende Fürsorge, wenn man berücksichtigt, daß es abgesehen von der staatlichen Invaliditäts- und Altersversicherung auch heute noch keine den Krankenkassen entsprechende für die Fabriken obligatorische Pensionskassen gibt.

Allgemeine Pensionskasse und Carl Elbers-Stiftung 1896.

Den schon in der ersten Pensionskasse der Firma aus dem Jahre 1854 verfolgten Zweck, den Arbeitern im Falle der Invalidität oder im Falle des Todes den hinterlassenen Witwen und unmündigen Kindern eine Pension zu sichern, dient in wirksamerer Weise die im Jahre 1896 ins Leben gerufene Pensionskasse der Firma Gebrüder Elbers.

Der Beitritt zur Kasse wurde für alle dauernd bei der Firma beschäftigten Arbeiter obligatorisch gemacht, mit Ausnahme derjenigen, die nach Errichtung der Kasse in die Fabrik eintraten und das 50. Lebensjahr bereits überschritten hatten. Die Einkünfte ergaben sich im wesentlichen in ähnlicher Weise, wie bei der Krankenkasse; die Arbeiter zahlen einen gewissen Prozentsatz ihres Lohnes als Beitrag, während die Firma die Hälfte der von der Arbeiterschaft insgesamt geleisteten Beiträge als Zuschuß in die Kasse zahlt.

Gegenüber der Kranken- und Pensionskasse aus dem Jahre 1854 hat die im Jahre 1896 gegründete Kasse den Vorzug, daß durch sie als Leistung ein fester dem Dienstalter entsprechender Pensionssatz gewährleistet ist.

Für die Bestimmung der Höhe der festzusetzenden Pension wurde der Durchschnitt des wirklichen Arbeitsverdienstes der letzten zehn Jahre bis zum Höchstbetrag von 1200 ℳ jährlich zugrunde gelegt und die jährliche Pension dann so festgestellt, daß für die Dauer der ununterbrochenen Beschäftigung bei der Firma durch volle zehn Jahre 20 Proz. dieses Arbeitsverdienstes und für jedes weitere Dienstjahr ein weiteres Prozent gezahlt wurden, und zwar bis zu 50 Proz. des Arbeitsverdienstes.

Die so wünschenswerte Möglichkeit gleich bei der Errichtung der Pensionskasse am 1. Juli 1896 die Arbeiter und Arbeiterinnen, die zu diesem Zeitpunkte schon über zehn Jahre bei der Firma beschäftigt waren, im Invaliditätsfalle pensionieren zu können, war durch eine Stiftung gegeben, die von Frau Kommerzienrat Carl Elbers im Andenken an ihren im Jahre 1894 verstorbenen Sohn Carl Elbers gemacht worden war. Die Carl Elbers-Stiftung, die mit einem Betrage von 40 000,— ℳ ausgestattet war, wurde im Einverständnis mit der Stifterin jetzt dazu verwendet, um nach den Bestimmungen des Statuts mit den Zinsen und notfalls einem Teil des Kapitals die Beträge, die für die Pensionierung der älteren im Jahre 1896 schon über zehn Jahre bei der Firma beschäftigten Arbeiter erforderlich waren, zu decken.

So wurde denn schon am 1. September 1897 der erste Arbeiter der Firma nach diesen Bestimmungen des Pensionskassenstatuts pensioniert.

Im Laufe der Zeit reichten allerdings die Zinsen der Stiftung nicht aus, um den Betrag der Pensionen, die allmählich eine ziemliche Höhe erreichten, aufzubringen. Um nun eine Minderung der Bezüge, wie sie auf Grund des § 8 des Pensionskassenstatuts möglich gewesen wäre, zu vermeiden und auch das Grundkapital nicht angreifen zu müssen, wurde der für die Ausgabe der Pensionen aufzuwendende Betrag, soweit er die Zinsen der Stiftung überstieg, je zur Hälfte von der Firma und Frau Kommerzienrat Carl Elbers, und nach dem im Jahre 1913 erfolgten Tode dieser Dame, die stets ihre soziale Pflicht in hochherzigster Weise auffaßte, von der Firma allein übernommen. Auf diese Weise wurde das Kapital von 40 000,— ℳ unverkürzt erhalten und alle Pensionen doch in voller Höhe ausgezahlt.

Nach dem 1. Juli 1906 wurden weitere Pensionierungen zu Lasten der Carl Elbers-Stiftung nicht mehr vorgenommen, da von diesem Zeitpunkte an ja die allgemeine Pensionskasse der Firma die in Betracht kommenden Pensionierungen zu übernehmen hatte.

Bis zum 1. Juli 1906 waren durch die Carl Elbers-Stiftung 74 Pensionierungen erfolgt, von denen noch 65 mit einer jährlichen Gesamtsumme von 11 590,— ℳ liefen. Die Befriedigung der noch laufenden Ansprüche blieb natürlich Aufgabe der Carl Elbers-Stiftung. Wenn diese zum Teil jetzt noch bestehenden Ansprüche erloschen sein werden, wird das Vermögen der Carl Elbers-Stiftung, welches am 1. Januar 1922 40 000,— ℳ betrug, der Allgemeinen Pensionskasse der Firma Gebrüder Elbers überwiesen werden.

Die Pensionierungen zu Lasten der allgemeinen Pensionskasse betrugen dann vom 1. Juli 1906 bis Ende 1921 155 038,— ℳ. Im Jahre 1921 betrug die Zahl der Pensionäre 71, die Gesamtausgabe an Pensionen 12 500,— ℳ jährlich. Im Jahre 1910 wurde auf Veranlassung der Behörde, nachdem eine Prüfung durch einen Versicherungsmathematiker vorausgegangen war, eine Änderung des Statuts in betreff der Beiträge und Leistungen der Pensionskasse gefordert. Es wurden dann durch Statutenänderung die Beiträge der Versicherten und der Firma erhöht und eine anderweitige Festsetzung der Höhe des Pensionssatzes vorgenommen. Nach § 7 dieses neuen Statuts, welches unter dem 12. Februar 1910 von der Regierung genehmigt wurde, beträgt die jährliche Pension nach zehnjähriger Mitgliedschaft 15 Proz. des von dem Mitglied während der Dauer der letzten zehn Jahre der Beschäftigung bei der Firma bezogenen durchschnittlichen Diensteinkommens, welches bis zum Höchstbetrage von 1200,— ℳ jährlich in Anrechnung gebracht wird, und steigt nach jedem weiteren Jahre der Mitgliedschaft um $^2/_3$ Proz. des durchschnittlichen Diensteinkommens bis zum Höchstbetrage von 40 Proz. desselben.

Eine weitere Reduzierung der Pensionen, die nach § 33 des Statuts vom 31. Januar 1910 möglich gewesen wäre, ist bisher nicht eingetreten und wird voraussichtlich angesichts des Vermögensstandes der Kasse nicht erforderlich werden. Im Gegenteil hat die Firma aus ihren eigenen Mitteln eine beträchtliche Erhöhung der Pensionen eintreten lassen. Als im Laufe des Krieges sich die Verhältnisse schwieriger gestalteten und die Kriegsteuerung eintrat, hat die Firma einen Zuschlag von 50 Proz. zu den Pensionen gezahlt. Dieser prozentuale Zuschlag ist dann während der Revolutionszeit und der nachfolgenden Friedenszeit bestehen geblieben. Ebenso haben die Pensionäre während dieser Zeit die gleichen Vergünstigungen wie die übrigen Werksangehörigen in der Versorgung mit Brennstoffen und Lebensmitteln erhalten.

Antonie Elbers-Osthaus-Stiftung.

Durch letztwillige Verfügung wurde von Frau Kommerzienrat Carl Elbers ein Betrag von 50000,— ℳ für eine Stiftung bestimmt, deren Zinsen dazu dienen sollten, die Leistungen der Krankenkasse zu ergänzen, und zwar für sämtliche Werksangehörige, also sowohl Arbeiter als auch Beamte. In den Satzungen über den Zweck der Stiftung heißt es:

„Insbesondere sollen Zuwendungen gewährt werden, wenn die Leistungen der Krankenkasse der Firma Gebrüder Elbers und die den zu Unterstützenden sonst zur Verfügung stehenden Mittel zur Wiederherstellung der Gesundheit nicht ausreichen. Dabei können namentlich auch Beisteuern für Badekuren und Badereisen gewährt werden."

Für diesen letzteren Zweck sind die aus dieser Stiftung zur Verfügung stehenden Mittel besonders häufig benutzt worden, und zwar nicht nur zu Badereisen, die vom Arzte verordnet waren, sondern um ganz allgemein zu Reisen und Erholungsurlauben der Beamten und Arbeiter Beisteuern zu liefern. Schon lange Zeit vor dem Kriege war bei der Firma Gebrüder Elbers nicht nur allen Beamten und Meistern, sondern auch den Arbeitern, sofern sie mehr als fünf Jahre bei der Firma beschäftigt waren, jährlich ein Urlaub gewährt worden, der zwischen drei und zehn Tagen schwankte, und zwar abgestuft nach dem Dienstalter und der Bedeutung der Stellung bei der Firma. Falls die Notwendigkeit der Erholung von einer Krankheit vorlag, war der dem Rekonvaleszenten an sich zustehende Urlaub, bei älteren Arbeitern unter Fortzahlung des Lohns, entsprechend verlängert worden. Nach Begründung der Antonie Elbers-Osthaus-Stiftung wurde nun aus den Mitteln dieser Stiftung eine Beihilfe gewährt, die es dem Beurlaubten ermöglichte, die Kurkosten ganz oder teilweise zu bestreiten.

Seit der Begründung der Stiftung im Jahre 1913 sind insgesamt etwa 22000,— ℳ an Beisteuern gezahlt worden. Das Vermögen der Stiftung betrug am 1. Januar 1922 120000,— ℳ.

Ein Teil der Carl Elbers-Stiftung, für Beamte bestimmt, die im Jahre 1896 von Frau Kommerzienrat Carl Elbers ebenfalls mit 40000,— ℳ ausgestattet wurde, diente schon seit 1896 den gleichen Zwecken wie später allgemein die Antonie Elbers-Osthaus-Stiftung; nachdem diese seit 1913 helfend eingreift, wird die Carl Elbers-Stiftung vorwiegend zu Beihilfen bei Pensionierungen von Beamten und deren Familien verwendet. Ihr Vermögen betrug im Jahre 1922 100000 ℳ.

Wohnungsfürsorge für Werksangehörige.

Ältere Häuser in der Nachbarschaft des Werks, die dann aus- und umgebaut wurden, gingen schon früh in den Besitz der Firma über, so z. B. ein altes Patrizierhaus in der Lindenstraße, die sogenannte Dyckerhoffsche Besitzung (vgl. Fig. 30). Die wundervoll geschnitzte Haustür in dem geschmackvollen Fachwerkbau mit seinem sich harmonisch darüber wölbendem Dach läßt die herrlichen Schnitzereien des Treppenhauses ahnen.

Ein anderes schön gelegenes Haus am sogenannten Kalkofen wurde vom Domänenrat Möllenhof Ende der 40er Jahre erworben und dient als Beamtenwohnhaus.

Weiter wurden noch eine ganze Reihe kleinerer Häuser (meist Fachwerkbauten) in der Volmestraße und an der Springe erworben und zu Arbeiterwohnungen umgebaut.

Kolonie Hessenland. In den Jahren 1859/60 wurde am rechten Volmeufer eine größere Kolonie erbaut, die den Namen Hessenland erhielt, weil viele aus Hessen eingewanderte Arbeiter dort seßhaft gemacht wurden. Die Wohnungen sind so eingerichtet, daß sie nach Bedarf zu Zwei-, Drei- und Vierzimmerwohnungen zusammengefaßt werden können. Geräumige Flure verbinden die einzelnen Wohnungen; für alle Wohnungen sind ausreichende Stallräume vorgesehen.

Nr. 30. Arbeiterwohnhaus in der Lindenstraße (frühere Dyckerhoffsche Besitzung).

Im Jahre 1889 ist diese Kolonie um zwei weitere große Häuser, die in der gleichen Art gebaut wurden, vermehrt worden (Nr. 31).

Kolonie Walddorf. Ganz nach modernen Grundsätzen wurde im Jahre 1906 eine weitere Kolonie von Professor Richard Riemerschmied entworfen. Die Kolonie, der der Name Walddorf gegeben wurde, ist 1 km von der Fabrik entfernt, in malerischer Lage auf einem Hochplateau am Waldesrand gelegen (Nr. 32). Sie ist für 100 Einfamilienhäuser gedacht; von diesen sind bis jetzt allerdings erst 13 zur Ausführung gelangt. Die Häuser sind im Stil des oberbayerischen Landhauses gehalten; die sehr anmutige Dachform erinnert an Motive aus der hiesigen Gegend (Hohenlimburger Schloß), die der Künstler vor dem Entwurf der Kolonie studiert hat. Jede Wohnung hat einen eigenen Eingang, eigenes

Nr. 31. Arbeiterkolonie Hessenland der Firma Gebrüder Elbers, erbaut im Jahre 1859 u. 1889.

Nr. 32. Kolonie Walddorf (Entwurf Richard Riemerschmied), erbaut im Jahre 1907.

Nr. 33. Ledigenheim und Familienhaus der Gebrüder Elbers A.-G., Hagen i. Westf.

Treppenhaus, eigenen Abort, Keller, Garten und Stall. Charakteristisch ist die große Wohnküche mit anschließendem kleinen sogenannten Planschraum. Von der Anwendung der Kacheln ist in Wohnküchen, Fluren und Aborten ein weitgehender Gebrauch gemacht worden.

Ledigenheim und Familienhaus. Das Ledigenheim in der Lindenstraße (Abb. 33) ist in den Jahren 1919/20 nach den Plänen von Professor Georg Metzendorf, der seit dem Jahre 1914 als künstlerischer Beirat sowohl für Wohnhäuser als auch für Fabrikbauten für die Firma tätig ist, entworfen worden.

Nr. 34. Speisesaal im Ledigenheim der Gebrüder Elbers A.-G., Hagen i. Westf.

Das Ledigenheim ist für 70 männliche Ledige, die dort wohnen und beköstigt werden sollen, eingerichtet. Als Schlafräume sind 12 einbettige und 19 zweibettige Zimmer vorhanden. Außerdem ist ein Schlafsaal mit zunächst 10 Betten vorgesehen für den Fall, daß vorübergehend es zweckmäßig erscheint, eine zusammengehörige Mannschaft in dieser Weise unterzubringen. In den Schlafräumen ist keine Wascheinrichtung vorhanden. Das Waschen erfolgt vielmehr in gemeinsamen Waschsälen. Außerdem ist im Keller und in jeder Etage Badegelegenheit vorgesehen. Den in allen Wohngeschossen vorhandenen Kloseträumen sind Putzräume zum Reinigen der Schuhe und Kleider vorgelagert.

In dem Seitenflügel des großen Gebäudekomplexes ist im Kellergeschoß eine Dampfwaschanstalt, Zentralheizung und Badeanstalt eingerichtet. Die Dampfwaschanstalt besteht aus Dampfwaschmaschine, Spülmaschine, Zentrifuge, Dampfmangel und Hordentrockner. Die Maschinen haben elektrischen Einzelantrieb und werden von den im Keller des Hauptgebäudes neben den Zentralheizungskesseln liegenden Kesseln mit Dampf von 0,3 Atm. versorgt. Diese Kesselstation liefert auch den Dampf für die im Erdgeschoß des Seitenflügels liegende Küche, die mit zwei Dampfkochkesseln von 150 Liter Inhalt und einem Dampfkochkessel von 100 Liter, Dampfkipptöpfen verschiedener Größe, sowie einem Herd für kombinierte Kohlen- und Gasheizung ausgerüstet ist. In dem ersten Obergeschoß des Seitenflügels liegt die Verwalterwohnung mit Personalräumen; die übrigen Räume des ersten und zweiten Obergeschosses sind ebenso wie die Räume des Hauptgebäudes, außer dem Erdgeschoß, für Schlafräume ausgenutzt. In dem Erdgeschoß des Hauptgebäudes befindet sich der Speisesaal (Nr. 34), der ebenso wie die Küche für die Speisung nicht nur der im Hause wohnenden Ledigen, sondern für eine noch größere Zahl von Werksangehörigen eingerichtet ist (106 Sitzplätze).

Weiter ist in dem Erdgeschoß neben dem Pförtnerzimmer ein Tagesraum mit Bibliothek vorhanden. Sämtliche Räume werden durch eine Warmwasserniederdruckheizung beheizt. Alle Einzelheiten der Innenausstattung, Anstrich, Möbel usw. sind von Professor Metzendorf ausgearbeitet worden.

Unmittelbar neben dem Ledigenheim ist das **Familienhaus** für Beamte und Meister mit Drei-, Vier- und Fünfzimmerwohnungen gleichfalls nach dem Plane von Professor Georg Metzendorf erbaut. Alle Einzelheiten, Anstrich der Wände, Decken und Türen, zum Teil auch die Möbel sind von diesem Künstler entworfen und festgelegt worden. Die Vorhänge für sämtliche Fenster des Familienhauses sind mit einem Muster (Entwurf Professor Metzendorf) in der Druckerei der Firma bedruckt und unentgeltlich den Mietern des Familienhauses zur Verfügung gestellt worden. Alle Räume des Familienhauses haben Zentralheizung (Warmwasserniederdruckheizung) erhalten, die von der Kesselstation des Ledigenheims betrieben wird. Die Badegelegenheit im Ledigenheim steht den Bewohnern des Familienhauses zur Verfügung. Diese Gemeinsamkeit der Einrichtungen rechtfertigt die Bezeichnung Familienhaus.

Familienheim am Kratzkopf. Am Berghang gelegen ist ferner im Jahre 1921 ein Familienheim nach den Plänen von Professor Metzendorf errichtet worden, das aus 18 Zweizimmerwohnungen und 6 Dreizimmerwohnungen besteht (Nr. 35 und 36). Dieses Heim ist in erster Linie für kleinere Familien und auch pensionsberechtigte Witwen verstorbener Arbeiter gedacht. Nach Bedarf können natürlich auch mehr als zwei Zimmer zu einer Wohnung vereinigt werden, wenn auf die volle Ausnutzung des Gebäudes mit 24 Wohnungen verzichtet wird.

Da es sich also vorwiegend um Zweizimmerwohnungen handelt, so ist das größte Gewicht darauf gelegt, daß sämtliche Zimmer viel Sonne und frische Luft erhalten. Aus diesem Grunde ist eine auch bei Sanatorien gebräuchliche Bauart gewählt worden, indem das große Mittelstück des langgestreckten, mit der Front nach Südwesten liegenden Hauses nur ein Zimmer tief ist, so daß die die Zimmer verbindenden Flure dann gleich an der Fensterreihe der Rückseite des Baues liegen.

Die Flure münden nach beiden Seiten auf die am Ende des Baus liegenden Dreizimmerwohnungen. Alle Dreizimmerwohnungen haben außer den drei Zimmern eine kleine Veranda; während die übrigen neben dem Treppenhaus liegenden sechs Veranden der gemeinsamen Benutzung dienen. Auf diese Weise kommt dann also auf je drei Wohnungen eine gemeinsame Veranda.

Für jede Wohnung ist ein besonderer Kellerraum, sowie ein kleiner Garten vorgesehen. Auch bei dem Familienheim haben für Flure, Veranden, Wohnküchen und Aborte Fliesen reichlich Verwendung gefunden.

Nr. 35. Familienheim der Firma Gebrüder Elbers (Entwurf Prof. Georg Metzendorf), erbaut 1921.

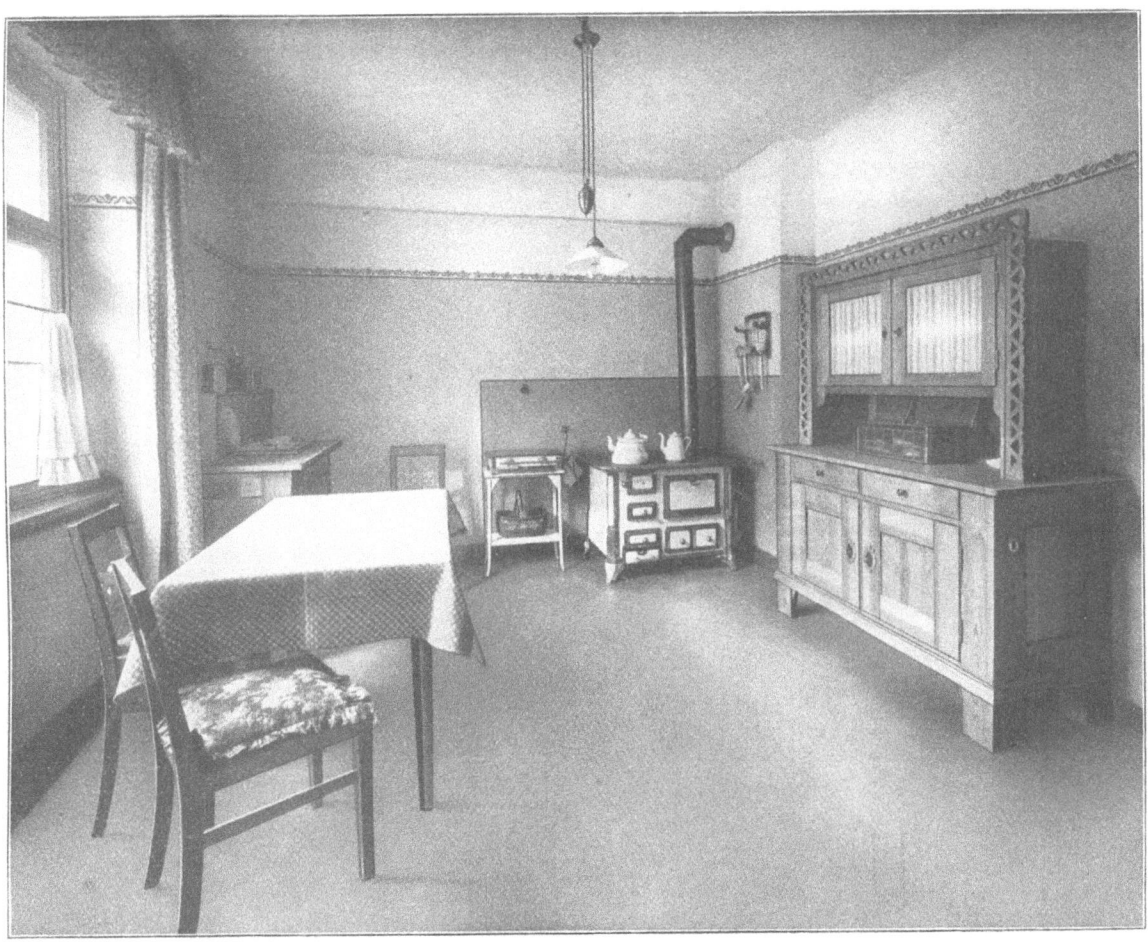

Nr. 36. Wohnküche im Familienheim.

Durch diese zahlreichen Wohnungsbauten war es möglich, Ende 1921 insgesamt ungefähr 200 Werksangehörige in 45 eigenen Häusern unterzubringen. Es besteht aber der dringende Wunsch, die Zahl der Wohnungen so weit zu vermehren, daß der größere Teil der Beamtenschaft und etwa die Hälfte der Arbeiterschaft in eigenen Wohnungen zu den billigen Mietpreisen, die die Firma ihren Werksangehörigen gewährt, untergebracht werden kann.

Ausreichende Gelände sind vorhanden, da der gesamte Grundbesitz der Firma Ende 1921 234 000 qm betrug.

Zweiter Teil

Technologische
Richtlinien für die Baumwolltextilindustrie

———

A. Betriebssicherheit

———

etriebssicherheit ist ein Wort, das in allen Betrieben und bei allen Betriebseinrichtungen, die in erster Linie der Beförderung von Personen dienen (Eisenbahnen, Schiffen usw.), eine besonders große Bedeutung hat. Hängt doch von dieser Sicherheit Gesundheit und Leben von Hunderten und Tausenden von Personen ab. Aber auch bei anderen Betrieben soll die Sorge um das Wohlergehn der in ihnen beschäftigten Personen, gewissermaßen die Betriebssicherheit in subjektivem Sinne, an erster Stelle stehen. Nach ihr ist dann die wichtigste Frage die Sicherheit des ungestörten Fortgangs des Betriebes selbst, also die Betriebssicherheit in objektivem Sinne. Bis zu einem bestimmten Grade decken sich beide Forderungen. Ein Betriebsunfall, der eine Person betrifft, hat fast stets gewisse Betriebsstörungen zur Folge. Es gibt aber auch Fälle, wo eine solche Beeinflussung kaum oder gar nicht stattfindet. Das Ausgleiten und der Fall eines Arbeiters, dessen Arbeit auch von anderen Arbeitern geleistet werden kann, auf einer schlecht gebauten Treppe hat auf den Fortgang des Betriebes meist nur einen ganz vorübergehenden Einfluß, selbst wenn der verletzte Arbeiter durch diesen Fall wochen- oder monatelang arbeitsunfähig werden sollte. Andererseits werden Gesundheit und Leben des Arbeiters, z. B. durch das Verderben unzweckmäßig gelagerter Rohstoffe, nicht in Mitleidenschaft gezogen.

Außerordentlich mannigfach sind jedenfalls die Möglichkeiten und Gefahren, die die Sicherheit des Betriebes bedrohen und gefährden. Feuersgefahr, Explosion, Kurzschluß, Maschinenbruch, Unkenntnis des Bedienungspersonals usw. So schließt die Frage der Betriebssicherheit die Erörterung einer solchen Fülle von Aufgaben und Problemen in sich ein, daß wir uns für die Baumwolltextilindustrie hier im wesentlichen auf die wichtigsten allgemeinen Richtlinien und auf einzelne interessante Beispiele, in denen in erster Linie auch persönliche praktische Erfahrungen wiedergegeben werden sollen, beschränken müssen. Im übrigen wollen wir diese Erörterungen nicht lediglich auf die technische Seite des Betriebes erstrecken, sondern, soweit dies notwendig erscheint, auch die technologische und wirtschaftliche Seite berücksichtigen.

So wollen wir die Schwierigkeiten, die die Sicherheit des Betriebes beeinträchtigen, und die Möglichkeiten, die der Fabrikant hat, um sich ihrer zu erwehren, in großen Zügen nach folgenden Gesichtspunkten erörtern.

Erfordernisse der Betriebssicherheit.
    I. Bei der Errichtung und Einrichtung der Gebäude.
    II. Bei den allgemeinen Antriebsverhältnissen der Maschinen (Motore, Transmissionen usw.).
    III. Bei der einzelnen Maschine (besondere Antriebsverhältnisse, Aufstellung und Bau).
    IV. Bei ganzen Betriebsabteilungen in der Aufstellung der Maschinenkomplexe.
    V. Bei der technologischen und wirtschaftlichen Gesamtorganisation.

I.

Erfordernisse der Betriebssicherheit bei der Errichtung und Einrichtung der Gebäude.

Die allgemeinen baulichen Einrichtungen unterliegen zunächst den Bestimmungen der Bauordnung und Baupolizei. Ergänzend greifen die Unfallverhütungsvorschriften der Berufsgenossenschaften ein. Einige weitere ergänzende Mitteilungen von dem Standpunkt des Textilindustriellen erscheinen hier besonders geboten, weil die genannten Vorschriften im allgemeinen sich nur auf die Beseitigung einer mittelbaren oder unmittelbaren Gefahr für Gesundheit und Leben der in den Arbeitsräumen beschäftigten Personen, nicht aber auf die Schonung und den Schutz des Arbeitsgutes erstrecken.

Stärke der Umfassungsmauern. Die baupolizeilichen Vorschriften fordern nur eine solche Stärke der Umfassungsmauern der Wohngebäude, daß die statische Sicherheit gewährleistet ist. Im Fabrikbetrieb dienen aber die Umfassungsmauern nicht nur zur Begrenzung des Gebäudes, sowie zum Tragen der Decken und Dachkonstruktion, sondern auch zum Tragen der Wandkonsole für die Transmissionen und zur Aufnahme der von diesen zu übertragenden Arbeitsleistungen. Insofern hat die Mauerstärke für den Fabrikbau von vornherein eine weitergehende Bedeutung. Manche Räume sollen nun zwar zunächst gar nicht als Fabrikationsräume, sondern nur als Lagerräume, Magazine usw. verwandt werden. Sehr oft treten dann aber mit der Erweiterung der Fabrikanlagen Verschiebungen auf, und die Lagerräume werden als Fabrikräume benutzt, so daß dann später doch Maschinen mit den erforderlichen Transmissionen in sie hineingelegt werden. Möglich ist es ja, wenn die Mauerstärke in solchen Fällen sich als nicht ausreichend erweist an den Stellen, wo die Lagerkonsolen dann angebracht werden sollen, die Mauern durch eiserne Säulen, gemauerte Pfeiler oder Pfeiler aus armiertem Beton usw. zu verstärken. Aber das bleibt doch immer nur ein wenig erfreulicher Notbehelf.

Eine reichliche Dimensionierung der Außenmauern ist ferner für alle Fabrikräume dann geboten, wenn dieselben im Winter geheizt werden müssen. Meines Erachtens sollte man deshalb schon aus diesem Grunde für die Außenmauern der Fabrikgebäude im allgemeinen nicht unter eine Mauerstärke von $1^1/_2$ Stein heruntergehen, auch wenn die statische Berechnung eine solche Stärke nicht erfordert. Die Mehrkosten für Amortisation und Verzinsung, die infolge der größeren Stärke der Umfassungsmauern aufzuwenden sind, werden in den meisten Fällen schon durch die Ersparnisse an der Heizung der Fabrikräume im Winter aufgewogen werden. In dem heißen Sommer aber bieten die mit stärkeren Umfassungsmauern ausgerüsteten Gebäude als Fabrikräume den Vorteil, den Arbeitern während der Arbeitszeit einen kühleren Aufenthalt zu gewähren.

Ebenso schützen solche Räume mit stärkeren Umfassungsmauern als Lagerräume die eingelagerten Waren in wirksamerer Weise im Winter gegen zu starke Kälte und im Sommer gegen den ausdörrenden und unter Umständen sogar zersetzenden Einfluß der Hitze.

Ist so schon ganz allgemein für die meisten Fabrikräume aller Betriebe eine massive Bauweise der Umfassungsmauern zu empfehlen, so trifft dieses erst recht für die textilen Betriebe zu. Hier sprechen außer den oben angegebenen noch weitere Gründe der Betriebssicherheit dafür. In fast allen Räumen der Textilindustrie sind mit Dampf zu heizende Apparate und Maschinen vorhanden. In der Weberei Schlichtmaschinen, in den verschiedenen Betriebsabteilungen der Druckerei Heizkörper, Kochapparate, Autoklaven, Trockenmaschinen mit Trockenzylindern, Bleichkessel usw. Die Gefahren durch Frostschäden sind im Winter in Textilbetrieben zudem noch aus dem Grunde viel größer als in vielen anderen Fabriken, z. B. in den Betrieben der Eisenindustrie, weil die Textilbetriebe im allgemeinen nicht mit Tag- und Nachtschicht, sondern nur mit Tagschicht arbeiten. Bei einer gut ausgebauten Anlage und sachgemäßen Bedienung der Apparate und Maschinen läßt sich der Gefahr des Einfrierens, abgesehen von einer guten Isolation, im strengen Winter wohl dadurch vorbeugen, daß die Apparate und Leitungen in der vorgeschriebenen Weise entwässert werden[1]. Kommt nun aber nach dieser Richtung mal ein Versehen vor — wie es leicht geschieht, wenn alles lange gut gegangen ist — und setzt dann plötzlich ein scharfer Nachtfrost ein, so genügt bei leicht gebauten Gebäuden unter Umständen schon eine Nacht, um eine Katastrophe herbeizuführen. Der direkte Schaden ist dann oft beträchtlich, noch viel größer aber der durch Betriebsstörung verursachte indirekte Schaden, wenn die Zerstörungen, die an den Apparaten und Maschinen entstanden sind, längere Zeit zu ihrer Beseitigung erfordern. Für alle solche Räume sind daher genügend starke Umfassungsmauern unbedingt notwendig, damit nach Möglichkeit solchen Vorkommnissen vorgebeugt wird.

Auch für solche Lagerräume in Textilbetrieben, die man im Winter gar nicht heizen will, und bei denen mit Rücksicht auf die in ihnen lagernden Drogen eine Heizung unter Umständen nachteilig sein würde, kann man die angegebene massive Bauweise als Schutz gegen die Hitze nur dringend befürworten. In leicht gebauten Lagerschuppen werden im Sommer hölzerne oder eiserne Fässer mit Flüssigkeiten (Öl, Essigsäure) leichter leck, so daß dann große Verluste die Folge sind.

Als Mörtel zur Herstellung der Mauern nimmt man zweckmäßig sogenannten verlängerten Zementmörtel, d. h. einen Mörtel, der je Kubikmeter Kalkmörtel $^1/_2$ Sack Zement enthält. Bei Verwendung von Wasserkalk, der an sich schon hydraulische Eigenschaften hat, ist der Zementzusatz zwar nicht so notwendig, aber auch hier sehr zu empfehlen. Die Befestigung von Transmissionsböcken, Eisenkonstruktionen usw. ist an Mauern, die mit verlängertem Zementmörtel gemauert sind, viel besser so zu befestigen, daß sie den an sie gestellten Anforderungen auch wirklich gewachsen sind, als wenn sie nur mit Wasserkalkmörtel oder gar mit Weißkalkmörtel gemauert sind.

Zwischendecken, Fußboden und Dachkonstruktion. Die Konstruktion der Zwischendecken sollte für Fabrikgebäude ebenfalls stets recht kräftig sein. Den Decken ist eine genügende Tragfähigkeit zu geben; unter 750 bis 1000 kg je Quadratmeter sollte man bei wichtigeren Fabrikgebäuden nicht gehen. Man braucht dann später nicht zu ängstlich wegen einer zufällig etwas stärkeren Belastung zu sein, und das Gebäude kann späterhin ohne Bedenken für alle Zwecke verwendet werden.

Die Decken müssen ferner wasserdicht sein. Am besten eignet sich der eisenarmierte Beton. Bei nicht sehr sorgfältiger Anlage neigt der so hergestellte Fußboden zwar zur Staubentwicklung. Es läßt sich dieser Übelstand jedoch durch geeignete Behandlung beseitigen. Außerdem kann man in besseren Räumen durch Linoleumbelag oder

---

[1] Wilh. Elbers, Die Aufgaben und die Bedeutung des Wassers in der Baumwolltextilindustrie, Färber-Zeitung 1918, Heft 21 bis 24.

Übersetzen mit einem Holzfußboden oder Magnesitfußboden eine tadellose Ergänzung durchführen. Die Hauptsache ist, daß in den Räumen, in denen mit Wasser und Kondenswasser zu rechnen ist, durch wasserdichte Decken ein **betriebssicherer** Zustand erreicht wird.

Die Wasserdichtigkeit ist aber keineswegs der einzige Vorteil, der durch **massive Decken** (Betondecken) gegenüber einfachen Holzdecken erreicht wird. Die weiteren Vorteile sind, daß sie **feuersicher, staubdicht** und bei genügend starker Konstruktion **erschütterungsfrei** sind.

Die größere Feuersicherheit ist ohne weiteres einleuchtend.

Einfache Holzfußböden sind ferner immer mehr oder weniger durchlässig für Staub. Die sonst zwar staubdichten Plisterdecken haben den eisenarmierten Betondecken gegenüber den Nachteil, daß Kalkstaubpartikelchen und unter Umständen bei starken Erschütterungen sogar sich abblätternde größere Teile der Decke herunterfallen. Dieses ist bei armierten Betondecken nicht zu befürchten, zumal wenn sie mit gutem Zementputz abgeglättet sind.

Ein wichtiger Fabrikationsvorteil der genügend stark gebauten, massiven Betondecken ist endlich, daß die an und auf ihr befestigten Transmissionen und Arbeitsmaschinen ohne Erschütterungen laufen. Holzfußböden neigen zu Erschütterungen, wenn schwere und rasch laufende Maschinen auf ihnen befestigt sind, so daß dann feinere Arbeiten (Schreiben, Gravieren usw.) fast unmöglich sind. Außerdem biegen sich Holzdecken leicht durch, so daß die Transmissionswellen dann aus der Wage kommen und einseitige Abnutzung der Lager die Folge ist. Bei eisenarmierten Betondecken kommen diese Übelstände nicht vor.

Es ist in bezug auf die Konstruktion der Decken noch eine Forderung zu erheben, die die Erfüllung der ersten Forderung einer großen Tragkraft erschwert, nämlich die Forderung, die Konstruktion so zu wählen, daß möglichst wenig Pfeiler zur Unterstützung der Decke gebraucht werden. Es bedeutet dieses die Forderung einer noch stabileren Konstruktion; das bedingt eine weitere Verteuerung. Auf der anderen Seite aber wird durch den Fortfall der Pfeiler die freiere Disposition über den Raum, ein besserer Überblick über den ganzen Arbeitsraum und eine bessere Bedienungsmöglichkeit der Arbeitsmaschinen erreicht, also die Betriebssicherheit zweifellos erhöht. So sind die größeren Kosten wohl zu rechtfertigen.

In mechanischen Werkstätten ist als **Fußboden** eine Deckschicht von Asphaltsteinen oder auch ein Kopfholzfußboden zu empfehlen, weil dieser elastisch ist und beim Auffallen die Werkstücke nicht beschädigt werden. Wenn der Fußboden mit schweren Wagen befahren werden soll, und der Nässe und der Einwirkung von Chemikalien (Lauge) ausgesetzt ist, wie dieses z. B. in Färbereien und Bleichereien der Fall ist, so sind Herdgußplatten als Fußbodenbelag zu empfehlen.

Feuersichere Treppenhäuser. Alle mehrere Stockwerke umfassenden Fabrikbauten sollten von allen Seiten abgeschlossene vollständig feuersichere Treppenhäuser mit massiven Treppen enthalten. Das Treppenhaus selbst muß durch feuersichere Türen mit den Arbeitsräumen verbunden werden. Neben diesen feuersicheren Türen sind mit langen Schläuchen versehene Feuerhydranten anzubringen. So kann etwa ausbrechendes Feuer mit der nötigen Ruhe von einem vollständig sicheren Standpunkt aus bekämpft werden.

Bei langgestreckten Gebäuden wird man statt einem Treppenhaus deren zwei, und zwar möglichst an jedem Ende eins, vorsehen müssen.

Die Dachkonstruktion sei ebenfalls recht stabil; man sollte auch hierbei stets bedenken, daß in jeden Fabrikraum mal mechanischer Antrieb hineingelegt werden kann, und die Dachkonstruktion unter Umständen zum Anbringen von Transmissionen dienen muß. Aus diesem Grunde darf auch hier nicht allein die statische Berechnung für die Konstruktion der Binder und Unterzüge ausschlaggebend sein, sondern diese muß so stark sein, daß sie erforderlichenfalls eine Transmission, die etwa 80 bis 100 PS zu übertragen hat, aufnehmen kann. Bei der Dimensionierung der Unterzüge ist deshalb auch stets darauf Bedacht zu nehmen, daß später kräftige Lagerkonsole ohne zu große Schwierigkeiten an ihnen befestigt werden können.

Auch wenn zunächst für die in Aussicht genommene Maschine nur eine geringere Kraftübertragung durch die Transmission in Frage kommt, ja selbst wenn man zunächst, wie schon angedeutet, an die Aufstellung von Maschinen gar nicht denkt, z. B. bei einem Vorratsraum, Sortierraum oder Meßraum, sollte man meines Erachtens nicht von dieser Regel abweichen, da sich in einem großen Betriebe niemals übersehen läßt, für welche Zwecke ein Gebäude noch einmal Verwendung finden wird.

❊ ❊ ❊

Innere Einrichtung der Räume. Die rohe, einfach verputzte und dann gekalkte Wand, die nicht durch Abwaschen, sondern nur durch Kalken wieder zu reinigen ist, sollte nicht ohne teilweise Bekleidung (etwa bis 1,70 m Höhe) bleiben. Man kann dazu einen gut gestrichenen Holzlambris wählen, der sich im allgemeinen gegen eine etwas kräftigere nasse Reinigung als genügend widerstandsfähig erweist. Noch praktischer und besser sind die allerdings teuren Kacheln und Fliesen.

In dem Druckereibetriebe können sogar direkte Betriebsnachteile durch mit Kalkanstrich versehene Wände entstehen, wenn der Kalk an die Gewebe gelangt, und diese nachher mit solchen Farben gedruckt oder gefärbt werden, die durch Kalk zerstört oder wenigstens in ihrer Entwicklung behindert werden. Dieser letztere Fall trifft z. B. beim Färben und Drucken von Baumwollgeweben mit Anilinschwarz zu. Wenn die gebleichten Baumwollgewebe an einer mit Kalk geweißten Wand gelagert haben oder beim Transport an ihr vorbeigestreift worden sind, so tritt an den Stellen, wo die Gewebe mit der geweißten Wand in Berührung gekommen sind und Kalk von ihr aufgenommen haben, beim nachherigen Drucken mit Anilinschwarzdruckfarbe oder beim Färben im Anilinschwarzfärbebade eine Bildung des Schwarz überhaupt nicht ein, weil die für die Entwicklung des Anilinschwarz notwendige freie Säure neutralisiert wird.

Weiter ist ganz allgemein in den Arbeitsräumen der Baumwolltextilindustrie, in denen mit Farbstoffen oder Druckfarben gearbeitet wird, in Färbereien, Farbküchen usw., ein guter, leicht zu reinigender Belag besonders wichtig. In ihnen nimmt sonst die nicht geschützte Wandfläche durch das Heranspritzen von Farbstofflösungen oder durch die Hände der Arbeiter Farbstoffe auf; die Räume bekommen dann bald ein häßliches, verwahrlostes Aussehen. Eine ausreichende Beleuchtung erfordert dann namentlich im Winter viel mehr Licht, da dasselbe von den schmutzigen Wandflächen viel stärker absorbiert wird. Die Wände solcher Räume sollten möglichst bis zur Decke mit Fliesen belegt werden.

Auf einen Punkt ist hier indes noch hinzuweisen. Infolge der besseren Wärmeleitungsfähigkeit schlägt sich auf den Fliesen in feuchten Räumen das Kondenswasser leichter nieder als auf der Holzverschalung. Man nimmt daher in solchen Räumen, in denen das an der Wand sich absetzende Wasser mit den Geweben nicht in Berührung kommen darf, allerdings zweckmäßig keine Fliesen, sondern verkleidet die Wände durch Holzverschalung. Ein solcher Raum, für den die Feuchtigkeit an den Wänden besonders nachteilig ist, ist im Druckereibetriebe das Gebäude, in dem die Maschinen und Apparate zum Dämpfen der Gewebe aufgestellt sind. Die noch nicht gedämpfte Ware, wie sie aus der Druckerei kommt, darf niemals gegen eine feuchte Wand gelagert werden. Denn solange die aufgedruckten Farben noch nicht durch den Dämpfprozeß befestigt sind, müssen sie sorgfältig vor jeder Einwirkung von Nässe und Feuchtigkeit geschützt werden, weil sonst die aufgedruckten Farben auslaufen und die sogenannten Naßflecke entstehen, durch welche die Ware ganz verdorben wird. Für Räume wie die Dämpferei ist also an Stellen, wo Ware lagert oder wo sie, wenn auch nur mal aus Bequemlichkeit der Arbeiter usw., hingelegt werden könnte, das Anbringen von Fliesen und Kacheln nicht zu empfehlen, sondern vielmehr eine Holzverkleidung, es sei denn, daß die Entnebelungseinrichtung so gut ist, daß ein Feuchtwerden der Wände nicht zu befürchten ist.

Im übrigen aber kann man sagen, je feuchter die Räume sind (Wäschereien, Färbereien), um so mehr eignen sich die Innenwände für die Verkleidung mit Fliesen, da diese im Gegensatz zu Holz vollständig unempfindlich gegen beliebige Mengen von Wasser und Kondenswasser sind und nach dem Abwaschen jedesmal wieder wie neu aussehen. In diesen sehr feuchten Räumen, wie Bleicherei, Färberei, befindet sich ja die Ware ohnedies meist schon in nassem Zustande, so daß das Lagern gegen eine feuchte, aber reine Kachelwand nicht nur nichts ausmacht, sondern am meisten zu empfehlen ist (Nr. 37).

Entnebelung der Räume. Aus den letzten über das Dämpfereigebäude gemachten Ausführungen geht schon hervor, wie wichtig eine zuverlässige Entnebelung der Räume ist. Denn dann wird das Übel an der Wurzel angefaßt.

Eine solche Entnebelung ist entweder durch künstlichen Zug (Ventilation) oder sogenannten natürlichen Zug, der ohne maschinelle Einrichtungen den Auftrieb der Luft in den zu entnebelnden Räumen bewirkt, zu erreichen. Dieser natürliche Zug, der insofern auch künstlich ist, als er durch die Wirkung von Heizkörpern unterstützt wird, wird dadurch erreicht, daß entsprechend dimensionierte Schlote und an den erforderlichen Stellen, um die Luftbewegung in dem gewollten Sinne zu leiten, Scheidewände, die mehr oder weniger tief in das freie Profil des Raumes hineinragen, eingebaut werden. Diese Schlote und Scheidewände sind schon bei dem Bau der Gebäude im Bauprojekt vorzusehen, namentlich dann, wenn sie nicht aus Holz (bei dessen Verwendung Änderungen später leicht vorgenommen werden können), sondern aus armiertem Beton ausgeführt werden sollen, der an sich ja für solche Bauarbeiten mehr zu empfehlen, bei dem aber nachträgliche Änderungen ebenso wie der Einbau selbst sehr viel schwieriger und kostspieliger sind.

Der Vorteil der nebelfreien Lokale besteht außer in der Verhütung von Tropf- und Naßflecken in der größeren Betriebssicherheit für den Riemenlauf, für die Elektromotore und das ganze elektrische Leitungsnetz.

In den Entnebelungseinrichtungen sind neuerdings große Fortschritte gemacht worden.

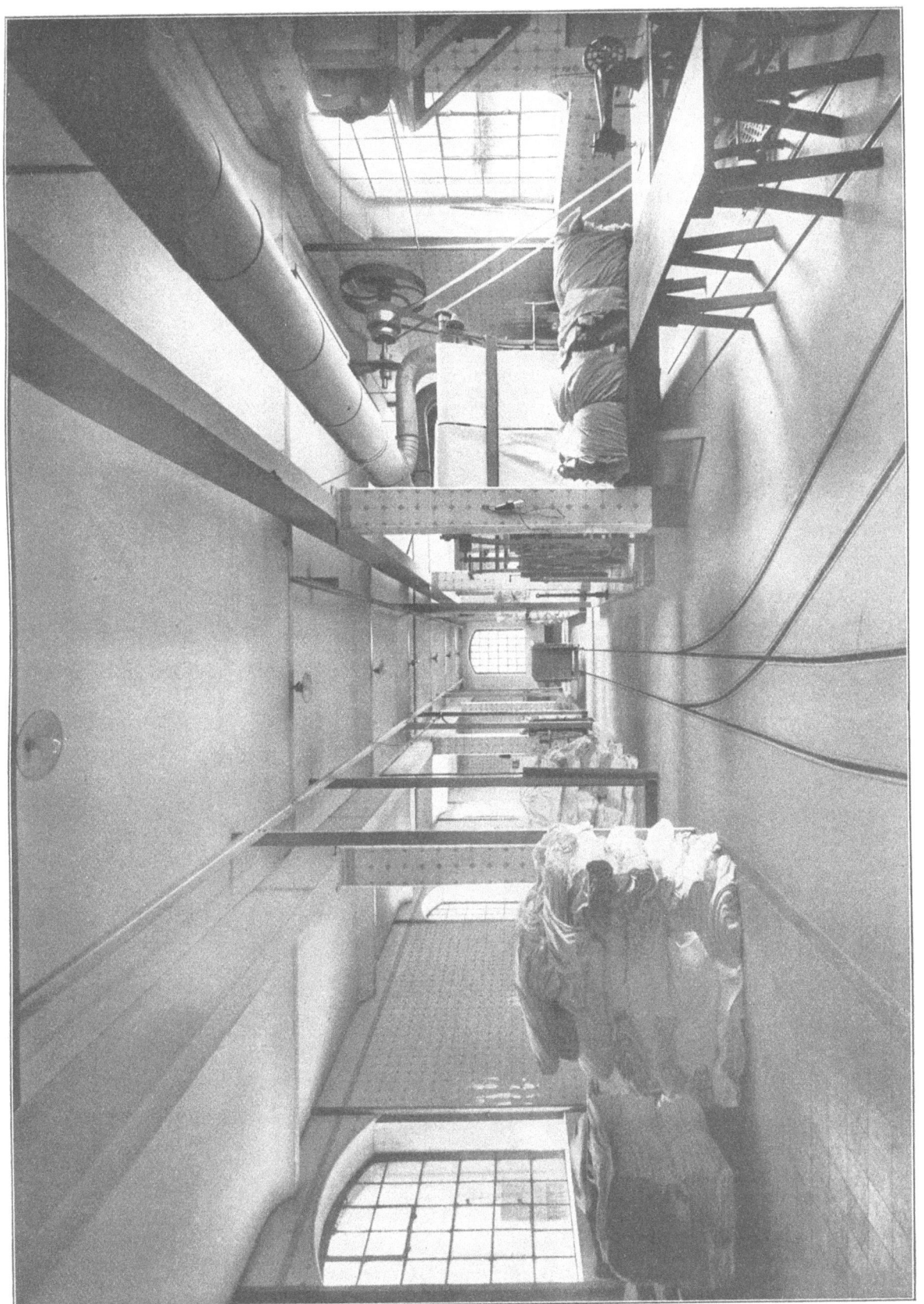

Nr. 37. Raum mit Fliesen bis zur Decke im Rohwarenlager der Firma Gebrüder Elbers.

Entstaubung. Kurz sei hier nur auf die Bedeutung der Entstaubung, und zwar möglichst einer zentralen Entstaubung hingewiesen.

Beleuchtung. Eine gute Beleuchtung, und zwar sowohl eine gute Allgemeinbeleuchtung, als auch eine gute örtliche Beleuchtung jeder einzelnen Arbeitsmaschine ist für die Betriebssicherheit sehr wesentlich.

Außerdem ist eine Notbeleuchtung dringend zu empfehlen. Bei ihr ist eine Reihe von Lampen, die einzeln an den verschiedensten Stellen des Arbeitsraumes gleichmäßig verteilt angebracht sind, in einem Stromkreis vereinigt. Durch Betätigung des Schalters wird der vorher dunkle Raum so weit erhellt, daß ein Begehen und eine oberflächliche Kontrolle des ganzen Raumes ohne weiteres möglich ist. Sind zwei Haupteingänge vorhanden, so ist neben jedem Türeingang ein Schalter für Wechselschaltung des Notbeleuchtungsstromkreises vorzusehen.

Allgemeine Vorschriften zur Erhöhung der Feuersicherheit. In gewisser Beziehung kann bei der Errichtung baulicher Anlagen als Richtschnur angesehen werden, sie so auszuführen, daß ein möglichst niedriger Versicherungsprämiensatz erzielt wird. Es ist dieses dadurch zu erreichen, daß entsprechende Trennungswerte durch Brandmauern, doppelwandige, feuersichere Türen, Fenster aus Drahtglas usw. geschaffen und möglichst überall massive Decken und Dächer vorgesehen werden. Eine solch solide und vorsorgliche Bauweise liegt nicht nur im Interesse der Prämienersparnis, sondern erst recht der tatsächlichen Feuersicherheit.

Man könnte einwenden, daß der feuersichere Zustand der Gebäude in Textilbetrieben bei Bränden keinen Schutz gewähre, da das Arbeitsgut (Gewebe, Garne, Baumwolle) an sich schon feuergefährlich sei. Dieser Einwand trifft aber nicht zu. Durch richtige Einteilung und die geschilderte massive Bauweise wird vielmehr eine Abgrenzung erreicht, die die Lokalisierung eines etwa ausbrechenden Brandes viel leichter ermöglicht.

Alle anderen Vorsichtsmaßregeln für die Verhütung von Feuersgefahr sind in Textilbetrieben natürlich auch erst recht zu beachten. Hier ist rasche Hilfe nicht nur doppelte Hilfe, sondern vielfach die einzige Rettung. Deshalb sind, um das Feuer möglichst gleich im Keime zu ersticken, in allen Fabriklokalen, ähnlich wie in den Treppenhäusern, leicht zugängliche und rasch zu bedienende Hydranten mit langen Schläuchen anzubringen, die in Glaskästen untergebracht sind. Als Ergänzung hierzu müssen sogenannte transportable Extinkteure (Minimax usw.) vorgesehen werden, mit denen man nach einfacher Betätigung des die Auslösung bewirkenden Stöpsels den flüssigen Inhalt mit Kohlensäuredruck auf die Brandstelle spritzen und so das Feuer möglichst sofort ersticken kann.

Sehr zweckmäßig, wenn auch nicht immer ganz einfach in einwandfreiem Zustand zu erhalten, weil dauernd zwei Druckwasserquellen vorhanden sein müssen, ist eine Sprinkleranlage, besonders für die am meisten feuergefährlichen Betriebe der Baumwolltextilindustrie, die Rauhereien und Spinnereien.

✻ ✻ ✻

Rücksichten beim Bau der Fabrikgebäude auf gute Transportverhältnisse. Die Sicherheit des Betriebes wird weiter sehr erhöht durch die Sicherheit der Transportverhältnisse. Auch in dieser Hinsicht kann bei der baulichen Einrichtung mancherlei geschehen. Von einem Stockwerk zum anderen muß der Verkehr und der Transport durch gute, leicht begehbare, nicht zu steile Treppen und durch betriebssichere Aufzüge, von denen noch später eingehender die Rede sein wird, vermittelt werden. Sehr störend ist es nun, wenn innerhalb eines Stockwerks die einzelnen Arbeitsräume nicht die gleiche Höhenlage haben, sondern wenn eine oder mehrere Stufen zu überschreiten sind, um von einem Raum in einen anderen Raum desselben Stockwerks zu gelangen. Bei jedem stärkeren Verkehr sind Stufen, auch wenn Transporte gar nicht in Frage kommen, schon ein Nachteil. Beim Übergang von der Tageshelle zur Dunkelheit, im Zwielicht, wenn die künstliche Beleuchtung noch nicht eingeschaltet ist, können die in solchen Räumen beschäftigten Personen, namentlich wenn sie in dem Betriebe erst kurze Zeit beschäftigt und mit den örtlichen Verhältnissen noch nicht so vertraut sind, leicht stolpern und zu Fall kommen. Viel gefährlicher ist dieses natürlich noch, wenn der Arbeiter eine Last zu tragen und z. B. einen Warenballen auf dem Rücken hat. Diese Rücksichten sollten für einen Fabrikbau eigentlich selbstverständlich sein, aber die Erfahrung lehrt, daß von manchen Architekten diese Schwierigkeiten nicht genügend gewürdigt werden, und zuweilen da Stufen vorgesehen sind, wo sie sich durch eine andere Lösung sehr gut hätten vermeiden lassen.

Zum Teil liegt dieses wohl daran, daß der Architekt den Unterschied zwischen Arbeitsräumen einer Fabrik und den Räumen eines Wohnhauses sich nicht immer genügend klar macht. Bei einem Privathause hat vor dem Hause und innerhalb der Räume des einzelnen Stockwerks das Vorhandensein einiger Stufen keine Bedenken, weil die Bewohner des Hauses seine Verhältnisse genau kennen und Transporte schwerer Gegenstände nur ausnahmsweise in Frage kommen. Künstlerische Rücksichten können dann sogar Stufen fordern, obwohl sie aus rein praktischen Gründen nicht notwendig sein würden. Wir empfinden es daher als ganz selbstverständlich, wenn zu der Haustür des Privathauses einige Stufen heraufführen; beim Fabrikbau sind dagegen Stufen vor der Tür des Erdgeschosses ein direktes Verkehrshindernis. Abgesehen von den schon angeführten Gründen, daß die hier in Betracht kommenden regelmäßigen Transporte durch solche Stufen außerordentlich erschwert sind, ist es auch unmöglich, die einzelnen Fabrikräume untereinander durch Schmalspurbahnen zu verbinden, wie dieses doch früher oder später sich fast immer als wünschenswert und notwendig erweist. Die Flurhöhe muß natürlich etwas über der Höhe des Hofraumes liegen, damit die Tageswässer selbst bei heftigen Regengüssen nicht in die Arbeitsräume selbst eindringen können; aber diese etwas höhere Lage von 20 bis 30 cm läßt sich durch eine allmähliche Steigung der Rampe und der auf ihr ruhenden Schmalspurbahn zu den Arbeitsräumen hinauf auch leicht überwinden.

II.

Erfordernisse der Betriebssicherheit bei den allgemeinen Antriebsverhältnissen der Maschinen.

(Motore, Transmissionen usw.)

Als oberster Grundsatz für die allgemeinen maschinellen Antriebseinrichtungen muß eine möglichst weitgehende Verteilung des Betriebsrisikos und die Schaffung ausreichender Reserven bezeichnet werden. In bezug auf den Antrieb selbst ist dieser Forderung im heutigen elektrischen Zeitalter viel leichter gerecht zu werden als früher, wo das Wohl und Wehe des Werkes meist von nur einer großen Betriebsdampfmaschine abhing. Bei der elektrischen Kraftübertragung und Verteilung ist der Gedanke, die Energieerzeugung auf mehrere Energiequellen zu stützen, von vornherein viel leichter durchzuführen, weil das Zusammenarbeiten der Aggregate durch Parallelschaltung der Generatoren in der Primärstation heute eine selbstverständliche Sache ist.

Die Frage, ob in der Zentrale diese Aggregate gleich groß bemessen oder abgestuft werden sollen, wird verschieden beurteilt. Ist z. B. ein durchschnittlicher Kraftbedarf von 1600 bis 1800 PS vorhanden, so kann man drei Aggregate von je 1000 PS oder auch abgestuft etwa 2000, 1000 und 600 PS wählen. Diese letztere Einteilung wird oft bevorzugt, weil zuzeiten geringen Kraftbedarfs die entsprechenden kleineren Aggregate dann noch günstig belastet werden, und daher noch mit einem guten Nutzeffekt arbeiten können. Nach den Grundsätzen der Normalisierung und Austauschbarkeit der einzelnen Teile würde man drei gleich großen Aggregaten von je 1000 PS den Vorzug zu geben haben. Von dem Standpunkt der Betriebssicherheit sind, wenn die nötigen Reserveteile für alle Maschinen vorhanden sind, die beiden Fälle gleich günstig zu beurteilen: In beiden Fällen steht beim Stillstand eines Aggregates noch die volle Betriebskraft zur Verfügung.

Wo es sich irgend einrichten läßt, sollte man aber weiter einen Reserveanschluß an ein städtisches Netz oder eine Überlandzentrale einrichten, um auch für den Fall, daß mehr als ein Aggregat Schaden erlitten hat, nicht ganz oder teilweise zum Stillstand zu kommen. Die Kosten, selbst wenn die Spannungen des eigenen und fremden Werkes nicht ohne weiteres übereinstimmen und für die Umformung des Stromes gewisse Anlagen erforderlich sind, werden sich im Laufe der Zeit bezahlt machen. Außerdem hat man dann den Vorteil, in Zeiten ganz geringen Kraftbedarfs, z. B. während des Abends und der Nacht, die Zentrale, die dann ja doch nicht wirtschaftlich arbeiten könnte, ganz stillegen und ohne Akkumulatoren arbeiten zu können. Ist ein Reserveanschluß nicht vorhanden oder nicht möglich, so scheint unter Umständen die Forderung einer 100proz. Betriebsreserve in der Zentrale berechtigt.

Bei eigener elektrischer Dampfzentrale ist im Kesselhaus der behördlicherseits gestellten Forderung, daß zwei nicht von derselben Betriebseinrichtung abhängige Vorrichtungen zur Kesselspeisung zu verwenden sind, zur Erhöhung der Betriebssicherheit am besten in der Form zu genügen, daß die eine Kesselspeisepumpe elektrisch angetrieben und als zweite Vorrichtung eine Dampfpumpe oder ein Dampfinjektor gewählt wird.

Sind in der Zentrale Kolbendampfmaschinen aufgestellt, so ist es gut, die Geschwindigkeit nicht zu hoch zu wählen. Bei den rund laufenden Wellen der Dampfturbinen spielt mit Rücksicht auf die Ölkammerlagerung und das Schmieren mit Drucköl die Geschwindigkeit keine so große Rolle. Anders verhält es sich mit den Mechanismen, die die hin- und hergehende Bewegung in eine kreisförmige umsetzen, wie die Kurbelschubgetriebe der Dampfmaschine. Hier ist eine Tourenzahl von 80 bis 100 einer solchen von 150 bis 200 je Minute weit vorzuziehen, trotz der erheblich größeren Anlagekosten je Pferdekraft. Bei langsamer laufenden Kolbendampfmaschinen sind erfahrungsgemäß die Reparaturen viel geringer, die Lebensdauer der Maschinen ist viel größer. In den 60er und 70er Jahren baute man Dampfmaschinen mit 30, ja nur 20 Touren je Minute. Heute ist man geneigt, über solche Maschinen zu lächeln. Tatsächlich aber konnten solche Maschinen 20 bis 30 Jahre ohne nennenswerte Reparaturen laufen.

✼ ✼
✼

Ist so die Sicherheit der Versorgung mit elektrischer Energie von der Zentrale gewährleistet, so kommt es fast in gleicher Weise auf ein dauernd gutes Funktionieren der Motore in der Sekundärstation an.

Zur Fortleitung der Elektrizität sollen möglichst keine Freileitungen, sondern nur Kabel verwendet werden. Für die Fabrikstraßen ist diese Forderung, die in erster Linie für die schweren Überlandleitungen gilt, am wichtigsten; aber auch in den Fabrikräumen selbst ist sie tunlichst zu beachten. Die größeren Kosten machen sich durch die Erhöhung der Betriebssicherheit bezahlt.

Die so viel erörterte Frage, ob Einzelantrieb oder Gruppenantrieb, ist im allgemeinen in der Weise geklärt, daß man bei großem Kraftbedarf der einzelnen Arbeitsmaschine oder bei der Forderung veränderlicher Geschwindigkeit den Einzelantrieb wählt, während man die einen geringeren Kraftaufwand erfordernden und mit konstanter Geschwindigkeit umlaufenden Arbeitsmaschinen in der Regel zu einem Gruppenantrieb zusammenfaßt. In diesem Fall ist das betriebssichere Arbeiten des Motors, der die Gruppe antreibt, sehr wesentlich. Man rechnet nun im allgemeinen damit, daß nicht alle zu einer Gruppe vereinigten Arbeitsmaschinen gleichzeitig mit dem Maximum ihrer Leistungsfähigkeit in Anspruch genommen werden, und wählt einen Motor, der nicht der Summe des von allen Maschinen zusammen bei höchster Leistung beanspruchten Kraftbedarfs entspricht, sondern einen Motor, dessen Leistungsfähigkeit etwa 20 bis 25 Proz. geringer als diese Summe ist. Diese Art der Berechnung hat ihre Berechtigung, wenn es sich um dauernde Verhältnisse handelt, und man bei den angeschlossenen Arbeitsmaschinen mit in bestimmten Zeitabschnitten regelmäßig wiederkehrenden Arbeitspausen zu rechnen hat. Immerhin tut man auch bei der Beurteilung dieser Frage gut, sich auf die Stetigkeit der Verhältnisse nicht zu sehr zu verlassen. Die Auswechslung einer Arbeitsmaschine durch eine solche, deren Kraftbedarf größer ist, kann früher als man denkt in Frage kommen. Außerdem sollte zweckmäßig innerhalb der Gruppe noch Platz für die Aufstellung einer weiteren Maschine vorhanden sein. Erweist sich dann später eine solche Aufstellung als notwendig, so ist es sehr angenehm, wenn der Motor, der die Gruppe treibt, nicht gleich ausgewechselt zu werden braucht. Gegenüber diesen Vorteilen der Betriebssicherheit und der Möglichkeit der leichten Erweiterung des Betriebes fällt es nicht ins Gewicht, daß während der Nichtvollbelastung des Motors sein Nutzeffekt nicht ganz so günstig ist und ferner die Anlagekosten nicht voll ausgenutzt sind.

Spricht so schon eine Reihe von Umständen dafür, die Leistungsfähigkeit des Motors, wenn es sich um den Antrieb einer Gruppe handelt, reichlich zu bemessen, so kommt man erst recht zu diesem Ergebnis, wenn mehrere Gruppenantriebe vorliegen, deren Wirkungsbereiche ineinander übergreifen können. Denken wir uns, um uns die Verhältnisse an einem Beispiel klar zu machen, einen Gebäudekomplex mit mehreren Arbeitssälen unter gemeinsamem Dach, etwa eine Reihe aneinanderstoßender Arbeitsräume in einem Shedbau, in dem fünf Motore, in verschiedenen Räumen stehend, zu Gruppenantrieben verwendet werden. Von den fünf Motoren sollen in unserm Beispiel drei Motore sein, an die im normalen Betriebe die Anforderung einer Leistungsfähigkeit von 30 PS und ferner zwei Motore, an die eine solche von 40 PS gestellt wird.

Beim Eintreten eines Defektes an einem der Motore läßt sich die Auswechslung durch einen Reservemotor von dem gleichen Typ nicht immer gleich bewerkstelligen. Oft ist auch die vorzunehmende Reparatur nicht einmal erheblich, so daß es zur Vermeidung des Transports an sich zweckmäßiger ist, die Reparatur gar nicht erst in der Werkstatt, sondern gleich an Ort und Stelle vorzunehmen. Immerhin sind dazu aber einige Tage erforderlich.

Für solche Fälle ist es nun ein vorzügliches Mittel, um die Betriebssicherheit zu erhöhen, wenn die Einrichtung getroffen ist, daß beim Versagen des Motors des einen Raumes, die Motore des Nachbarraumes zur Hilfsleistung oder wenigstens zu einer Teilhilfsleistung durch einen provisorischen Übertrieb herangezogen werden können. Hierzu ist aber zunächst erforderlich, daß bei jedem Motor ein gewisser Überschuß an Leistungsfähigkeit vorhanden ist. Die Motore müssen etwa eine um 25 bis 30 Proz. größere Leistungsfähigkeit haben, als zum Antrieb ihrer eigenen Gruppe erforderlich ist.

In dem angezogenen Beispiel müßten also die Motore, die normal mit einer Leistungsfähigkeit von 30 PS in ihrer Gruppe beansprucht werden, eine solche von 40 PS, und die normal mit 40 PS beanspruchten Motore eine solche von 52 PS haben. Außerdem müssen natürlich Zwischenvorgelege für den erforderlichen Übertrieb vorgesehen werden. Zweckmäßig wird dieser Übertrieb so einzurichten sein, daß nicht nur ein Motor, sondern zwei Motore helfend eingreifen können.

Allerdings würde in dem gewählten Beispiel selbst durch die Hilfsarbeit zweier Motore die volle Arbeit für den defekt gewordenen Motor nicht immer ganz übernommen werden können. Da es sich indes nicht um einen Dauerzustand, sondern nur um einen Aushilfsbetrieb handelt, der in einigen Tagen oder längstens einigen Wochen wieder beseitigt werden kann, so läßt sich meist in der Weise ein Ausweg finden, daß man während dieser Zeit von den Arbeitsmaschinen der beiden oder der drei nun zusammenarbeitenden Gruppen die eine oder die andere Arbeitsmaschine, deren Inbetriebhaltung weniger wichtig ist, stillsetzt. Durch Aufschieben nicht dringend notwendiger Arbeiten, durch eine etwas andere Einteilung in der Reihenfolge der Erledigung der Aufträge u. a. läßt sich hier bei verständiger Überlegung und bei gutem Willen schon etwas erreichen, ohne daß die Gesamtproduktion merklich leidet. Notfalls läßt sich auch durch Einlegen einiger Überstunden für die Maschinen einer bestimmten Gruppe ein Ausgleich schaffen. Die Hauptsache ist eben, daß durch die vorher als Reserve geschaffene Anordnung überhaupt die Möglichkeit besteht, die infolge des Defektwerdens des Motors sonst ganz zum Stillstand verurteilten Arbeitsmaschinen durch einfaches Auflegen einiger Riemen in ganz kurzer Zeit wieder in Gang zu bringen. Das ist außerordentlich wertvoll. Hängt doch von dem Stillstand einer einzigen Maschine oft der Betrieb einer ganzen Abteilung ab, so der Spinnereibetrieb von dem Öffner oder den Krempeln, der Webereibetrieb von den Schlichtmaschinen usw.

Um für alle diese Fälle gerüstet zu sein, in denen eine gegenseitige Aushilfsleistung der Motore in Frage kommt, muß man sich schon bei der Anlage der Maschinen und Transmissionen ein vollständiges Programm machen, auf Grund dessen die erforderlichen Zwischenvorgelege usw. für den Übertrieb gleich von vornherein mit eingebaut werden. Man muß sich bei dem Entwurf der Anlage und der Aufstellung des Programms genau jeden einzelnen Fall vergegenwärtigen und im einzelnen festlegen: Wird Motor I defekt, so greifen die Motore II und IV als Reserve ein, dazu sind die und die Übertriebe erforderlich; wird Motor II defekt usw.[1]).

---

[1]) Auf Grund solcher Überlegungen sind die Gruppenantriebe in der im Jahre 1908 neuerbauten Spinnerei und Weberei der Firma Gebr. Elbers A. G. angelegt worden. Diese Einrichtung hat sich bei vorübergehenden Betriebsstörungen beim Versagen eines Motors außerordentlich gut bewährt.

Austauschbarkeit der Elektromotore. Bei der Auswahl der Größenverhältnisse der einzelnen, eine Gruppe antreibenden Motore ist noch ein dritter Gesichtspunkt zu beachten. Im modernen Maschinenbau ist man bestrebt, da, wo es geht, die Einzelteile einer Maschine austauschbar zu machen und nach bestimmten Normalien, möglichst unter Benutzung des Grenzlehrensystems, zu arbeiten. Auf die Folgerungen, die sich daraus für den Bau der Arbeitsmaschinen ergeben, werden wir weiter unten noch zurückkommen. Aber auch für den jetzt zu besprechenden Gruppenelektromotor ist diese Frage sowohl im Hinblick auf die einzelnen, ihn zusammensetzenden Teile, als auch auf die Motore als Ganzes von großer Bedeutung.

Wenn man die Größe der einzelnen Motore genau der Arbeitsleistung entsprechend wählt, so ist es bei einem größeren, mit vielen verschiedenartigen Maschinen arbeitenden Betriebe kaum möglich, für jeden Motor einen Reservemotor anzuschaffen. Wenn man daher bei einer größeren Anlage oder Betriebsabteilung insgesamt mit einer Leistungsfähigkeit der verschiedenen Motore, die sich beispielsweise zwischen 20 und 40 PS bewegen möge, zu rechnen hat, so ist es zweckmäßig, nicht so viel verschiedene Typen zu wählen, als die verschiedenen Gruppen von Arbeitsmaschinen gerade an Antriebskraft benötigen, also nicht Motore von vielleicht 20, 23, 26, 29 usw. PS, sondern nur etwa drei Typen von etwa 20, 30 und 40 PS, und zwar sowohl bei den Motoren für Gruppenantrieb, als auch, soweit es geht, bei den später noch zu besprechenden Einzelmotoren. Man würde auf diese Weise bei einer in Betrieb befindlichen Gesamtzahl von 25 bis 30 Motoren von 20 bis 40 PS sich mit nur etwa je zwei Reservemotoren von den drei angegebenen Typen, also insgesamt sechs Reservemotoren begnügen können, während man sonst ungleich viel mehr Reservemotore haben müßte.

Man könnte nun einwenden, daß aushilfsweise doch auch ein 30 PS-Motor notfalls recht gut als Reservemotor für die zwischen 20 und 30 PS liegenden Motore, also z. B. auch für einen 25 PS-Motor, dienen könne. Das ist aber nicht ohne weiteres der Fall. Wenn der Motor auf einem Spannschlitten stehend eine Gruppe antreibt, so paßt zunächst das Fundament meist nicht für die Motore von verschiedener Größe. Man kann sich zwar dann dadurch helfen, daß man, auf die Möglichkeit des bequemen Nachspannens des Riemens verzichtend, den Spannschlitten überhaupt nicht benutzt, und den Aushilfsmotor während dieser Zeit auf dem Fundament in geeigneter Weise durch Steinschrauben fest verankert. Aber dieses bleibt doch immer ein nicht gerade empfehlenswerter Notbehelf. Am meisten störend ist aber, daß die Umlaufszahl der beiden in Frage kommenden Motore — des 25 und 30 PS — nicht die gleiche, sondern die des 30 PS-Motors um 10 Proz. geringer ist. Man muß also, wenn die Umlaufsgeschwindigkeit der angetriebenen Arbeitsmaschinen die gleiche bleiben soll, im Falle der Auswechslung entweder die treibende Scheibe des Motors oder die getriebene Scheibe auf der Transmissionswelle auswechseln, eine Arbeit, die immer schon ein recht sachkundiges, technisches Hilfspersonal voraussetzt; oder aber man muß die Arbeitsmaschinen, solange der Reservemotor den Antrieb aushilfsweise übernimmt, entsprechend langsamer laufen lassen. Auch das ist meist recht unerwünscht. Alle diese Schwierigkeiten umgeht man, wenn man nur einige ganz bestimmte Typen von Elektromotoren von vornherein für die Antriebe zugrunde legt. Dann bilden beim Defektwerden eines Motors die Reservemotore ohne weiteres in jeder Beziehung vollwertigen Ersatz, und der Betrieb kann nach der Auswechslung in der bisherigen Weise gleich weitergehen.

Im Fall der Möglichkeit des provisorischen Übertriebs von Nachbarmotoren aus liegt der Fall bei geringen Defekten des Motors ja zwar viel einfacher; die Reparatur kann dann, wie oben ausgeführt, an Ort und Stelle vorgenommen werden und die Auswechslung ganz unterbleiben. Aber so günstig liegt der Fall eben nicht immer; die Reparaturen können auch ein Hereinnehmen des Motors in die Werkstatt erfordern, und außerdem ist dieses Verfahren des provisorischen Übertriebs ja bei Einzelmotoren leider nicht anwendbar. Das Beste ist also, nach beiden Richtungen hin in der geschilderten Weise gewappnet zu sein.

❋ ❋ ❋

Transmissionen. Ähnliche Grundsätze wie die oben geschilderten sollten auch bei der Anlage von Transmissionswellen maßgebend sein. Auch hier sollte man den Durchmesser der Wellen und der zugehörigen Lager nicht nur so groß bemessen, daß die von der Welle zu leistende Arbeit gerade noch von ihr übernommen werden kann. Man sollte vielmehr für die Fälle zeitweilig stärkerer Inanspruchnahme durch die vorhandenen Maschinen oder auch für den Fall der Aufstellung weiterer und mehr Antriebskraft beanspruchender Arbeitsmaschinen im Interesse der Betriebssicherheit etwas stärkere Transmissionswellen als unbedingt erforderlich wählen und die hierdurch erwachsenden Mehrkosten nicht scheuen.

Ein Verfahren, das von den Transmissionsfirmen recht häufig vorgeschlagen wird, und das bei dem Vorliegen ganz stetiger Verhältnisse vielleicht berechtigt sein mag, besteht darin, die Wellen, von der Antriebsseite beginnend und zur anderen Seite des Arbeitssaales herübergehend, allmählich in gewissen Abständen abzusetzen und im Durchmesser zu vermindern. Wenn also z. B. bei einem Saal von 60 m Länge die Transmissionswellen an der Antriebsseite zunächst vielleicht einen Durchmesser von 120 mm haben, so ist es üblich, in gewissen Abständen von etwa 20 zu 20 m die Wellen nach der anderen Seite des Saales zu auf etwa 90 und weiter 75 mm abzusetzen, weil die von den Wellen zu leistende Arbeit sich entsprechend der abnehmenden Zahl der anzutreibenden Maschinen vermindert.

Bei so ausgeführten Anlagen können nun aber später leicht Schwierigkeiten entstehen, wenn an der Stelle des Saales, wo z. B. die Wellen bereits auf 75 mm abgesetzt sind, später eine ziemlich viel Betriebskraft erfordernde Arbeitsmaschine aufgestellt werden soll. Sehr oft wird man wegen des zu geringen Durchmessers der Welle die Arbeit dann nicht zumuten dürfen und daher zur Auswechslung des betreffenden Teiles der Transmissionsanlage gezwungen sein.

Will man ferner, um ein anderes Beispiel anzuführen, aus bestimmten baulichen oder betriebstechnischen Gründen aushilfsweise oder dauernd einen Übertrieb von einer Transmissionswelle zur anderen an eine Stelle des Saales verlegen, wo die Wellen schon stark abgesetzt, also in unserem Beispiel auf 75 mm Durchmesser vermindert sind, oder will man gar aus irgendwelchen Gründen an diese Stelle den Antriebsmotor selbst legen, so ist die Verlegenheit wieder groß.

Noch ein anderer Grund spricht weiter für die möglichste Beibehaltung einer gleichmäßigen Stärke der Transmissionswellen und einer gleichmäßigen Größe der zugehörigen Lager durch den ganzen Arbeitsraum, das ist die Auswechselbarkeit der Transmissionslager und der Riemscheiben, deren Bohrungen von der Wellenstärke abhängig sind. In einem großen Betriebe machen die Riemscheiben oft merkwürdige Wanderungen durch, indem sie bald hier, bald dort für längere oder kürzere Zeit gebraucht werden. Da ist es dann sehr lästig, wenn man erst mit dem Ausdrehen der Riemscheiben bei zu enger Bohrung — sofern dieses ohne zu weitgehende Materialschwächung überhaupt möglich ist — oder mit dem Ausbüchsen der zu weiten Riemscheibenbohrungen die oft so kostbare Zeit verlieren muß.

Im übrigen braucht es wohl, weil selbstverständlich, kaum erwähnt zu werden, daß alle Errungenschaften des modernen Transmissionsbaues, namentlich auch gut dichtende Ölkammerlager und sicher wirkende Friktionskuppelungen (Hillkuppelung) im Interesse der Betriebssicherheit auch in den Textilbetrieben angewandt werden sollen.

Riemscheiben und Riemen. Die Fähigkeit des Riemens zur Übertragung von Arbeit wächst mit der Geschwindigkeit und der Breite des Riemens. Je breiter also der Riemen ist, um so leichter kann er die Arbeit übertragen[1]). Nach dieser Richtung werden von dem Lieferanten der Maschine selten Fehler gemacht, denn eine Ersparnis in der Breite der Riemscheibe würde kaum so ins Gewicht fallen, daß die Preisstellung für die Maschine dadurch wesentlich beeinflußt werden könnte. Doch wird von Meistern und Arbeitern oft der Fehler gemacht, daß, obwohl die Breite der Riemscheiben die Verwendung von Riemen von der notwendigen Breite zuließe, zu schmale Riemen aufgelegt werden. Ein weiterer Fehler, der dann allerdings schon auf die Anlage selbst zurückzuführen ist, ist der, daß die Entfernung von der treibenden zur getriebenen Welle nicht groß genug gewählt wird. Bei der Übertragung größerer Kräfte sollte die Entfernung von Welle zu Welle nicht unter 4 m betragen.

Fehler nach beiden Richtungen — zu schmale und zu kurze Riemen im Vergleich zur zu leistenden Arbeit — rächen sich oft bitter dadurch, daß die Riemen häufig herunterfallen. Das bedeutet jedesmal, selbst wenn der Riemen nicht beschädigt wird, eine lästige Betriebsstörung. Diente z. B. der heruntergefallene Riemen zum Antrieb eines Teiles eines kombinierten Systems (z. B. Rollwaschkasten einer Breitseifmaschine), so ist oft ein Abreißen der dann stramm werdenden Gewebebahn die Folge; oder der dann entstehende Warenvorrat wickelt sich um die Zugwalze. Dadurch treten dann leicht weitere Beschädigungen auf, wenn die Betriebsstörung nicht rechtzeitig bemerkt wird.

Ein guter, genügend breiter Riemen ist neben einem entsprechenden Abstand der Scheiben also die Vorbedingung für ein betriebssicheres Arbeiten. Bei feuchten Räumen (Wäschereien usw.) kommt hinzu, daß der Riemen gegen Feuchtigkeit und Wasser möglichst geschützt werden soll. Statt Lederriemen werden dann zweckmäßig Stoffriemen genommen.

III.
Erfordernisse der Betriebssicherheit bei der einzelnen Maschine.
(Besondere Antriebsverhältnisse, Aufstellung und Bau.)

Elektromotor. Ein Schutz des Elektromotors gegen Zerstörung, seine Sicherstellung oder kurz ausgedrückt Sicherung ist so selbstverständlich, daß man unter „Sicherungen" schlechtweg die Einrichtungen zur Sicherung elektrischer Leitungen, Motore usw. versteht.

---

[1]) Quantitatives Denken, S. 279.

Die elektrischen Sicherungen sind stets für ganz bestimmte Stromstärken vorgesehen. Wird diese bestimmte, auf der Sicherung selbst vermerkte Stromstärke überschritten, so erwärmt sich die aus leicht schmelzbaren Metallen bestehende Legierung so stark, daß durch Überschreitung des Schmelzpunktes die Sicherung schmilzt und die Leitung selbsttätig unterbrochen wird. Wenn die Sicherung die richtige Stärke hat und in der gewollten Weise wirkt, d. h. wenn sie also schon schmilzt, bevor ein Strom von solcher Stärke durch sie hindurchgeht, daß für die sich anschließenden elektrischen Teile — Leitung, Apparate oder Motore — Nachteile entstehen, so leistet sie außerordentlich gute Dienste.

Es kommt nun aber vor, daß von dem Bedienungspersonal Sicherungen eingeschaltet werden, die eine größere als die vorgeschriebene Stromstärke hindurchlassen, z. B. eine 30-Ampere- statt einer 20-Ampère-Sicherung. Es geschieht dies z. B., wenn dem Motor eine Überlastung zugemutet wird, und die normale Sicherung, in dem angenommenen Fall also die 20-Ampère-Sicherung, durchgeschlagen ist. Es ist das Einsetzen einer stärkeren Sicherung natürlich ein sehr gewagtes Spiel und nicht zu verstehen, wenn ein Betriebsleiter, sei es auch nur stillschweigend, dazu seine Zustimmung gibt. Nur in ganz vereinzelten, dringenden Fällen läßt sich eine solche Maßnahme ausnahmsweise vertreten, wenn z. B. bei einem vorübergehenden Stillstand der Maschine mehr auf dem Spiele steht (z. B. elektrische Pumpe bei Feuersbrunst), als ein etwaiges Durchschlagen des Motors und eine Ankerreparatur ausmachen würde.

Meist liegt aber ein solcher Grund natürlich gar nicht vor. Die Arbeit ist vielmehr aus verschiedenen Gründen, vielleicht weil die Maschinenteile schlecht geschmiert, oder die Zähne der Zahnräder ausgeleiert sind, oder die Zapfen auf einer Büchse sich festgefressen haben, zu groß geworden. Es kommt dann vor, daß der Arbeiter, statt der Sache auf den Grund zu gehen, eine stärkere Sicherung als vorgeschrieben nimmt, indem er glaubt, sich auf diese Weise helfen oder wenigstens für einige Zeit behelfen zu können. Meist aber eben nur für kurze Zeit. Geht dann trotz der Verstärkung die Sicherung wieder durch, so greift der Arbeiter vielleicht unverständigerweise zu einer noch stärkeren Sicherung oder gar zum Kupferstreifen, bis dann die Katastrophe eintritt und Anker oder Feld durchschlagen wird. Dieses Verfahren ist natürlich grundfalsch.

An und für sich ist keine Maschine so leicht in bezug auf die Beanspruchung zu kontrollieren wie ein Elektromotor, vorausgesetzt, daß die erforderlichen Meßinstrumente, vor allem ein Ampèremeter, wie dieses stets der Fall sein sollte, sich auf dem Schaltbrett des betreffenden Elektromotors befinden.

Nach dem Durchschlagen der Sicherung darf immer nur eine solche von der gleichen vorgeschriebenen Stärke eingesetzt werden. Dann sollte man zunächst durch Beobachtung des Ampèremeters feststellen, ob eine Überlastung des Motors vorliegt, und, wenn dieses der Fall ist, die Ursache erforschen. Liegt eine Überlastung vor, so wird man dann weiter eine Reihe von Versuchen zu machen, und die mit dem Elektromotor gekuppelte Arbeitsmaschine zu kontrollieren haben. Man wird z. B. einen Friktionskalander, um die Arbeit zu verringern, zunächst einmal langsamer und mit geringerer Pression der Walzen laufen lassen. Indem man dabei gleichzeitig fortgesetzt das Ampèremeter beobachtet, erhält man in sehr vielen Fällen bald den erforderlichen Aufschluß. Eine solch gründliche Untersuchung, zu welcher man durch das Durchschlagen der Sicherung veranlaßt werden sollte, liegt zudem meist nicht nur im Interesse des einzelnen Motors, sondern auch der mit ihm gekuppelten Arbeitsmaschine, bei der der Mangel auf diese Weise festgestellt wird und dann noch rechtzeitig beseitigt werden kann.

Ein Fall aus meiner Praxis sei als weiteres Beispiel angeführt. Bei Inbetriebnahme einer Trockenmaschine mit Einzelantrieb, welche längere Zeit gestanden hatte und vor der Wiederinbetriebsetzung nicht gründlich nachgesehen worden war, zeigte beim Lauf das Ampèremeter eine Belastung von 30 Ampère statt früher 15 Ampère. Die Sicherung schlug nach kurzer Zeit durch. Die darauf in gründlicher Weise vorgenommene Untersuchung ergab, daß die Stoffbüchsenpackung, welche die Lagerzapfen der Trockentrommeln gegen den hohlen Lagerständer abdichtet, in der Zeit des Stillstandes mehr oder weniger versteinert war, und infolgedessen für die Arbeit der Maschine eine wesentlich höhere Reibungsarbeit zu überwinden war. Nach dem Ersatz der alten Stoffbüchsenpackung durch eine neue wurde wieder die normale Arbeit von 15 Ampère erreicht. Die Kontrolle der Arbeitsmaschine durch den Elektromotor hatte sich glänzend bewährt.

Es kann aber auch sein, daß Motor und Arbeitsmaschine in Ordnung sind und daß eine Änderung der Arbeitsbedingungen eingetreten ist, und daß etwa durch die Verarbeitung eines anderen Materials, z. B. einer schwereren Warengattung, die zu leistende Arbeit größer geworden ist. Aber auch diese Frage, die Ermittlung, welche Menge von Arbeit in jedem einzelnen Falle, also z. B. bei jeder einzelnen Warengattung zu leisten ist, ist sehr wichtig, um alle Fabrikationsverhältnisse richtig beurteilen und sich betriebssicher einrichten zu können. So sollte also das Durchschlagen einer Sicherung den Ansporn bilden, nach jeder Richtung sorgfältige Betriebsbeobachtungen, gestützt auf die Ablesung am Ampèremeter, anzustellen. Kann man sich nicht entschließen, jeden Motor, wie es meines Erachtens das einzig Richtige ist, mit einem Ampèremeter auszurüsten, so muß man jedenfalls bei Betriebsschwierigkeiten, wenn also mehrere Sicherungen von der vorgeschriebenen Stärke nacheinander durchschlagen sind, sofort mit Hilfe eines dann anzuschließenden Kontrollampèremeters die oben angedeuteten Prüfungen ausführen. Wird in dieser Weise vorgegangen, so erfüllt die Sicherung wirklich ihren Zweck und verhütet größere Betriebsstörungen. Sind diese erst eingetreten und Anker oder Feldmagnete durchschlagen, dann läßt sich oft gar nicht mehr die wahre Ursache des Unfalls ermitteln, und die erwachsenen Schäden, Kosten und Betriebsstörungen stehen in gar keinem Verhältnis zu dem kurzen Aufenthalt, den eine sorgfältige Prüfung nach dem Durchschlagen der Sicherung verursacht haben würde.

Im übrigen ist auch hier wieder darauf hinzuweisen, daß das, was für die Leistungsfähigkeit der zu wählenden Motore beim Gruppenantrieb gesagt wurde, auch für den Einzelmotor bis zu einem gewissen Grade gilt. Vor 10 bis 15 Jahren, als die Elektromotore noch so stark gebaut wurden, daß sie eine Überlastung von dauernd 20 Proz. und vorübergehend 40 bis 50 Proz. ohne Schaden aushielten, konnte man auch ruhig einen Motor von einer Leistungsfähigkeit wählen, die für die durchschnittlich von der Maschine zu leistende Arbeit gerade genügte. Heute aber, wo die Motore leider meist nur so gebaut werden, daß sie nur eben die Arbeit leisten können, für die sie verkauft werden, tut man meines Erachtens gut, einen Motor zu wählen, der 15 bis 20 Proz. stärker ist, als nach der zu leistenden Durchschnittsarbeit notwendig sein würde. Denn fast bei jeder Arbeitsmaschine kommt es vor, daß sie zeitweilig, z. B. durch Erhöhung des Druckes bei den Walzen der Textilmaschinen, oder durch Verarbeitung schwereren Materials stärker beansprucht werden und also eine größere Arbeit, als vorgesehen zu leisten haben. Auch die übrigen Arbeitsbedingungen für den Motor selbst bleiben nicht immer so normal, wie bei der Berechnung seiner Leistungsfähigkeit angenommen wurde. In manchen Arbeitsräumen, z. B. Appreturräumen, treten zudem zeitweise an warmen Sommertagen Temperatursteigerungen auf, die für Feld und Anker, wenn nicht in geeigneter Weise (künstlicher Zug) für Abkühlung gesorgt wird, verhängnisvoll werden können. Das Durchschlagen der Sicherungen bei mehr als zulässig belasteten Motoren gehört in solchen Fällen gar nicht zu den Seltenheiten, während ein stärkerer Motor, der nicht bis zur Grenze seiner Leistungsfähigkeit in Anspruch genommen ist, sich diesen Verhältnissen gewachsen zeigt. Gerade in der Textilindustrie mit ihren vielen recht warmen, zum Teil sogar stark überheizten Räumen sollte man sich darüber klar sein, daß die Motore sehr oft unter Bedingungen arbeiten müssen, die denen der ganz eingekapselten Motore, z. B. der Straßenbahnmotore, gleichkommen. Und diesen Bedingungen sollte man deshalb auch bei der Auswahl der Motore Rechnung tragen.

Besondere Einrichtungen zur Verhütung von Kurzschluß. Bedeutet eine Sicherung von der vorgeschriebenen Stärke im allgemeinen einen wirklichen Schutz für den Motor gegen Überlastung und Kurzschluß, so soll man doch bestrebt sein, schon möglichst alles das zu vermeiden, was zum Durchschlagen der Sicherung führen kann. Abgesehen von dem bei größeren Anlagen nicht unerheblichen Metallwert der Sicherungen selbst, ist auch das Durchschlagen einer solch größeren Sicherung, bei dem die schmelzenden Metallteile umherspritzen, keine ganz einfache Sache; unter Umständen können dadurch sogar Unfälle herbeigeführt werden, in ähnlicher Weise, wie auch das Ablassen des Sicherheitsventils eines Dampfkessels Verbrühungen zur Folge haben kann, wenn Personen sich gerade in der Nähe des Sicherheitsventils zu schaffen machen.

Besonders unangenehm ist nun das Durchschlagen einer Sicherung, wenn das Schmelzen derselben nicht die Folge einer allmählich zunehmenden Belastung, bzw. Überlastung ist, sondern wenn das Durchschlagen fast explosionsartig infolge eines Kurzschlusses eintritt. Bei explosionsartigem Schmelzen der Sicherung spritzen nicht nur die Metallteile umher, sondern infolge des starken Stromstoßes verschmoren unter Umständen auch die Kupferklemmen, in welchen die Enden der Sicherung eingesetzt waren. Sehr häufig erleiden auch die anderen, gleichzeitig mit den Sicherungen auf dem Schaltbrett angebrachten zugehörigen Apparate, wie Ausschalter, Meßinstrumente, Anlasser, unter Umständen auch die Schalttafel selbst, mehr oder weniger starke Beschädigungen.

Ein solcher Fall eines plötzlichen explosionsartigen Schmelzens der Sicherung kam besonders in der ersten Zeit, als der elektrische Antrieb und die elektrische Kraftverteilung in großem Maßstabe eingeführt wurde, während andererseits ein kundiges Bedienungspersonal für die Elektromotore noch fehlte, bei Inbetriebsetzung der Motore häufig vor. Der Vorgang spielte sich dann folgendermaßen ab. Zu jedem Motor, der mit Mittel- oder Hochspannung betrieben wird, gehört ein Vorschaltwiderstand von bestimmter Größe, der dem ruhenden Motor vorgeschaltet werden muß, weil sonst, wenn die volle Stromstärke auf den stillstehenden Motor geschaltet wird, Kurzschluß die Folge sein würde. Der volle Strom darf vielmehr erst allmählich, abgeschwächt durch den Widerstand, der langsam zurückgeschaltet wird, auf den Motor geleitet werden, bis dieser eine normale Tourenzahl erreicht hat, bei welcher die der vollen Stromstärke entsprechende Gegenspannung erzeugt wird.

Bei der ersten Inbetriebsetzung zu Beginn der Arbeit wird kaum ein Fehler bei dieser Schaltung gemacht werden. Wohl aber besteht die Gefahr, daß bei einer Betriebsstörung oder einer Betriebspause der mit der Bedienung des Motors betraute Arbeiter vergißt, nach dem Stillstand des Motors den Vorschaltwiderstand sofort vorzuschalten. Wird dann bei der Wiederaufnahme des Betriebes vom Hauptschaltbrett aus der Strom in den Stromkreis geschickt, an den der Motor angeschlossen ist, so tritt bei dem stillstehenden, nicht vorschriftsmäßig durch den Widerstand geschützten Motor Kurzschluß ein; die Sicherung schlägt durch, wobei je nach der Größe des Motors und den sonstigen Begleitumständen mehr oder weniger üble Nebenwirkungen auftreten.

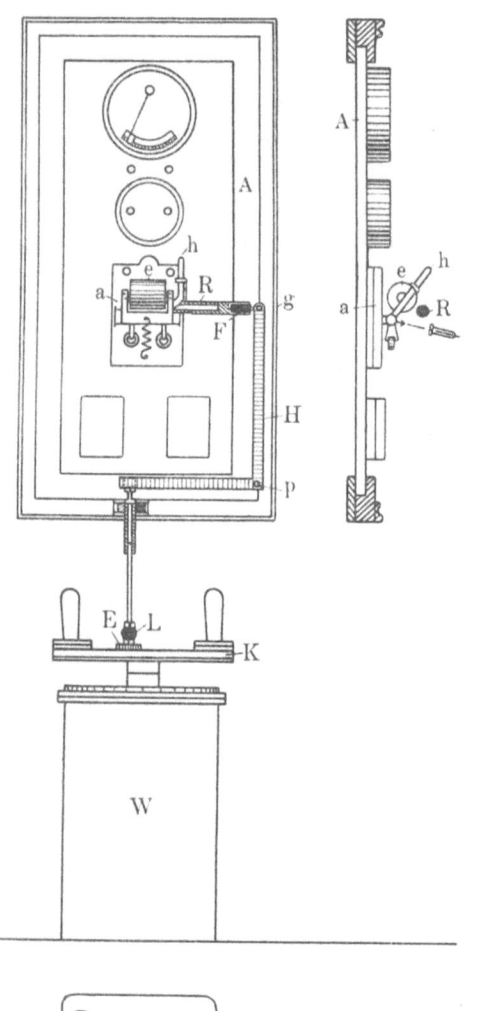

Die erste Verbesserung, welche die Elektrizitätsfirmen infolge dieser Vorkommnisse einführten, war dann die, daß an der Sekundärstation dem Motor der Strom durch einen automatischen Ausschalter zugeleitet wird, dessen Schalthebel während der Stromzufuhr elektromagnetisch festgehalten wird und beim Nachlassen oder Aufhören der Spannung herunterfällt und die Leitung unterbricht, so daß, wenn der Strom dann von neuem in das Netz geschickt wird, er nicht ohne weiteres zum Motor gelangen kann. Hierdurch war erreicht, daß durch vorzeitiges Einschalten von der Primärstation aus in dem Stromkreis der betreffenden Betriebsabteilung ein Kurzschluß nicht mehr herbeigeführt werden konnte. Es kam jetzt nur noch darauf an, daß auch der den Motor an der Sekundärstation bedienende Arbeiter bei der Wiederinbetriebsetzung unter keinen Umständen den Schalthebel des automatischen Ausschalters an den Elektromagneten drückte und dadurch den Stromkreis schloß, bevor nicht der Vorschaltwiderstand des Motors diesem tatsächlich wieder vorgeschaltet war. Aber auch hiergegen kamen häufig Verstöße vor, sei es infolge des Wechsels des Bedienungspersonals, sei es, daß der Arbeiter in einer gewissen Unaufmerksamkeit oder Zerstreutheit die Reihenfolge der bei der Inbetriebsetzung auszuführenden Handgriffe — erst Vorschalten, dann Andrücken des Hebels beim automatischen Ausschalter — verwechselte. Die folgende, dem Verfasser seinerzeit unter Gebrauchsmuster Nr. 130225 geschützte Einstellvorrichtung schließt eine solche Möglichkeit aus.

Nr. 38. Einstellvorrichtung für selbsttätige Ausschalter. D. R. G. M. Nr. 130 225.

Auf dem Schaltbrett *A* (Nr. 38) befindet sich außer der sonstigen für den Betrieb des Motors erforderlichen Apparatur der automatische Stromausschalter *a*, unter dem Schaltbrett der Ölanlaßwiderstand *W*.

Die Aufgabe der Einstellvorrichtung besteht nun darin, zu verhindern, daß der Hebel h des Ausschalters, der beim Nachlassen oder Aufhören der Stromspannung heruntergefallen ist, gegen den Elektromagneten e gedrückt und somit der Stromkreis wieder geschlossen werden kann, bevor nicht der Vorschaltwiderstand W mittels der Kurbel K in seine Anfangsstellung, die er vor der Inbetriebsetzung des Motors haben muß, gebracht ist. Die hiernach notwendige Abhängigkeit zwischen der Lage und Stellung des Hebels des automatischen Schalters (a) einerseits und der Kurbel K andererseits ist in folgender Weise erreicht.

Der Hebel H ist um den Punkt p drehbar und an seinem einen Ende durch das Gelenk g mit dem in einer Büchse federnden Riegel R verbunden, dessen Ende seitlich nach oben gerichtet ist. Das andere Ende des Hebels H ruht auf einer geführten Stange, an deren Ende das Laufrad l angebracht ist. Dieses Laufrad l wieder bewegt sich bei der Drehung der Kurbel K auf einer schiefen Ebene E, die auf der Kurbel befestigt ist.

Die Vorrichtung arbeitet dann in folgender Weise. Nachdem der Motor unter Zurückschalten des Vorschaltwiderstandes in Gang gesetzt ist, befindet sich der Riegel R unter dem Druck der Feder F in der Bahn des Hebels h. Wenn nun die Spannung aufhört oder zurückgeht, so wird dieser Hebel h unter dem Einfluß der an ihm befestigten Feder von dem Elektromagneten e abgezogen, drückt dann gegen das seitlich nach oben gerichtete Ende des Riegels R, preßt die Feder F zusammen, den Riegel R einen Augenblick zur Seite schiebend, und fällt dann herunter. Im nächsten Augenblick schnellt unter dem Einfluß der Feder F der Riegel R wieder vor und legt sich wieder in die Bahn des Schalthebels h. Da durch einen Druck von unten mittels des Hebels h der Riegel R nicht zum seitlichen Ausweichen gebracht werden kann, so ist der Hebel h dann gesperrt und kann nicht an den Elektromagneten e gedrückt werden, so daß der Strom also nicht eingeschaltet werden kann.

Wird nun aber die Kurbel behufs Vorschaltung des Widerstandes zurückgedreht, so läuft das Laufrad l auf der schiefen Ebene empor und zieht dadurch den Riegel R, die Feder F spannend, zurück. Auf diese Weise hat der Schalthebel dann seine Bewegungsfreiheit jetzt wiedererlangt, nachdem so der Vorschaltwiderstand in seine Anfangsstellung gebracht ist.

Die Vorrichtung ist heute noch bei den älteren Motoren der Firma Gebrüder Elbers in Betrieb. Bei den neueren Apparaten und Motoren findet sich jetzt eine rein automatisch wirkende Vorrichtung, bei der beim Aufhören oder Nachlassen der Spannung nicht nur der Hebel des Ausschalters herunterfällt und dadurch den Stromkreis unterbricht, sondern bei der dann auch gleichzeitig der Vorschaltwiderstand, nachdem er elektromagnetisch nicht mehr festgehalten wird, automatisch durch die Einwirkung einer Spiralfeder in seine Anfangsstellung gebracht wird.

Diese Anlaßvorrichtung mit elektromagnetischem Schaltkasten ist infolge ihres ganz selbsttätigen Charakters der zuerst erwähnten vorzuziehen. Wir haben die erste Konstruktion aus dem Grunde so eingehend beschrieben, weil sie zeigt, wie man auch mit einfacheren Mitteln und auf rein mechanische Weise sehr brauchbare Lösungen finden kann. Zudem ist sie wohl als der Vorläufer für die zuletzt beschriebene rein automatisch wirkende Vorrichtung anzusehen, zu der sie die Anregung gegeben haben dürfte.

Wenn der Elektromotor eine ganze Gruppe antreibt, so kann er nicht mehr als Einzelmaschine oder Teil einer Einzelmaschine angesprochen werden. Natürlich gilt aber das hier für den Einzelmotor Gesagte auch für den Gruppenmotor. Die Ausführungen hätten daher auch schon im vorigen Abschnitt Platz finden können.

Aufzug. Als zweites Beispiel einer Einzelmaschine seien anschließend die Aufzüge erwähnt, weil sie in ähnlicher Weise wie der Elektromotor auch teils als Einzelmotor, teils aber als für die allgemeinen Antriebsverhältnisse bestimmt angesprochen werden können und sich daher in gleicher Weise an den vorhergehenden Abschnitt anlehnen.

Die häufigen Unfälle (Abstürzen in den Fahrstuhlschacht), die sich früher sowohl bei Personen- als auch bei Lastaufzügen ereigneten, haben zu schärferen behördlichen Vorschriften für den Bau und Betrieb von Fahrstühlen geführt und zweckmäßige Verbesserungen ins Leben gerufen.

Es wurde zunächst die Anordnung getroffen, daß der Fahrschacht allseitig umwehrt und mit Türen versehen werden mußte. Das war eine zweckmäßige Bestimmung nicht nur für die Verhütung von Unfällen, sondern auch für die Verminderung der Feuersgefahr, denn der offene Aufzugsschacht wirkt wie ein Schornstein. Deshalb ist auch die Bestimmung dieser Vorschrift zu begrüßen, daß die Umkleidung des Fahrstuhls aus feuersicherem Material zu geschehen hat. Dann sind zwei weitere sehr wichtige Vorschriften hervorzuheben.

Erstens die Tür des Fahrstuhlschachtes darf nicht früher geöffnet werden können, bis der Fahrkorb vor ihr steht. Dieses wird dadurch bewirkt, daß eine Klinke am Fahrkorb erst die Verriegelung der Tür aufhebt.

Die zweite Vorschrift besagt, daß der Antrieb des Fahrstuhls so eingerichtet werden muß, daß dieser nicht in Bewegung gesetzt werden kann, bevor nicht die Türen des Schachtes geschlossen worden sind. Diese zweite Forderung wird dadurch erreicht, daß das Steuerseil nach dem Öffnen der Tür durch die Tür selbst so lange festgeklemmt wird, bis sie wieder geschlossen ist.

Auch die sonstigen Sicherheitsvorschriften für die Tragseile, die Fangvorrichtungen usw. sind neuerdings erheblich verschärft worden, so daß heute vorschriftsmäßig angelegte Fahrstühle als recht betriebssichere Anlagen angesprochen werden können, bei denen Unfälle von Personen nur selten vorkommen. Dagegen treten bei manchen Lastaufzügen doch noch recht häufig Betriebsstörungen auf, indem entweder der Aufzug selbst oder das Arbeitsgut beschädigt wird. Wenn man der Sache auf den Grund geht, so zeigt es sich, daß nicht nur Fehler in der Bedienung, sondern fast noch öfter Fehler in der Anlage vorliegen, die dann durch die Art der Bedienung allerdings meist noch verschärft worden sind. Namentlich sind es zwei Fehler in der Anlage der Aufzüge, die im Laufe der Zeit verhängnisvoll wirken können und auf die hier hingewiesen werden soll. Einmal wird die Tragfähigkeit des Aufzuges nicht groß genug bemessen, und sodann wird seine Grundfläche nicht genügend groß dimensioniert.

Wie kommt es nun, daß solche Fehler so häufig vorkommen? Meist schätzt man wohl die von dem Aufzuge zu bewältigende Arbeit von vornherein zu niedrig ein, und läßt sich dabei bewußt oder unbewußt von dem Streben leiten, die Anlage nicht zu teuer werden zu lassen. Oft auch nimmt man auf die spätere Betriebsentwicklung zu wenig Rücksicht, die dem Aufzug im Laufe der Zeit größere Leistungen als erwartet zumutet. Da solche Steigerungen der Leistung oder auch vorübergehend höhere Leistungen, als ursprünglich angenommen, in recht vielen Betrieben vorkommen, so sollte man es sich zur Regel machen, vorsorglich eine Tragfähigkeit zu wählen, die um 25 bis 30 Proz. höher als diejenige ist, welche zur Zeit der Anschaffung der Aufzugsanlage als Maximum angenommen wird. Glaubt man also z. B. mit einer Tragfähigkeit von 750 kg auszukommen, so ist es zu empfehlen, einen Aufzug mit einer Tragfähigkeit von nicht unter 1000 kg anzuschaffen. Bringt die Entwicklung der Betriebsverhältnisse dann im Laufe der Zeit eine höhere Belastung mit sich, so hat man gut vorgesorgt. Sollte aber auch später die volle Leistungsfähigkeit nicht in Anspruch genommen werden, so wird sich trotzdem die stabilere Konstruktion im Laufe der Zeit durch die größere Dauerhaftigkeit und den Fortfall von Reparaturen vorteilhaft bemerkbar machen.

Dann ist noch ein weiterer Gesichtspunkt bei der Bemessung der Höhe der Tragfähigkeit zu berücksichtigen, der sehr oft übersehen wird. Eine Tragfähigkeit von 750 kg ist so zu verstehen, daß diese Last, während sie ruht, gefördert werden kann, ohne die Tragseile und einzelne Teile des Fahrstuhls mehr wie zulässig zu beanspruchen. Nicht genügend berücksichtigt ist aber meist bei der Konstruktion, daß es sich nicht immer nur um eine gleichmäßige Belastung handelt, und daß die Bedienung keineswegs immer so ist, wie sie sein sollte, sondern daß vielmehr der Fahrstuhl bei dem Verladen häufig heftige Stöße auszuhalten hat.

Denken wir uns z. B., daß der Fahrkorb in einem Stockwerk, also frei schwebend, und nicht an dem tiefsten Punkt seiner Bahn, auf dem Boden ruhend, beladen werden soll. Ist nun der Fahrkorb vielleicht schon mit 60 bis 70 Proz. der zulässigen Last beladen, und wird dann ein schwerer Gegenstand, z. B. eine schwere Geweberolle, in den Fahrkorb nicht etwa, wie es sein sollte, vorsichtig hineingelegt, sondern mit Wucht hineingeworfen, so bedeutet dieses ein ganz erhebliches Stoßmoment, das in der üblichen Sicherheitsberechnung nicht immer genügend berücksichtigt ist.

Man kann wohl einwenden, bei sorgfältiger Bedienung des Fahrstuhls dürfe das nicht vorkommen. Aber jeder Betriebsleiter weiß, wie oft, wenn der aufsichtführende Meister oder Beamte nicht zugegen ist, solche Gebote übertreten werden. Will man später keine Enttäuschungen erleben, so müssen in bezug auf das, was den anzuschaffenden Maschinen später zugemutet werden soll, eben die Beobachtungen zugrunde gelegt werden, die man macht, wenn man zufällig und unerwartet die Art der Bedienung beobachtet, die solch ein Apparat durch den Durchschnittsarbeiter erfährt. Die Vorsicht, die jeder einzelne in Gegenwart des Abnahmebeamten oder Betriebsleiters beobachtet, darf man verständigerweise nicht als Norm ansehen. Zur Entschuldigung der Arbeiter ist auch anzuführen, daß es oft nicht ganz leicht ist, solch schwere Gegenstände unter Vermeidung jeden Stoßes in den Aufzug hineinzulegen. Zum Hantieren mit solch schweren Gegenständen gehören schon große Körperkräfte, besonders aber, wenn der Fahrkorb und die Tür schmal sind, und es daher nicht möglich ist, beim Beladen mit einem Fuß in den Aufzug hineinzutreten und die für das Abnehmen der Rolle vom Rücken und Einlegen in den Fahrstuhl günstige Stellung der Beine und des Körpers einzunehmen. Erkennt man diese Art der Bedienung der Fahrstühle übrigens als richtig an, so ergibt sich von vornherein ein weiterer Grund für die Erhöhung der Tragfähigkeit, das ist der Umstand, daß der den Aufzug bedienende Arbeiter, auch wenn es sich gar nicht um einen Aufzug mit Personenbegleitung handelt, während des Beladens des Fahrkorbes mit einem Fuß oder unter Umständen sogar mit beiden vorübergehend auf die Plattform des Fahrkorbes zu treten hat, wenn er seine Arbeit sachgemäß ausführen soll. Ist dieses aber erforderlich, so ist naturgemäß auch bei der Festsetzung der Tragfähigkeit das Gewicht des Arbeiters dem Ladegewicht zuzurechnen Der Hauptgrund aber, warum man bei der Festsetzung der Tragfähigkeit einen Zuschlag, der oben mit 25 bis 30 Proz. angenommen wurde, geben sollte, bleibt der, daß selbst beim vorsichtigen Beladen gewisse Stöße unvermeidlich sind.

Das Bild, das wir uns von der Art und Weise, wie der Fahrstuhl beladen wird, entworfen haben, beleuchtet auch gleich den zweiten, oben schon angedeuteten Punkt, dem man meines Erachtens mehr Beachtung schenken sollte, das ist die ausreichende Dimensionierung des Fahrstuhls. Wenn der Transport im Fahrstuhl sich in der Weise vollzieht, daß der beladene Wagen an der Ausgangsstation in den Aufzug hineingeschoben und an der Bestimmungsstation aus ihm herausgezogen wird, so geht die Sache im allgemeinen recht glatt vor sich, zumal wenn es sich um einen geschlossenen Wagen oder noch besser um einen geschlossenen Schienenwagen handelt, für den auf der Plattform die entsprechenden Schienen aufgenietet sind. Statt des allseitig geschlossenen Wagens nimmt man aber häufig den an den Seiten offenen Wagen, weil man dann bei der verschiedenen Größe des Arbeitsgutes, z. B. der Gewebe, mehr Bewegungsfreiheit hat. Bei der Verwendung des offenen Wagens und erst recht bei dem einfachen Auflagern der Gewebe auf den Boden des Fahrkorbes ist aber darauf zu achten, daß die Gewebe oben nicht über die Seitenwandungen des Fahrkorbes hinausragen. Am leichtesten kann dieses an der nach der Tür hin gewendeten Seite des Fahrkorbes vorkommen, da dieser Teil des Fahrkorbes im allgemeinen überhaupt durch keinerlei Wandung begrenzt ist. Wenn bei unvorsichtigem Beladen die Gewebeenden zwischen Fahrkorb und Fahrstuhlschacht schleifen, so werden sie unter Umständen durch die Reibung zerschunden und stark beschädigt. Selbst wenn aber in einem solch vollgepfropften Aufzug die Enden und Kanten der Stücke auch wirklich nicht so stark zu Schaden kommen, so ist doch allemal die gepreßte Stellung, in die die Gewebe hineingedrängt werden, die Verschiebung der Gewebelagen und die dann unvermeidliche Berührung mit den oft nicht ganz sauberen Wänden des Aufzuges schon ein großer Nachteil. Das Festklemmen von mehreren Gewebelagen zwischen Fahrkorb und Schacht kann natürlich auch weiter noch die Ursache von verhängnisvollen Betriebsstörungen für den Fahrstuhl selbst werden.

Solche Beschädigungen und Betriebsstörungen werden ja nun zwar überhaupt niemals ganz zu vermeiden sein, wenn die erforderliche Sorgfalt beim Beladen außer acht gelassen wird. Aber diese Sorgfalt ist recht schwer zu beobachten, wenn die Raumverhältnisse für das Arbeitsgut sehr knapp bemessen, und bei dem Transport von Geweben diese nicht in der vollen Stückbreite in den Aufzug hineingelegt werden können, sondern an den Enden zusammengeknickt oder zusammengedrückt werden müssen, wenn also die Stücke sich nur mit Hängen und Würgen in den Aufzug hineinschaffen lassen.

Aus allen diesen Gründen kann deshalb nur dringend geraten werden, die Dimensionen des Aufzuges ausreichend zu wählen, namentlich aber für den Transport von Geweben. Der Umfang der Gewebestücke und die Breitenmaße der Gewebe haben bei der Entwicklung, die die Textilindustrie bisher genommen hat, eine steigende Tendenz gehabt. Darum soll man, wenn man mit gewissen Größenverhältnissen zur Zeit der Anlage des Aufzuges glaubt auskommen zu können, doch immer die Zukunft im Auge behalten und auch schon im Gedanken an sie die Dimensionen nicht zu klein wählen. Meines Erachtens soll man für einen Lastenaufzug in der Textilindustrie unter die Größe von 1 m Länge und 1,5 m Breite nicht heruntergehen. Recht oft wird man über diese Maße noch erheblich hinausgehen müssen, so z. B. bei Aufzügen, bei denen es sich um den Transport aufgebäumter Rollen von breiten Geweben bis 160 cm Warenbreite handelt. Ein Transport in der Weise, wie man es wohl als Notbehelf bei der Benutzung eines für solche Rollen zu kleinen Aufzuges sieht, daß nämlich die Rollen schräg auf die hohe Kante gestellt werden, ist wegen der Gefahr des Umstürzens natürlich höchst bedenklich. Maße für die Grundfläche des Fahrkorbes von 1,5 mal 1,5 m oder 1,5 mal 2 m oder auch 2 mal 2 m sind daher in solchen Fällen sehr wohl möglich und durchaus berechtigt. Das Opfer, das man in bezug auf die Hergabe des Raumes und die Anlagekosten bringt, wird sich durch die Minderung von Störungen des Betriebes lohnen.

❊ ❊ ❊

Während bei den Fahrstühlen der Fahrkorb der kritische Punkt ist, ist es bei den einzelnen Arbeitsmaschinen im allgemeinen das Getriebe, welches vor allem eine Gefährdung der Personen bedingt. Auf diese Sicherung der Getriebe soll zunächst sich daher die Erörterung erstrecken. Daran sollen sich dann später Betrachtungen über Maßnahmen für Aufstellung, Konstruktion und Bau der Arbeitsmaschinen anschließen, die getroffen werden, um neben der Gefahrlosigkeit des Betriebes auch eine möglichst große objektive Betriebssicherheit im Interesse des Arbeitsgutes zu erreichen. Dabei sollen dann einige interessante Maßnahmen und Spezialeinrichtungen vorgeführt werden, die dazu dienen, diese Sicherheit zu erreichen.

❊ ❊ ❊

Getriebe der einzelnen Arbeitsmaschinen. Die Vorschrift, daß alle Antriebe der Einzelmaschinen mit Schutzvorrichtungen zu versehen sind, ist an sich nicht so schwer zu erfüllen. Schwierig wird die Sache erst dann, wenn zeitweise die Schutzvorrichtungen entfernt werden müssen, um dem Bedienungspersonal die Möglichkeit zu geben, zu den einzelnen Maschinenorganen behufs Reinigung, Auswechslung des Werkstückes usw. zu gelangen. Wesentlich ist nun, daß diese Schutzvorrichtungen (Holzverschläge, Einkapselungen, Hauben, Deckel usw.), die das Getriebe (Zahnräder) verdecken, nachdem sie, um in das Innere der Maschine gelangen zu können, vorübergehend entfernt oder aufgedeckt werden mußten, rechtzeitig, d. h. vor der Inbetriebsetzung der Maschine an ihren Platz gebracht werden. Am sichersten kann dieser Forderung Rechnung getragen werden, wenn, ähnlich wie beim Aufzug, in automatischer Weise die Abhängigkeit zwischen der richtigen Einstellung der Schutzvorrichtung und der Möglichkeit der Inbetriebsetzung geschaffen wird, so daß also eine Inbetriebnahme der Maschine nicht möglich ist, solange nicht die Schutzvorrichtungen sich an der richtigen Stelle befinden.

Eine zweite, geradeso wichtige Forderung, die im Zusammenhang mit der ersten Frage erörtert werden muß, ist die, daß nach der Inbetriebsetzung die Schutzvorrichtung nicht früher wieder entfernt werden darf, bis die Maschine wieder völlig zum Stillstand gelangt ist. Gegen dieses Gebot wird verstoßen, um mit Arbeiten, die vorschriftsmäßig erst nach dem Stillstand der Maschine ausgeführt werden dürfen, schon früher beginnen zu können. Es geschieht dieses teils aus Gedankenlosigkeit, teils, weil der Arbeiter, zumal wenn er an der Höhe der Produktion interessiert ist, Zeit gewinnen will. Am kritischsten ist nun meist der Augenblick, bevor die Maschine ganz zum Stillstand gekommen ist. Solange die Maschine noch annähernd ihre volle Tourenzahl hat, sieht jeder einigermaßen vorsichtige Arbeiter die Torheit ein, die darin liegt, die sich bewegenden Teile der Maschine zu berühren. Aber nach erheblicher Verlangsamung der Geschwindigkeit glaubt der unkundige oder, wenn die Zeit drängt, sich vergessende Arbeiter den sich noch langsam bewegenden Teilen der Maschine sich ohne Gefahr nähern zu können. Das ist natürlich ein großer Irrtum, denn selbst bei erheblich gemäßigter Geschwindigkeit können noch sehr ernste Unfälle auftreten.

Wir haben also, um es kurz zu wiederholen, zwei Forderungen zu erheben, die an eine automatisch wirkende Schutzvorrichtung für die Getriebe der Einzelmaschine, wenn es sich irgend einrichten läßt, zu stellen sind:

1. Die Maschine soll nicht in Gang gebracht werden können, bevor sich die Schutzvorrichtung in der richtigen Lage befindet.
2. Die Schutzvorrichtung darf aus ihrer Lage nicht entfernt werden können, bevor nicht die in Gang gebrachte Maschine wieder vollständig zum Stillstand gekommen ist.

Besonders wichtig sind in diesem Sinne konstruierte Schutzvorrichtungen für Arbeitsmaschinen, bei denen es sich um mit großer Geschwindigkeit umlaufende Massen und Maschinenteile handelt, die nach dem Abstellen der Maschine noch längere Zeit nachlaufen.

Getriebe der Zentrifuge. Als erstes Beispiel für eine Maschine, bei der die Beachtung beider Forderungen sehr wesentlich ist, und bei der diese Forderungen auch tatsächlich durch zwei automatisch wirkende Einrichtungen in befriedigender Weise erreicht worden sind, sei die Zentrifuge angeführt. Sie wird ja auch in fast allen Textilbetrieben, und zwar zum Ausschleudern sowohl von zu trocknendem, losem Fasergut, als auch von zu trocknenden Garnen und Geweben verwendet. Die große Geschwindigkeit und leichte Beweglichkeit der den Hauptbestandteil der Zentrifuge bildenden Schleudertrommel bedingt es, daß diese nach dem Anstellen der Maschine rasch auf hohe Tourenzahl kommt und nach dem Abstellen, wenn nicht stark gebremst wird, noch lange nachläuft. Unter diesen Umständen können gefährliche Unfälle nach den beiden angedeuteten Richtungen auftreten, einerseits, wenn sich der Arbeiter noch in der Trommel zu schaffen macht, während die Maschine schon angestellt, der Riemen also von der Lose- auf die Festscheibe gelegt ist, und andererseits, wenn der Arbeiter in die Trommel hineinfaßt, solange sie noch nicht vollständig wieder zum Stillstand gelangt ist. Zur Vermeidung solcher Unfälle ist die Schleudertrommel mit einem Deckel verschlossen, und es hängt daher die Sicherheit gegen Unfälle einerseits von dem rechtzeitigen und andererseits auch dem während des Laufes andauernden Verschluß durch diesen Deckel ab.

Um der ersten der Forderungen gerecht zu werden, ist der Deckel durch einen Gelenkbolzen zwangläufig mit einer gekröpften, schmiedeeisernen Stange verbunden, deren Ende bei dem Stillsetzen der Zentrifuge durch die Bewegung des Öffnens des Deckels gegen das Vorgelege vorgeschoben und dabei so weit heruntergedrückt wird, daß der

Riemen von der Fest- auf die Losscheibe geschoben wird (Nr. 39). In dieser Stellung wird die Riemengabel infolge der zwangläufigen Verbindung mit dem Deckel nun so lange festgehalten, bis dieser wieder geschlossen wird, so daß eine Inbetriebsetzung der Zentrifuge vor dem Schließen des Deckels unmöglich ist und diese erst gleichzeitig mit diesem Schließen bewirkt wird.

Zur Erfüllung der zweiten Forderung, nämlich zu verhindern, daß der Deckel vor dem völligen Stillstand der Zentrifuge geöffnet werden kann, dient ein kleines, auf der senkrechten Antriebswelle der Zentrifuge sitzendes Gebläse. Sobald die Zentrifuge läuft, erzeugt dieses Gebläse einen Luftstrom, der einen federnden Riegel zum Eingriff in

Nr. 39. Zentrifuge mit zwangläufiger Verbindung zwischen Verschlußdeckel und Riemengabel.

eine an dem Deckel befestigte Nase bringt und so den Deckel verriegelt. Solange der Luftstrom den Riegel gegen die Nase drückt und auf diese Weise den Schutzdeckel der Schleudertrommel festhält, d. h. also, solange die Zentrifuge läuft, kann infolge dieser Verriegelung der Deckel nicht abgehoben werden und kann der Arbeiter nicht in die Schleudertrommel hineinfassen.

Schutzvorrichtung an den Getrieben einzelner Arbeitsmaschinen der Spinnerei. Von größerer Einfachheit als bei der Zentrifuge sind die denselben beiden Zwecken entsprechenden Schutzvorrichtungen bei vielen Arbeitsmaschinen der Spinnerei. Am einfachsten sind sie bei der Schlagmaschine, insofern, als bei ihr durch eine Einrichtung beide Ziele erreicht werden. Die kritische Stelle bei der Schlagmaschine ist der mit 1000 Touren umlaufende Schläger, welcher während des Betriebes der Maschine durch eine Haube verschlossen werden muß. Die nach den beiden Richtungen erforderliche Sicherheit für den Verschluß der Schlägerhaube ist durch einen horizontal gelagerten und seitlich verschiebbaren zylindrischen Bolzen erreicht, der entweder in ein Loch des Seitendeckels der Schutzhaube oder in ein Loch der als Randscheibe ausgebildeten Festscheibe hineingeschoben werden kann. Wird das eine Ende des Bolzens in das Loch der Schutzhaube geschoben, so ist die Schutzhaube in ihrer Verschlußstellung verriegelt und die feste Antriebsscheibe ist freigegeben, so daß die Schlagmaschine dann, aber auch erst dann in Gang gesetzt werden kann. Nicht eher kann die Schutzhaube dann andererseits wieder geöffnet werden, als bis der Bolzen aus ihr herausgezogen worden ist. Dieses ist aber nur dann möglich, wenn die andere Seite des Bolzens in das vorgesehene zugehörige Loch der Randscheibe geschoben, die Festscheibe dadurch verriegelt worden ist, und die Schlagmaschine also still steht. Eine Annäherung an den Schläger selbst, während dieser noch läuft, ist also ganz ausgeschlossen.

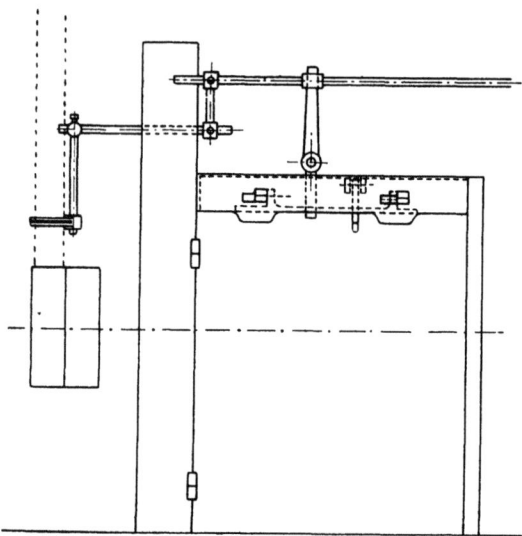

Nr. 40. Feinspinnmaschine mit zwangläufiger Verbindung zwischen der Verschlußtür des Differentialgetriebes und der Riemengabel.

Ganz ähnliche Verhältnisse finden wir bei der Schutzvorrichtung für das Differentialgetriebe der Spindelbank. Dieses rasch umlaufende Getriebe bedarf, solange es in Bewegung ist, eines besonders wirksamen Schutzes, weil auch hier bei der Annäherung der Hände oder der Kleidungsstücke an das nicht geschützte Getriebe leicht Unfälle eintreten können. Das Getriebe ist durch eine Tür verschlossen. Hier besteht nun auch wieder die Gefahr, daß, wenn der Verschluß der Tür vor Beginn und während des Betriebes nicht gesichert ist, der Arbeiter die Tür bei der Inbetriebsetzung offen läßt oder auch schon vor dem völligen Stillstand der Maschine öffnet, um Reinigungsarbeiten, das Schmieren der Maschinenteile usw. ausführen zu können, Arbeiten also, die vorschriftsmäßig nur in der Betriebspause oder nach Arbeitsschluß, jedenfalls aber nur während des Stillstandes der Maschine ausgeführt werden sollen.

Eine sehr zweckmäßige Einrichtung zur selbsttätigen Sicherung des Differentialgetriebes der Spindelbank durch die abschließende Tür findet sich an den von der Elsässischen Maschinenbaugesellschaft gelieferten Spindelbänken. Die Vorrichtung (Nr. 40) besteht aus einer viereckigen, mit dem Führungsgestänge der Riemengabel zwangläufig verbundenen Doppelnase, die in den Wirkungsbereich der an der zweiflügeligen Tür sitzenden und sie verriegelnden Türklinke eingreift. Das Zusammenarbeiten der Doppelnase und der entsprechend ausgebildeten Türklinke ist so eingestellt, daß die Spindelbank nicht in Betrieb gesetzt werden kann, bevor die Tür geschlossen ist und ferner die Tür nicht früher geöffnet werden kann, bis mittels des Führungsgestänges der Riemen von der Fest- auf die Losscheibe geschoben, der Betrieb der Maschine also abgestellt ist.

Diese Beispiele mögen genügen. Man kann die bei den verschiedenen Maschinen angegebenen Lösungen des Problems wohl als vorbildlich bezeichnen. Zu wünschen wäre es, wenn in diesem Sinne weiter gearbeitet würde und für andere Arbeitsmaschinen, bei denen automatische Schutzvorrichtungen noch fehlen, z. B. die Krempeln, ähnliche Einrichtungen geschaffen würden.

Allgemein ist noch darauf hinzuweisen, daß die Riegel, Bolzen und Klinken usw., aus denen die automatische Einrichtung und Sicherung konstruiert ist, möglichst stabil und solide ausgeführt werden sollen, damit sie nicht so leicht absichtlich oder unabsichtlich beschädigt werden können. Vor allem muß die Befestigung an den Maschinenteilen, der Riemengabel usw. so ausgeführt werden, daß sie nur sehr schwer beseitigt werden kann. Man verwendet daher zur Befestigung, wenn möglich, überhaupt keine Schrauben, weil durch Lösen derselben mittels eines Schraubenschlüssels die Vorrichtung unter Umständen in unauffälliger Weise leicht unwirksam gemacht werden kann, sondern nur kräftige Niete. In jedem Falle muß man sich durch häufige Betriebskontrolle über das gute Funktionieren der Vorrichtung und das Vorhandensein der einzelnen Teile Gewißheit verschaffen. Es gibt leider immer noch Arbeiter, die den Segen einer solchen Einrichtung, die doch in ihrem eigensten Interesse liegt, verkennen, und die automatische Schutzvorrichtung als eine Einrichtung ansehen, die sie in ihrer Bewegungsfreiheit beschränkt und die Möglichkeit nimmt, die Reinigungsarbeit nach ihrem Belieben vorzunehmen.

Getriebe der Arbeitsmaschinen der Druckerei. Die Arbeitsmaschinen der Druckerei sind im allgemeinen leichter gebaute Maschinen, bei denen es sich nicht um große und sehr schnell bewegte Massen handelt. Immerhin kommen doch noch ziemlich häufig Unfälle und Maschinenbeschädigungen vor, so daß der Erfindungsgeist auch hier wohl ein Betätigungsfeld finden könnte.

An rascher laufenden, schwereren Maschinen sind außer der Zentrifuge, von der vorher schon die Rede war, der Kalander und die Druckmaschine hervorzuheben. Für den Kalander hat sich die vor den schweren Walzen angebrachte Schutzwalze, die verhindert, daß man während der Arbeit mit der Hand zu den eigentlichen schweren Kalanderwalzen gelangen kann, sehr gut bewährt. Diese Schutzwalze darf natürlich nie entfernt werden, auch nicht während des Waschens des Kalanders.

Am meisten gefährdet ist der Arbeiter bei der Druckmaschine, deren Bedienung nicht so einfach ist, und bei der auch das Bedienungspersonal nicht so leicht geschützt werden kann. Denn die Druckwalzen der Druckmaschine müssen häufiger gewechselt werden, und sie müssen auch während des Laufens der Druckmaschine an vielen Stellen zugänglich bleiben. Am wichtigsten ist die Frage der Schutzvorrichtung für die Druckmaschine an den Stellen, wo das zu druckende Gewebe zwischen der ersten Druckwalze und dem Druckzylinder in die Maschine einläuft. Kurz vor dieser Stelle ist ein Breithalter angebracht, der den faltenfreien Einlauf der Gewebe in die Druckmaschine gewährleisten soll. Die Arbeit des Breithalters sucht nun der Arbeiter bei leicht faltenschlagenden Geweben bis zu einem gewissen Grade dadurch zu unterstützen, daß er in kritischen Augenblicken, etwa bei einer Gewebenaht, der drohenden oder schon eingetretenen Faltenbildung durch entsprechendes Zupfen der beiden Gewebekanten mit den Händen möglichst entgegenwirkt. Solange die Hände oberhalb des Breithalters bleiben, ist keine Gefahr, weil dann der Breithalter selbst gewissermaßen die Schutzvorrichtung bildet. Aus Unachtsamkeit oder im Eifer der Arbeit kann der Arbeiter aber zu tief fassen, und die Hand kann dann von der rasch laufenden Ware zwischen die Druckwalze und den Druckzylinder gezogen werden. Es muß daher vor Beginn des Druckens ein Schutzbrett vor der ersten Walze angebracht werden. Jedoch muß dieses für die Unfallverhütung so wichtige Schutzbrett abnehmbar eingerichtet sein, um das Auswechseln der Druckwalzen ohne Schwierigkeit ausführen zu können. Leider gibt es noch keine Vorrichtung, die automatisch, ähnlich wie bei den Antrieben der Arbeitsmaschinen der Spinnerei, die Inbetriebsetzung vor dem Anbringen des Schutzbrettes unmöglich macht. Man ist daher zur Durchführung der Vorschrift, daß stets vor der Inbetriebsetzung der Druckmaschine das Schutzbrett vor der ersten Walze aufgelegt werden muß, auf das Anbringen auffallender Plakate und scharfe Betriebskontrolle angewiesen.

Leichte Abstellbarkeit des Getriebes der Einzelmaschine. In jedem Falle ist, wenn eine andere Sicherung nicht möglich ist, die leichte Abstellbarkeit des Getriebes sehr wesentlich. Bei Gruppenantrieb erfolgt das Stillsetzen der Einzelmaschine meist dadurch, daß der Antriebsriemen von der Fest- auf die Losescheibe mittels Anrücker und Riemengabel geschoben wird. Bei Arbeitsmaschinen von etwas größerer Ausdehnung ist es nun zweckmäßig, die Möglichkeit des Ausrückens von mehreren Stellen aus, mindestens aber von beiden Seiten der Arbeitsmaschine aus vorzusehen. Es läßt sich dieses durch mit Gelenken verbundene Gestänge auf größere Entfernungen ohne besondere Schwierigkeiten einrichten.

Am einfachsten gestaltet sich das Stillsetzen der einzelnen Arbeitsmaschinen bei elektrischem Einzelantrieb durch Betätigung von Druckknöpfen, die an den verschiedenen, für die Bedienung wichtigen Stellen verteilt sind. Auf diese Weise läßt sich übrigens zweckmäßig auch bei Gruppenantrieb das Stillsetzen des die ganze Gruppe treibenden Motors bewirken. Aber man hat natürlich dann den plötzlichen Stillstand aller an die Gruppe angeschlossenen Arbeitsmaschinen und die damit verbundenen Nachteile in den Kauf zu nehmen.

Automatische Abstellung bei Unregelmäßigkeiten durch den als Sicherung wirkenden Riemen. Ein eigenartiger Fall, um Maschinen und Gewebe automatisch zu sichern, ein Fall, der sich allerdings nur bis zu einem gewissen Grade verallgemeinern läßt, sei hier zunächst angeführt. Der Riemen selbst wird in diesem Falle als eine Art von Sicherung verwendet, und zwar innerhalb der Maschine, wenn nur Festscheiben vorhanden sind. Der Riemen wird dann nur so stark angespannt, daß er im kritischen Augenblicke, sobald ihm eine größere Übertragungsarbeit zugemutet wird, als er tatsächlich leisten soll, und bevor noch durch das Weiterlaufen der Maschine ein Schaden entstanden ist, einfach herunterfällt. Bei einer solchen Art der Sicherung kann es sich aber im allgemeinen nur um kleine und schmale Riemen handeln, bei denen das Herunterfallen auch sonst keine nachteiligen Folgen hat. Ein solcher Fall liegt z. B. bei den Schermaschinen vor. So kann man sich eines schmalen Riemens oder einer auf einer Schnurscheibe laufenden gedrehten Riemenschnur, die nur schlaff aufgelegt werden, zum Antrieb des Scherzylinders bedienen. Bei straff gespannten Riemen kann, wenn sich Faden- und Gewebeenden um den Scherzylinder geschlungen haben, die sich um den rasch umlaufenden Zylinder aufwickelnde Ware eine so stark bremsende Wirkung ausüben, daß die Spiralen des Scherzylinders brechen, wenn der Riemen weiter durchzieht. Dadurch, daß man den Riemen, der natürlich dann nicht zu breit sein darf, in der oben beschriebenen Weise, also mit ziemlich schlaffer Spannung, über die treibenden und getriebenen Scheiben gelegt hatte, fällt dieser im kritischen Augenblick herunter und so wird weiteres Unheil verhütet.

Automatische mechanische Abstellung der Maschine durch ein Maschinenorgan. Der jetzt zu besprechende Fall stellt gegenüber dem vorigen insofern eine bessere Lösung dar, als eine Einrichtung getroffen ist, mit deren Hilfe die eintretende Betriebsunregelmäßigkeit selbst die Maschine zwangläufig völlig zum Stillstand bringt.

Bei einigen Arbeitsmaschinen der Druckerei können in ähnlicher Weise wie bei der Schermaschine Beschädigungen der Maschinenorgane dadurch eintreten, daß sich die auf

Nr. 41. Waschmaschine mit zwangläufiger Verbindung zwischen Führungsrechen und Riemengabel.

der Arbeitsmaschine zu behandelnden Gewebe verschlingen, daß sich Knäuel oder Knoten usw. bilden. Es besteht z. B. die Gefahr der Bildung einer solchen Verschlingung der einzelnen Gewebestränge und einer Beschädigung der Ware und auch der Maschinen, während die Gewebe im Waschtrog der Strangwaschmaschine behandelt werden. Wenn sich hier Gewebeknäuel bilden, so können die Gewebestränge bei dem starken Zuge, mit dem sie durch die Walzen der Waschmaschine gezogen werden, leicht abreißen; es können ferner einzelne Teile des Führungsrechens, der sich vor den Zugwalzen der Waschmaschine befindet und der die Führung der einzelnen Warenstränge beim Austritt aus dem Waschtrog der Waschmaschine zu übernehmen hat, abgebrochen werden.

Um all diesen Schwierigkeiten zu begegnen, ist der Führungsrechen durch ein Gelenk mit der Riemengabel verbunden, welche die Führung des Riemens von der Lose- auf die Festscheibe und umgekehrt, zur In- und Außerbetriebsetzung der Maschine, vermittelt (Nr. 41). Kommt nun ein solcher Warenknäuel bei seinem Lauf aus dem Waschtrog der Waschmaschine heraus, so können die Stränge nicht zwischen den Stäben des Rechens hindurchgleiten, das Warenknäuel findet vielmehr an dem Rechen selbst seinen Halt. Unter dem Einfluß des von den Zugwalzen ausgeübten Zuges führt der Rechen eine kurze drehende Bewegung aus, und diese überträgt sich dann infolge der zwangläufigen Verbindung auf die Riemengabel, die dadurch die Überleitung des Riemens von der Fest- auf die Losescheibe bewirkt und die Maschine zum Stillstand bringt. Jetzt können, ohne daß die Maschine zu Schaden gekommen wäre, die Knäuel entwirrt werden; dann kann die Arbeit wieder beginnen.

Mechanische Bruchsicherungen bei Arbeitsmaschinen im allgemeinen. Ähnlich wie bei den Elektromotoren gibt es auch für die Arbeitsmaschinen unmittelbar automatisch wirkende Sicherungen, welche, dadurch, daß sie vernichtet werden, wertvollere Teile der Maschine vor Schaden bewahren. Zur Anwendung gelangen diese Sicherungen vor allem in Betrieben der Schwerindustrie bei solchen Arbeitsmaschinen, bei denen stoßweise starke Beanspruchungen auftreten. In diesen Fällen sieht man besondere Maschinenteile vor, die entsprechend schwächer konstruiert sind, so daß bei außergewöhnlichen Beanspruchungen der Bruch an dieser gewollten Stelle eintritt, und nur diese leicht zu ersetzenden Maschinenteile zerstört werden, während der übrige Teil der Maschine unversehrt bleibt. Man bezeichnet in der Maschinenindustrie solche Maschinenteile als Bruchglieder.

Auf diesem Prinzip fußend werden z. B. die Kniehebel des Steinbrechers als Bruchglieder gebaut und verhältnismäßig schwach konstruiert. Wenn in die Maschine dann ein Stück von nicht zu bewältigender Größe oder vielleicht Eisenteile gelangen, so brechen nur die Bruchglieder, während die übrigen Teile der Maschine nicht beschädigt werden.

Ähnliche Einrichtungen finden sich bei den Walzwerken. Die Lager der Oberwalzen des Walzwerkes werden zur Erzeugung des erforderlichen Walzdruckes durch Stellschrauben niedergedrückt, die durch in der Ständerkappe vorgesehene Muttern geführt werden. Zwischen der Druckschraube und dem Lagerkörper werden nun Körper von geringerer Festigkeit, die sogenannten Brechtöpfe, Brechböcke oder Brechkapseln eingebaut. Wenn dann zu schwer zu verarbeitendes Material oder Fremdkörper zwischen die Walzen des Walzwerkes gelangen, so gehen die Brechtöpfe zu Bruch, während die wertvollen Walzen und die Lager vor Schaden bewahrt bleiben.

Besonderer Fall einer Bruchsicherung in der Textilindustrie. Für die Maschinen der Textilindustrie gibt es keine völlig gleichartigen Einrichtungen. Bei Maschinen ähnlicher Konstruktion sucht man die für die Walzen erforderliche Sicherung meist durch Federung usw. zu erreichen; in einem Falle ist indes im Betriebe der Firma Gebrüder Elbers eine den Bruchgliedern entsprechende Einrichtung, wobei allerdings das Gewebe selbst als Bruchglied wirkt, geschaffen worden. Über diese Einrichtung soll kurz berichtet werden.

In ihrer Wirkungsweise und ihrem mechanischen Aufbau haben die in der Textilindustrie verwendeten Klotzmaschinen mit den Walzwerken der Eisenindustrie eine gewisse Ähnlichkeit. Während aber die Walzenlager bei den Walzwerken außerordentlich starken Druck auszuhalten haben, da es sich um eine vollständig neue Formgebung für das Werkstück handelt, sind die Druckwirkungen auf die Lager der Klotzmaschinen, bei denen es sich nur um das Ausquetschen einer Flüssigkeit handelt, wenn auch keineswegs unbedeutend, doch wesentlich geringer. Andererseits sind aber die Gummiwalzen und Kupferwalzen der Klotzmaschine sehr vorsichtig zu behandelnde Maschinenteile. Fremdkörper, die bei einem Walzwerk ohne jeden Einfluß sein würden, können bei der Gummiwalze der Klotzmaschine schon sehr bedenkliche Beschädigungen hervorrufen. Aus diesem Grunde hat man den Druck auf die Lager der Walzen bei der Klotzmaschine durch Übertragung des Druckes mittels eines nach Bedarf zu belastenden Doppelhebels, wie schon hervorgehoben, federnd eingerichtet. Auf diese Weise sollen dann ernstere Beschädigungen vermieden werden.

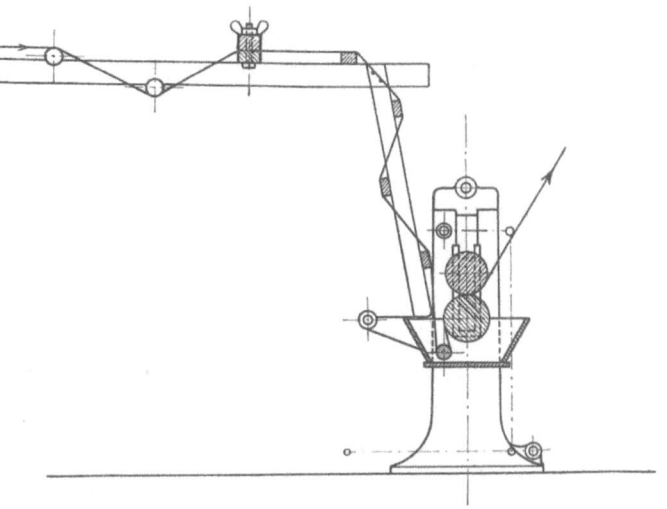

Nr. 42. Mechanische Sicherung der Gummiwalzen durch Abreißen des Gewebes beim Auftreten von Knoten.

Die neue bei der Klotzmaschine zur Sicherung dienende Vorrichtung bildet nun eine sehr wirksame Ergänzung dieses oft recht ungenügenden Schutzes der Gummi- und Kupferwalzen, insbesondere gegen Knoten, die durch das Zusammenknüpfen der Gewebeenden entstanden sind. Die selbstverständliche Regel, daß solche Enden niemals geknotet, sondern immer zusammengenäht oder zusammengeklebt werden sollen, wird trotz aller Einschärfung von Zeit zu Zeit immer wieder übertreten, wenn neue Hilfsarbeiter mit dem Zusammennähen der Stückenden betraut werden. Dabei kann ein einzelner dickerer Gewebeknoten unter Umständen schon sehr großen Schaden anrichten und die Oberfläche der Gummiwalze aufreißen, wenn er mit dem rasch laufenden Gewebe durch die Walzen der Klotzmaschine hindurchgeht. Je stärker der Druck, um so größer ist natürlich meist die Beschädigung. Im allgemeinen muß aber gerade dieser Druck ziemlich hoch bemessen werden, um die bei dem nachfolgenden Trockenprozeß zu verdampfende Flüssigkeitsmenge möglichst herunterzudrücken.

Die Sicherungsvorrichtung selbst ist am Gewebeeinführungsapparat der Klotzmaschine angebracht. Gewöhnlich wird als Gewebeeinführungsapparat für diese Maschine ein System von viereckigen hölzernen Spannlatten benutzt. Außer den hölzernen Latten sind noch weitere Holz- oder Messingrollen vorgesehen. Je nach der Intensität der Spannung, welche man dem Gewebe zu geben wünscht, führt man bei der Aufmachung das Gewebe teilweise über die viereckigen Spannlatten, teilweise über die Rollen. Die an dem Gewebeeinführungsapparat angebrachte Einrichtung besteht nun in diesem Falle darin, daß statt der ersten viereckigen, einfachen Latte des Einführungsapparates eine Doppellatte, bestehend aus zwei übereinanderliegenden viereckigen Latten, verwendet wird. Diese beiden Latten sind durch Schrauben miteinander so verbunden, daß ihr Abstand voneinander einstellbar ist (Nr. 42). Während des sogenannten Aufmachens des Gewebes vor der Inbetriebsetzung der Klotzmaschine schraubt man zunächst die beiden Latten so weit auseinander, daß man mit den Fingern der Hand zur Durchführung des Gewebes bequem hindurchreichen kann. Dann aber stellt man mit Hilfe der Flügelschrauben die Entfernung der beiden Latten voneinander so ein, daß sie etwa das Doppelte der Gewebestärke beträgt. Während der normalen Arbeit der Klotzmaschine kann durch diesen Spalt das Gewebe bequem hindurchlaufen. Findet sich aber an einer Stelle des Gewebes, etwa am Gewebeende, ein Gewebeknoten, so kann dieser bei dem Warenlauf nur bis zu dem Spalt gelangen, dort findet er ein unübersteigbares Hindernis an den den Spalt begrenzenden Latten, das Gewebe reißt durch, der weitere Gewebeeinlauf ist damit abgeschnitten, und der jenseits der Doppellatte befindliche Teil des Gewebes läuft so lange auf der Maschine weiter, bis der die Maschine bedienende Arbeiter den Unfall bemerkt und die Maschine abstellt. Die Kosten, die durch das Durchreißen des Gewebes sowie das Neuaufmachen der Maschine entstehen, fallen gar nicht ins Gewicht gegenüber den Ersparnissen, die man dadurch macht, daß die teure Reparatur der Gummiwalze verhütet worden ist.

Automatische, elektrische Abstellung durch das Maschinenorgan. Am elegantesten ist, sofern sich dieses einrichten läßt, das automatische Stillsetzen der Arbeitsmaschine auch wieder bei elektrischem Einzelantrieb zu erreichen, und zwar in der Weise, daß die Betätigung des Druckknopfes anstatt durch den bedienenden Arbeiter durch das Maschinenorgan, dessen Bewegung begrenzt werden soll, selbst bewirkt wird. Die Einrichtung ist dann so zu treffen, daß das Maschinenorgan, bevor die für das Arbeitsgut oder die Maschine verhängnisvolle Überschreitung der vorgeschriebenen Bahn stattfinden kann, mittels eines in geeigneter Weise befestigten federnden Fühlers gegen den Druckknopf stößt und dadurch den Elektromotor und damit die Arbeitsmaschine zum Stillstand bringt. Durch diese Anordnung kann namentlich bei kombinierten Systemen durch rechtzeitiges Stillsetzen des Teiles des Aggregates, welches eine zu große Voreilung hatte, die Betriebssicherheit sehr wesentlich erhöht werden. Eine Anwendung des angedeuteten Prinzips ist im Betriebe von Gebrüder Elbers geschaffen worden. Sie besteht darin, daß das bei einem kombinierten System in einem Kompensator aufgespeicherte Gewebe dadurch, daß der an dem oberen Rahmen befestigte Fühler des Rollensystems bei zu hohem Steigen des Kompensators über die vorgeschriebene Bahn hinaus in der geschilderten Weise gegen einen solchen Druckknopf stößt und den betreffenden Teil des Aggregats stillsetzt. Dadurch wird aber dann, abgesehen von dem Schaden, der durch das Abreißen des Gewebes und der damit verbundenen Betriebsstörung verursacht werden würde, vor allem auch das Leitrollensystem vor Beschädigung (Verbiegen und Brechen der Rollen) bewahrt.

❀ ❀ ❀

Aufstellung der einzelnen Arbeitsmaschine. Bei Aufstellung von Arbeitsmaschinen in der Nähe der Wand ist folgendes zu beachten. Man soll die Arbeitsmaschine nicht so nahe der Wand aufstellen, daß zwischen ihr und der Arbeitsmaschine bzw. dem Riemenlauf nur etwa 30 bis 40 cm Platz übrig bleibt, weil sonst das Bedienungspersonal sich durch diese enge Gasse hindurchzudrängen versucht. Entweder muß die Arbeitsmaschine vielmehr dicht an der Wand stehen, oder aber so weit von der Wand, daß zwischen Wand und der Einfriedigung für den Riemenlauf ein einigermaßen bequemer Durchgang (50 bis 60 cm) verbleibt; sonst können leicht Betriebsunfälle eintreten.

Meistens ist aber die letztere Lösung, die Stellung der Arbeitsmaschine in einer angemessenen Entfernung von der Wand, deshalb vorzuziehen, weil dann jedes einzelne Lager der Maschine und der Motor (Bürstenbrücke usw.) besser bedient werden kann.

❊ ❊ ❊

Bau und Konstruktion der Einzelmaschine. Eine gute, solide Ausführung unter Verwendung besten Materials ist für eine Maschine das erste Erfordernis, um späteren Betriebsstörungen durch nicht richtiges Arbeiten oder gar Bruch von Maschinenteilen vorzubeugen. Zum größten Teil werden ja die Maschinen nicht von den Textilfabriken selbst gebaut, sondern von den Maschinenfabriken fertig bezogen. Aus diesem Grunde hat der Textilindustrielle auf den Bau und die Konstruktion der einzelnen Arbeitsmaschine meist nur einen beschränkten Einfluß. Immerhin läßt sich durch ein entsprechendes, sorgfältiges Durcharbeiten aller Fragen bei der Vergebung des Auftrages mancherlei erreichen. Baut eine Maschinenfabrik mehrere Typen, so ist zu empfehlen, lieber ein etwas zu schweres, als ein zu leichtes Modell zu wählen, und zwar sowohl, um Reparaturen möglichst zu vermeiden, als auch im Hinblick auf nicht vorauszusehende größere Beanspruchungen. Solche größere Anforderungen können bei Webstühlen, Waschmaschinen usw. z. B. notwendig werden, wenn es darauf ankommt, Gewebe mit größerer Dichte, unelastischerem Garnmaterial (Papiergarn) herzustellen oder zu verarbeiten.

Alle Verbesserungen, die sich in irgend einem Zweige des Maschinenbaues bewährt haben und die zur Erhöhung der Betriebssicherheit beitragen, sollten möglichst bald auch bei der einzelnen Textilmaschine zur Anwendung gelangen. So muß auch von den Ölkammerlagern und Kugellagern, die im Transmissionsbau eine so vielseitige Anwendung gefunden haben, bei der Einzelmaschine ein möglichst weitgehender Gebrauch gemacht werden, um, abgesehen von der Kraftersparnis, Betriebsstörungen durch Anfressen der Lager usw. zu vermeiden. Ebenso sollte man von dem Einkapseln ganzer Zahnradgetriebe in Ölkammern, wie dieses bei Werkzeugmaschinen häufig geschieht, auch bei Textilmaschinen in geeigneten Fällen noch häufiger Gebrauch machen, schon weil dann Ölflecke viel seltener vorkommen.

Zwar kommen die Gewebe ja nicht so leicht unmittelbar an das Lager heran, denn man vermeidet es zweckmäßig möglichst, unmittelbar über der Arbeitsmaschine Lager anzubringen, aber schon das viele Hantieren mit der Ölkanne, wodurch die Hand des Arbeiters, die nachher wieder mit der Ware in Berührung kommt, immer mehr oder weniger verunreinigt wird, ist ein Übelstand.

Es bleibt natürlich die Sachlage im Einzelfalle zu berücksichtigen. Nicht jedes Lager kann man bei der Textilmaschine als Ölkammerlager ausbauen, da diese Lager weit mehr Raum als gewöhnliche Lager beanspruchen; dazu ist aber der an den Textilmaschinen verfügbare Raum leider oft zu gering. Trotzdem bleibt aber noch eine ganze Menge von Fällen übrig, in denen der erforderliche Platz wohl beschafft werden kann, und daher die Verwendung der Ölkammerlager mit Ringschmierung sehr zweckmäßig sein würde.

Auch bei den Ölkammerlagern ist übrigens darauf zu achten, daß sie gut abdichten und sich nicht zu viel Flaum an ihnen ansetzt, wodurch das Öl aus dem Lager während des Laufes der Welle allmählich auch wieder herausgepumpt wird. Es können sonst trotz der Verwendung von Ölkammerlagern Tropfflecke entstehen. Ist das Öl verseifbar, und sind die Stücke noch nicht gebleicht, so lassen sich die Flecke wohl noch ausbleichen, anderenfalls aber sind sie schwer zu entfernen. In jedem Falle heißt es auch hier: Schaden verhüten ist leichter als Schaden heilen.

Für die einzelnen Organe der Arbeitsmaschine müssen weiter die Fortschritte in der Herstellung und Verwendung von besonders geeignetem Material mit hohen Festigkeitseigenschaften usw. im Interesse einer möglichst weitgehenden Betriebssicherheit nutzbar gemacht werden. Dieses gilt in erster Linie bei dem Bau und der Anschaffung neuer Maschinen. Aber auch bei älteren Maschinen, die schon viele Jahre gearbeitet haben, kann die Beobachtung dieses Grundsatzes oft von großem Nutzen sein und manche Betriebsstörung vermeiden helfen. Häufig sind z. B. die Raumverhältnisse im Innern einer Arbeitsmaschine bei der nun einmal gewählten Konstruktion so beschränkt, daß einzelne Antriebsräder nicht die vollen Abmessungen erhalten konnten, die sie eigentlich haben mußten, um auch etwas stärkeren Beanspruchungen als den üblichen gewachsen zu sein. Die Folge ist dann, daß bei etwas stärkerer Belastung der Maschine solche Räder brechen. Hier kann dann oft schon der Ersatz eines Zahnrades aus Grauguß durch ein solches aus Stahlformguß die Betriebsstörungen verhüten, die durch den häufiger auftretenden Bruch der Zahnräder sonst eintreten. Sollte sich die Festigkeit des Stahlgusses auch als noch nicht ausreichend erweisen, so wird man oft zu den Edelstählen (Nickelstahl, Wolframstahl usw.) greifen müssen. Da, wo es sich um die Widerstandsfähigkeit gegenüber chemischen Einflüssen handelt, wird oft ein Ersatz der aus Eisen und Stahl gefertigten Maschinenteile, Lagerschalen usw. durch solche aus Kupfer und Bronze in Frage kommen. Namentlich gilt dieses für die Maschinen, bei denen aus Materialnot während der Kriegszeit weniger geeignete Materialien Verwendung finden mußten.

Die für die Betriebssicherheit erstrebenswerten Verbesserungen liegen nun bei Neuanschaffungen nicht nur in der Verwendung des am meisten geeigneten Materials, sondern vor allem auch in der ganzen Konstruktion, also darin, daß man bei der Anschaffung Maschinen bester Konstruktion für seine Zwecke sich auswählt. Nicht immer ist man indes in der Lage, sich die neuesten und am besten konstruierten Maschinen anzuschaffen, da die Ausgaben für die Anschaffung der Maschinen sich naturgemäß in einem bestimmten Rahmen halten müssen. Häufig läßt sich dann durch einen verhältnismäßig nicht sehr beträchtlichen Umbau einer älteren Maschine der wesentliche Teil einer neuen Konstruktion sehr gut nutzbar machen. So bedeutet es z. B. einen gewaltigen Fortschritt, wenn man bei den älteren Druckmaschinen unter Beibehaltung des eigentlichen, zum Drucken dienenden Teiles der Maschine die Dampfplattentrockenstühle durch moderne Heißluftkammern ersetzt. Da sich in dem Innenraum dieser letzteren, dort, wo die Gewebe geführt werden, überhaupt keine Heizelemente, weder Dampfrohre noch Dampfplatten, befinden, so ist bei solchen Heißluftkammern im Gegensatz zu den älteren Trockenstühlen die Gefahr der so unangenehmen Naßflecke durch diese Heizeinrichtung vermieden.

IV.
Erfordernisse der Betriebssicherheit bei ganzen Betriebsabteilungen in der Aufstellung der Maschinenkomplexe.

Bei den folgenden Betrachtungen handelt es sich zunächst um die Frage der gegenseitigen Ergänzung und Anpassung einer Gruppe gleichartiger Arbeitsmaschinen, um eine möglichst weitgehende Sicherheit des gesamten Betriebes zu verbürgen. Im Vordergrunde steht hier der Gesichtspunkt der Austauschbarkeit der einzelnen Maschinenorgane der Arbeitsmaschinen. Ist eine größere Reihe von Arbeitsmaschinen, z. B. Webstühle, nach dem gleichen Modell gebaut, so kann man mit einer viel geringeren Menge gleichartiger Reserveteile auskommen. Nur dann ist es praktisch überhaupt durchführbar, für alle Maschinenteile sich Reservestücke hinzulegen. Im anderen Falle würde bei den so vielseitigen Konstruktionen der einzelnen Arbeitsmaschinen die Zahl der für jeden einzelnen Maschinenteil benötigten Reserveteile, ebenso wie auch die Größe der erforderlichen Aufbewahrungsräume fast ins Unmögliche wachsen. So sollte man also nicht ohne Not das Modell einer als gut erkannten, solide und betriebssicher gebauten Maschine verlassen und wegen kleiner, vielleicht oft sogar nur vermeintlicher Verbesserungen, oder auch wegen kleiner Preisvorteile dem alten Lieferanten untreu werden. Jedenfalls soll man bei einer Neuanschaffung diesen Gesichtspunkt, daß eventuell die Austauschbarkeit der einzelnen Maschinenteile und Reservestücke durch eine Änderung des Modells oder durch den Wechsel des Lieferanten verloren geht, stets berücksichtigen.

Natürlich finden aber all diese Rücksichten an den offensichtlichen Vorteilen einer neuen Konstruktion ihre Grenze. Der textiltechnische Betriebsvorteil darf eben niemals aus dem Auge gelassen werden, denn schließlich gewährleistet doch nur die zweckmäßige und moderne Einrichtung eine wirkliche Stetigkeit und Sicherheit des Betriebes, die oft noch höher zu bewerten ist, als die der rein mechanischen Auswechselbarkeit der Reserveteile. So kommt man denn unter Umständen geradezu zu der nach dem Vorausgeschickten etwas paradox klingenden Forderung, daß auch wieder eine zu große Einseitigkeit in der Wahl des Systems der Arbeitsmaschinen vermieden werden soll.

Als Beispiel, wie die letzten Ausführungen gemeint sind, seien die verschiedenen Systeme von Spannrahmmaschinen zum Appretieren der Gewebe angeführt.

Es besteht, ganz abgesehen von den begleitenden Farben, ein sehr großer Unterschied darin, ob man ein ganz feines Schleiergewebe oder ein schweres Kreppgewebe auf einer Spannrahmmaschine zu behandeln hat. Zwischen diesen Extremen liegen außerordentlich viel Artikel und Qualitäten. Bei dem einen Artikel kommt es mit Rücksicht auf die aufgedruckten Muster (Karos, Streifen) vielleicht vor allem auf die Fadengeradheit, bei dem zweiten auf Griff und Lüster und bei dem dritten in erster Linie auf die Beschwerung an. Allen diesen Anforderungen kann man nun aber selten mit ganz gleich konstruierten Spannrahmmaschinen gerecht werden. In dieser Beziehung macht man fast täglich neue Erfahrungen. Wenn man z. B. bei dem Spannen leichter Gewebe mit der modernen Kluppenkette einer ganz neuen Spannrahmmaschine recht große Schwierigkeiten hat, so kommt man vielleicht mit einer älteren Spannrahmmaschine mit Nadelkette noch sehr gut zurecht. Und ähnlich verhält es sich mit anderen Teilen der Spannrahmmaschine, mit der Art der Trocknung, insbesondere mit den Fragen, ob die Spannrahmmaschine für ausschließliche Heißlufttrocknung oder auch teilweise für eine Trocknung mit Trockenzylindern eingerichtet ist, ob die Kette über eine, zwei oder mehr Etagen geführt ist usw. Manche Artikel lassen sich beim besten Willen nicht in der gleich sicheren Weise über eine Rahmmaschine mit mehreren Etagen führen, wie dieses bei einer nur einetagigen Maschine möglich ist, die ohne jede Wendung der Kette arbeitet und eine vorzügliche Übersicht gewährleistet. Gerade in solchen Fällen zeigt es sich oft, wie wichtig es ist, bei einer weitgehenden Modernisierung des Betriebes den Grundsatz zu beobachten, nicht alle Brücken hinter sich abzubrechen.

Bedauerlich ist es deshalb, daß, wenn man nun schon einmal mit Rücksicht auf die große Verschiedenartigkeit der Gewebe und Druckartikel mit einer Reihe nach verschiedenen Prinzipien konstruierter Maschinen rechnen muß, dann wenigstens bezüglich der Größenverhältnisse der Maschinenelemente bisher eine größere Übereinstimmung nicht hat erzielt werden können. Ja oft genug findet man bei verschiedenen von ein und derselben Firma gebauten Maschinen eine Verschiedenartigkeit in den Maschinenelementen, zu der gar kein sachlicher Grund vorliegt, die aber für den Textilindustriellen das Halten bestimmter einheitlicher Reserveteile leider fast unmöglich macht. Noch viel weniger ist es meist möglich, Teile von der einen Arbeitsmaschine für die gleichartige Arbeitsmaschine einer anderen Firma zu benutzen. Sollte es aber wirklich nicht geradeso gut möglich sein, für wichtige Maschinenelemente der Textilindustrie Normalien zu schaffen, wie dieses bei Trägern, Profileisen und Flanschen geschehen ist? Könnten die beteiligten Kreise nicht geradeso gut über die Größenverhältnisse der Kluppenkette einer Spannrahmmaschine oder die Rapporträder einer Druckmaschine oder über die Abmessungen der Spindeln einer Feinspinnmaschine, für die es jetzt so unendlich viel Typen gibt, feste Abmachungen und Vereinbarungen treffen, wie dieses für die Steigungsverhältnisse der Schrauben verschiedener Größe geschehen ist? Sicherlich könnte für eine ganze Reihe wichtiger Maschinenteile die Festsetzung von Normalien und dadurch eine leichtere Austauschbarkeit dann erreicht werden. Leider muß man aber oft bemerken, daß bei manchen Fabriken gerade die entgegengesetzte Tendenz obwaltet, die offenbar in dem Streben wurzelt, dem Textilfabrikanten den Übergang von dem einen Fabrikat zu dem anderen zu erschweren.

❈ ❈ ❈

Gegenseitige Vertretbarkeit der Arbeitsmaschinen im technologischen Sinne. Weiter wäre über das gegenseitige Verhältnis der Arbeitsmaschinen einer Betriebsabteilung zu sagen, daß man zweckmäßig bei dem Bau und der Anlage von Arbeitsmaschinen eine gewisse Vertretbarkeit im technologischen Sinne nicht nur der im Bau gleichen Maschinen, bei denen diese Forderung nach dem Gesagten selbstverständlich ist, sondern auch bei den gleichartigen und ähnlichen Maschinen ins Auge faßt. Für eine solche Vertretbarkeit im weiteren Sinne müssen nun zweckmäßig an den betreffenden Maschinen entsprechende Einrichtungen vorgesehen werden.

Eine Strangseifmaschine kann vorübergehend die Arbeit einer Breitseifmaschine ohne weiteres übernehmen, wenn man nur wenig Stränge in die Maschine hineinnimmt, diese recht lose auf der Maschine aufmacht und sie dann beim Eintritt aus der Flotte nur schwach ausquetscht. Ebenso kann, um ein anderes Beispiel zu wählen, die Trockenmaschine vorübergehend die Arbeit einer Spannrahmmaschine leisten, wenn die Gewebe vorher auf einem sonst noch zur Verfügung stehenden Streckapparat auf die richtige Breite gereckt werden, und man die Trommeln der Trockenmaschine nicht zu stark heizt.

Natürlich kommt man aber weit besser zurecht, wenn man ähnlich wie bei dem Übertrieb für die Motore, auch hier vorher schon für den Fall einer Betriebsstörung eine solche Vertretung ins Auge faßt und die dann zu ergreifenden Maßnahmen überlegt und zu ihrer Ausführung die nötigen Anlagen schafft. Der oben erwähnte Ersatz der Breitseifmaschine durch die Strangseifmaschine läßt sich viel besser erreichen, wenn bei der letzteren eine entsprechende Einrichtung vorgesehen ist, die eine lose Führung des Stranges und eine nicht zu starke Ausquetschung ermöglicht. Die Trockenmaschine, die in dem zweiten Beispiel bei einer Betriebsstörung als Ersatzmaschine für die Spannrahmmaschine gedacht war, kann in vielen Fällen die Aufgabe sogar während längerer Zeit recht gut erfüllen, wenn eine brauchbare Streckvorrichtung schon vor der Trockenmaschine direkt vorgebaut war und für die letzte Zylinderreihe im Säulenkörper eine besondere Dampfeinströmung vorgesehen ist, sodaß bei im übrigen kräftiger Erhitzung des ersten Teiles der Trockenmaschinenpartie doch eine genaue Dosierung in bezug auf die Erwärmung der letzten Zylinderreihe möglich ist.

V.
Erfordernisse der Betriebssicherheit bei der technologischen und wirtschaftlichen Gesamtorganisation.

Wir sind bei diesen letzten Betrachtungen der Aushilfen, die sich die Arbeitsmaschinen gegenseitig leisten können und bei gut durchdachter Einrichtung auch gegenseitig leisten werden, schon von dem rein technischen in das technologische Gebiet, in das Gebiet der Arbeitsmethoden gekommen. In mannigfacher Weise kann man hier die Betriebssicherheit durch Verteilung des Risikos erhöhen. Das heißt, man soll also nicht nur nach einer Methode, sondern nach mehreren Methoden zu arbeiten und diese verschiedenen Methoden auch notfalls sofort auszuüben verstehen.

Für den Zeugdruck, mit dem wir uns am eingehendsten beschäftigt haben, scheint das Problem der Verteilung des Risikos durch zweckentsprechende Auswahl der Farbstoffe für die einzelnen Druckfarben unschwer zu lösen zu sein. Diese Frage ist jedoch keineswegs so einfach. Bei der großen Bedeutung ist es wohl berechtigt, etwas näher auf sie einzugehen.

Die Beantwortung der Frage, welche unter der außerordentlich großen Zahl der von den verschiedenen Farbenfabriken hergestellten Farbstoffe sich für den Zeugdrucker am besten eignen, ist nicht leicht und erfordert eine große Sachkunde. Zunächst heißt es hier, die Spreu vom Weizen sondern. Aber unter den wirklich guten Farbstoffen des gleichen Farbtons ist es auch noch recht schwer, eine zweckmäßige Auswahl zu treffen. Manche Farbstoffe zeigen Vorteile nach der einen, andere Farbstoffe wieder nach der anderen Richtung. Manche Farbstoffe sind recht seifenecht, aber die Lichtechtheit ist weniger gut; andere Farbstoffe wieder sind, umgekehrt, sehr lichtecht, aber weniger seifenecht; wieder andere Farbstoffe endlich sind hervorragend licht- und seifenecht, haben dafür aber den Nachteil, sich nur schwer ätzen zu lassen.

So ist es von vornherein nicht leicht, bei der Auswahl der Farbstoffe das Richtige zu treffen. Dazu kommt die große Zahl der geforderten Farbenschattierungen, mit denen der Kolorist zu rechnen hat und die durch die Mischung der verschiedensten Farbstoffe hergestellt werden können. Hierbei ist ferner noch zu berücksichtigen, daß im allgemeinen eine Mischung von Farbstoffen nur dann möglich ist, wenn diese chemisch insoweit gleiche Eigenschaften zeigen, daß die gleichen Methoden zur Befestigung auf dem Gewebe Anwendung finden können. Man kann sich eben nicht für einen bestimmten Farbton von den verschiedenen Farbstoffen einfach diejenigen heraussuchen, deren Echtheitseigenschaften am meisten befriedigen und sie mischen. Ist es zwar auch nicht unbedingtes Erfordernis, daß die Befestigungsmethoden stets die ganz gleichen sind — ein Farbstoff kann z. B. die Beize für den anderen bilden — so dürfen doch die Farbstoffe sich gegenseitig nicht selbst oder durch die Art der in Betracht kommenden Beizen nachteilig beeinflussen.

Dieser Umstand, daß die Farbstoffe zu Mischungen und Überfällen sich nur in beschränktem Maße verwenden lassen, verlangt also auch die Aufnahme einer größeren Zahl von Farbstoffen, als dieses bei einfacher Berücksichtigung der verschiedenen Farbtöne scheinen könnte. Endlich läßt sich auch ein und derselbe Farbstoff, sowie die zu ihm gehörige Befestigungsmethode oft nicht ohne Schwierigkeiten für die verschiedenen Gewebesorten (glatte Gewebe und Rauhartikel, grob- und feinfädige Gewebe) verwenden, so daß auch die Art des Baumwollgewebes bestimmend für die Auswahl der Farbstoffe ist. So sehr man z. B. zur Erzeugung schwarzer Druck- und Färbetöne das Anilinschwarz wegen seiner Echtheit bevorzugt, so muß man doch für sehr feine und leichte Gewebe zu anderen schwarzen Farbstoffen, z. B. Hämateinschwarz seine Zuflucht nehmen, da das Anilinschwarz die Faser leicht etwas angreift.

Nach alledem ist klar, daß selbst bei sorgfältiger Auswahl und tunlichster Beschränkung die Zahl der so für die verschiedenartigsten Zwecke aufzunehmenden Farbstoffe und Druckfarben in einem großen Druckereibetriebe schon recht erheblich sein muß. Soll man unter diesen Umständen nun noch der Aufnahme einer weiteren beträchtlichen Zahl von Farbstoffen zur Verminderung des Betriebsrisikos das Wort reden? Allgemein, ganz gewiß nicht.

Dabei kommt noch folgendes in Betracht. Naturgemäß gestaltet sich auch der Betrieb um so komplizierter, je mehr Druckfarben zur Fabrikation gebraucht werden. Es sind sogar sehr gewichtige Gründe vorzubringen, die gerade im Interesse der Betriebssicherheit auf eine Beschränkung in dieser Hinsicht, auf eine Konzentration hindrängen.

Machen wir uns diese Gründe zunächst einmal klar. Denn diese Frage wird meines Erachtens oft recht unrichtig beurteilt. Beim Drucken eines Musters können die in der Farbküche bereiteten Druckfarben in der Druckerei nicht restlos aufgebraucht werden. Es besteht nun zwar namentlich bei den leicht verderblichen Druckfarben die Vorschrift, sie möglichst nur in solchen Portionen zu bereiten, wie sie nach der vorliegenden Druckvorschrift voraussichtlich gebraucht werden. Die benötigte Menge läßt sich nun aber nicht immer genau abschätzen, und selbst wenn dieses gelingt, so muß als unvermeidlicher

Rest mit den Mengen gerechnet werden, die in den Bürsten und Farbkasten verbleiben. Wenn nun dann die gleiche Druckfarbe längere Zeit nicht wieder zum Druck kommt, so treten im Laufe der Zeit bei solch übrig gebliebenen Resten, und zwar nicht nur, wenn es sich um leicht verderbliche Druckfarben handelt, Veränderungen und Zersetzungen ein, die durch Oxydationsvorgänge, Verflüchtigung des Lösungsmittels usw. bedingt sind. Durch sachgemäße Aufbewahrung in kühlen oder besser noch gekühlten Räumen, gutes Zudecken der meist in Holzfässern befindlichen Druckfarbenreste lassen sich diese Vorgänge, wenigstens bei den haltbareren Druckfarben, verzögern, leider aber meist nicht ganz verhindern.

Wird nun auf Grund der Druckvorschrift später nach einigen Tagen oder gar erst nach einigen Wochen die Druckfarbe wieder verlangt, so können die Druckfarbenreste nicht ohne weiteres verwendet werden, da sie einen wolkigen, ungleichmäßigen Druck, dazu oft noch mit einem etwas abweichenden Farbton geben würden. Der Zusatz dieser Reste zu dann frisch bereiteter Druckfarbe ist deshalb für den weiteren Druck recht bedenklich. Die Reste können im günstigsten Falle nur in ganz geringen Mengen zugegeben und deshalb oft nur teilweise wieder verwendet werden. Bei leicht verderblichen Druckfarben (Ätzfarben, Anilinschwarz) aber sind diese Reste leider meist ganz verloren.

Je mehr verschiedene Druckfarben also für eine bestimmte Zahl von Druckartikeln aufgenommen werden, desto seltener werden die einzelnen Druckfarben zum Drucken an die Reihe kommen, und um so größer ist die Gefahr, daß ein Teil der verbliebenen Reste längere Zeit nicht zum Druck gelangt und dadurch dem Verderben ausgesetzt ist. Umgekehrt, mit je weniger Druckfarben man insgesamt arbeitet, um so mehr hat man die Aussicht und die Gewähr, zur Druckmaschine stets möglichst frische Farbe aus der Farbküche zu bekommen und gleichmäßig gute Farbtöne auf dem Gewebe zu erzeugen. Das ist natürlich gerade im Hinblick auf die Betriebssicherheit ein wichtiger und durchschlagender Grund, sich in der Anzahl der für die Fabrikation zu verwendenden Druckfarben eine gewisse Beschränkung aufzuerlegen. Natürlich muß man trotzdem jedem berechtigten Fabrikationsbedürfnis und den Forderungen, wie sie an die Artikel bezüglich Echtheit und Vielseitigkeit der Ausmusterung usw. gestellt werden, Rechnung tragen. Aber man kann es nicht ohne weiteres verantworten, für die gleiche Farbnuance und den gleichen Zweck zwei oder mehrere gleichartige oder gleichwertige Druckfarben für den Betrieb einzuführen, und bei den verschiedenen Mustern mal mit der einen, mal mit der anderen Ersatzdruckfarbe zu arbeiten. Man soll also zu einer gewissen Konzentration schreiten. Statt zwei oder noch mehr Druckfarben, die unter Verwendung verschiedener Farbstoffe bereitet sind und sehr ähnliche Farbtöne liefern, sollte man im allgemeinen zweckmäßig mit nur einer Druckfarbe auszukommen suchen, die dann gewissermaßen die Standard-Druckfarbe (auch für Mischfarben) bildet. Dadurch wird der Verbrauch dieser Druckfarbe ein regelmäßigerer, und man hat durch die Verwendung der frischeren Farbe die Gewähr, stets den gleichen Farbton zu erhalten. So bedeutet in diesem Falle also eine Konzentration zunächst die Erhöhung der Betriebssicherheit.

❋   ❋   ❋

Im Großbetriebe zeigen sich indes immer wieder unerwartete Schwierigkeiten, die auch trotz aller Vorsicht und gründlicher Prüfung im Laboratorium nicht vorauszusehen sind. Nicht selten kommt es z. B. vor, daß Druckfarben, die bis dahin recht gut gearbeitet haben, plötzlich sehr starke Neigung zum Einsetzen in die Gravur zeigen; in anderen Fällen übertragen sie sich viel stärker als bisher von einer Walze zur anderen, oder sie greifen die Rakel viel stärker an, oder aber die aufgedruckten Farben lagern beim Dämpfen und im Seifenbade stärker zwischen den einzelnen Gewebelagen ab. Die Ursache kann sehr verschieden sein, sie kann bestehen in einer physikalisch anderen Beschaffenheit der Farbstoffe, in einer größeren Empfindlichkeit und Zersetzbarkeit der Verdickungsmittel, in dem Vorhandensein von geringen Mengen von begleitenden Substanzen, die als unerheblich nicht beachtet worden sind, die aber trotz der geringen Menge katalytisch eine zerstörende Wirkung ausüben und die Rakel angreifen usw.

Beim Eintreten solcher Schwierigkeiten hat man aber leider nur in Ausnahmefällen (etwa wenn noch andere Farbenstellungen mit demselben Muster zu drucken sind), Zeit, einige Proben zu machen und das Resultat dieser Proben abzuwarten. Um nun in solchen Fällen vor ernsteren Betriebsschwierigkeiten bewahrt zu bleiben, soll man deshalb — und damit kommen wir auf die oben erhobene Forderung der Verteilung des Risikos — auch für alle Druckfarben gut verwendbare Ersatzdruckfarben ausproben, und zwar im allgemeinen nicht die fertig bereiteten Druckfarben selbst, wohl aber die erforderlichen Ersatzfarbstoffe und Drogen im Vorratsmagazin in Bereitschaft halten. Dadurch kann zweifellos manche Betriebsschwierigkeit rascher behoben und inzwischen auch Zeit für die Ermittlung und Beseitigung der Ursache gewonnen werden.

Für einzelne, besonders wichtige Druckfarben wird man sogar von dem oben aufgestellten Grundsatz, für eine Nuance möglichst nur immer die gleiche Standard-Druckfarbe zu verwenden, abgehen müssen. So wird man z. B. für Deckerblau zweckmäßig mit mehreren Druckfarben (basisches Blau, Chromblau und Indigoblau) arbeiten, um notfalls die eine Druckfarbe sofort an Stelle der anderen treten lassen zu können. Bei solch wichtigen Druckfarben mit verhältnismäßig hohem Farbenkonsum treten die oben angegebenen Bedenken wegen des Verderbens übrig bleibender Druckfarbenreste auch mehr zurück.

Von dem Gesichtspunkt der Verteilung des Risikos ist es auch endlich noch zu empfehlen, von wichtigen Drogen und Farbstoffen gewisse Vorräte von zwei verschiedenen Lieferanten, z. B. zwei Farbenfabriken, auf Lager zu halten. So sollte man z. B. von den am meisten verwendeten Alizarinen und Alizarinfarbstoffen die gleichen Marken von zwei gleichwertigen Lieferanten stets auf Lager halten; es kann diese Vorsicht die Verlegenheit oft rasch beseitigen helfen.

Betriebsstatistik. Ein sehr wichtiges Mittel, um die Sicherheit der Betriebsführung zu erhöhen, ist eine genaue Aufstellung und sorgfältig ausgeführte bis ins einzelne gehende Statistik über alle Vorgänge in der Fabrik, insbesondere eine Kartothek über den Verbrauch der verschiedenen Materialien, Utensilien, Kohlen, Drogen, Farbstoffe usw. Sie erleichtert eine wirksame Kontrolle ganz wesentlich und gibt sehr wertvolle Fingerzeige, um Unzuträglichkeiten in der Fabrikation auf die Spur zu kommen und Betriebsschwierigkeiten rechtzeitig zu erkennen und zu beseitigen. Ein Beispiel möge dieses erläutern. Zeigt die Betriebsstatistik einen zu großen Verbrauch an Riemen in bestimmten Breiten, so muß dieses die Veranlassung sein, eine Nachprüfung der in Betracht kommenden

Riementriebe vorzunehmen. Dabei stellt sich dann oft erst heraus, daß an einer Betriebsstelle der Riemen infolge von Überlastung häufig herunterfällt und dabei Schaden nimmt. Erst dadurch kommen oft Aufenthalte und Betriebsstörungen, die erhebliche Kosten verursachen und die Produktion beeinträchtigen, zur Kenntnis des Betriebsleiters.

In ähnlicher Weise kann auch die Statistik über den jetzt so teuren Dampf- und Kohlenverbrauch Fehler in der Betriebsführung aufdecken. So soll ein unverhältnismäßig hoher Kohlenverbrauch die Aufmerksamkeit auf alle die Stellen lenken, wo in dem ausgedehnten Betriebe eine Dampfentnahme (an den Färbemaschinen, Trockenmaschinen usw.) stattfindet. Die Beschaffenheit der Dampfablässe, der Kondenstöpfe, der Isolation der Dampfrohre, die Zugverhältnisse der Dampfkessel müssen in solchen Fällen, abgesehen von der täglichen Kontrolle, Gegenstand einer besonders sorgfältigen Nachprüfung sein.

Ebenso bildet die monatliche oder wöchentliche Zusammenstellung über den Drogen- und Farbstoffverbrauch unter Gegenüberstellung der Produktion in Metern und Kilo die Möglichkeit einer genauen Betriebskontrolle und eines tieferen Einblicks in die tatsächlichen Verhältnisse und täglichen Vorkommnisse des Druckerei- und Färbereibetriebs.

Ausbildung der Arbeiter und Meister. Zu einer erfolgreichen Arbeit des Betriebsleiters und der Betriebsbeamten ist weiter eine intensive Überwachung des Betriebes sowie ein verständnisvolles Zusammenarbeiten mit Meistern und Arbeitern unerläßlich. Sehr wichtig ist es, daß Meister und Arbeiter für die von ihnen zu leistende Arbeit nicht nur mit den Handgriffen und Arbeitsvorschriften vertraut werden, also die rein äußerliche Seite ihrer Aufgabe erfassen, sondern daß sie auch eine Vorstellung über Wesen und Zweck der Arbeitsvorgänge haben, an deren Ausführung sie beteiligt sind, und von deren tadellosem, glattem Verlauf die Güte des zu erzeugenden Fabrikats abhängt. Um den Werkmeistern und Arbeitern abgestuft nach ihrer Befähigung und der Stellung, die sie innerhalb des Betriebes einnehmen, ein zusammenhängendes, anschauliches Bild, das ihrem Verständnis und Bildungsgang angepaßt ist, zu verschaffen, bedarf es eines methodischen Unterrichts, der entweder von einem Betriebsbeamten des Werkes oder auch einem Lehrer einer gewerblichen Fortbildungsschule zu erteilen ist. An dieser Stelle möchte ich nur einige Worte über die Methode und die Bedeutung eines solchen Unterrichts einfügen, die ich dem Vorwort des seinerzeit für solche Zwecke des Fachunterrichts von mir herausgegebenen Werkes „Die Bedienung der Arbeitsmaschinen zur Herstellung bedruckter Baumwollstoffe" [1]) entnehme, und auf das ich an dieser Stelle gleichzeitig hinweisen möchte:

„Ein solcher Fachunterricht muß meines Erachtens das Gebiet von zwei Gesichtspunkten aus betrachten. Der Unterricht soll einmal eine kurze Übersicht der in Betracht kommenden Maschinen und Arbeitsmethoden geben, und zwar in der Weise, daß der Arbeiter nicht nur über den Bau und die Wirkungsweise einzelner Maschinen unterrichtet wird, sondern daß er einen Überblick über den ganzen Fabrikationsgang des betreffenden Industriezweiges erhält. Es ist dieses schon aus dem Grunde notwendig, weil die Tätigkeit des Arbeiters in den einzelnen Abteilungen eines Betriebes unter Umständen häufiger wechselt. Wenn es weiter möglich ist, ihm außerdem über die speziell in seiner Abteilung zur Anwendung kommenden Maschinen und Arbeitsmethoden eine gründlichere Kenntnis zu verschaffen, so wird das gewiß von besonderem Nutzen sein.

---

[1]) W. Elbers, Die Bedienung der Arbeitsmaschinen zur Herstellung bedruckter Baumwollstoffe unter Berücksichtigung der wichtigsten Arbeitsmaschinen der Spinnerei und Weberei, Friedr. Vieweg & Sohn, Braunschweig 1909.

Die zweite Aufgabe des Unterrichts muß meines Erachtens die sein, auf die Punkte aufmerksam zu machen, welche bei der Bedienung der Maschinen und bei der Ausübung der Fabrikationsmethoden zu beachten sind. Mit besonderem Nachdruck ist dabei auf die Fehler hinzuweisen, welche in dieser Beziehung erfahrungsgemäß am häufigsten gemacht werden.

Es müssen ferner auch die Vorschriften recht eindringlich hervorgehoben werden, deren Befolgung notwendig ist, um Gefahren für Leben und Gesundheit des Arbeiters bei der Bedienung der Maschinen auszuschließen.

Inwieweit nun in jedem einzelnen Falle der gebotene Lehrstoff wieder dem Arbeiter zugänglich gemacht werden kann, hängt von den jeweiligen Umständen ab. Für einen Teil der Arbeiter, besonders für die in der Druckerei, Farbküche und Färberei beschäftigten Leute, ist die Sachlage insofern eine günstige, als diese durch die gewöhnliche Beschäftigung und den täglichen Umgang mit den Drogen eine gewisse Vertrautheit mit den Namen, Behandlungsweisen usw. bekommen. Auf diese Weise ist es möglich, dem Schüler auch bei einer relativ mäßigen Vorbildung ziemlich kompliziert liegende Fälle klar zu machen.

Die Bedeutung eines solchen Unterrichts liegt auf der Hand. Nicht zu unterschätzen ist vor allem auch der Gewinn, welcher darin liegt, daß der so ausgebildete Arbeiter sein Tagewerk mit mehr durchgeistigtem Interesse und Verständnis verrichten wird. Er wird dann ferner zweifellos eher in der Lage sein, die Bedeutung mancher Erscheinung im täglichen Arbeitsprozeß, die ihn sonst teilnahmslos ließ, zu erfassen und eine Unregelmäßigkeit bei der Fabrikation leichter zu erkennen. Wenn er dann in einem solchen Falle dazu veranlaßt werden kann, über die beobachteten Vorgänge, soweit er die Störungen nicht selbst verhindern oder beseitigen kann, rechtzeitig Meldung zu erstatten, so werden viele Übelstände und Schwierigkeiten, welche jetzt den Betriebsleitern viel Sorge und Arbeit bereiten, durch die wirksame Mithilfe des Arbeiters vermieden oder rascher beseitigt werden."

Ein solch methodischer Fachunterricht wird sicher die aufgewendete Mühe reichlich lohnen und gute Früchte tragen. Die durch eigene Arbeit und Schulung ausgebildeten Leute bewähren sich für den Betrieb weitaus am besten. Mit ihnen ist der Betriebsleiter gewissermaßen durch ein gemeinsames freundschaftliches Band verbunden.

Periodische Betriebskontrolle durch besondere Revisionen. Die Tätigkeit des Betriebsleiters wird ganz wesentlich unterstützt durch die regelmäßigen amtlichen Revisionen, wie sie schon seit langer Zeit für eine Reihe von Betriebsapparaten und Einrichtungen, z. B. Dampfkessel, Dampffässer, Aufzüge usw. vorgeschrieben sind. Werden sie zuweilen auch in Zeiten starker Beschäftigung als störend und lästig empfunden, so sind die Revisionen doch durch die Verhütung von Unfällen zweifellos von großem Nutzen.

Auf Grund der in dieser Hinsicht gemachten guten Erfahrungen läßt man daher jetzt häufiger auch dann, wenn eine amtliche Vorschrift dieses nicht vorschreibt in regelmäßigen Zwischenräumen auf bestimmten Fabrikationsgebieten Untersuchungen durch für diesen Zweck besonders ausgebildete Fachingenieure oder Obermonteure vornehmen. Dieses geschieht z. B. für die elektrischen Anlagen der Betriebe; eine solche Revision erstreckt sich dann auf sämtliche Apparate, Motore und Leitungen und besteht in einer genauen Prüfung und Messung des Wirkungsgrades, der Güte der Isolation, der Größe der Widerstände usw.

Ebenso wie bei den elektrischen Maschinen kann man auch für bestimmte Gruppen von Arbeitsmaschinen, z. B. die Krempeln und die Spinnmaschinen mit Spezialfirmen ein Abkommen inbetreff einer regelmäßigen Revision und Instandhaltung treffen.

Für ein großes Werk empfehlen sich aber nach meinen Erfahrungen außerdem regelmäßige, durch den Betriebsleiter selbst auszuführende Revisionen, die sich auf alle baulichen und maschinellen Anlagen erstrecken. Bei diesen Revisionen sollte man sich bis zu einem gewissen Grade die von amtlichen oder besonderen Beauftragten ausgeübte und beobachtete Methode als Muster dienen lassen. Diese Revisionen sollen also nicht etwa nur gelegentlich der täglichen Fabrikkontrolle ausgeführt werden. Es soll vielmehr ein besonderer Termin angesetzt werden, an dem alle Beamte und Meister, die mit der betreffenden Betriebsabteilung zu tun haben, sich einzufinden haben. Die Arbeitsstätte soll vor der Revision gründlich aufgeräumt sein und der Betrieb vollständig ruhen, damit alles geordnet ist und gut übersehen werden kann. Zweckmäßig wird deshalb als Tag der Revision ein Sonntag gewählt; bei größeren Werken wird der ganze Betrieb in verschiedene, etwa vier bis sechs Abteilungen eingeteilt, von denen dann jede etwa einmal im Jahre Sonntagsrevision haben würde. Die Revision soll weiter in gründlich pedantischer Weise, wie bei einer amtlichen Feststellung bewirkt werden; die gefundenen Mängel sollen unter laufender Nummer in ein Protokollbuch eingetragen werden.

Die Beseitigung der Mängel muß dann die erste Sorge in den sich an die Revision anschließenden Wochen und Monaten sein. Ganz zweckmäßig ist es sogar, wenn man auf die Abstellung des Fehlers eine der Bedeutung angepaßte Prämie für den betreffenden Reparaturhandwerker, den Schlosser, Schreiner oder Maurer aussetzt. In jedem Falle ist darauf zu halten, daß bis zu der nächsten Sonntagsrevision, die ja im allgemeinen erst ein Jahr später stattfinden wird, die im Protokollbuch festgelegten Mängel beseitigt sind. Im anderen Falle müssen die noch nicht erledigten Beanstandungen im neuen Revisionsbericht vorgetragen und mit einem entsprechenden Vermerk versehen werden, durch den auf die Dringlichkeit der Abstellung hingewiesen wird.

Wirtschaftliche Organisation. Es ist endlich noch darauf hinzuweisen, daß auch durch eine sorgfältige Auswahl der für die Fabrikation geeigneten Artikel die Betriebssicherheit wesentlich beeinflußt werden kann. Auch hier sei oberster Grundsatz, mehrere Eisen im Feuer zu haben und sich vor einer zu großen Einseitigkeit zu hüten, so daß man im Falle des Auftretens einer Fabrikationsschwierigkeit sich durch Einschieben eines anderen Artikels helfen kann. Neben groben Geweben, Rauhartikeln, wird man z. B. für den Druckereibetrieb zweckmäßig auch feine Kalikos und Satins, neben durchgefärbten Artikeln auch leichtere Druckware für direkten Druck herstellen; allerdings soll man andererseits darin nicht zu weit gehen und sich nicht zu sehr zersplittern, sondern auch hier an eine entsprechende Konzentration denken. Durch Aufnahme einer angemessenen Zahl verschiedenartiger Artikel aber schafft man sich die Möglichkeit, bei Betriebsschwierigkeiten einen Ausgleich zu bewirken und dadurch längere Betriebsstörungen zu vermeiden.

Bei dieser Erörterung kommen wir allerdings schon in das rein kaufmännische Gebiet, das Gebiet des Einkaufs und Verkaufs und der mit ihm zusammenhängenden Organisation. Immerhin sollte auch diese für die Betriebssicherheit unter Umständen sehr wichtige Frage hier kurz gestreift werden.

Technologische Richtlinien für die Baumwolltextilindustrie

B. Kontinuität des Arbeitsprozesses.

Der mit Unterbrechungen arbeitende sogenannte intermittierende Arbeitsprozeß, der ursprünglich fast überall die Regel bildete, hat sich unter dem Einfluß neuzeitlicher Bestrebungen mehr und mehr zu einem fortlaufenden kontinuierlichen Arbeitsprozeß entwickelt. Dieser Entwicklungsgang ist bei den einzelnen Industrien und weiter auch bei den einzelnen Betrieben recht verschieden weit fortgeschritten. Dabei ist die Frage von großer Bedeutung. Denn eine möglichst weitgehende Kontinuität des Arbeitsprozesses ist zweifellos eine der wichtigsten technologischen Forderungen zur Erzielung einer hohen Betriebsökonomie und tadellosen Betriebsführung. Die kontinuierliche Arbeitsweise schont das Fabrikat, sie beschleunigt seine Fertigstellung, sie ermöglicht erhebliche Ersparnisse an Bedienungs- und Transportkosten, und unter Umständen auch an Brennstoffen, sie erfordert im allgemeinen eine geringere Aufsicht und gibt eine größere Beweglichkeit in der Einstellung der Größe der Produktion. Inwieweit die Einrichtung eines Betriebes dieser technologischen Forderung gerecht wird, kann deshalb heute meines Erachtens geradezu als Prüfstein für die Leistungsfähigkeit und Zweckmäßigkeit eines Betriebes angesehen werden. Jedenfalls kann sowohl durch die Auswahl und die Konstruktion der einzelnen Arbeitsmaschinen als auch durch die Anordnung, Kombination und Gruppierung der verschiedenen zur Fabrikation dienenden Arbeitsmaschinen außerordentlich viel geschehen, um eine weitgehende Kontinuität des Arbeitsprozesses zu ermöglichen.

Wir wollen daher jetzt unter dem Gesichtspunkt dieser so wichtigen technologischen Richtlinie, indem wir unter Umständen auch die Verhältnisse anderer Industrien zum Vergleich heranziehen, den Entwicklungsgang und die besonderen Einrichtungen der Baumwolltextilindustrie uns vorführen. Die Betrachtung gliedern wir nach folgenden Gesichtspunkten.

Die Unterbrechungen des Arbeitsprozesses können bedingt sein
    I. durch **Aufenthalte**, die durch die Arbeitsvorgänge in der einzelnen Arbeitsmaschine veranlaßt sind,
    II. durch **Transporte**, die durch den Übergang des Arbeitsgutes von einer Arbeitsmaschine zur anderen hervorgerufen sind.

Welche Mittel hat man nun ausgedacht, welche Wege hat man beschritten, um beide Arten der Unterbrechungen abzukürzen oder auch ganz zu vermeiden, und welche weiteren Maßnahmen können wir empfehlen? Diese Fragen wollen wir im folgenden zu beantworten suchen.

I.
Aufenthalte, bedingt durch Arbeitsvorgänge in der Einzelmaschine.

Untersuchen wir zunächst den ersten Fall: Die Arbeitspausen, die durch Aufenthalte in der einzelnen Arbeitsmaschine bedingt sind. Hier sind wieder zwei Ursachen zu unterscheiden:
    A. Die regelmäßigen oder fast regelmäßigen periodischen Unterbrechungen, bedingt durch die Wiedereinstellung des Werkzeuges für neue Arbeitsleistung sowie durch Transporte des Arbeitsgutes, vorwiegend innerhalb der Arbeitsmaschine.

B. Die unregelmäßigen Unterbrechungen, bedingt durch Einfügung, Einsetzung neuen zu bearbeitenden Materials in die Arbeitsmaschine hinein und das Herausschaffen des erzeugten Produktes aus der einzelnen Arbeitsmaschine heraus, sowie bedingt durch zufällige Wirkungen (Betriebsstörungen usw.).

A. Periodische Unterbrechungen.

Die jedesmalige Wiedereinstellung des Werkzeuges zur Bearbeitung neuer Teile des Werkstückes oder Arbeitsgutes ist ganz allgemein charakteristisch für die Handarbeit, die sich vorwiegend auf die intermittierende Arbeitsweise beschränkt. Denken wir zunächst an ein Beispiel aus einem anderen Industriezweige. Ein Schmiedestück wird von Hand durch rasch aufeinanderfolgende Hammerschläge bearbeitet, während des Hebens des Hammers ruht die eigentliche Bearbeitung. Das gleiche gilt noch von dem mechanisch (mit Dampf, hydraulisch, elektrisch, pneumatisch) betriebenen Dampfhammer. Erst die weitere maschinelle Vervollkommnung durch das Walzverfahren beseitigt die Betriebspausen. Die stete Druckwirkung der Walzen des Walzwerkes ersetzt dabei im Bearbeitungsprozeß die sich rasch folgenden Hammerschläge. Abgesehen von der technologischen Bedeutung dieser stetigen intensiven Druckwirkung liegt der Betriebsvorteil eben in der Vermeidung der Betriebspausen. Der Walzprozeß hat daher den Schmiedeprozeß überall da, wo es sich um größere Längen des Werkstückes und nicht zu komplizierte Profile handelt, verdrängt.

Ein Ersatz der intermittierenden Arbeit durch kontinuierliche liegt weiter vor, wenn die Arbeit der Handsäge (Spannsäge, Fuchsschwanz usw.) durch Sägemaschinen (Kreissäge, Bandsäge, Sägegatter) oder die Arbeit der Feile durch die Metallbearbeitungsmaschinen (Fräsmaschine, Drehbank, Schleifmaschine usw.) ersetzt wird. Allgemein liegt eben bei der Maschine in viel höherem Maße als bei der Handarbeit die Möglichkeit der kontinuierlichen Arbeitsweise vor, und dieser Umstand hat die Einführung der Maschine und ihren Kampf gegen die Handarbeit außerordentlich unterstützt.

* * *

Dieses beweist auch die Entwicklung der textilen Betriebe.

Die Beseitigung der periodischen Unterbrechungen bei der Einzelmaschine ist in vielen Fällen hier ebenfalls der hervorstechende Zug in dem historischen Entwicklungsgang der Baumwolltextilindustrie. Insofern lassen sich gewisse Wiederholungen im Hinblick auf das in der geschichtlichen Entwicklung Gesagte nicht ganz vermeiden. Dafür handelt es sich hier um das Zusammenfassen der Entwicklungsvorgänge unter einem ganz speziellen Gesichtspunkte.

Periodische Unterbrechungen bei der Spinnmaschine. Die Handspindel (Nr. 43a), die älteste und einfachste Vorrichtung zum Verspinnen der Faser, besteht aus einem runden, hölzernen, sich nach beiden Enden verjüngenden Stabe, auf welchem an der dicksten, etwas unterhalb der Mitte liegenden Stelle ein zinnener Ring, der Wirtel, fest aufgezogen ist. Die Spinnerin erfaßt die Spindel mit den Fingern der einen Hand an der Spitze und bringt sie durch geeignete Bewegung der Finger zur Rotation um die eigene Achse, während die andere Hand das auf den Spinnrocken gesteckte Fasermaterial auszieht, es gleichzeitig ordnet und der sich drehenden frei hängenden Spindel zuführt, die das Umeinanderschlingen der Fasern, das Verspinnen zu einem Faden, besorgt. Wenn der entstehende Faden so lang geworden ist, daß eine bequeme Bedienung von Spindel und Spinnrocken mit den beiden Händen nicht mehr möglich ist, so wird der gesponnene Faden oberhalb des Wirtels aufgewickelt, darauf das Ende mittels einer Schleife an der Spitze der Spindel befestigt und sodann die Arbeit des Spinnens wieder aufgenommen.

Bei dem ältesten Spinnverfahren handelt es sich also auch wieder um einen intermittierenden Arbeitsprozeß. Aus diesem entwickelte sich aber später ein kontinuierlicher Arbeitsvorgang, als an Stelle der Handspindel die durch die Hand oder den Fuß getriebenen Spinnräder (Handrad, Trittrad Nr. 43 b) traten. Hier haben wir eine ständig umlaufende Spindel, die gleichzeitig spinnt und den gesponnenen Faden aufwickelt.

Beim Übergang von der textilen Handarbeit zum maschinellen Arbeitsprozeß war in der Spinnerei zunächst eine weitgehende Arbeitsteilung, d. h. eine Verteilung der einzelnen, bei der Handarbeit sich gleichzeitig abspielenden oder rasch aufeinanderfolgenden Arbeitsvorgänge auf mehrere Maschinen, von denen jede ein verschiedenes Arbeitsprogramm hatte, erforderlich. Diese Arbeitsteilung und Verteilung sah dann anfangs bei der noch nicht so großen Leistungsfähigkeit des Maschinenbetriebes freilich nicht nach einer Vereinfachung aus und mußte zunächst Bedenken bei den Erfindern selbst auslösen, bevor sie sich zu der Auffassung von der Notwendigkeit und Berechtigung einer solchen weitgehenden Arbeitsteilung ganz durchgerungen hatten. Die von Hand am Spinnrad ohne besondere Schwierigkeiten gleichzeitig durchführbare Arbeit des Ausziehens, Ordnens und Nebeneinanderlegens und darauf Umeinanderschlingens, des Spinnens der Fasern erfordert in der maschinellen Spinnerei ebenso viele verschiedene Arbeitsmaschinen. Wie ein harmonisches Zusammenarbeiten dieser Maschinengruppen unter Ausschaltung unnötiger Transporte im Sinne des kontinuierlichen Arbeitsprozesses zu erreichen ist, damit die unstreitigen Vorteile der maschinellen Arbeitsweise nicht teilweise wieder in Frage gestellt werden, davon wird im zweiten Abschnitt die Rede sein. Hier handelt es sich zunächst um die Unterbrechung des Arbeitsprozesses, um die periodischen Stillstände in der Einzelmaschine.

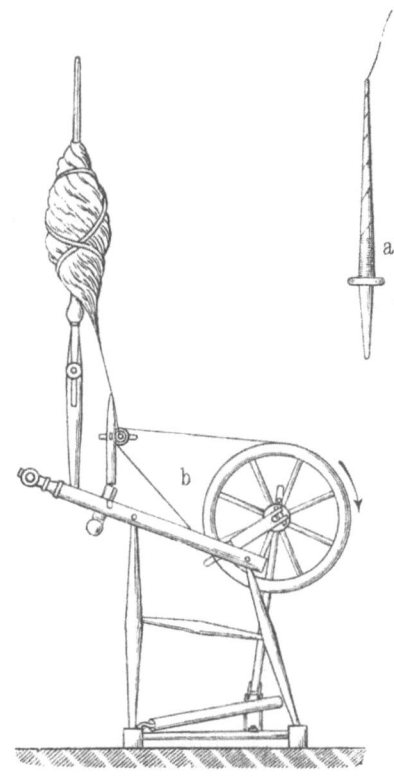

Nr. 43. a) Handspindel.
b) Spinnrad (Trittrad).

Ein gewisser Rückschritt war es nun zweifellos, daß der bei dem Übergang zum maschinellen Spinnprozeß sich ergebende letzte Arbeitsvorgang, das Feinspinnen im Selfaktor[1] (Nr. 44), sich zunächst wieder im Gegensatz zu den Spinnrädern als intermittierender Arbeitsvorgang entwickelte. Denn bei dieser Maschine, die aus der im Jahre 1764 von dem englischen Weber Hargreaves erfundenen Jennymaschine hervorgegangen

---

[1] Siehe Technologischer Entwicklungsgang S. 43.

ist, zerfällt der Feinspinnprozeß, ähnlich wie bei der primitiven Handspindel, in zwei Phasen, den eigentlichen Vorgang des Spinnens und den Vorgang des Aufwickelns des gesponnenen Garnes, wenn die den gesponnenen Faden fortziehende Spindel den Endpunkt ihrer Bahn erreicht hat.

Erst im Jahre 1832 erfand der Amerikaner Jenks die kontinuierlich arbeitende Ringspinnmaschine (Nr. 45), welche den gesponnenen Faden sofort nach der Erzeugung durch einen Ring (entsprechend dem Flügel bei der Vorspinnmaschine) auf die Spule führt, ihn hier gleich aufwickelt und so die kontinuierliche Arbeitsweise ermöglicht, bis die Spule gefüllt ist. Diese Maschine zeigt in besonders eindringlicher Weise die Vorteile des kontinuierlichen Arbeitsprozesses. Zu dem Vorteil der durch die fortlaufende Arbeitsweise bedingten höheren Produktion, die gegenüber dem Selfaktor bei gleicher Spindelzahl zugunsten der Ringspinnmaschine 35 Proz. mehr beträgt, kommen bei dieser letzteren Maschine noch der erheblich geringere Raumbedarf und eine beträchtliche Ersparnis an Bedienungspersonal hinzu, weil bei ihr die hin und her gehende Bewegung fortfällt, die bei der Bedienung des Selfaktors der Arbeiter zu machen hat, um dem periodisch auslaufenden Wagen auszuweichen und dann wieder zur eigentlichen Maschine zu gelangen.

Trotz dieser in die Augen springenden Vorteile führte sich zunächst die Ringspinnmaschine nur langsam ein. Die größere Beanspruchung des Fadens beim Spinn- und Aufwickelprozeß auf der Ringbank erforderte eine stärkere Drehung des Fadens, um ein häufiges Abreißen desselben zu verhüten. Eine solche stärkere Drehung läßt sich in vielen Fällen jedoch nicht durchführen, da für viele Gewebe der Schuß das Füllmaterial ist und daher vielmehr eine möglichst weiche Drehung haben muß. Auch beeinträchtigt die stärkere Drehung die Größe der Garnproduktion.

Im Laufe der Zeit sind die Arbeitsbedingungen für die Ringspinnmaschine erheblich nach der Richtung verbessert worden, daß die Ansprüche an die Reißfestigkeit des Fadens während des Spinn- und Aufwickelprozesses herabgesetzt sind. Es handelt sich hier um zwei Verbesserungen. Einmal stehen die Spindeln der Ringbank nicht mehr senkrecht, sondern man gibt ihnen gegen die Ringbank eine gewisse Neigung und schräge Stellung, wodurch sich ein günstigerer Ablaufwinkel bei dem Übergang des Fadens vom Streckwerk auf die Spindel ergibt.

Außerdem hat man die Geschwindigkeit der Ringspinnmaschine und der mit durchschnittlich 10000 Touren pro Minute umlaufenden Spindeln veränderlich gemacht. Die Umlaufzahl des die Ringspinnmaschine antreibenden Motors wurde von der Stellung der Ringbank in der Weise in Abhängigkeit gebracht, daß im kritischen Stadium des Spinnprozesses die Geschwindigkeit verlangsamt, während sie dann im nicht kritischen Stadium je nach der Phase des Spinnprozesses bis zum Maximum gesteigert wird (Nr. 45). Auf diese Weise ist eine erhebliche Steigerung der Durchschnittsgeschwindigkeit möglich, ohne daß man ein Abreißen des Fadens zu befürchten brauchte.

Nachdem in neuerer Zeit diese Verbesserungen durchgeführt sind, gebührt der kontinuierlich arbeitenden Ringspinnmaschine für die meisten Verwendungszwecke unbestritten der Vorrang vor dem Selfaktor. Trotzdem hat sich die Einführung nur langsam vollzogen, viel langsamer, als man mit Rücksicht auf die von vornherein tatsächlich vorhandenen unleugbaren Vorteile erwarten sollte. Aber das Bestehen gewisser Vorurteile, der Wunsch, bestehende Anlagen vor der Anschaffung neuer Maschinen gründlich auszunutzen, machen es erklärlich, daß zunächst die Ringspinnmaschine in die Feinspinnsäle älterer Spinnereien nur langsam eindringt. Anders verhält es sich bei dem Bau neuer Spinnereien; hier wird

Abb. 44. Spinnsaal mit Selfaktoren.

Abb. 45. Saal mit Ringspinnmaschinen mit elektrischem Einzelantrieb.

Nr. 46. Saal mit Automaten-Webstühlen.

der Ringspinnmaschine als der besten, modernsten und leistungsfähigsten Maschine unbedingt der Vorzug gegeben, zumal die Ringspinnmaschine bei gleicher Spindelzahl sich wesentlich billiger stellt und, wie schon hervorgehoben, einen viel geringeren Raum beansprucht, als der Selfaktor. In diesem Zusammenhange ist die beifolgende Zusammenstellung interessant, aus der hervorgeht, daß in der neu aufblühenden, erst in den letzten Jahrzehnten vor dem Weltkriege erschlossenen Industrie der alten Kulturwelt Indien und Japan das Verhältnis der vorhandenen Ringspinnmaschinen zu den Selfaktoren schon vor dem Kriege ein viel günstigeres ist als in den neuen Kulturländern. Bezeichnend ist auch die Rückständigkeit von England auf diesem Gebiete zu dieser Zeit.

Spindel-Statistik vom 31. August 1912.

Länder	Selfaktor-spindeln	Ring-spindeln
Großbritannien	39 848 727	8 885 218
Deutschland	5 302 120	5 259 962
Rußland	3 247 204	4 522 703
Frankreich	3 967 536	3 179 274
Indien	1 200 015	3 215 573
Österreich	2 527 267	2 270 668
Italien	991 199	2 631 865
Spanien	760 000	1 140 000
Schweiz	1 052 438	232 808
Belgien	541 418	846 236
Schweden	107 268	270 824
Japan	39 845	1 986 994
Portugal	100 000	310 000
Holland	195 072	258 680
Dänemark	13 376	70 308
Norwegen	36 736	36 832
Vereinigte Staaten von Nordamerika	5 000 000	25 313 000
Kanada	374 565	403 781
Mexiko, Brasilien und andere Länder	6 284	591 336
Total	65 311 070	61 426 062

Periodische Unterbrechungen bei dem Webstuhl. Der Webstuhl gewöhnlicher Konstruktion ist eine Arbeitsmaschine, bei der die Neueinstellung des Werkzeugs so häufige periodische Unterbrechungen bedingt, wie kaum bei einer anderen Arbeitsmaschine. Vergegenwärtigen wir uns einen Augenblick den Arbeitsvorgang bei dem Webprozeß, um uns klar zu werden, wo die periodische Unterbrechung des Arbeitsvorganges einsetzt.

Durch die Steuerung der Schäfte spalten sich die Kettfäden in zwei Serien, von denen die eine in das Oberfach gezogen wird, während die andere in ihrer Lage verbleibt. Durch das so gebildete Fach wird der Webschützen mit der Schußspule mittels des Schlagapparates geschleudert, wobei das Riet die Schützenbahn bildet. Das Werkzeug, der Webschützen, fliegt also aus der Ruhelage mit großer Geschwindigkeit, wie ein Wurfgeschoß, durch die Bahn und wird in dem gegenüberliegenden Schützenkasten von dem Picker aufgefangen. Solange der Webschützen, der natürlich an dem Endpunkt seiner Bahn die Geschwindigkeit Null hat, in dem Schützenkasten ruht, oder, streng genommen, solange der Webschützen außerhalb des Bereiches der Kette ist, ruht der eigentliche Webvorgang, soweit er in der Verflechtung von Kette und Schuß mit Hilfe des Webschützens besteht. Aber dieser Pause fällt eine ausschlaggebende Bedeutung nicht zu, denn selbst wenn diese Pause für den Webschützen nicht erforderlich wäre, so würde eine kurze Pause zum „Einschlagen" des durchgezogenen Fadens an den vorhergehenden Schußfaden mittels des Riets, um das Gewebe zu bilden, sowie ferner für die Umsteuerung der Schäfte, zur nächsten Fachbildung, unvermeidlich sein. Infolgedessen werden die Unterbrechungen kaum als solche empfunden.

Die Hin- und Herflüge des Webschützen folgen zudem bei modernen Webstühlen, die bis zu 220 Schußeinschläge in der Minute machen, so rasch aufeinander, daß der Eindruck einer kontinuierlichen Arbeitsweise hervorgerufen wird, da die Webstuhlkurbelwelle selbst kontinuierlich weiterläuft. Der Fall liegt hier ähnlich wie bei der Kolbendampfmaschine (im Gegensatz zur Dampfturbine), bei der die wichtigsten Organe, die Zylinderkolben und der Kreuzkopf, auch hin und her gehend arbeiten, während die Kurbelwelle eine gleichmäßig rotierende Bewegung ausführt.

Weit größere periodische Stillstände des Webstuhls, als durch die hin und her gehende Bewegung von Webschützen, Riet und Webschäften, werden nun dadurch veranlaßt, daß nach jedesmaligem Ablaufen der Schußspule der Webschützen mit neuem Material beschickt werden, d. h. auf die Schützenspindel eine neue Schußspule aufgesteckt werden muß. Da die Schußspule nur einen mäßigen Umfang hat, so sind die Aufenthalte, wenn es sich um ein Verweben von Garnen mittlerer Stärke handelt, recht häufig.

Man sucht deshalb im Interesse einer stetig fortlaufenden Arbeitsweise
1. diese Betriebspausen möglichst abzukürzen,
2. dahin zu wirken, daß diese Betriebspausen möglichst selten vorkommen.

Zur Erreichung des einen Zieles zur Abkürzung der Betriebsstillstände arbeitet der Weber stets mit einem Reserveschützen, auf dessen Spindel er, während der Stuhl noch läuft, die gefüllte Schußspule aufsteckt, so daß die Auswechslung rascher von statten geht.

Um das zweite Ziel zu erreichen, die Häufigkeit der Stillstände zu vermindern, ergibt sich als nächstliegender Ausweg, eine größere Spule zu wählen, die größere Garnmengen aufnehmen kann; eine solch dickere Spule bedingt aber einen größeren Schützenkörper und dieser verlangt wieder, daß das Fach weiter geöffnet wird, um dem Schützen den Durchgang auf seiner Bahn zu ermöglichen. Je weiter aber das Fach geöffnet wird, um so schwieriger ist die Fachbildung, um so weniger rasch kann man daher den Stuhl laufen lassen. Man kommt deshalb bald zu einer Grenze bei der Größe des Schützenkörpers, über die es keinen Zweck hat, hinauszugehen. Später hat man deshalb dann einen sogenannten Schützengreifer versucht, bei dem der Webschützen sein Material sich kontinuierlich von einer außerhalb des Webstuhles liegenden Riesenspule entnimmt; aber diese Verbesserung hat sich nicht einbürgern können.

Da also mit einer Vergrößerung der Spule dem Problem nicht beizukommen war, so wurde dann die Entwicklung in die Richtung gedrängt, einen Spulenwechsel während des Laufens des Webstuhles zu ermöglichen. Der Webstuhl, welcher auf diesem Prinzip beruht, und bei dem sich der Spulenwechsel automatisch vollzieht, ist der Northropstuhl oder Automatenstuhl (Nr. 46). Um das Einsetzen der neuen Spule während des Laufes des Stuhles zu ermöglichen, sind bei dem Northropstuhl Schützenkörper und Schützenspindel nicht mehr miteinander fest verbunden, sondern zu zwei selbständigen Maschinenorganen ausgebildet worden. Die gefüllten Spulen werden der Reihe nach in einem Vorratsbehälter untergebracht; von diesem aus werden die Spulen, während der Webstuhl

Nr. 47. Achtfarbige Rouleauxduplexdruckmaschine.

weiterläuft, in den Schützenkörper unter Verdrängung der alten Spule jedesmal dann hineingeschlagen, wenn die Schußgabel bei Fadenbruch oder Ablauf der Spule die Anregung zu dieser Auswechslung gibt, und sich der Schützen im Schützenkasten unterhalb des Magazins befindet.

Zwar sind die Anlagekosten für die Automatenstühle nicht gering, dafür handelt es sich aber um außerordentliche Ersparnisse an Bedienung. Während von Webstühlen der gewöhnlichen Bauart ein Weber, je nach Art des herzustellenden Gewebes, 2, 3 oder 4 Stühle beaufsichtigen kann, vermag bei dem Automatenstuhl ein Weber 16, 20, ja 24 Stühle zu bedienen, wenn in dem Websaal noch einige Gehilfen zum Heranschaffen der Spulen für sämtliche Weber angestellt sind. Dabei ist die Produktion auf dem Automatenstuhl pro Stuhl größer als bei dem gewöhnlichen Webstuhl, wenn die Ketten gut sind. Der Vorteil der fortlaufenden Betriebsweise ist wohl bei keinem Beispiel so in die Augen springend wie hier.

Periodische Unterbrechungen bei der Druckmaschine. Dem örtlichen Auftrag der Farbstoffe auf das Gewebe, wie sie die Aufgabe der Druckerei ist, diente ursprünglich das Bemalen mit dem Pinsel unter Benutzung der Schablone. Dieser Arbeitsvorgang zeigt zweifellos die Merkmale des intermittierenden Arbeitsprozesses. Erst später entwickelt sich aus diesem Vorgang des Bemalens der Gewebe ein wirklicher Druckprozeß, und zwar zunächst mit der Hand mittels einer erhabenen Druckform, dem Druckmodel. Aber auch hier haben wir wieder abwechselnd Berührung des Farbkissens und des zu druckenden Gewebes. Auf diese Methode baut sich dann um 1770 die Handdruckmaschine mit mechanisch hin und her bewegten erhabenen Druckformen auf, als eine rein maschinelle Nachahmung des intermittierend arbeitenden Handdruckprozesses. Bei dieser Maschine muß also auch noch die Druckform nach dem Farbenaufdruck auf das zu druckende Gewebe sich erst jedesmal wieder die Druckfarbe von dem Farbkissen holen, bevor sie zu einem neuen Farbenauftrag, sei es dieselbe Stelle oder einen weiteren Streifen des inzwischen entsprechend vorgerückten Gewebes, bereit ist. Die Schaltung des Antriebsmechanismus läßt sich dabei so einstellen, daß man das Gewebe entweder nach ein- oder nach mehrmaligem Farbenauftrag um die Breite der Druckform weiterrücken lassen kann.

Die Leistungen dieser intermittierend arbeitenden Handdruckmaschine werden nun wieder gewaltig übertroffen durch die Ende des 18. Jahrhunderts auftauchende Rouleauxdruckmaschine, die als kontinuierlich arbeitendes Werkzeug die vertieft eingravierte, im Farbtrog während der Arbeit ununterbrochen umlaufende Druckwalze setzte, deren gravierte Flächen die Farben an den zu druckenden Stoff fortlaufend abgeben, nachdem der Überschuß an Druckfarbe durch ein Messer, die Rakel, abgestrichen ist (Nr. 47).

Allerdings hat trotz der durch die fortlaufende Arbeitsweise bedingten großen Überlegenheit der Rouleauxdruckmaschine die Handdruckmaschine, deren vollkommenste Ausführung die im Jahre 1834 erfundene Perrotine darstellt, bis auf den heutigen Tag für gewisse Druck- und Fabrikationsverfahren ihre Stellung behauptet. Namentlich für die Reservedruckverfahren bietet gegenüber der Rouleauxdruckmaschine die Arbeitsweise der Perrotine dadurch, daß sie einen volleren, plastischeren Druck gestattet, in diesem Falle große Vorteile. Die Möglichkeit dieses volleren Druckes ist durch zwei Umstände bedingt. Einmal läßt sich der Farbenauftrag durch die Formen der Perrotine beim Drucken auf dieselbe Stelle des Gewebes nicht nur einmal, wie beim Rouleaudruck, sondern zwei- und mehrmal bewirken. Ferner fällt beim Perrotinendruck das sogenannte Verpressen der Druckfarben ganz fort. Dieses Verpressen, das beim Rouleauxdruck bei mehrfarbigen Mustern infolge des festen Anliegens der ganzen Walzenfläche an dem Druckzylinder unvermeidlich ist, bedeutet eine erhebliche Abschwächung des Farbenauftrages und kann den guten Ausfall bei den in Rede stehenden Reservedruckartikeln in Frage stellen. So ergibt sich die auch sonst häufig zu beobachtende Erscheinung, daß selbst trotz des mächtigen Fortschrittes, der in der kontinuierlichen Arbeitsweise liegt, die ältere Methode für gewisse Fabrikationszwecke noch den Vorrang behauptet. Der Wettbewerb der verschiedenen Arbeitsmethoden — in diesem Falle die kontinuierliche Arbeitsmethode mit der intermittierenden — führt eben nicht immer zu einem vollständigen Erliegen des einen Systems[1]). Aber abgesehen von diesen besonderen Fällen ist die Steigerung in der Leistung durch den fortlaufenden Arbeitsprozeß ein so gewaltiger, daß die Perrotine mehr und mehr das Feld räumen muß. Während man bei der Perrotine mit einer Leistung von 10 bis 15 Stück von 60 m pro Tag rechnet, sind Leistungen von 100 bis 150 Stück von 60 m auf der Rouleauxdruckmaschine bei guter Druckvorschrift sehr häufig.

B. Unregelmäßige Unterbrechungen des Arbeitsprozesses bei der einzelnen Arbeitsmaschine.

Bei Selfaktor, Webstuhl, gewöhnlicher Konstruktion, und Perrotine haben wir uns Beispiele vor Augen geführt, die die charakteristischen Merkmale eines ausgeprägt intermittierenden Arbeitsprozesses, regelmäßige, in relativ kurzen Zeitabschnitten sich folgende Unterbrechungen des eigentlichen Arbeitsvorganges zeigen. Zu diesen periodischen Unterbrechungen des Arbeitsprozesses treten nun noch weitere Unterbrechungen hinzu, die aber viel seltener und unregelmäßiger wiederkehren, und zwar auch bei solchen Maschinen, deren Arbeitsweise wir sonst im allgemeinen als eine kontinuierliche ansprechen. Ein besonderer Fall sind sodann die durch Betriebsstörungen veranlaßten zufälligen Unterbrechungen.

* * *

Zu den unregelmäßigen Unterbrechungen des Arbeitsprozesses gehört zunächst das Einbringen des Rohmaterials in die Arbeitsmaschine und das Herausschaffen des fertigen Arbeitsgutes aus ihr heraus. Es handelt sich dabei um Vorgänge, die sich an der Peripherie der Maschine abspielen. Diese sind streng zu unterscheiden von den Transportvorgängen von einer Maschine zur anderen, die wir später behandeln werden. Die Maschine ist als ein selbständiger Organismus anzusehen, der seinen Verkehr, seine Berührungspunkte mit der Außenwelt hat, und bei dem es unter Umständen Schwierigkeiten bietet, während der Arbeit, während des Laufens der Maschine, diesen Verkehr, die Aufnahme neuen Materials und die Abgabe des hergestellten Produktes, zu bewirken. Es ist dieses übrigens eine Frage von ganz allgemeiner Bedeutung, nicht nur für die Arbeitsvorgänge bei den Maschinen der Textilindustrie, sondern für die Fabrikationsvorgänge aller Industrien. Dabei ist noch folgendes zu beachten.

---
[1]) Vgl. Wilh. Elbers, Der Wettbewerb der Arbeitsmaschinen und Methoden in der Baumwolltextilindustrie. Zeitschr. f. Farbenindustrie 1912, Heft 24; 1913, Heft 1 u. 2.

Ganz allgemein spielt die physikalische Beschaffenheit des Arbeitsgutes bei dieser Frage eine große Rolle. Handelt es sich z. B. um eine Flüssigkeit, die in einer Maschine zur Verarbeitung gelangen und einem Filtrationsvorgang oder einem chemischen Vorgang, wie z. B. dem Nitrieren organischer Verbindungen mit Salpetersäure unterworfen werden soll, so bietet die Einführung, das Einlaufenlassen des Rohmaterials, sowie die Entfernung des Reaktionsproduktes, sofern dieses auch eine Flüssigkeit ist (das Abzapfen), während des Betriebes des Apparates keinerlei Schwierigkeit, zumal wenn man die Heberwirkung oder Druckluftwirkung zu Hilfe nehmen kann. Den Flüssigkeiten gleichstehend sind die nicht zu dickflüssigen Pasten, z. B. die Druckfarben an der Farbsiebmaschine der Farbküche, ferner feste Körper, die an sich nur einen kleineren Umfang haben oder so weit zerkleinert sind, daß sie kein zusammenhängendes größeres Ganzes mehr bilden. So geht bei einer Schrotmühle die Zuführung des Korns ebenso wie der Abtransport des geschroteten Produktes glatt von statten.

Unregelmäßige Unterbrechungen des Arbeitsvorganges in der Spinnerei. Ganz ähnlich wie bei den Flüssigkeiten liegt der Fall, solange zwischen den einzelnen Stofffasern ein organischer Zusammenhang noch nicht hergestellt ist. Die Einführung des Rohmaterials in den Ballenbrecher, die Weiterführung der gelockerten Baumwolle aus dieser Maschine heraus zum Öffner und von da zur Schlagmaschine läßt sich auf pneumatischem Wege ohne etwaige Stillstände beim Hinein- und Herausbringen des Arbeitsgutes schlank durchführen. In dem Maße, wie der Spinnprozeß weiter fortschreitet, wenn aus den losen Flocken sich eine zusammenhängende Watte, ein Fließ, ein fadenartiges Erzeugnis und endlich ein richtiger Faden gebildet hat, gestaltet sich das Problem, ohne Stillstände der Maschine beim Hinein- und Herausbringen des Arbeitsgutes auszukommen, im allgemeinen immer schwieriger, namentlich wenn die Geschwindigkeit der Arbeitsmaschine eine hohe ist.

Aus diesem Grunde bedingt denn auch, wenn die Baumwolle in wattenförmigem Zustande auf der Wickelwalze der Schlagmaschine aufgerollt ist, das Herausnehmen der Baumwollwickel, das Abziehen von der Wickelwalze und das Wiedereinlegen dieser Walze in die Schlagmaschine bei dem ziemlich flotten Gang dieser Maschine schon einen kurzen Stillstand. Bei der Krempel dagegen kann eine neue Wickel ohne Stillsetzen der Maschine eingelegt werden. Die langsam fortschreitende Bewegung des Lattentuches gestattet noch während des Laufens der Maschine die Auswechslung und gleichzeitig noch das Glätten der stumpf aneinander zu legenden Enden.

Das von den Krempeln kommende, zu Bändern zusammengezogene und dann im Drehtopf untergebrachte Fließ kann bei umsichtiger Bedienung in diesem Drehtopf von der Maschine entfernt werden, ohne daß weder für das Herausschaffen der alten Spinnkanne noch für das Einsetzen einer neuen die Krempel stillgesetzt zu werden braucht. Da indes immerhin eine ganze Reihe von rasch aufeinanderfolgenden Handgriffen bei der Auswechslung erforderlich ist, so hat man, um dem Arbeiter die Bedienung einer größeren Reihe von Krempeln ohne Aufenthalte zu ermöglichen, dafür zu sorgen, daß nicht alle Spinnkannen gleichzeitig gefüllt und gleichzeitig ausgewechselt zu werden brauchen, sondern man teilt vielmehr zweckmäßig die Arbeit so ein, daß jeweils ein Drittel ziemlich gefüllt, ein Drittel halb gefüllt und ein Drittel wenig gefüllt ist; auf diese Weise ist immer nur für ein Drittel der von einem Arbeiter zu bedienenden Krempeln eine fast gleichzeitige, d. h. rasch nacheinander folgende Auswechslung erforderlich.

Bei der Beobachtung der gleichen Vorsicht bei den Spindelbänken und den Feinspinnmaschinen sind auch hier für das Einsetzen neuen Rohmaterials Stillstände nicht erforderlich. Nur das Absetzen des fertigen Produkts bedingt bei Fleyern, Ringspinnmaschinen und Selfaktoren regelmäßige Betriebspausen. Man pflegt dann die Bedienungsmannschaften der anderen gleichartigen Maschinen mit heranzuziehen, um eine möglichst rasche Abwicklung der Arbeit des sogenannten Absetzens der gefüllten Spulen und des Einbringens in bereitstehende Kisten und Wagen zu erreichen.

Je dichter nun die Spindeln auf den Spinnmaschinen stehen, je dichter, wie man sagt, die Spindelteilung ist, um so häufiger muß — gleiche Garnnummer vorausgesetzt — das Absetzen, mit dem ja gewisse Stillstände unvermeidlich verbunden sind, erfolgen. Beim Spinnen von Schußgarnen ist für Selfaktoren und Ringspinnmaschinen die Spindelteilung durch die Größe der Schützenkörper, in die die Spule beim Webprozeß hineingehen muß, ohne weiteres gegeben und begrenzt. Für Vorgarn und Kettgarn dagegen kann eine von den Rücksichten auf die spätere Verwendung unabhängige Spindelteilung gewählt werden. Zu berücksichtigen bleibt aber hier, daß mit der Erweiterung der Spindelteilung die Zahl der auf einer gegebenen Spinnmaschinenlänge anzubringenden Spindeln entsprechend zurückgeht. Dadurch geht auch andererseits die Gesamtproduktion der Maschine wieder zurück. Man hat deshalb zwischen beiden Forderungen — einmal möglichst große Zahl arbeitender Spindeln und sodann möglichst weite Spindelteilung (um eben die Stillstände durch Absetzen zu vermindern) — einen Ausgleich gesucht und so die günstigsten Erfahrungswerte für die Spindelteilung ermittelt.

Zufällige Unterbrechungen des Arbeitsvorganges in der Spinnerei. Ganz unregelmäßige und zufällige Unterbrechungen treten bei den Maschinen der Spinnerei auf, sobald das Erzeugnis einen, wenn auch losen, Zusammenhang bekommen und den Charakter eines Schleiergewebes oder Bandes angenommen hat. Diese Unterbrechungen sind dann veranlaßt durch Abreißen des Fließes auf der Krempel oder der Bänder auf der Strecke oder des Grob- und Feingarns auf den Spindelbänken und Spinnmaschinen.

Bei der Strecke ist eine Einrichtung vorgesehen, die beim Abreißen eines Bandes die ganze Maschine zum Stillstand bringt. Diese Einrichtung ist unerläßlich, weil sonst beim Weiterlaufen nach erfolgtem Abreißen unrichtige (zu feine) Stellen im Garn entstehen würden. Bei den übrigen Maschinen sind im allgemeinen nicht so große Nachteile mit dem Abreißen des Bandes oder mit dem Fadenbruch verbunden; auch sind bei einem aufmerksamen Bedienungspersonal die Maschinen immer rasch wieder in Gang gebracht. Wenn sich die Fadenbrüche indes häufen, wie dieses z. B. beim Verspinnen einer nicht guten Partie Baumwolle vorkommt, so erleidet die Kontinuität des Arbeitsprozesses in der Spinnerei eine bedenkliche Einbuße. Es kann daher nur dringend empfohlen werden, nicht zu minderwertige Partien Baumwolle zu verwenden. Die Verminderung in der Stetigkeit des Arbeitsprozesses und damit der Produktion verursacht größere Schäden und Kosten, als man durch den Preisunterschied der verschiedenen Baumwollqualitäten beim Einkauf erspart. Ebensosehr ist natürlich auch, um dieses Ziel zu erreichen, darauf zu achten, daß sämtliche Maschinen der Spinnerei sich in tadellosem Zustande befinden. Endlich ist auch eine zweckentsprechende Luftbefeuchtungsanlage sehr wesentlich.

Unregelmäßige Unterbrechungen des Arbeitsvorganges in der Weberei. Von den Vorbereitungsmaschinen der Weberei braucht die Spulmaschine als Ganzes nicht stillgesetzt zu werden, wenn es sich um das Ein- oder Aussetzen mit Garn gefüllter Spulen handelt. Bei der Schermaschine dagegen sind die Betriebspausen, die durch das Herrichten der Schermaschine, namentlich das Einbringen der neuen Spulen bedingt sind, recht beträchtlich, ebenso bei der Schlichtmaschine durch das Einlegen der Kettbäume. Hierbei bedient man sich zweckmäßig einer kleinen Laufkatze, die den Transport der Scherbäume von der Schermaschine zur Schlichtmaschine und, worauf es hier zunächst ankommt, das Einlegen in die Schlichtmaschine selbst vermittelt und beschleunigt.

Beim Webstuhl gewöhnlicher Konstruktion führt das Einbringen des Rohmaterials der Schußspule nicht zu unregelmäßigen, sondern zu regelmäßig periodisch wiederkehrenden Stillständen, weil im Gegensatz zur Spinnerei nach dem Ablauf jeder einzelnen Schußspule eine neue mitten in die Maschine hinein eingeführt werden muß. Diese Frage und die geniale Lösung zur Beseitigung dieser regelmäßigen Unterbrechungen des Webvorganges, die dem gewöhnlichen Webstuhl das typische Bild einer intermittierend arbeitenden Maschine gibt, sind schon oben besprochen worden. Die unregelmäßigen Aufenthalte, die, wie z. B. bei der Spinnerei, durch sonstige Materialverschiebung in die Maschine hinein und aus ihr heraus bedingt wären, sind in der Weberei nicht erheblich. Durch das Einbringen des außer dem Schuß zum Verweben dienenden Materials, der Kette, sowie das Fortschaffen des durch Verflechtung von Schuß und Kette sich bildenden Gewebes entstehen eben nur geringe Aufenthalte. Der einmal eingelegte Kettbaum enthält Arbeitsmaterial für viele Tage, ebenso ist der mit dem fertigen Gewebe gefüllte Brustbaum rasch durch einen leeren ersetzt.

Zufällige Unterbrechungen des Arbeitsvorganges in der Weberei. Am meisten störend sind auch in der Weberei die zufälligen, durch Fadenbruch bewirkten Arbeitsunterbrechungen, die bei allen Maschinen der Weberei auftreten. Außer der Beeinträchtigung der Größe der Produktion gibt der Fadenbruch auch oft Veranlassung zu Fabrikationsfehlern. Die in Betracht kommenden Arbeitsmaschinen der Weberei, Schermaschine und Webstuhl, sind deshalb, ähnlich wie die Strecke in der Spinnerei, meist mit Vorrichtungen versehen, die automatisch einen Stillstand der betreffenden Maschine bewirken. Beim Automatenwebstuhl ist auch für den Fadenbruch zweifellos die günstigste Lösung gefunden, insofern, als ja, wie wir gesehen, das Reißen des Schußfadens Anregung zur Auswechslung der Schußspule gibt, so daß also der Stuhl dann ohne Unterbrechung weiterläuft. Diese Lösung muß als vorbildlich bezeichnet werden; sie auf möglichst viele Arbeitsmaschinen, und zwar nicht nur auf textilem Gebiete, zu übertragen, sollte daher eifrigstes Streben der Konstrukteure und Technologen sein.

Beim Reißen eines Kettfadens bewirkt allerdings auch bei dem Automatenstuhl der Kettfadenwächter nicht selbsttätig die Auswechslung des gerissenen Kettfadens, sondern der Wächter setzt nur den Stuhl still.

Die Häufigkeit der durch Fadenbruch bedingten Stillstände der Maschinen der Weberei wird wie in der Spinnerei außer durch eine angemessene Luftbefeuchtung sehr wesentlich durch die Beschaffenheit des Rohmaterials beeinflußt. Es ist daher eine Frage der Kalkulation, inwieweit der für schlechteres Rohmaterial gezahlte billigere Kaufpreis die durch Schädigung der Kontinuität des Arbeitsprozesses verursachten Nachteile, vor allem die geringere Produktion aufwiegt. Im allgemeinen sollte man, wie hier nochmals betont sei, bei der Herstellung besserer Erzeugnisse unter ein gewisses Niveau beim Rohmaterial nicht heruntergehen, selbst wenn die Kalkulation dieses nicht ganz rechtfertigt. Meines

Erachtens sollte man sich hierzu schon mit Rücksicht auf seine Arbeiter und Beamten entschließen, denn nichts beeinflußt die Arbeitsfreudigkeit so ungünstig, wie die fortwährenden Stillstände durch Fadenbrüche, deren Vermeidung der einzelne selbst bei angespannter Aufmerksamkeit nicht zu bewirken vermag.

Beim Automatenstuhl insbesondere muß man ein gutes Baumwollkettgarn verwenden, wenn nicht die Vorteile des Automatenstuhles in Frage gestellt werden sollen. Denn bei der großen Zahl der dem einzelnen Weber zur Bedienung zugeteilten Stühle hat dieser an sich schon, um zu den verschiedenen Stühlen zu gelangen, viel größere Wege zu machen, als bei der Bedienung weniger Stühle, außerdem kann er bei Kettfadenbruch an mehreren Stühlen doch nur einen Stuhl nach dem anderen wieder in Gang bringen. Da somit die Kettfadenbrüche auf dem Webstuhl selbst am meisten störend sind, setzt man zweckmäßig die Kettfäden auf der Spulmaschine schon einer etwas stärkeren Spannung und Beanspruchung aus, damit die schwachen Stellen der Kettfäden schon auf diesen Maschinen, auf denen der Fadenbruch nicht so verhängnisvoll ist, entdeckt und ausgemerzt werden können. Auf diese Weise kann die Kontinuität des Webprozesses auf dem Webstuhl sehr gefördert werden.

Unregelmäßige Unterbrechung des Arbeitsprozesses in der Druckerei. Bei allen Maschinen der Druckerei haben wir es mit Geweben, also mit Erzeugnissen zu tun, die schon eine ziemlich erhebliche Festigkeit besitzen, und denen man daher in bezug auf mechanische Beanspruchung schon etwas zumuten kann.

✻ ✻ ✻

Einlauf der Gewebe in die Arbeitsmaschine in der Druckerei. Der kontinuierliche Einlauf der Gewebe in die Arbeitsmaschine hinein und aus ihr heraus bietet auch im allgemeinen keine wesentlichen Schwierigkeiten, solange die Gewebe nur lose lagenweise aufeinandergetafelt oder geschichtet sind. Eine gewisse Gewandheit und Handfertigkeit erfordert es immerhin, um während des Ablaufens der letzten 20 bis 30 m des Warenstapels die Naht zwischen dem Warenende des beinahe abgelaufenen Warenstapels auf dem Einführungstisch auszuführen. Zu empfehlen ist es daher, wenn auch für diesen günstigsten Fall eine Einrichtung vorgesehen ist, um während dieser Zeit des Ab- und Einlaufs der Warenstapel die Geschwindigkeit der Maschine vorübergehend etwas mäßigen zu können.

Wenn dagegen das Gewebe statt vom losen Warenstapel von einer Aufbäumrolle abläuft — ein Zustand, der im übrigen an und für sich erhebliche Vorteile bietet —, so ist es bei langsamstem Gang der Arbeitsmaschine kaum möglich, die verbindende Naht zwischen den Geweberollen auszuführen, während das Gewebeende der ersten Rolle bis zur Maschine gelangt und hier einläuft.

Eine der schwierigsten Maschinen ist in dieser Beziehung die Druckmaschine, und es soll daher etwas eingehender darüber berichtet werden, welche Lösung bei dieser Maschine die auch sonst für viele Hilfsmaschinen der Druckerei so wichtige Frage des möglichst ungestörten Wareneinlaufs gefunden hat.

Im allgemeinen läßt man nämlich die Gewebe niemals aus den lose geschichteten Gewebeballen in diese Maschine einlaufen, sondern sowohl Mitläufer als auch die Gewebe selbst befinden sich in dem Raume zwischen Trockenstuhl und Druckzylinder auf Aufbäumrollen aufgebäumt. Bei dem zu druckenden Gewebe selbst geschieht dieses schon aus dem Grunde, weil nur bei dem Aufbäumen die Gewebekanten so fest und unverrückbar aufeinandergelegt werden können, daß die Einführung des Gewebes beim Druck immer genau an der gleichen Stelle der Druckwalzen erfolgen kann, wie dieses bei vielen Mustern (Streifen, Kantenmuster usw.) unerläßlich ist.

Auf der einen Seite ist es nun also, wie oben hervorgehoben, fast unmöglich, die Naht zwischen den Enden der beiden Geweberollen während des Laufens der Maschine auszuführen; auf der anderen Seite besteht aber die Schwierigkeit, daß ein Stillstand auf dem Ende des Gewebes selbst abgesehen von der Forderung der möglichsten Kontinuität des Arbeitsprozesses auch aus dem Grunde zu vermeiden ist, weil das Antrocknen der Druckfarben an der Stelle, wo die Druckwalze auf dem Gewebe ruht, sehr oft eine Fehlstelle, einen sogenannten Halter, zur Folge hat.

Wie soll man nun aus dieser Zwickmühle herauskommen? Meist sucht man sich in der Weise zu helfen, daß man doch einen kurzen, völligen Stillstand der Druckmaschine ermöglicht, und zwar dadurch, daß man an beiden Enden des Warenballens, der auf der Aufbäumrolle aufgedockt wird, ein nicht zu kurzes Vorende annäht. Sind die Gewebe dann von der Aufbäumrolle abgelaufen, so hält der Drucker die Druckmaschine so an, daß die Druckwalzen auf diesem Vorende zum Stillstand kommen. Während dieses kurzen Stillstandes der Druckmaschine wird dann die neue volle Geweberolle an Stelle der alten leeren in die hierfür bestimmten Lager vor der Druckmaschine eingelegt und die Verbindungsnaht zwischen den Vorenden der gerade gedruckten und noch zu druckenden Rolle rasch ausgeführt. Bis dann beim Weiterdrucken die Druckwalzen über die Naht und das Vorende der neuen Geweberolle gelaufen sind, haben sich die gravierten Flächen der Druckwalzen von der angetrockneten Druckfarbe wieder gesäubert und sind mit frischer Farbe gefüllt, so daß der Druck auf dem neuen Stück nun wieder rein einsetzen kann, ohne eine Fehlstelle hervorzubringen.

Damit ist ein gewisser Ausweg geschaffen, aber die Verwendung solch längerer Vorenden ist immerhin in mancher Beziehung eine sehr lästige und kostspielige Zugabe; zudem sind, worauf es uns hier vor allem ankommt, die Aufenthalte für den Druck nicht unerheblich. Viel besser ist daher der Ausweg, wenn die Druckvorschrift dieses zuläßt, möglichst viele Stücke auf einer Geweberolle aufzubäumen. Es lassen sich nach meinen Erfahrungen mit gutem Erfolge von dünnen Geweben bis zu 6000 m auf einer Rolle (Nr. 48) aufbäumen. Allerdings werden dadurch die Geweberollen etwas dick, schwer und unhandlich. Um mit diesen schweren Rollen hantieren zu können, ist es zweckmäßig, über den Schermaschinen, Aufbäumstühlen und hinter der Druckmaschine Laufkatzen anzubringen.

Weitere Schwierigkeiten für einen fortlaufenden Betrieb der Druckmaschine sind noch zu überwinden, wenn die mit dem Mitläufer bewickelte Rolle abläuft, der zum Schutze des Drucktuches das Gewebe auf seinem Wege durch die Druckmaschine begleitet. Da die Mitläuferrolle fast nie gleichzeitig mit der Geweberolle abläuft, so müßte an sich wieder bei jedem Ablauf des alten Mitläufers und dem Einlegen des neuen Mitläufers die Druckmaschine auf kurze Zeit stillgesetzt werden. Dieses ist aber aus den angegebenen Gründen, insbesondere wegen der zu befürchtenden Fehlstellen im Gewebe (Halter) ganz ausgeschlossen. Man muß sich daher hier in anderer Weise helfen, und kann dieses auch, weil der Mitläufer schon etwas herzhafter angefaßt werden darf und nicht so schonend behandelt zu werden braucht wie das Gewebe, bei dem jedes Staub- und Schmutzteilchen möglichst vermieden werden muß.

Der Ausweg ist in diesem Falle folgender. Nähert sich die Mitläuferrolle ihrem Ende, so wird die Druckmaschine auf den langsamsten Gang gestellt, die letzten 10 bis 15 m durch den einen Hilfsarbeiter von Hand abgezogen, die neue volle Mitläuferrolle an Stelle der alten in die Lager eingelegt und die beide Mitläuferenden verbindende Naht ausgeführt. Während dieser Zeit hat der andere für die Druckmaschine zur Verfügung stehende Hilfsarbeiter durch Breithalten von Hand dafür zu sorgen, daß zunächst der letzte Teil der ablaufenden Mitläuferrolle, dann die Naht und hierauf der nachfolgende erste Teil der neuen Mitläuferrolle vollständig faltenfrei zwischen Druckzylinder und Druckwalze einläuft. — Bei leichten Druckmustern kann man sich übrigens auch noch besser in der Weise helfen, daß man den Mitläufer als endloses Tuch mit zusammengeklebten Enden während einer längeren Betriebszeit rund laufen läßt, eventuell auch unter Einschaltung einer Wasch- und Trockenvorrichtung zwischen Druckmaschine und Trockenstuhl.

Austritt der Gewebe aus den Arbeitsmaschinen der Druckerei. Gerade wie bei der Einführung in die Maschine, so bietet das Herausschaffen der Gewebe aus der Maschine nach ihrer Bearbeitung für einen fortlaufenden Arbeitsprozeß dann Schwierigkeiten, wenn die Gewebe beim Austritt aus der Maschine nicht abgetafelt, sondern auf einer Rolle gleich aufgebäumt werden sollen, da das Herausnehmen der gefüllten Rolle am Ende der Maschine aus ihren Lagern und das Einsetzen einer leeren Rolle nicht ohne weiteres möglich ist. Um die kontinuierliche Arbeitsweise der Maschine nicht aufgeben zu müssen, arbeitet man dann wohl in der Weise, daß man die aus der Arbeitsmaschine, z. B. aus der Spannrahmmaschine, kommende Ware durch eine Abtafelung zunächst sich ablegen läßt und dann später auf einer besonderen Aufbäummaschine aufbäumt.

Weit mehr zu empfehlen ist aber an sich meist das unmittelbare Aufbäumen hinter der Arbeitsmaschine, und zwar sowohl im Interesse der größeren Transportfähigkeit der Gewebe, als auch, um später das Aufbäumen auf einer besonderen Maschine zu ersparen. Auch für diesen Fall des Aufrollens auf der Rolle hat man deshalb die Möglichkeit einer kontinuierlichen Arbeitsweise erdacht und einen Wechseltrieb am Ende der Arbeitsmaschine durch entsprechende Lagerung von zwei Aufbäumrollen vorgesehen, die durch an den Wellenenden wirkende Klauenkupplungen jede für sich je nach Bedarf eingeschaltet und in Rotation versetzt werden können. Außerdem ist zu der Einrichtung ein aus einem Rollensystem bestehender kleiner Kompensator erforderlich, der die Aufgabe hat, das von der Maschine abgelieferte Gewebe faltenfrei und in straffem Zustande mit Hilfe des Rollensystems so lange unterzubringen, bis die Naht durchgerissen ist, welche das letzte Ende der aufgebäumten Geweberolle mit der nachfolgenden Gewebebahn verbindet, weiter das erste Ende dieser Bahn dann um die leere Geweberolle gelegt und diese dann durch Betätigung des Schaltmechanismus in Umlauf gesetzt ist.

So hat man auch in dem Druckereibetriebe mancherlei Möglichkeiten, um auch in schwierigen Fällen die Kontinuität des Arbeitsprozesses beim Einbringen der Gewebe in die Maschine und beim Herausschaffen aus derselben aufrecht zu erhalten. Es mag bei diesen wenigen Beispielen sein Bewenden haben.

✽ ✽ ✽

Nr. 48. Geweberolle, 6000 Meter enthaltend.

Auswechslung des Werkzeugs als unregelmäßige Unterbrechung des Arbeitsprozesses der Druckerei. Viel bedeutendere unregelmäßige Unterbrechungen des Arbeitsprozesses, als die bisher geschilderten Ursachen (Ein- und Ausbringen des Arbeitsgutes) bewirkt bei der Druckmaschine die Auswechslung des Werkzeugs, das Aus- und Einlegen der Kupferwalzen aus Anlaß des Drucks eines anderen Musters. Namentlich bei vielfarbigen, acht-, zehn- und mehrfarbigen Druckmaschinen nimmt die Auswechslung der Druckwalzen erhebliche Zeit in Anspruch. Auch hier kann man durch zweckentsprechende Einrichtungen diese an sich nicht zu vermeidenden Betriebspausen abkürzen. So kann man für dieses Auswechseln viel kostbare Zeit dadurch sparen, daß man für die vielfarbigen Druckmaschinen Reservedruckspindeln anschafft, auf welche man dann die für das einzulegende Muster erforderlichen Druckwalzen schon vor dem Auslegen des alten Musters durch besonderes Bedienungspersonal aufspindeln läßt. Die Häufigkeit dieser Stillstände der Druckmaschine ist in erster Linie von der Größe der auf die einzelnen Muster erteilten Druckaufträge abhängig, die bis zu einem gewissen Grade sich durch die Verkaufsorganisation und die Konzentration in der Musterauswahl beeinflussen lassen. Leider waren bisher in Deutschland die Musteransprüche, im Gegensatz zu anderen Ländern, ganz ungeheuer; darunter leidet natürlich die Größe der einzelnen Aufträge und damit die Kontinuität des Arbeitsprozesses und die Produktion in der Druckerei.

II.
Unterbrechungen des Arbeitsvorganges durch Transporte des Arbeitsgutes von einer Arbeitsmaschine zur anderen.

Wir haben uns bisher klar gemacht, wodurch eine möglichst hohe Kontinuität im Arbeitsprozeß der Einzelmaschine erreicht werden kann. Wir kommen jetzt zur Besprechung des zweiten Faktors, der eine Unterbrechung des Arbeitsprozesses verursacht, das sind die Transporte des Arbeitsgutes von einer Arbeitsmaschine zur anderen. Die nachteilige Wirkung dieser Transporte auf die Kontinuität des Arbeitsprozesses kann man durch möglichste Kürzung der zurückzulegenden Wege vermindern. Ja, man kann in konsequenter Verfolgung dieses Gedankens die Arbeitsmaschinen, welche das Arbeitsgut der Reihe nach zu durchlaufen hat (wenn die Antriebsweise und die sonstigen Verhältnisse es erlauben), so hintereinanderstellen, daß das Arbeitsgut von der einen Maschine unmittelbar in die andere hineinläuft, ohne daß inzwischen ein Aufspeichern, ein Aufwickeln oder ein Aufbäumen erforderlich ist. Wir kommen auf diesem Wege zu dem System der kombinierten Maschinenaggregate. Allerdings läßt sich dieses System nicht restlos durchführen. Wir werden daher in einem weiteren Abschnitt die sich dann weiter noch ergebende Frage der Anordnung der Arbeitsmaschinen im Gesamtarbeitsprozeß uns vor Augen zu führen haben.

A. Kombinierte Maschinenaggregate.

Spinnerei. In der Baumwollspinnerei ist in allen besser eingerichteten Betrieben ein kombiniertes System der Vorbereitungsmaschinen von Ballenbrechern, Öffner und Schlagmaschine durchgeführt. Bei diesen Maschinen kommen die Transporte dadurch in Wegfall, daß die Maschinen hintereinanderstehen und sich das Arbeitsgut durch Speiseapparate (hopper feeder) zuschieben oder, soweit erforderlich, auf pneumatischem Wege mittels Luftdruck zugeführt erhalten. Der pneumatische Transport begünstigt die Kombination außerordentlich und gewährt in der gegenseitigen Stellung der Arbeitsmaschinen fast unbegrenzten Spielraum, da bei diesem System die Überwindung selbst etwas größerer Entfernungen keine Schwierigkeiten bietet. Auf diese Weise können sogar Fehler, die in der Aufstellung der Arbeitsmaschinen begangen sind, zum Teil wieder ausgeglichen werden.

Druckerei. Während in der Weberei kombinierte Maschinenaggregate weniger in Betracht kommen, haben sie auch in der Druckerei in neuerer Zeit große Bedeutung gewonnen. Vor einigen Jahrzehnten noch war freilich die Möglichkeit für die Kombination von Maschinen dadurch beschränkt, daß die meisten Operationen auf den einzelnen Arbeitsmaschinen eine ziemlich lange Dauer (eine Viertelstunde und mehr) beanspruchten. Arbeitsmaschinen aber, um die Gewebe kontinuierlich in breitem Zustande während einer solch langen Zeit zu behandeln, konnte man nicht gut bauen, weil sonst die Maschinen viel zu große Abmessungen hätten erhalten müssen. Die Gewebe mußten vielmehr in der üblichen Weise in Strangform auf der Maschine aufgemacht werden und auf ihr so lange rundlaufen, wie es die betreffende Behandlungsmethode, z. B. der Seif- und Färbeprozeß, erforderte.

Die Möglichkeit einer Kombination der Arbeitsmaschinen hat nun aber ganz erheblich zugenommen, seitdem man neuerdings gelernt hat, die Verfahren der Druckerei so einzustellen, daß kurze Behandlungen (von ein bis drei Minuten Dauer) auf den Arbeitsmaschinen genügen, um die gewollte Wirkung zu erreichen. Soll nun aber eine Kombination von Arbeitsmaschinen in der Druckerei durchgeführt werden, so muß sie im Gegensatz zur Spinnerei in der Form der unmittelbaren Aneinanderreihung der Arbeitsmaschinen erfolgen, da selbst ein kurzer Transport der Gewebe sich nicht in der bequemen Weise wie bei der losen Baumwolle vermitteln läßt, sondern die Gewebe dann immer erst in Wagen gelegt, oder zu Warenballen getafelt, oder auf Aufbäumrollen aufgebäumt werden müßten. Nur durch eine unmittelbare Kombination kann man es also erreichen, daß dann diese umständlichen Arbeiten des Ablegens und Aufbäumens fortfallen und alle aneinandergereihten Einzelmaschinen einen kontinuierlichen Lauf bekommen.

Geradezu als notwendig erweist sich übrigens eine unmittelbare Hintereinanderschaltung mehrerer Arbeitsmaschinen für solche Fabrikationsprozesse, bei denen ein länger dauernder Transport mit direkten Nachteilen für das Arbeitsgut verbunden sein würde. So muß in manchen Fällen, z. B. bei dem Chromätzverfahren, bei der Verwendung stärkerer und dabei heißerer Säurebäder, sich die Behandlung auf der Waschmaschine unmittelbar an die Behandlung auf der Säuremaschine anschließen, um eine Faserschwächung der Gewebe zu vermeiden. Hier muß deshalb die Waschmaschine unmittelbar hinter der Säuremaschine aufgestellt werden. Allerdings kann man zweifelhaft sein, ob man Säuremaschine und Waschmaschine in diesem Falle beide als selbständige Maschinen ansehen will, oder ob nicht vielmehr Säure- und Waschmaschine eine zusammenhängende Maschine bilden. Andererseits gibt es aber wieder eine ganze Reihe von Möglichkeiten, wo beide Maschinen selbständig auftreten, und wo eine direkte Aufeinanderfolge der Säure- und Waschbehandlung gar nicht erwünscht ist. Es kann vielmehr umgekehrt sich als notwendig erweisen, an die Säureoperation nicht unmittelbar die Waschoperation anzuschließen, weil die schwache Säure (z. B. Salzsäure oder Schwefelsäure 1° Bé.) längere Zeit auf die Druckfarben wirken soll, bevor die Säure aus dem Gewebe ausgewaschen wird. Die Konzentration und Temperatur des Säurebades ist in diesem Falle, z. B. bei dem

Reserveblaudruckverfahren (Pappdruck) dann so gewählt, daß das längere Verweilen des Gewebes in der Säure keinerlei Nachteile in sich schließt. Es handelt sich also in dem einen oder anderen Falle um zwei ganz entgegengesetzte Forderungen, die an zwei im Arbeitsprozeß nacheinander in Wirksamkeit tretende Maschinen gestellt werden.

Es leuchtet auch ein, daß in diesem Falle die Frage, ob man die beiden Maschinen als zwei selbständige Maschinen oder als Teile einer Maschine ansehen soll, nicht nur eine theoretische, sondern auch eine große praktische Bedeutung hat.

Wir haben an diesem Beispiel hier gleich eine weitere Schwierigkeit kennen gelernt, die bei einer weiter und weiter gehenden, sich über immer mehr Arbeitsmaschinen erstreckenden Kombination am meisten Kopfzerbrechen macht und ihr natürliche Grenzen setzt. Das ist der Umstand, daß oft nur für einen verhältnismäßig kleinen Teil der Druckartikel die Behandlung in allen Stadien der Fabrikation genau die gleiche ist, daß die meisten Druckartikel vielmehr nur zum Teil die gleichen Operationen durchzumachen haben. Ein Hintereinanderschalten von zu viel Arbeitsmaschinen würde daher zur Folge haben, daß für viele Artikel ein Teil, unter Umständen sogar ein wesentlicher Teil der so kombinierten Maschine überschlagen werden müßte, wenn dieses Überschlagen überhaupt möglich ist, und die Druckartikel sich auf einer so kombinierten Maschine überhaupt noch rationell herstellen lassen.

❋ ❋ ❋

Größere kombinierte Systeme im Druckereibetriebe. Wir wollen zunächst ein Beispiel vorführen, bei dem eine weitgehende Kombination möglich und zweckentsprechend ist. Ein Arbeitsvorgang, den fast alle Druckartikel durchzumachen haben, ist der Seifprozeß. Ein für diesen Arbeitsvorgang entsprechend kombiniertes Maschinensystem, in dem die erforderlichen Maschinen untergebracht sind, kann daher sehr gut eine vielseitige Anwendung finden.

Bei einer solchen kombinierten Breitseifmaschine handelt es sich außer um das Seifen weiter um das nachfolgende Waschen, Ausquetschen und Trocknen der gefärbten oder gedruckten Gewebe. Dieses kombinierte Maschinensystem besteht daher aus einem oder mehreren mit einem Rollensystem ausgestatteten Seifenkästen, einer Reihe in ähnlicher Weise eingerichteter Waschkästen, einer Ausquetschmaschine (Naßkalander) und einer Trockenmaschine mit einer mehr oder minder großen Zahl von Trockentrommeln. Da eine große Zahl von Druckartikeln auf dieser kombinierten Breitseifmaschine behandelt werden können, so ist bei flotter Fabrikation dieses Maschinensystem, bei dem also die Gewebe in einem Zuge geseift, gewaschen, ausgequetscht und getrocknet werden, ständig in Benutzung. Dabei geht der Betrieb, was uns hier jetzt am meisten interessiert, solange keine unvorhergesehene Betriebsstörungen auftreten, dann ununterbrochen weiter, indem die für die Verbindung der einzelnen Warenballen erforderlichen Nähte während des Laufes der Maschine ausgeführt werden.

Die beste Gewähr für ein gleichmäßig tadelloses Zusammenarbeiten der in einem solchen Maschinensystem zusammengefaßten Maschinen liegt im übrigen darin, die Antriebsvorrichtungen der einzelnen selbständig angetriebenen Maschinen so einzurichten, daß die Umfangsgeschwindigkeiten der als Zugorgane wirkenden Walzen dauernd genau die gleichen bleiben. Schon geringe Änderungen in der Riemenspannung zwischen der treibenden Vorgelegeriemscheibe und der Antriebsscheibe der Transportwalzen machen sich störend bemerkbar. Noch größer wird diese Schwierigkeit, wenn nicht immer hintereinander dieselben Gewebesorten, sondern in ganz unregelmäßiger Reihenfolge Gewebe von verschiedener Dichte und Fadenstellung die Maschine zu durchlaufen haben. Denn die verschiedene Dichte und Fadenstellung bedingt auch eine verschiedene Elastizität der Gewebe. Deshalb wählt man am besten, um bei allen Gewebesorten einen faltenfreien Lauf, ohne zu straffe Spannung und ohne Vorratsbildung zu erreichen, statt der gleichen Umfangsgeschwindigkeit der das Gewebe fortbewegenden Antriebswalzen eine mit dem Vorrücken des Gewebes auf der Breitseifmaschine langsam steigende Umfangsgeschwindigkeit. Ein völlig befriedigender Zustand ist indes trotzdem nicht so leicht zu erreichen; auch ist immer zu bedenken, daß Riemenantriebe nicht völlig zwangläufig arbeiten. Diese Betriebsschwierigkeiten des kombinierten Systems kann man nun einigermaßen dadurch beseitigen, daß man im System zwischen den einzelnen Maschinen kleine, mit einer Anzahl von Leitrollen versehene Kompensatoren anbringt, die eine gewisse Stoffmenge aufnehmen können und bei einem zeitweiligen Stillsetzen des betreffenden Teiles des Maschinensystems dann den erforderlichen Ausgleich durch entsprechende Aufnahme oder Abgabe der Gewebebahn bewirken. Auch läßt sich zuweilen durch Verwendung von Expansionsriemscheiben als Zugorgan ein Ausgleich schaffen.

Da dem Seifprozeß häufig noch ein Fixationsprozeß (durch Antimonsalz, Chrombäder usw.) vorausgeht, der dazu dient, die Befestigung der Farben auf der Faser vor dem Seifen zu vervollständigen, so verwendet man häufig noch eine weitergehende Kombination, indem man das oben beschriebene System der Breitseifmaschine noch durch eine an den Anfang des Systems zu stellende Klotz- oder Imprägniermaschine und Waschmaschine vervollständigt. Auf diesem so vervollständigten Maschinensystem können die zu behandelnden Gewebe also in einem Zuge durch die Fixierflüssigkeit gezogen, gewaschen, geseift, wieder gewaschen, ausgequetscht und getrocknet werden. Sollen dann auf diesem kombinierten Maschinensystem Gewebe behandelt werden, die eine Fixierflüssigkeit nicht zu passieren brauchen, so werden mit Hilfe eines besonderen Leitrollensystems die Gewebe über die Imprägniermaschine hinweggeführt, oder die Gewebe werden auch durch die Imprägniermaschine selbst hindurchgeführt, nachdem die Kästen dieser Maschine statt mit dem Fixierbade mit Wasser gefüllt sind. Die wahlweise Benutzung des Maschinensystems läßt sich auf diese Weise recht gut durchführen.

Nicht immer ist indes das Überschlagen des in gewissen Fällen nicht zur Anwendung gelangenden Teiles des Maschinensystems so einfach, besonders dann nicht, wenn die zu überschlagende Arbeitsmaschine einen größeren Raum einnimmt und in der Mitte oder gar am Ende des ganzen Systems liegt. Aus dem Grunde hat sich eine weitere Ergänzung der kombinierten Breitseifmaschine durch eine Breitchlormaschine, die dann zwischen Seifapparat und Trockenmaschine eingeschaltet wird, nur in solchen Fällen bewährt, in denen es sich um die Fabrikation großer Mengen eines gleichartigen Artikels handelt, dessen Stücke sämtlich geseift und mit der Chlorlösung von der gleichen Stärke auch gechlort werden sollen.

✽ ✽ ✽

Hier wie in ähnlichen Fällen scheitert der noch weitere Ausbau kombinierter Maschinensysteme also schließlich daran, daß die Behandlung der einzelnen Artikel nach dem Drucken eine sehr verschiedene ist. Infolgedessen würde zunächst eben, wie schon hervorgehoben, bei zu weitgehendem Ausbau des kombinierten Systems oft nur ein Teil desselben arbeiten können, während die nicht mitarbeitenden Teile des System dann für die Gesamtarbeiten auszuschalten sein würden. Wesentlich ist aber ferner, daß diese ruhenden Teile des Systems den Arbeitsprozeß nicht stören dürfen. In der Tat ist gerade dieser Umstand die störende Beeinflussung der Warenführung und des Arbeitsprozesses überhaupt durch die nicht mitarbeitenden Teile des Systems oft das ausschlaggebende Moment, viel weniger dagegen der Umstand, daß das Anlagekapital der ruhenden Maschine mit dieser brach liegt. Dieses nimmt man schon in Kauf; ist es doch das Schicksal sehr vieler Maschinen, die zu den vielseitigen maschinellen Einrichtungen und Anlagen zur Herstellung der Druckfabrikate gehören.

Wahlweise Kombination der Arbeitsmaschinen. Handelt es sich um zwei Arbeitsmaschinen, die an und für sich bald getrennt jede für sich, bald gemeinsam als kombiniertes System ohne zwischenzeitliches Abtafeln der Gewebe laufen sollen, z. B. um eine Färbe- und Waschmaschine einerseits und eine Trockenmaschine andererseits, so kann man sich oft in der Weise helfen, daß man den Zwischenraum zwischen beiden Maschinengruppen so groß wählt, daß beide Gruppen nicht nur in Kombination, sondern zur Not auch jede für sich, arbeiten können. Es wird also in diesem Falle ausreichend Raum vorzusehen sein, einmal für das Abtafeln der aus der Färbe- und Waschmaschine kommenden Gewebe und ferner auch Platz für das Auflegen der Gewebe vor der Trockenmaschine. Ferner ist dann für den Fall der Kombination der Maschinen neben der Möglichkeit des erforderlichen Geschwindigkeitsausgleichs ein Leitrollensystem vorzusehen, welches ein faltenfreies, unmittelbares Überleiten von einer Maschine zur anderen gestattet, sobald man beide Maschinen (Färbe- und Trockenmaschine) wieder als kombiniertes System laufen lassen will.

Diese Anlage ist für viele Fälle gewiß sehr gut, sie hat nur den Nachteil, daß für die beiden Verwendungsarten sich naturgemäß zwei Forderungen ziemlich schroff gegenüberstehen. Soll nämlich jede der beiden Maschinen als selbständige Einzelmaschine laufen, so ist ein großer Platz für die nötige Bewegungsfreiheit für die Bedienung der beiden Maschinen recht erwünscht. Sollen dagegen die beiden einzelnen Maschinen als kombiniertes System laufen, so ist ein dichtes Zusammenrücken der Maschinen, um einen faltenfreien Lauf über das ganze System zu erzielen, andererseits wieder ebenso wünschenswert. Man muß dann in diesem Falle sehen, wie man sich durch einen Kompromiß auf der mittleren Linie mit beiden Forderungen abfinden kann.

Spezielle kombinierte Systeme.

Es bleibt daher unter Umständen eine wichtige, wenn auch schwierige Aufgabe, bei einer Kombination von Arbeitsmaschinen andere Möglichkeiten zu suchen, um die störenden Einflüsse des ruhenden Teils des Systems durch entsprechende Umleitung oder Umschaltung zu beseitigen.

1. Kombination mit Umschaltbarkeit von Teilen des Systems.

In dieser Hinsicht verdient zunächst ein kombiniertes System Erwähnung, bei dem durch eine eigenartige Anordnung nicht nur diese Forderung erfüllt ist, sondern bei dem die Umschaltung auch gleichzeitig weitere wichtige Teile des Systems, die sonst ruhen müßten, für die zweite Aufgabe mitverwendbar macht. Auf diese Weise kommen dann bei den beiden wahlweise in Betracht kommenden Arbeitsmöglichkeiten fast alle Teile des Systems voll zur Geltung.

Es handelt sich bei dem kombinierten Aggregat, das jetzt vorgeführt werden soll, um ein System zum Trocknen der aus der Bleiche kommenden, noch nassen Gewebe auf einer Trockenmaschine, darauf folgendes Imprägnieren auf einer Imprägniermaschine mit Präparationen (saures, ricinusölsaures Natron, β-Naphthol, Traubenzucker usw.), wie sie als Vorbereitung für den späteren Druck mit manchen Farben erforderlich sind und endlich hieran sich anschließendes Trocknen auf einer zweiten Trockenmaschine.

Die Kombination als solche hat an sich schon neben den Vorteilen der fortlaufenden Arbeitsweise den weiteren großen Vorteil, daß die Gewebe vor dem Imprägnieren nur halb trocken gemacht zu werden brauchen (was bei getrennter Aufstellung der verschiedenen Arbeitsmaschinen nicht möglich sein würde) und dadurch viel Kohlen gespart werden.

Die Schwierigkeit für eine zweckentsprechende Ausnutzung des Systems entsteht nun, wenn Gewebe nicht imprägniert, sondern nur einfach getrocknet werden sollen. Bei einer einfachen Hintereinanderschaltung der Arbeitsmaschinen würde in allen diesen Fällen, in denen eine Imprägnation vor dem Drucken nicht erforderlich ist, nicht nur die Imprägniermaschine selbst, sondern auch die nachfolgende zweite Trockenmaschine zur Untätigkeit verurteilt sein. Die Einrichtung ist bei dem in Rede stehenden System nun so getroffen, daß die nassen, gebleichten Gewebe entweder

   a) getrocknet (bzw. halb getrocknet), imprägniert und wieder getrocknet oder
   b) durch eine eigenartige Vorrichtung unter Ausschaltung des Imprägniertroges und Benutzung des Leitrollensystems der Imprägniermaschine und weiter unter Verwendung sämtlicher Trockentrommeln des Systems, also sowohl der ersten als auch der zweiten Trockenmaschine nur getrocknet werden können.

Besonders wertvoll ist ferner bei dieser Lösung der Frage der Umstand, daß die Umschaltung des Systems von der einen Arbeitsweise zur anderen während des Laufens erfolgen kann. Es ist dieses sehr wesentlich, weil über die Behandlung der Gewebe nach dem Bleichprozeß und über die Frage, ob die Gewebe imprägniert werden sollen, oft vor dem Einlauf in die Bleicherei eine Entscheidung nicht getroffen werden kann. Vielmehr kann sehr oft erst während des Bleichprozesses und beim Auslaufen der Gewebe aus der Bleicherei diese Entscheidung gefällt werden.

Die Einzelheiten der maschinellen Einrichtung und der Arbeitsweise, sowie die mannigfachen Vorteile, die das System bietet, gehen am besten aus der schematischen Skizze Nr. 49 und aus der Patentschrift (D.R.-P. Nr. 190872) des uns seinerzeit patentierten Verfahrens hervor.

Wir lassen daher diese im Wortlaut folgen.

Patentschrift Nr. 190872, Klasse 8a. Gruppe 27.
Dr. Wilhelm Elbers in Hagen i. W.
Verfahren und Vorrichtung zum Imprägnieren von baumwollenen Stoffen.
Patentiert im Deutschen Reiche vom 10. Mai 1906 ab.

Die Vorbereitung der rohen Baumwollgewebe für die Zwecke der Druckerei und Färberei erfolgt in der Weise, daß die aus der Weberei bzw. Sengerei kommenden Stoffe zunächst gebleicht werden. Die fertig gebleichten nassen Stoffe wurden dann bisher auf einer Trockenmaschine getrocknet, abgetafelt oder aufgewickelt und von hier zu einer Präpariermaschine gebracht, welche sich vor einer zweiten Trockenmaschine befand, um auf dieser Präpariermaschine (mit einer dreiprozentigen Türkischrotöllösung oder zehnprozentigen Traubenzuckerlösung oder dergleichen) präpariert und dann wieder getrocknet zu werden. Dem Gedanken, das Trocknen, Präparieren und Wiedertrocknen der nassen Gewebe in einem Zuge auszuführen und dadurch ein Aufwickeln oder Auftafeln des Gewebes zwischen den beiden einander folgenden Arbeitsvorgängen überflüssig zu machen, ist man bisher aus folgenden Gründen nicht näher getreten:

Die Baumwollgewebe werden in Partien von mehreren hundert Stücken, nach Warengattungen gesondert, in die Bleiche gegeben. Die einzelnen Stücke sind durch Nähte miteinander verbunden und bilden daher ein endloses Band. Nun ist durchschnittlich für ein Drittel oder die Hälfte der Stücke einer jeden Warengattung eine Präparation vor dem Druck erforderlich. Wollte man nun die fertig gebleichten nassen Gewebe in der

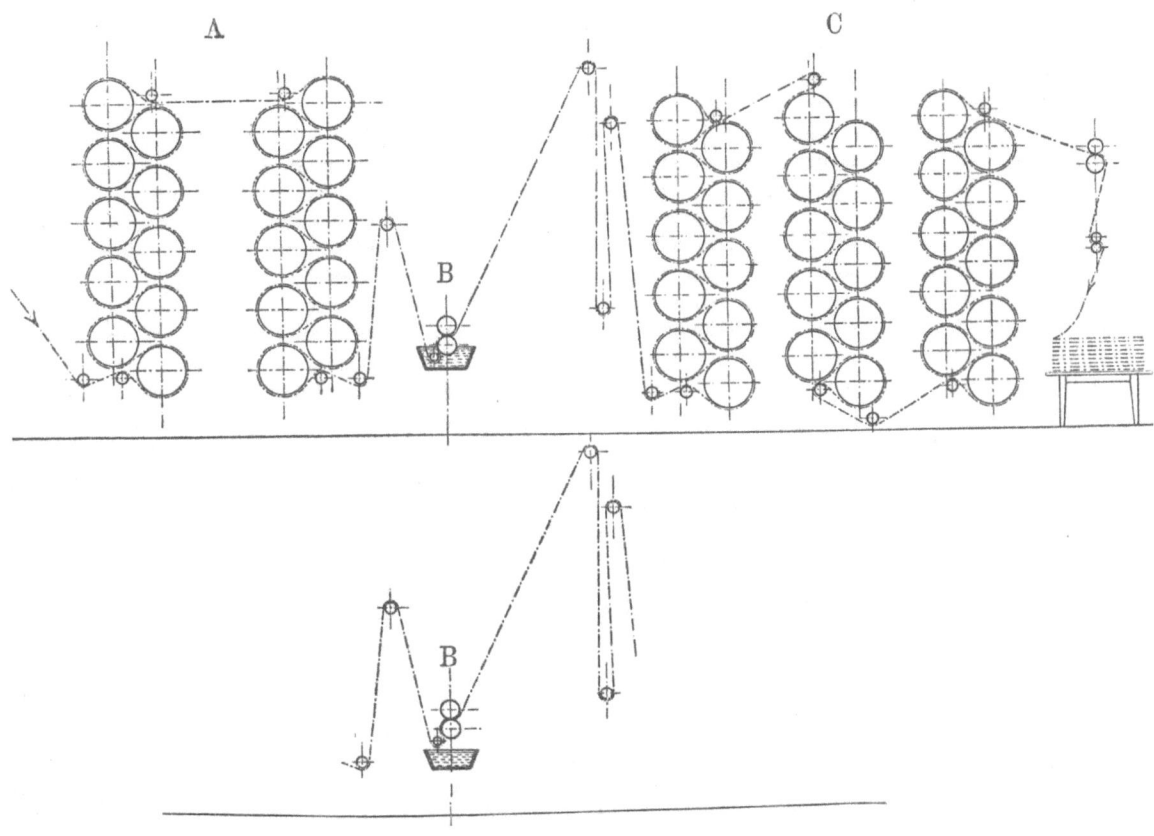

Nr. 49. Kombiniertes Maschinensystem zum Trocknen und Imprägnieren der Gewebe, D. R.-P. Nr. 190872.

Weise behandeln, daß man sie auf den gebräuchlichen Maschinen in einem Zuge trocknen, präparieren und wieder trocknen würde, so müßte man, sobald die Stücke an die Reihe kommen würden, welche nicht präpariert werden sollen, den Arbeitsprozeß vollständig unterbrechen. Es müßten diese letzteren Gewebe von denen, welche präpariert werden sollen, vor der Präpariermaschine durch Aufmachen der Naht getrennt und vor Eintritt in die Präpariermaschine gesondert aufgetafelt werden. Solange dann solche Ware aus der Bleiche laufen würde, welche nicht präpariert werden soll, würde natürlich die zweite zur Präpariermaschine gehörige Trockenmaschine außer Tätigkeit sein. Wenn dann später wieder aus der Bleichpartie Stücke kommen würden, welche eine Präparation erfahren sollen, so müßte wieder der erste Gang über Trockenmaschine, Präpariermaschine und zweite Trockenmaschine gewählt werden. Da nun aber außerdem bei den Bleichpartien sehr häufig Serien von Stücken, welche präpariert werden sollen, mit solchen, welche nicht präpariert werden sollen, wechseln, so würde ein rationelles Arbeiten nach diesem Verfahren überhaupt nicht möglich sein.

Bei dem neuen Verfahren sind die vorstehend geschilderten Schwierigkeiten beseitigt, so daß mit Hilfe dieses Verfahrens einerseits nasse Gewebe in einem Zuge getrocknet, präpariert und wieder getrocknet, andererseits nasse, nicht zu präparierende Gewebe bei Verwendung derselben Maschinen ohne irgendwelche Änderung der Warenführung und unter voller Ausnutzung beider Trockenmaschinen getrocknet werden können.

Es ist dies einmal dadurch erreicht, daß die Präpariermaschine so eingerichtet ist, daß der Präparationsprozeß jederzeit während des Laufens der Gewebe unterbrochen und eingeschaltet werden kann. Die Präpariermaschine ist zu diesem Zwecke so konstruiert, daß der Trog, in welchem sich die zum Präparieren dienende Flüssigkeit befindet, rasch und sicher so weit gesenkt werden kann, daß die Ware mit dieser Flüssigkeit nicht in Berührung kommt, oder das umgekehrt das Rollensystem, über welches die Ware in der Präpariermaschine läuft, so weit gehoben werden kann, daß eine Berührung mit der im Klotztroge befindlichen Flüssigkeit nicht mehr stattfindet. Infolgedessen ist bei diesem neuen Verfahren eine Änderung der Warenführung nicht erforderlich, gleichgültig, ob zu präparierende oder nicht zu präparierende Ware aus der Bleiche läuft. Es ist dieses von größter Wichtigkeit, da jede Änderung der Warenführung viel Zeitverlust verursacht und ein rationelles kontinuierliches Arbeiten unmöglich macht.

Ferner ist der Antrieb des neuen Maschinensystems so gewählt, daß die Geschwindigkeit beider Trockenmaschinen innerhalb weiter Grenzen veränderlich ist, so daß nach Ausschaltung des Präparationsprozesses die mit Rücksicht auf den dann nur einmaligen Trockenprozeß in Betracht kommende Geschwindigkeitssteigerung des Maschinensystems und damit eine volle Ausnutzung der beiden Trockenmaschinen sich leicht ermöglichen läßt.

Diese volle Ausnutzung der beiden Trockenmaschinen ist darin begründet, daß sämtliche Zylinder der Trockenmaschinen am Trockenprozeß beteiligt sind. Ebensowenig wie die Ware die Trockenmaschine in feuchtem Zustande verlassen darf, darf sie in überhitztem Zustande von der Maschine kommen. Es muß vielmehr auch die letzte Trockentrommel noch eine gewisse Menge Feuchtigkeit aus dem Gewebe verflüchtigen. Damit diese vollständige Ausnutzung einer Trockenmaschine jederzeit möglich ist, sind die gebräuchlichen Trockenmaschinen so eingerichtet, daß die Geschwindigkeit innerhalb gewisser Grenzen, beispielsweise von 1:2, variiert werden kann. Auf diese Weise kann man die Trockenmaschine bei leichten Geweben entsprechend rascher, bei schweren Geweben entsprechend langsamer laufen lassen und erzielt so eine vollständige Ausnutzung der Trockenmaschine.

Bei dem in Betracht kommenden Maschinensystem nun muß die Veränderlichkeit der Geschwindigkeit einen noch erheblich größeren Spielraum haben, weil in dem angezogenen Beispiel, wenn das Maschinensystem als Imprägnier- und Trockenmaschine arbeitet, nur 30 Zylinder für den Haupttrockenprozeß in Betracht kommen, während, wenn das ganze Maschinensystem als erweiterte Trockenmaschine arbeitet, 50 Trockenzylinder in Wirksamkeit treten. Es kann nun der Fall eintreten, daß gerade im ersteren Falle, wo nur 30 Zylinder als Haupttrockenmaschine arbeiten, schwere Ware zum Trocknen gelangt, während im letzteren Fälle (50 Zylinder) ganz leichte Ware verarbeitet wird. Die Veränderlichkeit in der Geschwindigkeit muß daher eine sehr weitgehende sein, um im Falle 1 (30 Zylinder) das Maschinensystem so langsam laufen lassen zu können, daß die Ware trocken wird und im Falle 2 (50 Zylinder) die Maschine so rasch laufen lassen zu können, daß beide Trockenmaschinen, also sämtliche 50 Zylinder so ausgenutzt werden, daß auch noch der 50. Zylinder als Trockenzylinder wirkt und einen gewissen Grad von Feuchtigkeit aus dem Gewebe zum Verdampfen bringt.

Die beiliegenden Zeichnungen 1 und 2 veranschaulichen die Arbeitsweise nach dem neuen Verfahren.

Fig. 1 zeigt die Arbeitsweise des Maschinensystems bei der Herstellung von präparierter Ware für die Zwecke der Druckerei. Die nasse, aus der Bleiche kommende Ware geht zunächst über die Trockenmaschine A (mit 20 Trockenzylindern), wird dort so weit getrocknet, daß etwa zwei Drittel des in der Ware enthaltenen Wassers verdunstet ist, dann sofort in die Präpariermaschine B (welche eine Lösung von 30 g saurem ricinusölsaurem Natron in 1 Liter Wasser enthält), von hier über die Trockenmaschine C (mit 30 Trockenzylindern) geleitet und vollständig getrocknet. Die Ware läuft mit einer Geschwindigkeit von 30 bis 40 m in der Minute.

Fig. 2 zeigt die Arbeitsweise des Maschinensystems, nachdem der Präparationsprozeß durch rasches Senken des Troges während des Laufens ausgeschaltet ist. Dieses Ausschalten kann durch beliebige, nicht dargestellte maschinelle Einrichtungen geschehen, könnte auch dadurch ersetzt sein, daß man dem Gewebe eine andere, nicht durch das Präpariermittel führende Bahn vorschreibt. Die Ware geht denselben Gang wie bei Fig. 1, nur ist der Trog der Präpariermaschine so weit gesenkt worden, daß das Gewebe mit der Präparationsflüssigkeit nicht mehr in Berührung kommt. Die Warengeschwindigkeit ist jetzt auf 50 bis 60 m in der Minute gesteigert worden.

Die Vorteile des Verfahrens sind sehr erheblich und bestehen zunächst darin, daß das Ablegen oder Aufwickeln der Gewebe nach der ersten Trockenmaschine in Wegfall kommt und das Wiederaneinandernähen der vorgetrockneten Stücke vor dem Präparationsprozeß vermieden wird. Ein weiterer sehr großer Vorteil ist dadurch bedingt, daß bei dem ersten Trocknen der nassen Gewebe dieselben nicht vollständig getrocknet zu werden brauchen, wobei man die Präparationsflüssigkeit natürlich entsprechend konzentrierter stellt. Bei dem bisher üblichen Verfahren verbietet sich Halbtrockenmachen der Ware aus dem Grunde, weil der Transport derselben dadurch erheblich erschwert wird. Durch das neue Verfahren wird also an Bedienung und Dampf gespart, und die Gewebe werden vor Fleckenbildung geschützt.

Patent-Ansprüche:

1. Verfahren zum Imprägnieren von baumwollenen Stoffen, die aus mehreren miteinander vereinigten Stücken verschiedener Art bestehen, dadurch gekennzeichnet, daß die Gewebebahn durch eine Imprägniervorrichtung geleitet wird, die mit einem zwischen zwei Trockenvorrichtungen angeordneten Troge ausgestattet ist, zu dem Zwecke, die Gewebestücke entweder nur zu trocknen oder sowohl zu trocknen wie mit Flüssigkeit zu tränken.

2. Vorrichtung zur Ausführung des Verfahrens nach Anspruch 1, dadurch gekennzeichnet, daß beide Trockenvorrichtungen (A, C) an einen Antrieb angeschlossen sind, der innerhalb solcher Grenzen veränderlich ist, daß beim Trocknen ohne Tränken die Geschwindigkeit des Arbeitsgutes unter voller Ausnutzung der beiden Trockenvorrichtungen gesteigert werden kann. (Nr. 49a u. 49b, vgl. Seite 261.)

❀ ❀ ❀

Neben den früher geschilderten Schwierigkeiten, die einer Hintereinanderschaltung von Arbeitsmaschinen zu einer Kombination entgegenstehen, ergibt sich eine weitere Schwierigkeit, wenn es sich darum handelt, eine wichtige Arbeitsmaschine in das System einzureihen, an der erfahrungsgemäß häufiger kleine Betriebsstörungen auftreten, weil durch diese Arbeitsmaschine dann der Stillstand des ganzen Systems während der Zeit dieser Störung bedingt sein würde. Sind an sich schon alle Störungen bei einem kombinierten System aus diesem Grunde unangenehm, so kann man sich doch am schwersten mit ihnen abfinden, wenn dadurch unter Umständen das Arbeitsgut selbst geschädigt wird. Tritt z. B. bei einem kombinierten Breitseifsystem, wie dieses oben geschildert wurde, an der Trockenmaschine durch seitliches Verlaufen der Gewebe oder ähnlichem ein Stillstand von einigen Minuten ein, so können die Druckfarben des dann in der kochenden Seifenlösung stehenden Teiles des Gewebes leicht zu stark angegriffen und heruntergeseift werden, sofern diese Farben nicht sehr seifenecht sind. Dadurch entstehen dann Fehlstellen von größerer Länge (10 m und mehr), die dann einen erheblichen Minderwert haben, und aus dem fertigen Gewebestück herausgeschnitten werden müssen.

Geradezu verhängnisvoll wird die Sache, wenn solche längeren Stillstände des Gewebes in einem heißen Säureätzbade (Oxalsäure, Schwefelsäure) beim Chromatätzverfahren oder gar auf einer Gassengmaschine eintreten. Im ersteren Falle wird während des Stillstandes der in dem heißen Säurebade stehenbleibende Teil des Baumwollgewebes zerstört, bei der Gassengmaschine kann nicht nur der auf der Maschine befindliche Teil des Gewebes vollständig verbrennen, sondern der Brand kann sich weiter fortpflanzen und eine Katastrophe herbeiführen, wenn nicht durch entsprechende Einrichtungen (Wasserschlauch, Grinnelbrausen, feuersichere Abgrenzung des Gebäudes) zur Verhütung derartiger Folgen Vorsorge getroffen ist. Man wird deshalb in solchen Fällen an Kombinationen von Maschinen nicht denken können und stets vermeiden, mit einer Säuremaschine, in der heiße saure Ätzbäder zur Anwendung gelangen, und erst recht mit einer Gassengmaschine weitere Arbeitsmaschinen außer einer unbedingt betriebssicheren Waschmaschine zu kombinieren.

2. Kombination mit zeitweisem Weiterlauf nur eines Teiles des Systems.

Nicht ganz so schroffe, aber doch sehr gewichtige Bedenken ähnlicher Natur stehen einer an sich sonst naheliegenden Kombination zweier Arbeitsmaschinen zum Appretieren der Gewebe entgegen. Das Appretieren der Gewebe erfolgte bisher für viele Warengattungen in zwei getrennten Operationen, und zwar wurden die Gewebe zunächst linksseitig oder auch beiderseitig auf einer Vorappretiermaschine vorappretiert, dann auf einer Klotz- und Spannrahmmaschine nachappretiert und dabei auf die richtige Warenbreite gereckt.

Bei einer Spannrahmmaschine sind nun infolge der verwickelten Arbeit des Aufkluppens oder Aufnadelns auf die Kluppen- oder Nadelkette je nach dem zu verarbeitenden Gewebe häufiger Stillstände von etwas längerer Dauer (3 bis 5 Minuten oder auch mehr) unausbleiblich.

Bei der Vorappretiermaschine aber hat andererseits jeder längere Stillstand insofern große Nachteile im Gefolge, als das Appretiermaterial (Kartoffelstärkekleister) während dieses Stillstandes an den Trockentrommeln durch Eintrocknen festklebt und dadurch erst diese und bei der Wiederinbetriebsetzung der Maschine später die nachfolgende Ware durch anhaftende Appretiermasse verunreinigen kann.

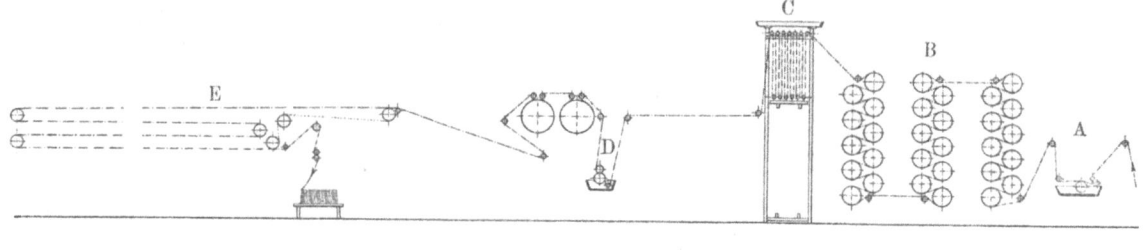

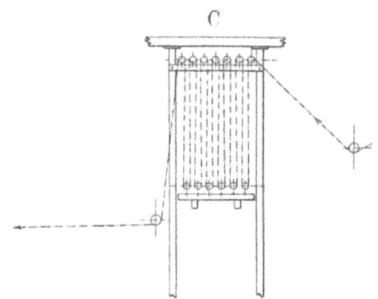

Nr. 50. Kombiniertes Maschinensystem zum Vorappretieren, Nachappretieren und Strecken der Gewebe, D. R.-P. Nr. 186 049.

Bei einer Vereinigung von Vorappretiermaschine und Spannrahmmaschine zu einem kombinierten System würden daher bei einer Betriebsstörung und einem dadurch veranlaßten Stillstand der Spannrahmmaschine jedesmal die Trockentrommeln der Vorappretiermaschine und dann beim Weiterlauf die Gewebe selbst mit Appreturmaterial verunreinigt werden. Dadurch würde dann aber jedesmal auch der ganze Arbeitsprozeß, da zunächst eine gründliche Reinigung der Trockentrommeln vorgenommen werden müßte, für längere Zeit unterbrochen werden. Und doch ist gerade eine Vereinigung beider Arbeitsmaschinen, der Vorappretier- und Nachappretiermaschine, besonders wünschenswert, weil die vorappretierten Gewebe nicht gut transportfähig und während des Transports dem Verschmutzen leicht ausgesetzt sind.

Es ist uns nun gelungen, durch ein Verfahren für eine erfolgreiche Kombination beider Maschinen eine Lösung zu finden (D. R.-P. Nr. 186 049), durch die die erwähnten Schwierigkeiten vermieden werden. Der wesentlichste Teil dieses kombinierten Systems

Nr. 51. Kombiniertes Maschinensystem zum Vorappretieren, Nachappretieren und Strecken der Gewebe, D. R.-P. Nr. 186049, im Appreturraum der Firma Gebrüder Elbers.

Nr. 52. Kombinierte Vortrocken- und Spannrahmmaschine im Appretierraum der Firma Gebrüder Elbers.

ist ein zwischen der Vorappretiermaschine und der Klotzmaschine der Spannrahmmaschine aufgestellter, sehr großer Aufspeicherungsapparat, in dem bis zu 90 m Gewebe in breitem Zustande und in mäßig straffer Spannung vorübergehend Aufnahme finden können, damit während eines unvermeidlichen Stillstandes der Spannrahmmaschine die Vorappretiermaschine, wenn auch langsam, weiterlaufen kann. Eine weitgehende Verwendung des elektrischen Einzelantriebs in Verbindung mit einer gut wirkenden Geschwindigkeitsregulierung ermöglicht eine beliebige Einstellung der Warengeschwindigkeit für beide Arbeitsmaschinen innerhalb sehr weiter Grenzen (5 bis 50 m), wie dieses mit Rücksicht einerseits auf die normale Arbeitsleistung und andererseits auf den langsamen Weiterlauf der Vorappretiermaschine während des Stillstandes der Spannrahmmaschine erforderlich ist.

Auf diese Weise können Betriebsstörungen an der Spannrahmmaschine (die, wenn die Aufspeicherungsvorrichtung vor Eintritt der Störung ziemlich leer war, bis zu einer Viertelstunde dauern dürfen) beseitigt werden, während die Vorappretiermaschine mit der langsamsten Geschwindigkeit von 5 m weiterlaufen kann. Infolge dieser langsamen Fortbewegung wird ein Verschmutzen der Trockentrommeln und später des Gewebes mit Appreturmaterial verhütet, so daß also dauernd ein rationelles Arbeiten des ganzen Systems gewährleistet ist.

Die Vorteile des Verfahrens, durch das also das Vor- und Nachappretieren unmittelbar hintereinander in einem Zuge erfolgen kann, bestehen vor allem in einer erheblichen Ersparnis an Bedienungspersonal, da große Warentransporte fortfallen; ferner werden die Gewebe während des Appretierprozesses geschont, und an Kohlen wird gespart. Die weiteren Einzelheiten des Verfahrens und der Einrichtung des Systems ergeben sich aus der schematischen Skizze der Patentschrift (Nr. 50a u. 50b), aus der photographischen Aufnahme der Anlage (Nr. 51), sowie der Beschreibung in der Patentschrift[1]), auf die hiermit verwiesen sei.

❋ ❋ ❋

Nr. 52 zeigt eine ganz ähnliche Kombination, die an Stelle der Vorappretiermaschine eine Vortrockenmaschine enthält. Durch dieses starke Vortrockenelement wird es ermöglicht, die Spannrahmmaschine sehr viel rascher laufen zu lassen. Die Stärkmaschine ist der Vortrockenmaschine vorgebaut. Vorübergehende Aufnahme der Gewebe in den auch hier die gleiche Aufgabe erfüllenden großen Kompensator verhindert bei vorübergehenden Betriebsstörungen der Spannrahmmaschine die früher geschilderten Unzuträglichkeiten (Abflecken, Einlaufen usw.), die sich auch hier sonst ergeben würden. Die Betriebsvorteile dieses als Schnelläufer arbeitenden Systems sind recht erheblich.

❋ ❋ ❋

Die vorgeführten Konstruktionen geben einen Teil der Erfahrungen des Verfassers auf diesem Gebiet wieder. Sie erschöpfen indes keineswegs alle (auch nicht die praktisch erprobten) Möglichkeiten, durch eigenartige Schaltung und Anordnung ein Zusammenarbeiten sonst schwer zu vereinigender Aggregate zu kombinierten Systemen in den verschiedenen Gebieten des Druckereibetriebes zu erreichen. Die angeführten Beispiele mögen indes genügen.

---

[1]) W. Elbers, Vorrichtung zum Appretieren von Gewebebahnen. D. R.-P. Nr. 186049.

B. Anordnung der Arbeitsmaschinen im Gesamtarbeitsprozeß.

Selbst bei weitgehender Anordnung von kombinierten Systemen sind gewisse Transporte des Arbeitsgutes unvermeidlich. Für solche Transporte muß der Grundsatz gelten, daß sie so kurz wie möglich und daß Umwege in der Fabrikation ausgeschlossen sein sollen. Für die räumliche Anordnung der Maschinen kommt man zur Aufrechterhaltung des Prinzips des möglichst kontinuierlichen Arbeitsprozesses dann zu dem Ergebnis, daß die Arbeitsmaschinen der Reihe nach von dem einen Ende des Werkes zum anderen im Zuge des Arbeitsprozesses stehen, sich also der Reihe nach so folgen sollen, wie die vorgeschriebene Behandlung bei der fortschreitenden Fertigstellung dieses erfordert. Es sind dabei mehrere Lösungen möglich; ist die Zufuhr des Rohmaterials und die Abfuhr des Fertigfabrikats an verschiedenen Seiten des Werkes vorgesehen, so wird, je nach der Lage des Anschlußgleises, im großen und ganzen die Aufstellung der Arbeitsmaschinen die Form einer geraden Linie annehmen müssen, ist aber die Zufuhr und Abfuhr an demselben Punkte, so muß das Arbeitsgut einen Kreislauf durchmachen und dementsprechend auch die Aufstellung der Arbeitsmaschinen sein.

Die Frage, wie im einzelnen die Arbeitsmaschinen stehen sollen, läßt sich nun an und für sich leicht entscheiden, wenn es sich stets um die Herstellung der gleichen Artikel handelt, bei denen also das Fabrikat bei der Herstellung die gleichen Maschinen der Reihe nach zu durchlaufen hat, und zwar wird man nicht dann schon die Artikel als ungleich bezeichnen, wenn die Behandlungsweise als solche in ihren Einzelheiten geändert wird (verschiedene Fadenstellung, verschiedene Färbung, verschiedene Muster), sondern nur dann, wenn die Reihenfolge in der Behandlung, die das Arbeitsgut durch die Maschinen erfährt, eine verschiedene ist.

In dieser Beziehung sind die meisten Industrien, so z. B. die Eisenindustrie, günstiger gestellt als die Textilindustrie. Für die meisten Betriebe geht dort die Fabrikation der Reihe nach stets über die gleichen Maschinen, wenn auch die Form und die Dimensionen der Fabrikate verschieden sind. In der Textilindustrie ist die Spinnerei und Weberei in in dieser Hinsicht wieder meist in einer wesentlich günstigeren Lage als der Druckereibetrieb. Denn während in Spinnerei und Weberei die Reihenfolge, in der die Arbeitsmaschinen in Wirksamkeit zu treten haben, sich im allgemeinen kaum ändert, ist die Arbeitsweise in der Druckerei meist eine recht mannigfaltige, und zwar ist sowohl vor, wie auch nach dem eigentlichen Druckprozeß die Reihenfolge, in der die Druckartikel auf den Arbeitsmaschinen behandelt werden, eine ganz verschiedene, je nachdem es sich um helle oder durchgefärbte Gewebe, um glatte oder gerauhte Ware, um Reserve- oder Ätzartikel handelt. Die oben ganz allgemein aufgestellte Forderung muß daher genauer so formuliert werden:

1. Die Arbeitsmaschinen müssen so aufgestellt werden, daß für die am meisten hergestellten Erzeugnisse, die den größten Teil der Jahresproduktion ausmachen, die Wege die kürzesten sind. Für die übrigen Artikel muß man dann gewisse Zickzackwege für das Arbeitsgut in den Kauf nehmen. Ferner ist es sehr zu empfehlen, die Transportwege für diese Artikel möglichst dadurch abzukürzen, daß man unter Umständen auf die volle Ausnutzung einzelner besonders wichtiger Arbeitsmaschinen und des von ihnen benötigten Raumes verzichtet und solche Arbeitsmaschinen (Klotzmaschinen, Trockenmaschinen, Kalander) an mehreren Stellen des Werkes aufstellt. So läßt sich eine Anordnung treffen, welche selbst bei großer Verschiedenheit der erzeugten Fabrikate und der Art der Behandlung der Forderung der kürzesten Transportwege einigermaßen gerecht wird.

Verhalten bei der Einführung neuer Artikel und Verfahren.

Hier aber entsteht nun wieder eine neue Schwierigkeit; ist auf Grund eingehendster Überlegungen die Sachlage geklärt und haben die Arbeitsmaschinen der Druckerei nach einem wohldurchdachten Plan ihre Aufstellung gefunden, so tritt die nie rastende Wissenschaft und stetig fortschreitende Technik oder aber die immer Neues schaffende Mode dazwischen und wirft dann oft alle diese klugen Überlegungen und Voraussetzungen für eine sorgfältig angelegte Neuanlage ganz oder teilweise wieder über den Haufen.

✸ ✸ ✸

Eins der interessanten Beispiele ist die Einführung der Naphthol-Azofarbstoffe in den Zeugdruck. Bei diesem Verfahren wird, wie wir gesehen haben, die Faser selbst zum Schauplatz der Erzeugung der Farbstoffe gemacht. Die eine Farbstoffkomponente muß dem Gewebe vor dem Drucken einverleibt werden, damit während des Druckens selbst die in der Druckfarbe enthaltene andere Farbstoffkomponente die Farbstoffbildung herbeiführen kann. So legte dieses Verfahren bei seiner Einführung den Schwerpunkt weit mehr als bisher auf den vorbereitenden Foulardierungsprozeß, der früher allerdings auch schon für einen Teil der Druckgewebe in Form von Ölen, Zuckern usw. in Betracht kam. Erschwerend kam aber hinzu, daß das Naphtholieren eine Arbeit ist, welche größere Vorsicht während des Trocknens der Gewebe verlangt und daher auch nicht mehr gut auf einer Trockenmaschine ausgeführt werden kann, wie dieses im allgemeinen beim Ölen und Zuckern der Gewebe üblich ist. Man muß daher ein hot-flue oder eine Spannrahmmaschine benutzen.

Da nun diese Maschinen zur Zeit der Einführung der Naphtholazofarbstoffe in den Zeugdruck in den Vorbereitungsräumen der meisten Druckereien entweder überhaupt nicht oder nicht in ausreichender Zahl vorhanden waren, so mußte man, um das Fabrikationsverfahren ausführen zu können, die Gewebe vor dem Druck zum Zwecke der Präparation in die Fabrikationsräume bringen, in denen solche Maschinen bereits vorhanden waren. Da diese Maschinen nun aber gewöhnlich nur bei der Schlußoperation, bei der Appretur der Gewebe gebraucht wurden, so ergaben sich bei der neuen Fabrikationsmethode für das Arbeitsgut beträchtliche Umwege, und es waren Hin- und Hertransporte so lange unvermeidlich, bis man sich zur Aufstellung der für das neue Verfahren erforderlichen Trockenvorrichtungen, d. h. einer Spannrahmmaschine oder eines hot-flue im eigentlichen Vorbereitungsraum, der an die Druckerei angrenzt, entschloß. Damit kommen wir zur zweiten Forderung, die im Hinblick auf solche späteren Neuerungen zu erheben ist:

2. In jedem Fabrikationsraum muß so viel Platz gelassen werden, daß für die Aufstellung von weiteren Hilfsmaschinen, die notwendig werden könnten, ein gewisser Raum vorhanden ist.

✸ ✸ ✸

Und doch sind damit noch nicht alle Schwierigkeiten behoben. Als interessantes Beispiel für solch weitere Schwierigkeiten, die sich durch technische Fortschritte auf dem Gebiete des Zeugdrucks ergeben können, seien die Rauhartikel angeführt. In der ersten Zeit der Einführung der Rauhartikel (Barchent, Moleskins) war es nur üblich, die Rohgewebe als solche direkt nach Fertigstellung in der Weberei auf Rauhmaschinen aufzurauhen. Die Bestimmung der Lage des Gebäudes mit zugehörigen Rauhmaschinen in dem Fabrikplan ergab sich danach ohne weiteres. Sofern eine Weberei vorhanden, war an diese die Rauherei anzuschließen, oder bei reinem Druckereibetrieb der Bleicherei etwa in gleichem Range mit der Sengerei vorzulagern.

Im Laufe der Zeit kamen aber nun Rauhartikel auf, die entweder vor oder nach dem Bleichen oder auch nach dem Drucken, Waschen und Seifen oder endlich auch nach dem Schluß aller Arbeitsoperationen, also nach dem Appretieren, gerauht wurden. Sehr viele Artikel wurden sogar in mehreren Fabrikationsstadien, also sowohl vor und nach dem Bleichen, als auch nach dem weiteren Fertigmachen gerauht oder nachgerauht.

Was sollte man angesichts dieser Schwierigkeiten machen, um den Grundsatz des kontinuierlichen Arbeitsprozesses aufrecht zu erhalten? Der erste Gedanke ist ja nach dem oben Gesagten, Rauhmaschinen an all den Plätzen neu aufzustellen, wo sie im Zuge des fortschreitenden Arbeitsprozesses gebraucht werden. Selbst wenn die hierfür geforderte Voraussetzung zutrifft, nämlich die Voraussetzung, daß an allen diesen Stellen in weiser Beachtung des oben aufgestellten zweiten Grundsatzes Platz gelassen ist, so kann eine solche Maßnahme deshalb doch nicht ohne weiteres als praktisch empfohlen werden. Denn die Aufstellung einer Rauhmaschine ist nicht so einfach, wie die der meisten anderen Maschinen; es gehört dazu zunächst eine gute Entstaubung und Absaugung, die zweckmäßig an eine zentrale Entstaubungsanlage angeschlossen wird. Ferner spricht nicht nur die Entstaubung, sondern auch die Art der Bedienung der Rauhmaschinen, nämlich die Möglichkeit, einen großen Komplex von Maschinen durch wenige Arbeiter bedienen und einen geschulten Meister übersehen zu lassen, endlich das Vorhandensein einer gemeinsamen Schleifeinrichtung der Rauhwalzen gegen eine zu weitgehende Zersplitterung und für die zentrale Aufstellung der Rauhmaschinen.

Wenn nun auch aus diesen Gründen bei Aufnahme solch neuer Rauhartikel im allgemeinen an eine Aufstellung der Rauhmaschinen an all den Punkten, wo im fortschreitenden Arbeitsprozeß ein Aufrauhen der Gewebe stattfinden soll, nicht gedacht werden konnte, so war doch meistens für die Herstellung der Rauhartikel mindestens eine Zweiteilung zu empfehlen, dergestalt, daß neben der Hauptrauherei etwa noch in dem Appretturraum eine Reihe von Rauhmaschinen angegliedert wurde. Es wird sich ganz allgemein in solchem Falle fragen, ob, wenn der Platz vorgesehen ist, man ganz neue Rauhmaschinen in der zweiten Abteilung aufstellen, oder ob man bei der Einführung der neuen Rauhartikel, wenn die Gesamtproduktion keine weitere Vergrößerung erfährt, einen Teil der Rauhmaschinen aus der Rauherei herausnehmen und in die Appretur überführen soll. Dieses ist sehr oft zu empfehlen; jedenfalls darf man — und das ist außer der Bestätigung der schon erhobenen Forderung:

    2. in allen Betriebsabteilungen Platz für die Aufstellung von Hilfsmaschinen vorzusehen,

der dritte sich aus diesem Beispiel ergebende Grundsatz:

    3. nicht die Unannehmlichkeiten und Kosten der Ummontage von Maschinen scheuen, wenn es gilt, dauernde Vorteile im Interesse der kontinuierlichen Arbeitsweise der Maschinen zu erreichen.

❀ ❀ ❀

Noch ein weiteres Beispiel möge zeigen, wie mannigfach in der Druckerei die durch neue Erfindungen verursachten Betriebsumwälzungen sind, und wie schwierig es dann ist, der so wichtigen Forderung zu genügen, die Arbeitsmaschinen im Zuge des fortschreitenden Arbeitsprozesses aufzustellen.

Eine durchgreifende Änderung der für die meisten Farbstoffe üblichen Fabrikationsmethoden bewirkte die Einführung der Küpenfarbstoffe (Indanthrenfarbstoffe usw.), deren Befestigung wie bei dem Indigo darauf beruht, die aufgedruckten Farbstoffe während des Dämpfprozesses in lösliche Leukoverbindungen zu verwandeln und dadurch in die Faser eindringen zu lassen. Während nun bei den früheren Verfahren zur Befestigung der Druckfarben (Metallackfarben, Tanninfarben usw.) die Dämpfapparate während des Dämpfens nicht luftfrei zu sein brauchten, war für die Befestigung der Küpenfarbstoffe der luftfreie Dämpfer Vorbedingung. Ungefähr gleichzeitig mit der Einführung der Küpenfarbstoffe kamen die Reduktionsätzmethoden, deren Aufgabe das Ätzen vorgefärbter Stoffe durch starke Reduktionsmittel an den bedruckten Stellen ist, in Aufnahme. Auch diese Ätzmethode verlangt einen möglichst luftfreien Dämpfer.

Anfangs begnügte man sich, um die Luftfreiheit der Dämpfapparate zu erzielen, mit dem Umbau der vorhandenen älteren Apparate (Mather & Platt), indem man die Ein- und Austrittsschlitze für die Gewebe möglichst tief anbrachte usw. Sollte aber etwas wirklich Brauchbares und Gutes geschaffen werden, so mußte in den meisten Fällen zur Anschaffung eines neuen Apparates geschritten werden, der nach den neuesten Erfahrungen unter Berücksichtigung aller Umstände, die ein luftfreies Arbeiten gewährleisteten, gebaut war.

Wie aber, wenn nun für die Aufstellung eines solchen neuen Apparates der vorhandene Platz nicht langte? Eine Aufstellung des luftfreien Dämpfapparates in größerer Entfernung vor der Druckerei und im Zusammenhange damit ein Transport der mit solchen Reduktionsfarben bedruckten Gewebe über den Fabrikhof ist mit Rücksicht auf die Hygroskopizität der Druckfarben, abgesehen von dem Umweg, den wir doch, wenn es irgend geht, vermeiden sollen, fast ausgeschlossen. Rat muß in solchen Fällen jedenfalls geschaffen werden. Leider geschieht dieses nur zu oft in dem Sinne, daß Anbauten gemacht werden, die nicht nur in keiner Weise organisch mit dem Hauptbau verbunden sind und daher sehr unschön wirken, sondern die auch die vielleicht ohnehin schon enge Fabrikstraße noch mehr versperren und damit für später zu gerade so schweren, wenn nicht noch schwereren Betriebsstörungen und Betriebserschwerungen, wie die im Augenblick zu vermeidenden, den Grund legen. Wenn also wirklich der nötige Platz nicht vorhanden ist, so muß man ihn wieder durch Ummontage zu beschaffen suchen. Freilich wird sich die Sache häufig nicht so einfach gestalten, wie bei dem vorigen Beispiel, bei der Ummontage und Überführung einer oder mehrerer Rauhmaschinen in die Appretur. Es wird sich vielmehr für die Aufstellung eines luftfreien Dämpfers mit Zubehör, die sich dann oft genug zu einer rationellen Erweiterung der gesamten Dämpfeinrichtungen auswachsen wird, die Verschiebung und Verlegung einer ganzen Reihe von Maschinen als notwendig erweisen. Diese Änderungen und die durch sie bedingten Anlagen sind gewiß oft nicht gering. Aber die dauernden Vorteile solch planmäßigen Vorgehens werden es lohnen, wenn sich auch die ersten Kosten als verhältnismäßig sehr hoch erweisen mögen.

In noch viel höherem Maße treffen die zuletzt geschilderten Schwierigkeiten zu, wenn es sich nicht nur um die Erweiterung einer einzelnen Betriebsabteilung, sondern um eine erhebliche Vergrößerung des gesamten Betriebes, z. B. als Folge einer wirtschaftlich günstigen Entwicklung handelt. Wenn nicht bei dem Bebauungsplan und der ersten Anlage des Werkes die Vergrößerungsmöglichkeit sämtlicher Betriebsabteilungen, wie es sein sollte, in der Weise vorgesehen ist, daß man neue Gebäulichkeiten bei den einzelnen Betriebsabteilungen an geeigneten Stellen einschieben kann, so wird das Prinzip der fortschreitenden Fabrikation im Zuge des Arbeitsprozesses leider oft nicht gewahrt bleiben können. War in einzelnen Betriebsabteilungen wenigstens ein gewisser Platz vorgesehen, so läßt sich vielleicht durch Ummontage noch einiges wieder gutmachen. Aber eine durchgreifende planmäßige Umgestaltung wird dann sehr oft unverhältnismäßig hohe Kosten verursachen.

So bleibt eine außerordentlich wichtige Frage für das Wachsen und Gedeihen des Unternehmens ein die Erweiterung des Werkes gerade im Hinblick auf die Kontinuität des Arbeitsprozesses berücksichtigender Bebauungsplan.

❋ ❋ ❋

Der Plan der Firma Gebrüder Elbers zeigt in dieser Hinsicht besonders günstige Verhältnisse (vgl. Nr. 53).

Dem Nessellager werden die Rohgewebe mittels des Eisenbahnanschlusses und des die ganze Fabrik durchziehenden Vollbahngleises zugeführt. Die Druckerei liegt im Mittelpunkt des Werkes. Die Druckereihilfsbetriebe, das Nessellager mit Sengerei und Farbküche, die Bleicherei, Wäscherei, Seiferei, Färberei, Appretur mit Meßsaal sind so um sie herumgruppiert, daß sie einen fast geschlossenen Kreis bzw. Ellipse bilden, in dessen Mittelpunkt die Druckerei liegt, und den die Gewebe während ihrer Fertigstellung, abgesehen von kurzen Umwegen, zu durchlaufen haben.

Nachdem die Gewebe die mit dem Meßraum verbundenen Lager- und Packräume erreicht haben, befinden sie sich an dieser Austrittsstelle wieder, an ihrer Eintrittsstelle nämlich am Ausgangspunkt des Eisenbahnanschlußgleises.

Spinnerei und Weberei sind entlang dem Hauptgleis des Eisenbahnanschlusses in einer geraden Linie angeordnet, die gewissermaßen die Tangente darstellt, die an den Hauptkreis Druckereibetrieb gezogen ist. Aus dem Plan geht hervor, daß nicht die gesamten Betriebsabteilungen der Spinnerei und Weberei hintereinander angeordnet sind. Es liegt vielmehr in der Mitte des Komplexes das Baumwollager und die Aufbereitung; an diese schließt sich nach beiden Seiten je ein Grob- und Feinspinnsaal und an diese wieder je ein Websaal mit den nötigen Vorbereitungsmaschinen.

Diese Anordnung der Spinn- und Websäle ist scheinbar mit den vorher aufgestellten Forderungen der Kontinuität des Arbeitsprozesses nicht in Einklang zu bringen; indes nur scheinbar. Die gewählte Anordnung hat den Vorteil, daß die Transporte von Fasergut, Gespinsten, Kettbäumen usw. innerhalb der Arbeitssäle in diesem Falle kürzer sind. Demgegenüber steht allerdings der etwas größere, für die fertigen Gewebe zurückzulegende

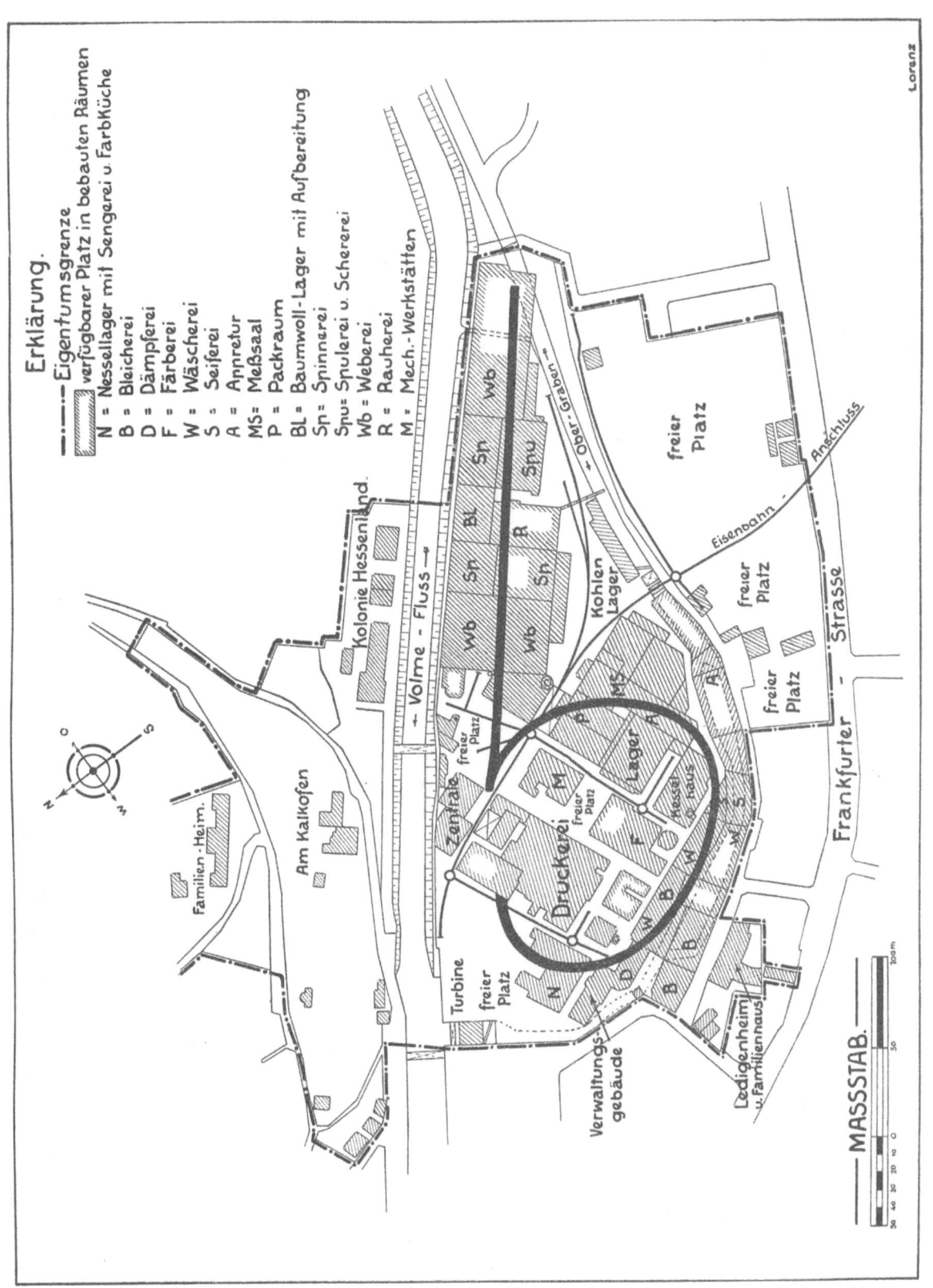

Nr. 53. Lageplan der Anlagen der Firma Gebrüder Elbers A.-G., Hagen i. Westf.

Weg von dem einen am äußersten Ende liegenden Websaal zum Nessellager des Druckereibetriebes bzw. zum Anschlußgleis. Dieser Nachteil fällt aber bei der leicht transportfähigen Form der an und für sich ja nicht schweren Gewebe nicht so ins Gewicht. (Ebenso sprechen Gründe der Betriebssicherheit — Verteilung des Risikos bei Feuersgefahr — für die Anordnung.)

Die Rauherei ist dem Vorbereitungsraum der Spinnerei vorgelagert. Sie hat in der Mitte zwischen beiden Webereien gelegen einen günstigen Platz.

Die mechanischen Werkstätten stehen in dem Teil des Kreisbogens, der zwischen Eintrittsstelle und Druckerei liegt. Die elektrische Zentrale mit Kesselhaus und die Wasserturbinenstation liegen etwas weiter rückwärts am Fluß.

Der in den einzelnen Arbeitsräumen vorgesehene noch freie Raum ermöglicht die Aufstellung weiterer Arbeitsmaschinen; ebenso gestatten die in dem ausgedehnten Werk vorhandenen unbebauten Plätze die zweckentsprechende Erweiterung ganzer Betriebsabteilungen.

Technologische Richtlinien für die Baumwolltextilindustrie

C. Quantitatives Denken.

In der heutigen Zeit erscheint uns bei der Einführung der Arbeitsmethoden sowohl wie bei der Durchführung aller Arbeiten das Messen und Wägen als eine ganz selbstverständliche, unentbehrliche Maßnahme. Die Zeit, in der ohne Meß- und Gewichtssystem nur auf Grund von mehr oder weniger roher Abschätzung gearbeitet wurde, ist mit den heutigen Begriffen einer wirtschaftlichen Betriebsführung ganz unvereinbar, ja kaum vorstellbar. Uns ist es vollständig in Fleisch und Blut übergegangen, mit Wage und Meßapparat nach Vorschrift und auf Grund genauer Berechnung zu arbeiten. Zunächst gilt dieses für die Errichtung und den Aufbau des Betriebes nach einem Plan, der auf einer rechnerischen Wertung der Festigkeit und sonstigen Eigenschaften der Materialien, Maschinen usw. aufgebaut ist. Ebenso beruht dann weiter die Betriebsarbeit selbst, das Zusammenwirken aller Betriebsvorgänge, seien sie rein mechanischer, physikalischer oder chemischer Natur, auf einer rechnerischen Grundlage.

Jedenfalls sollten die Betriebsvorgänge im heutigen naturwissenschaftlichen Zeitalter, soweit nur irgend möglich, auf einer solchen Grundlage beruhen. Mehr und mehr noch müssen wir sie in ihrem Verlauf, in ihren Wirkungen und in ihren Ergebnissen in zahlenmäßiger Begrenzung zu erfassen suchen. Je mehr eine solche Grundlage ausgebaut wird und zur Richtschnur dient, desto zweckmäßiger und erfolgreicher wird sich die ganze Betriebsarbeit gestalten. Ein solch zahlenmäßiges Erfassen und geistiges Durchdringen der ganzen Verhältnisse möchte ich als „quantitatives Denken" bezeichnen. Das Fremdwort sagt — so sehr man sonst überflüssige Fremdwörter vermeiden soll — in diesem Falle mehr als das Wort „zahlenmäßig"; es drückt gleichzeitig auch die Wertung des zahlenmäßigen Mengenverhältnisses und des zahlenmäßigen Ergebnisses aus. In dem Sinne, wie wir von quantitativer Analyse sprechen, wollen wir uns ein quantitativ analytisches und ein quantitativ synthetisches, kurz, ein quantitatives Denken vorstellen.

Die üblichen Kalender für die Baumwolltextilindustrie können an sich eine gute Grundlage für ein solch quantitatives Denken bilden. Indes erscheint es zweckmäßig, die Grenzen weiter zu stecken, wie dieses im allgemeinen geschieht, um eben die vielseitigen Vorgänge in Spinnerei, Weberei und Zeugdruck möglichst vollständig zu umfassen. Auf der anderen Seite ist auch wieder eine gewisse Beschränkung notwendig. Je rascher und leichter der Betriebsleiter die erforderlichen Zahlen finden und sich über die in Betracht kommenden Verhältnisse unterrichten kann, desto lieber wird er auf sie zurückgreifen und sich mit einem Durchdenken und Vergleichen aller wichtigen Fragen in dem hier angestrebten Sinne beschäftigen.

Die folgenden Zusammenstellungen, welche außer den Kalendern aus den verschiedenen Gebieten der Literatur und den Veröffentlichungen der Maschinenfabriken, Farbenfabriken usw. im Laufe der Zeit nach entsprechender Durcharbeitung von mir zusammengetragen sind, um ein quantitatives Denken auf dem Gebiete der Baumwolltextilindustrie zu erleichtern und zu fördern, sollen ein grundlegendes Bild in dem Rahmen, wie ich ihn für zweckmäßig halte, geben.

Sie machen keineswegs den Anspruch auf Vollständigkeit [1]); aber bei sehr vielen wichtigen Fragen, die an den Betriebsleiter herantreten, dürften sie nach meinen Erfahrungen genügen. Im übrigen können sie von ihm nach Bedarf ergänzt werden.

Die Zusammenstellungen sind nach folgenden Gesichtspunkten gegliedert:

I. Allgemeine bautechnische Fragen der Baumwolltextilindustrie.

II. Allgemeine betriebstechnische Fragen der Baumwolltextilindustrie.

a) Dampfkesselbetrieb,
b) Maßzahlen für Kraft, Arbeit und Leistung,
c) Wasserkraftanlagen,
d) elektrische Zuleitungen,
e) Transmissionen,
f) Beleuchtung,
g) Heizung,
h) Trocknen,
i) Isolation,
k) Lüftung.

III. Technologische und wirtschaftliche Fragen im Betriebe der

a) Baumwollspinnerei,
b) Baumwollweberei,
c) Baumwollzeugdruckerei.

Wo es erforderlich erschien, ist den einzelnen Zusammenstellungen ein kurzer erläuternder Text angefügt; in ihm sind dann die Folgerungen kurz erörtert, wie sie sich aus den vorausgehenden Zusammenstellungen ergeben.

I.

Allgemeine bautechnische Fragen der Baumwolltextilindustrie.

Festigkeit des Materials. Für alle bautechnischen Arbeiten ist die Frage, welche größte Beanspruchung des Materials zulässig ist, außerordentlich wichtig, da von ihr die Berechnung des Widerstandmomentes (welches gleich dem maximalen Biegungsmoment dividiert durch die zulässige Beanspruchung ist) und damit der Dimensionierung der Baumaterialien abhängt. Aus dem Grunde ist sie vorangestellt.

Zulässige Beanspruchung für Baugrund, Ziegelsteine, Mauerwerk und andere Materialien. Für den Baugrund bestehen große Verschiedenheiten; guter Baugrund darf mit 3 bis 4 kg je qcm in Anspruch genommen werden. Die Berliner Baupolizei gestattet für den dortigen Baugrund 2,5 kg je qcm [2]).

---

[1]) So sind Tabellen über die gebräuchlichen Maß- und Gewichtssysteme fortgelassen; ebenso sind Tabellen mit Preisen, so wichtig sie in vielen Fällen sein würden, fast ganz vermieden, weil bei den außerordentlich schwankenden Werten jede Grundlage für eine Preisfestsetzung heute fehlt.

[2]) Güldners Kalender für Betriebsleitung und praktischen Maschinenbau, S. 36 u. 142.

Für Steine und Mauerwerk gilt für 1 qcm Oberfläche

zulässige Belastung in kg/qcm

Mauerwerk in Kalkmörtel . . . . 6— 7
„ „ Zementmörtel . . . . 10—11
Beton . . . . 10—15
„ in bester Ausführung . . . . bis zu 30

(Hier seien einige Daten über Normal-Ziegel und Mauerwerk eingeschoben. Normal-Ziegel-Größe: 250 × 120 × 65 mm. Gewicht je Stück: 3,5 bis 3,9 kg. 1 cbm fertiges Mauerwerk umfaßt 400 Steine und 280 Liter Mörtel. 1 cbm Mauerwerk wiegt etwa 1600 kg. 1 cbm Beton wiegt etwa 2000 kg.

Man rechnet

eine Mauerstärke von ½ Stein gleich 12 cm
„ „ „ 1 „ „ 25 „
„ „ „ 1½ „ „ 38 „
„ „ „ 2 „ „ 51 „)

Festigkeitskoeffizienten für Metalle und Hölzer in kg/qcm [1].

1. Metalle.

Metall	Zug k_z	Druck k	Schub k_s
Schweißeisen	750 (1000)	750 (1000)	600 (750)
Flußeisen	875 (1000)	875 (1000)	— (750)
Gewölbtes Eisenwellblech	500	500	—
Eisendraht	1200	—	—
Gußeisen	250	500	200
Zinkblech	200	200	$k_b = 150$

2. Hölzer.

Holzart	Zug k_z	Druck k	Schub k_s	Holzart	Zug k_z	Druck k	Schub k_s
Eschenholz	100—120	66	—	Kiefernholz	100	60	10
Eichen- u. Buchenholz	100	80	20	dgl. für zeitweilige Bauten	120	70	15
dgl. für zeitweilige Bauten	120	90	20	Tannenholz	60	50	—

Die absolute Festigkeit (Zerreißfestigkeit) für Metalle ist natürlich erheblich größer. Man rechnet für die für industrielle Zwecke wichtigsten Materialien:

Flußeisen . . . . 37/44 kg je qmm
Siemens-Martin-Stahl . . . . 55/60 „ „ „
Qualitätsstahl, Edelstahl (Nickel-, Wolfram-,
Vanadinstahl) usw. . . . . . . 80/180 „ „ „ und mehr.

---

[1] Hütte, Des Ingenieurs Taschenbuch I, S. 406 u. 407.

Widerstandsmomente, Trägheitsmomente, Höhe, Breite, Gewicht usw. bei verschiedenen Profileisen[1]).

A. $\mathbf{I}$-Eisen.

Profil-Nr.	Höhe h mm	Breite b mm	Stegstärke d mm	Flanschstärke t mm	Gewicht kg/m	Trägheitsmoment		Widerstandsmoment	
						J_y cm^4	J_x cm^4	W_y cm^3	W_x cm^3
8	80	42	3,9	5,9	5,9	6,29	77,8	3,00	19,5
9	90	46	4,2	6,3	7,1	8,78	117	3,82	26,0
10	100	50	4,5	6,8	8,3	12,2	171	4,88	34,2
11	110	54	4,8	7,2	9,7	16,2	239	6,00	43,5
12	120	58	5,1	7,7	11,1	21,5	328	7,41	54,7
13	130	62	5,4	8,1	12,6	27,5	436	8,87	67,1
14	140	66	5,7	8,6	14,4	35,2	573	10,7	81,9
15	150	70	6,0	9,0	16,0	43,9	735	12,5	98,0
16	160	74	6,3	9,5	17,9	54,7	935	14,8	117
17	170	78	6,6	9,9	19,8	66,6	1 166	17,1	137
18	180	82	6,9	10,4	21,9	81,3	1 446	19,8	161
19	190	86	7,2	10,8	24,0	97,4	1 763	22,7	186
20	200	90	7,5	11,3	26,3	117	2 142	26,0	214
21	210	94	7,8	11,7	28,6	138	2 563	29,4	244
22	220	98	8,1	12,2	31,1	162	3 060	33,1	278
23	230	102	8,4	12,6	33,5	189	3 607	37,1	314
24	240	106	8,7	13,1	36,2	221	4 246	41,7	354
25	250	110	9,0	13,6	39,0	256	4 966	46,5	397
26	260	113	9,4	14,1	41,9	288	5 744	51,0	442
27	270	116	9,7	14,7	44,9	326	6 626	56,2	491
28	280	119	10,1	15,2	48,0	364	7 587	61,2	542
29	290	122	10,4	15,7	50,9	406	8 636	66,6	596
30	300	125	10,8	16,2	54,2	451	9 800	72,2	653
32	320	131	11,5	17,3	61,1	555	12 510	84,7	782
34	340	137	12,2	18,3	68,1	674	15 695	98,4	923
36	360	143	13,0	19,5	76,2	818	19 605	114	1089
38	380	149	13,7	20,5	84,0	975	24 012	131	1264
40	400	155	14,4	21,6	92,6	1158	29 213	149	1461
42½	425	163	15,3	23,0	103,6	1437	36 973	176	1740
45	450	170	16,2	24,3	115,4	1725	45 852	203	2037
47½	475	178	17,1	25,6	128,0	2088	56 481	235	2378
50	500	185	18,0	27,0	141,3	2478	68 738	268	2750

[1]) Eisenwerk Wülfel, Transmissionen, Katalog 450, S. 268—270.

B. Differdinger Träger.

Profil-Nr.	Höhe h mm	Breite b mm	Stegstärke d mm	Flanschstärke t_1 mm	Flanschstärke t_2 mm	Gewicht kg/m	Trägheitsmoment Jy cm⁴	Trägheitsmoment Jx cm⁴	Widerstandsmoment Wy cm³	Widerstandsmoment Wx cm³
18	180	180	8,5	9,0	16,72	47,0	1 073	3 512	119	390
20	200	200	8,5	9,5	18,12	55,4	1 568	5 171	157	517
22	220	220	9,0	10,0	19,5	64,8	2 216	7 379	201	671
24	240	240	10,0	10,5	20,85	76,0	3 043	10 260	254	855
25	250	250	10,5	10,9	21,7	82,5	3 575	12 066	286	965
26	260	260	11,0	11,7	22,9	90,7	4 261	14 352	328	1104
27	270	270	11,25	11,95	23,6	96,7	4 920	16 529	365	1224
28	280	280	11,5	12,35	24,4	103,4	5 671	19 052	405	1361
29	290	290	12,0	12,7	25,2	110,8	6 417	21 866	443	1508
30	300	300	12,5	13,25	26,25	119,4	7 494	25 201	500	1680
32	320	300	13,0	14,1	27,0	126,2	7 867	30 119	524	1882
34	340	300	13,4	14,6	27,5	131,4	8 097	35 241	540	2073
36	360	300	14,2	16,15	29,0	142,5	8 793	42 479	586	2360
38	380	300	14,8	17,0	29,8	150,1	9 175	49 496	612	2605
40	400	300	15,5	18,2	31,0	159,8	9 721	57 834	648	2892
42¹/₂	425	300	16,0	19,0	31,75	167,9	10 078	68 249	672	3212
45	450	300	17,0	20,3	33,0	180,0	10 668	80 887	711	3595
47¹/₂	475	300	17,6	21,35	34,0	190,0	11 142	94 811	743	3992
50	500	300	19,4	22,6	35,2	205,5	11 718	111 283	781	4451
55	550	300	20,6	24,5	37,0	226,1	12 582	145 957	839	5308
60	600	300	20,8	24,7	37,2	236,0	12 672	179 303	845	5977
65	650	300	21,1	25,0	37,5	246,9	12 814	217 402	854	6690
70	700	300	21,1	25,0	37,5	255,3	12 818	258 106	854	7374
75	750	300	21,1	25,0	37,5	263,4	12 823	302 560	855	8068

Bemerkungen. Die Differdinger sind ein wichtiges Mittel, um bei beschränkten Raumverhältnissen unter Aufrechterhaltung der statischen Sicherheit ein großes Durchlaßprofil für Brücken, Verbindungsbauten, Fenster usw. zu ermöglichen.

Besonders wertvolle Dienste kann der Differdinger Träger auch beim Umbauen älterer Fabrikgebäude leisten, in denen die Stockwerkshöhe ziemlich niedrig zu sein pflegt, z. B. um die Fenster mit Rücksicht auf den Lichteinfall möglichst hoch zur Decke hinauf ziehen zu können. Ein Vergleich zwischen beiden Tabellen zeigt das erheblich größere Widerstandsmoment der Differdinger Träger im Vergleich zum Normalträger bei gleicher Höhe der Träger.

So hat, auf die X-Achse bezogen, der Differdinger Träger Nr. 20 ein $W = 517$, der Normalträger Nr. 20 ein $W = 214$.

Vergleicht man allerdings die Widerstandsmomente der Normal Träger und Differdinger Träger in bezug auf die X-Achse unter Zugrundelegung nicht gleicher Höhe, sondern gleicher Gewichte (und damit auch annähernd gleicher Preise), so fällt der Vergleich zugunsten der Normalträger aus. Beweis:

Ein Normalträger Nr. 42¹/₂ wiegt 103,6 kg pro laufenden Meter und hat in bezug auf die X-Achse ein W von 1740;

der im Gewicht ungefähr gleichkommende Differdinger Träger Nr. 28 wiegt 103,4 kg pro laufenden Meter und hat in bezug auf die X-Achse ein W = 1361.

Für die Y-Achse sind die Verhältnisse auch bei Zugrundelegung gleicher Gewichte für den Differdinger Träger natürlich günstiger.

Aber das Widerstandsmoment der Y-Achse kommt für die angedeuteten Zwecke weniger in Betracht, dagegen bei der Verwendung des Trägers als Säule usw.

C. [-Eisen[1]).

Profil-Nr.	Höhe h mm	Breite b mm	Stegstärke d mm	Flanschstärke t mm	Gewicht kg/m	Schwerpunktsabstand e mm	Trägheitsmoment J_y cm⁴	J_x cm⁴	Widerstandsmoment W_x cm³
8	80	45	6	8	8,6	14,5	19,4	106	26,5
10	100	50	6	8,5	10,6	15,5	29,3	206	41,2
12	120	55	7	9	13,3	16	43,2	364	60,7
14	140	60	7	10	16,0	17,5	62,7	605	86,4
16	160	65	7,5	10,5	18,8	18,4	85,3	925	116
18	180	70	8	11	22,0	19,2	114	1354	150
20	200	75	8,5	11,5	25,3	20,1	148	1911	191
22	220	80	9	12,5	29,4	21,4	197	2690	245
24	240	85	9,5	13	33,2	22,3	248	3598	300
26	260	90	10	14	37,9	23,6	317	4823	371
28	280	95	10	15	41,8	25,3	399	6276	448
30	300	100	10	16	46,2	27	495	8026	535

D. L-Eisen.

Profil-Nr.	Breite b mm	Stärke d mm	Gewicht kg/m	Schwerpunktsabstand e mm	o mm	Trägheitsmoment J_x cm⁴	Widerstandsmoment $W_o = \dfrac{J_x}{o}$ cm³	$W_e = \dfrac{J_x}{e}$ cm³
6	60	8	7,1	17,7	42,3	29,1	6,9	16,4
6½	65	9	8,6	19,3	45,7	41,3	9	21,4
7	70	9	9,3	20,5	49,5	52,6	10,6	25,7
7½	75	10	11,1	22,1	52,9	71,4	13,5	32,3
8	80	10	11,8	23,4	56,6	87,5	15,5	37,4
9	90	11	14,7	26,2	63,8	138	21,6	52,7
10	100	12	17,8	29	71	207	29,2	71,4
11	110	12	19,7	31,5	78,5	280	35,7	88,9
12	120	13	23,3	34,4	85,6	394	46	115
13	130	14	27,2	37,2	92,8	540	58,2	145
14	140	15	31,4	40	100	723	72,3	181
15	150	16	35,9	43	107	949	88,7	221

[1]) Eisenwerk Wülfel, Transmissionen, Katalog 450, S. 270.

Verkehrslast der Zwischendecken. Man rechnet für

Wohnräume . . . . je qm 150—250 kg
Turnhallen, Warenhäuser, Fabrikräume „ „ 500 „

Für Textilbetriebe muß mit Rücksicht auf Zufallsbelastung durch Einlagerung größerer Warenmengen, schwererer Maschinenteile usw. zweckmäßig mit 750 bis 1000 kg als Nutzlast gerechnet werden.

Für Konstruktionsteile und häufig benötigte Ersatzteile, die aus Metallguß hergestellt werden, sind zunächst Holzmodelle anzufertigen, bei denen das Schwindmaß, d. i. die Verkleinerung der Längenabmessungen eines Gußstückes während des Erstarrens und Erkaltens, zu berücksichtigen sind.

Längen-Schwindmaß einiger Metalle[1]).

Blei	1 : 92	Puddelstahl	1 : 72
Bronze	1 : 63	Stabeisen, gewalzt	1 : 55
Feinkorneisen	1 : 72	Stahlguß	1 : 50
Flußstahl	1 : 64	Wismut	1 : 265
Glockenmetall	1 : 65	Zink, gegossen	1 : 62
Gußeisen	1 : 96	Zinn	1 : 128
Kanonenmetall	1 : 134	100 G.-T. Kupfer }	1 : 134
Messing	1 : 65	12,5 „ Zinn }	

In Stahl-Walzwerken rechnet man das Schwinden zu rund 12 mm/m.

II.
Allgemeine betriebstechnische Fragen der Baumwolltextilindustrie.

a) Dampfkesselbetrieb.

In deutschen Textilbetrieben wird der für den Betrieb erforderliche Dampf gewöhnlich durch die Verbrennung von festen Brennstoffen (Kohlen, Koks, Holz usw.) erzeugt. Bei jeder Verbrennung sind drei Fragen zu prüfen und in messender Beobachtung im Auge zu behalten:

1. Die Entzündungstemperatur,
2. die Verbrennungstemperatur,
3. die Verbrennungswärme.

1. Die Entzündungstemperatur ist die Temperatur, auf die ein Körper gebracht werden muß, damit der Verbindungswiderstand überwunden und die Vereinigung des zu verbrennenden Körpers mit dem Sauerstoff der Luft eintritt. Sie ist verschieden, da sie außer von der chemischen Natur des Körpers von seinem physikalischen Zustand abhängig ist.

Zum Anmachen der Feuerung nimmt man deshalb, um die Entzündungstemperatur herunterzusetzen, zerkleinertes Holz, Holzwolle, Holzspäne, trockene Reiser, Büsche usw.

---
[1]) Hütte, Des Ingenieurs Taschenbuch I, S. 298.

Je niedriger die Entzündungstemperatur ist, um so größer ist auf der anderen Seite die Feuersgefahr, ein Umstand, der für die Textilbetriebe mit dem in ihnen verwendeten trockenen Fasermaterial, zumal wenn dieses mit Öl getränkt ist, besonders zu beachten ist.

Zündpunkte flüssiger Brennstoffe in Sauerstoff und Luft[1].

Brennstoff	Spezifisches Gewicht	Zündpunkt in °C	
		in Sauerstoff	in Luft
Benzin	0,710	272	383
Petroleum (Kerosin)	0,814	251,5	432
Tieftemperaturteer	0,987	307	508
Terpentinöl	0,842	275	275
Methyläther	0,730	190	347

2. Die Verbrennungstemperatur. Die Temperatur, bei der die Verbrennung erfolgt, ist bei den verschiedenen Körpern verschieden. Sie ist auch bei demselben Körper je nach der Menge und dem Grade der Verdünnung des bei der Verbrennung zugeführten Sauerstoffs verschieden. Den höchsten Grad erreicht sie, wenn gerade nur die für die Verbrennung erforderliche Menge Sauerstoff dem zu verbrennenden Körper zugeführt wird. Sie sinkt bei Sauerstoffüberschuß, ferner, wenn der Körper, statt in Sauerstoff, in der für die Verbrennung erforderlichen Luftmenge verbrannt wird, da diese nur rund 20 Proz. Sauerstoff enthält. Sie sinkt noch weiter bei Luftüberschuß. Folgende Tabelle gibt die Verbrennungstemperatur für einige Brennstoffe unter der Voraussetzung an, daß die Materialien vor der Verbrennung die Temperatur von 0° C haben[2].

Brennstoffe	Verbrennungstemperatur in °C		
	mit reinem Sauerstoff	mit dem notwendigen Luftvolumen	mit dem Doppelten des notwendigen Luftvolumens
Kohle bei der Umwandlung in Kohlensäure	10227	2729	1445
Kohle bei der Umwandlung in Kohlenoxyd	—	1440	—
Holz, bei 120° getrocknet	—	2494	1291
Gewöhnliches Holz bei 20 Proz. Wasser	—	1913	1102
Koks	—	2393	1341
Wasserstoff	6708	2756	—
Leuchtgas	7487	2531	—

3. Die Verbrennungswärme gibt die Wärmemenge an, die bei der vollständigen Verbrennung einer bestimmten Gewichtsmenge eines Körpers entsteht. Die Wärmemenge wird gemessen in Kalorien.

1 Kalorie (sog. große Kalorie) = der Wärmemenge, die erforderlich ist, um 1 kg Wasser um 1° C (von 14,5 auf 15,5° C) zu erwärmen.

Die kleine Kalorie (Grammkalorie) ist gleich $1/1000$ dieses Wertes.

Ohne besonderen Zusatz versteht man unter Kalorie (Ka) eine große Kalorie.

---

[1] Zeitschrift des Vereins deutscher Ingenieure 1921, Nr. 50, S. 1289.
[2] Gmelin Kraut, Bd. I, Abt. 1, S. 673.

Tabelle der Verbrennungswärme der wichtigsten Brennmaterialien[1]).

Stoff	Verbrennungswärme für 1 kg	Stoff	Verbrennungswärme für 1 kg
Gase		**Feste Körper**	
Wasserstoff	34 200	Holzkohle	8080—7100
Methan } Hauptbestandteile des	13 240	Steinkohle	8700—6000[2])
Äthylen } Leuchtgases	11 900	Koks	8000—7000
Kohlenoxydgas	2 440	Braunkohle	6300—4000
Leuchtgas (je nach der Kohle und Art der Herstellung), oberer Heizwert	4500—6800	Torf	5000—3000
		Holz mit 12 Proz. Wasser:	
		Fichte	4480
		Tanne	4420
Flüssigkeiten		Birke	4200
Petroleum	11 000	Esche	4150
Terpentinöl	10 900	Buche	4100
Benzol	10 000	Eiche	3990—4421
Rüböl	9 600	Tierisches Fett	9400
Olivenöl	9 400	Stärkemehl	4200
Äther	8 800	Zellulose (Holzstoff)	4200
Alkohol	7 100	Rohrzucker	4000

Diese Tabelle über die Verbrennungswärme verschiedener Körper muß für den Dampfkesselbetrieb noch ergänzt werden durch einige weitere Daten[3]).

Stoff	Liefert bei der Verbrennung zu	Kalorien
C	CO	2473
C	CO_2	8080
CO	CO_2	2403

Bemerkungen. 1. Die Verschiedenheit im Heizwert der Brennmaterialien läßt die oft erhobene Forderung berechtigt erscheinen, daß alle Brennstoffe nach dem Heizwert in Kalorien ausgedrückt gehandelt werden.

2. Die bei der Verbrennung der Stoffe entstehende Verbrennungswärme wird in der angegebenen Größe nur dann gebildet, wenn die Verbrennung eine vollständige ist.

Zur vollkommenen Verbrennung (C zu CO_2) ist notwendig:
 a) eine hohe Temperatur,
 b) die erforderliche Luftmenge.

Die notwendige Luftmenge darf, wie Tabelle S. 288 zeigt, nicht wesentlich überschritten werden, damit die Temperatur genügend hoch bleibt und so ein rasches Fortschreiten der

---

[1]) Nach L. Pfaundler, Physik des täglichen Lebens, S. 257.
[2]) Besonders fette Steinkohle gibt wegen des größeren Gehaltes an Kohlenwasserstoffen Verbrennungswärme bis zu 9260. Bei schlechter, stark aschehaltiger Steinkohle sinkt die Verbrennungswärme oft bis unter 6000 herab.
[3]) H. v. Reiche, Dampfkesselanlagen, Bd. I, S. 14.

Eigentlicher Dampfkesselbetrieb.

Für Steinkohlenfeuerung und feststehende Kessel, wie sie meistens in Betracht kommen, gibt die Hütte[1]) folgende Zahlen an für Heizfläche, Rostfläche, Kohlenverbrauch, Verdampfung, Wirkungsgrad usw. bei Innenfeuerung, Unterfeuerung und Vorfeuerung.

Art des Kessels und der Verbrennung	1 qm Heizfläche verbraucht stündlich Kohle (Anstrengungsgrad der Feuerung) kg/st	1 qm Rostfläche verbrennt Kohle	Verhältnis der Heizfläche zur Rostfläche	Zugeführte Luftmenge (in kg) für 1 kg Brennstoff[2])	Wirkungsgrad der Feuerung	Verbrennungstemperatur	Temperatur der Heizgase im Fuchse	Wirkungsgrad d. Heizfläche	Wirkungsgrad der Kesselanlage	Des Kessels Leistung; 1 kg Brennstoff erzeugt Dampf (in kg) D: ohne Vorwärmer	B mit Vorwärmer	Anstrengung; 1 qm Heizfläche erzeugt stündlich Dampf (in kg) D: ohne Vorwärmer	H mit Vorwärmer	Art der Feuerungsanlage
Feststehende Kessel:														
sehr langsam (sehr teurer Brennstoff; nur ausnahmsweise zu wählen)	1	40—50 (50)	40—50 (50)	22,0	0,90	856 / 978 / 1223	169 / 170 / 174	0,862 / 0,861 / 0,858	0,776 / 0,775 / 0,762	8,95 / 8,94 / 8,79	10,01 / 10,00 / 9,83	8,95 / 8,94 / 8,79	10,01 / 10,00 / 9,83	Innenfeuerung; $o = 0,3$ / Unterfeuerung $o = 0,2$ / Vorfeuerung $o = 0$
langsam (für neue Anlagen unter gewöhnlichen Verhältnissen)	2	50—70 (50)	25—35 (25)	20,5	0,85	865 / 988 / 1235	233 / 246 / 272	0,811 / 0,801 / 0,780	0,689 / 0,681 / 0,663	7,95 / 7,86 / 7,65	8,89 / 8,78 / 8,55	15,90 / 15,72 / 15,30	17,78 / 17,56 / 17,10	dsgl. wie vorstehend
normal	3	70—100 (75)	23—33 (25)	19,0	0,85	930 / 1062 / 1328	314 / 341 / 394	0,764 / 0,743 / 0,713	0,649 / 0,631 / 0,596	7,49 / 7,28 / 6,88	8,37 / 8,14 / 7,69	22,47 / 21,84 / 20,64	25,11 / 24,42 / 23,07	dsgl. wie vorstehend
lebhaft (gesteigerter Fabrikbetrieb; Lokomobilen)	5	100	20	17,5	0,80	946 / 1081 / 1351	434 / 482 / 586	0,679 / 0,643 / 0,567	0,543 / 0,514 / 0,454	6,27 / 5,93 / 5,24	7,00 / 6,63 / 5,86	31,35 / 29,65 / 26,20	35,00 / 33,15 / 29,30	dsgl. wie vorstehend

[1]) Hütte II, 1908, S. 66.
[2]) Die theoretisch erforderliche Luftmenge beträgt $L = 10,4$ kg für 1 kg Kohle.

Verbrennung (sog. stürmische Verbrennung) eintritt. Gewöhnlich rechnet man mit dem 1,3- bis 1,5 fachen der theoretisch berechneten Luftmenge. Wird der zu verbrennende Körper oder die zur Verbrennung dienende Luft vorgewärmt (Regenerativfeuerung), so steigt die Verbrennungstemperatur entsprechend. Andererseits darf nun auch die Verbrennungstemperatur eine gewisse Höhe nicht überschreiten, da sonst die Dissoziationsgrenze[1]) erreicht wird. Eine entsprechende Abkühlung wird im übrigen bewirkt durch die Abgabe von Wärme an die Kesselwandungen. Es sind also eine Menge Faktoren zu berücksichtigen, die sich gegenseitig beeinflussen und in Wechselwirkung stehen. Von der Einhaltung der für den Verbrennungsprozeß günstigen Bedingungen überzeugt man sich durch Rauchgasanalysen. 1 kg Brennstoff entwickelt durchschnittlich ein Gasvolumen von etwa 16 cbm[2]). (Von Bedeutung bei der Berechnung der Dimensionen von Heizkanälen, Fuchs und Schornstein.)

Die Zusammensetzung der einzelnen Steinkohlentypen veranschaulicht folgende Tabelle[3]):

Steinkohlentypen	Zusammmensetzung	Verhältnis von O:H	Koksausbeute	Spezifisches Gewicht des Kokses
1. Trockene Kohle mit langer Flamme: Flammkohle	75 —80 Proz. C 5,5— 4,5 „ H 19,5—15,5 „ O	3—4	50—60	1,25
2. Fette Kohle mit langer Flamme: Gaskohle	80 —85 Proz. C 5,8— 5,0 „ H 14,2—10 „ O	2—3	60—68	1,28—1,30
3. Fette Kohle: Schmiedekohle	88 —89 Proz. C 5,5— 5,0 „ H 10,5— 6,0 „ O	1—2	68—74	1,30
4. Fette Kohle mit kurzer Flamme: Kokskohle	84 —91 Proz. C 5,5— 4,5 „ H 6,5— 4,5 „ O	2	74—82	1,30—1,35
5. Magere Kohle mit kurzer Flamme: Magerkohle bzw. Anthrazit	90 —93 Proz. C 4,5— 4,4 „ H 5,5— 3 „ O	1	82—92	1,35—1,41

Anmerkung. Als mittlerer Gesamtwirkungsgrad eines Kessels wird gewöhnlich 0,60 bis 0,65 angesehen.

[1]) Ferdinand Fischer, Chemisch-Technologisches Rechnen, S. 54.
[2]) Die Technik im XX. Jahrhundert III, S. 128.
[3]) Die Technik im XX. Jahrhundert II, S. 15.

Zum Vergleich von Spannkraft und Temperatur des Wasserdampfes diene die folgende Tabelle[1]):

Spannkraft und Temperatur des Wasserdampfes.

Temperatur	Tension in mm	In Atmosphären	Druck auf 1 qcm in kg	Temperatur	Tension in mm	In Atmosphären	Druck auf 1 qcm in kg
+ 40°	54,906	0,072	0,07465	+ 105°	906,41	1,193	1,23236
45	71,391	0,094	0,09706	110	1075,37	1,415	1,46210
50	91,982	0,121	0,12505	115	1269,41	1,673	1,72592
55	117,478	0,154	0,15972	120	1491,28	1,962	2,02755
60	148,791	0,196	0,20323	125	1743,88	2,294	2,37098
65	186,945	0,246	0,25417	130	2030,28	2,671	2,76037
70	233,093	0,306	0,31692	135	2353,73	3,097	3,20013
75	288,517	0,380	0,39227	140	2717,63	3,575	3,69400
80	354,643	0,466	0,48217	145	3125,55	4,112	4,24050
85	433,041	0,570	0,58877	150	3581,23	4,712	4,86904
90	525,450	0,691	0,71440	155	4088,56	5,380	5,55881
95	633,778	0,834	0,86168	160	4651,62	6,120	6,32434
100	760,00	1,000	1,03330				

Zur Beurteilung der thermodynamischen Wirkung des Wasserdampfes ist die aufgewendete Wärmemenge in Kalorien ausgedrückt zu berücksichtigen. Besonders zu beachten ist der Wärmeaufwand zur Veränderung des Aggregatzustandes.

Spannung, Temperatur, aufgewendete Wärmemenge [Wärmewert des Dampfes[2])].

Spannung in Atm. abs.	Temperatur °C	Aufgewendete Wärmemenge gegenüber von 0° C WE	
1	100	636	
2	120	642	
3	135	647	
4	143	650	(100 WE für die Erwärmung
5	150	652	von 0° auf 100°C. 536 WE
6	158	654	für die Veränderung des Aggregatzustandes)
7	164	656	
8	169	658	
9	174	659	
10	179	661	

---

[1]) Farbwerke Höchst, Ratgeber 1908, S. 509.
[2]) Stühlen, Ingenieurkalender, S. 103.

Noch eingehender ist folgende Tabelle aus der „Hütte"[1]:

Sattdampf bis zu Temperaturen von 200° C und entsprechend hohen Spannungen.

Absolute Spannung in Atm. kg je qcm	Temperatur °C	Wärmewert je kg in WE	Raumeinnahme cbm je kg	Gewicht g je cbm	Absolute Spannung in Atm. kg je qcm	Temperatur °C	Wärmewert je kg in WE	Raumeinnahme cbm je kg	Gewicht g je cbm
1,0	99,1	639,3	1,72	580,7	6,5	161,1	661,1	0,299	3348
1,1	101,8	640,7	1,575	634,9	7,0	164,0	662,0	0,279	3589
1,2	104,2	641,3	1,452	688,7	7,5	166,8	662,8	0,261	3829
1,4	108,7	643,1	1,257	795,5	8,0	169,5	663,5	0,246	4068
1,6	112,7	644,7	1,110	901,3	8,5	172,0	664,2	0,232	4307
1,8	116,3	646,0	0,994	1006	9,0	174,4	664,9	0,220	4545
2,0	119,6	647,2	0,901	1110	9,5	176,7	665,5	0,209	4782
2,5	126,7	649,9	0,731	1368	10	178,9	666,1	0,199	5018
3,0	132,8	652,0	0,616	1622	11	183,1	667,1	0,182	5489
3,5	138,1	653,8	0,533	1874	12	186,9	668,1	0,168	5960
4,0	142,8	655,4	0,471	2124	13	190,6	668,9	0,156	6425
4,5	147,1	656,8	0,422	2372	14	194	669,7	0,145	6889
5,0	151,0	658,1	0,382	2618	15	197,2	670,5	0,136	7352
5,5	154,6	659,2	0,349	2862	16	200,3	671,2	0,128	7814
6,0	157,9	660,2	0,322	3106					

Bemerkungen und Schlußfolgerungen. 1. Aus der Tabelle geht hervor, daß die Wärmemenge, die notwendig ist, um das in Dampf verwandelte Wasser in Dampf von höherer Spannung umzuwandeln, im Vergleich zu der bis dahin vom Wasser aufgenommenen Gesamtwärme sehr gering ist, und daß zu einer weiteren Steigerung der Spannung des Wasserdampfes relativ immer geringere Wärmemengen erforderlich sind. Infolgedessen kann bei der Steigerung der Dampfspannung ein immer größerer Prozentsatz der aufgewendeten Gesamtwärme im Dampfmotor nutzbar gemacht werden. Daraus ergibt sich ganz allgemein die Forderung, mit einer möglichst hohen Dampfspannung zu arbeiten, soweit sich dieses mit Rücksicht auf die entgegenstehenden Schwierigkeiten (Material, Dichtung, Isolation usw.) ermöglichen läßt. Für Heizungszwecke allein empfiehlt es sich dagegen in Textilbetrieben mit Rücksicht auf diese Schwierigkeiten nicht, über 3 bis 5 Atm. hinauszugehen.

2. Da in 1 kg Dampf von 6 bis 8 Atm. rund 650 Ka enthalten sind (vgl. Tabelle S. 292), so müßte theoretisch nach Gleichung 15 (vgl. S. 297) 1 kg Dampf zur Erzeugung von 1 PS-Stunde (635) Ka genügen, wenn sich die dem Dampf einverleibte Wärme ganz in mechanische Arbeit umsetzen ließe. Von den 650 Ka sind jedoch die als latente Wärme in dem Dampf steckenden 536 Ka thermodynamisch nicht zu fassen, sondern dieser Teil der in dem Dampf steckenden Wärme kann nur durch Wärmeübertragung nutzbar gemacht werden. Wo es angängig ist, empfiehlt sich daher eine Verbindung von Krafterzeugung mit Wärmeverwendung durch Zwischen- und Abdampfverwertung. In Textilbetrieben geschieht dieses zweckmäßig in der Weise, daß der Zwischendampf oder Abdampf der Zentrale zum Heizen, Kochen, Trocknen und Dämpfen benutzt wird.

---

[1] Hütte 1908, S. 334—337.

Kühlwassermenge. Bei dem Arbeiten des Dampfes in Dampfmaschinen und Dampfturbinen ist noch eine Zahl von Interesse, wenn mit Kondensation, wie dieses die Regel ist, gearbeitet wird. Die Kühlwassermenge beträgt

        bei Mischkondensation . . . das 30- bis 35fache der Dampfmenge,
        bei Oberflächenkondensation . „ 50- „ 60 „ „ „

Vom Kessel geht der Dampf zu den Dampfmaschinen, Dampfturbinen und sonstigen Verwendungsstellen. Je weiter die Entfernung ist, um so wichtiger ist es, daß die Dampfrohre gegen Wärmeverluste durch Isolation möglichst geschützt sind. (Über die Wirkung der Isolation s. S. 312.) Zweckmäßig wird ferner der Dampf auch dann, wenn er nicht zum Antrieb von Motoren verwendet wird, mäßig überhitzt.

Dampfrohrleitung. Die Rohrleitung bestehe aus nicht zu kurzen Rohrstücken, damit möglichst wenig Flanschen notwendig werden. Über die Rohrweiten und die ihnen entsprechende Durchleitungsmöglichkeit gibt die folgende Tabelle Aufschluß[1]).

Angenäherte Rohrweiten für Dampf; Kondenswasser und Wärmeeinheiten, welche stündlich hindurchgeleitet werden können.

Lichtweite des Rohres bis zu etwa 30 m Länge in mm	Dampf von 2 Atm. Überdruck 500 WE je kg	Abdampf, 400 WE je kg 0,2 Atm.	Niederdruckdampf 500 WE 0,05 Atm.	Kondenswasser
14	7 000	900	700	—
20	18 000	3 000	2 500	18 000
25	32 000	7 000	5 000	32 000
34	70 000	16 000	12 500	75 000
39	100 000	24 000	18 000	120 000
43	130 000	30 000	24 000	175 000
49	165 000	40 000	30 000	250 000
57	265 000	67 000	50 000	360 000
64	350 000	90 000	70 000	480 000
70	450 000	115 000	90 000	800 000
76	550 000	140 000	110 000	und darüber
82	650 000	170 000	130 000	
88	800 000	200 000	160 000	
94	950 000	240 000	190 000	
100	1 100 000	280 000	220 000	

Die Verlegung der Rohrleitung muß mit geringem Gefälle und so erfolgen, daß eine Entwässerung und Entlüftung bequem möglich ist und Luft- und Wassersäcke vermieden werden.

Bei der Verlegung der Rohrleitungen, welche großen Temperaturschwankungen unterworfen sind, ebenso bei vielen sonstigen Konstruktionsarbeiten ist der Ausdehnungskoeffizient zu berücksichtigen.

---

[1]) Otto Marr, Das Trocknen und die Trockner, S. 135.

Wärmeausdehnung einiger fester Körper[1]).

Ausdehnungskoeffizient (je 1 cm und 1⁰ C) zwischen 0 und 100⁰ in $1/10\,000\,000$.

Aluminium	242	Palladium	119
Blei	290	Platin	090
Bronze	290	Schwefel	900
Eisen	120	Silber	194
Iridium	067	Stahl	110
Kobalt	127	Wismut	137
Konstantan	152	Zement (Beton)	140
Kupfer	171	Zink	297
Magnesium	320	Zinn	230
Messing	190	Berliner Porzellan	030
Neusilber	180	Glas, Jenaer	080
Nickel	135	Bergkristall	144

Bemerkung. Zu beachten ist die Gleichheit oder fast völlige Gleichheit der Ausdehnungskoeffizienten verschiedener Stoffe, weil diese eine dauernde starre Verbindung dieser Körper ermöglicht, so z. B. Glas und Platin, Eisen und Zement (armierter Beton).

Der kubische Ausdehnungskoeffizient ist für alle Gase ungefähr der gleiche, nämlich $1/273$.

---

b) Maßzahlen für Kraft, Arbeit und Leistung.

Absolutes Maßsystem[2]). Das absolute System, bei dem Zentimeter, Gramm und Sekunde die Grundeinheiten bilden, nennt man das C. G. S.-System.

Im C. G. S.-System hat die Einheit der Kraft, welche eine Dyne genannt wird, eine solche Größe, daß sie der Einheit der Maße von 1 g eine solche Beschleunigung erteilt, daß die Geschwindigkeit sich um 1 cm für die Sekunde erhöht.

Die Arbeit ist das Produkt aus Kraft und der Wegstrecke, die in der Richtung der Kraft zurückgelegt wird.

Als Einheit der Arbeit (Arbeitseinheit) ist die Arbeit anzusehen, bei der die Krafteinheit den Weg einer Längeneinheit zurücklegt. Bezeichnet man die Arbeitseinheit mit Erg, so ergibt sich die Beziehung

$$1 \text{ Erg} = 1 \text{ Dyne} \times 1 \text{ cm}.$$

Als Einheit der Leistung, d. i. die Vollführung der Arbeit in einer bestimmten Zeit, ist im C. G. S.-System die Leistung der Arbeit von

$$1 \text{ Erg in 1 Sekunde}$$

zugrunde gelegt.

Als Einheit des Magnetismus wird die Menge des Magnetismus bezeichnet, welche auf eine gleiche in der Entfernung von 1 cm befindliche Menge die Kraft 1 Dyne ausübt.

Die Einheit der Stromstärke (Ampere) ist derjenige Strom, welcher, 1 qcm umfließend, magnetisch so wirkt, wie ein Magnet, dessen magnetisches Moment gleich der Einheit ist.

---

[1]) Nach Friedr. Kohlrausch, Lehrbuch der praktischen Physik, S. 699.
[2]) L. Grätz, Die Elektrizität und ihre Anwendungen, S. 342 u. f.

Aus diesen Grundeinheiten des C.G.S.-Systems sind weiter folgende technische, nicht von der Masse, sondern vom Gewicht ausgehende Maßeinheiten abgeleitet:

Technische Maßeinheiten.

Kraft.   1. 1 kg Kraft   = 1 kg Masse × Fallbeschleunigung
               (Gewicht)   = 1000 × 981
                                = 981 000 Dynen.

Arbeit.   2. 1 kgm   = 981 000 × 100 Erg
                                  = 9,81 × 10^7 Erg
                                  = 98 100 000 Erg

Leistung.

Als Maß der Leistung, d. h. der Arbeit in der Zeiteinheit (Sekunde), wird in der Technik das Zehnmillionenfache (10^7) der auf dem C.G.S.-System beruhenden Leistungseinheit zugrunde gelegt und mit Watt bezeichnet.

        3. 1 Watt   = 10 Millionen (10^7) Erg in 1 Sekunde
        4. 1 Kilowatt   = 10 Milliarden (10^{10}) Erg in 1 Sekunde
        5. 1 kgm in 1 Sekunde
                       = 9,81 Watt
        6. 1 Pferdestärke (PS)
                       = 75 kgm in 1 Sekunde
        7. 1 Kilowatt   = 102 kgm in 1 Sekunde
        8. 1 PS   = 0,736 kW
        9. 1 PS-Stunde = 270 000 kgm.

Anmerkung. Für die Messung mechanischer Arbeit und Leistung dient zurzeit bei technischen Berechnungen gewöhnlich noch die Pferdekraft. Man ist jedoch neuerdings bestrebt, das Kilowatt als technische Einheit der Leistung einzuführen [1]).

Bei den elektrotechnischen Berechnungen [2]) wird

        10. 1 Ampere = $^1/_{10}$ der Einheit des C.G.S.-Systems gesetzt. 1 Amp. liefert je Sekunde beim Durchgang des elektrischen Stromes durch eine wässerige Silbernitratlösung 1,118 mgr Silber [3]).

Die Einheit der in der Zeiteinheit einen Leiter durchfließenden Elektrizitätsmenge wird ein Coulomb genannt.

        11. 1 Amperesekunde   = 1 Coulomb
             1 Amperestunde   = 3600 Coulomb.

Die Einheit der elektromotorischen Kraft (Volt) ist die Kraft, welche, den Strom 1 Ampere durch den Stromkreis treibend, eine Leistung von 1 Watt erzeugt.

        12. 1 Volt × 1 Ampere = 1 Watt
$$= \frac{1}{736} \text{ PS (wie Gleichung 8).}$$
            1 Wattstunde   = 1 Joule.

---

[1]) Zeitschrift des Vereins deutscher Ingenieure 1921, Nr. 3, S. 69.
[2]) L. Grätz, Die Elektrizität und ihre Anwendungen, S. 343.
[3]) Reichsgesetz vom 1. Juni 1898 betr. die elektrischen Maßeinheiten.

Nach dem Ohmschen Gesetz ergibt sich für die Einheit des Widerstandes (Ohm) folgende Gleichung:

13. $1 \text{ Ohm} = \dfrac{1 \text{ Volt}}{1 \text{ Ampere}}$ oder

$1 \text{ Ampere} = \dfrac{1 \text{ Volt}}{1 \text{ Ohm}}$

Das Wertverhältnis zwischen Arbeit und Wärme, das mechanische Wärmeäquivalent, ist nach dem ersten Hauptsatz der mechanischen Wärmetheorie

14. 1 Kalorie (Ka) = 427 kgm.

Daraus ergibt sich

15. 1 PS-Stunde = 632 Ka
16. 1 Kilowattstunde = 860 Ka.

Übersichtliche vergleichende Tabelle der wichtigsten Maßzahlen für Wärme und Energie bei sekundlicher Leistung[1]).

Watt	mkg	WE	PS
1	0,102	0,00024	0,00136
9,81	1	0,00234	0,0133
4164	427	1	5,70
736	75	0,1755	1

Eine in physikalischen Laboratorien viel gebrauchte Zusammenstellung der wichtigsten Maßzahlen ist auch die folgende[2]):

	Erg	Joule Watt × sec	Kleine Kalorie	Kilogramm-meter	Pferdestärke × sec
1 Erg	1	10^{-7}	$2,38 \cdot 10^{-8}$	$1,0198 \cdot 10^{-8}$	$1,3597 \cdot 10^{-10}$
1 Joule	10^7	1	0,2389	0,10198	$1,3597 \cdot 10^{-3}$
1 kleine Kalorie	$4,188 \cdot 10^7$	4,186	1	0,4267	$5,693 \cdot 10^{-3}$
1 Kilogrammeter	$9,806 \cdot 10^7$	9,806	2,341	1	$1,333 \cdot 10^{-2}$
1 Pferdestärke × sec . .	$7,35 \cdot 10^9$	$7,35 \cdot 10^2$	$1,756 \cdot 10^2$	75	1

Praktisches Äquivalent zwischen mechanischer und elektrischer Arbeit. Das theoretische Äquivalent ist (vgl. Gleichung 8)

1 PS-Stunde = 0,736 Kilowattstunde.

Je nachdem, ob elektrische Arbeit in mechanische oder umgekehrt mechanische in elektrische Arbeit umgewandelt wird, kann man als praktisches Äquivalent unter Berücksichtigung des Nutzeffektes setzen:

---

[1]) Ferdinand Fischer, Chemisch-Technologisches Rechnen, S. 44.
[2]) Nach Ostwald-Luther, Physiko-Chemische Messungen, S. 555.

1 PS-Stunde wird erzeugt (also bei der Umwandlung von elektrischer in mechanische Arbeit) im Elektromotor durch 800 Watt,

1 PS-Stunde erzeugt (also bei der Umwandlung von mechanischer in elektrische Arbeit) im Generator (Dynamo) 650 Watt.

c) Wasserkraftanlagen [1]).

Umwandlung der kinetischen und potentiellen Energie des Wassers in mechanische Arbeit.

In 100 Liter, je Sekunde 1 m fallend, steckt die Möglichkeit einer theoretischen Leistung von 100 kgm je Sekunde.

Legt man einen Nutzeffekt von 75 Proz. für gute Wasserkraftmaschinen (Turbinen) zugrunde, so liefern

100 Liter, je Sekunde 1 m fallend, 75 kg m-Sek. = 1 PS-Sek.

Man erhält also einfach eine überschlägliche Berechnung der Größe einer Wasserkraft in PS ausgedrückt, indem man das Gefälle in Metern mit dem Zehnfachen der in der Sekunde zur Verfügung stehenden Zahl von Kubikmetern Wasser (oder mit $1/100$ der zur Verfügung stehenden Zahl von Litern) multipliziert.

Bringt also z. B. ein Strom 10 cbm = 10000 Liter je Sekunde, und ist an der zu berechnenden Wasserkraftstation ein nutzbares Gefälle von 5 m vorhanden, so beträgt die praktisch erzielbare Wasserkraft

$$10 \times 10 \times 5 = 500 \text{ PS.}$$

Von dem Gesamtenergiebedarf der Erde, welcher zurzeit auf etwa 120 Millionen PS[2]) geschätzt wird, werden etwa 20 Millionen PS, also $16^2/_3$ Proz. durch Wasserkräfte gedeckt.

Dagegen sind nach roher Schätzung auf der ganzen Erde 745 Millionen PS Wasserkräfte verfügbar, die allerdings nicht alle abbauwürdig sind.

Sie verteilen sich auf die einzelnen Erdteile nach folgender Aufstellung[3]):

	Verfügbare Wasserkräfte	Je Bewohner
Europa	etwa 65 Millionen PS	etwa 0,13 PS
Asien	„ 236 „ „	„ 0,27 „
Afrika	„ 160 „ „	„ 1,14 „
Nordamerika	„ 160 „ „	„ 1,27 „
Südamerika	„ 94 „ „	„ 5,25 „
Australien	„ 30 „ „	„ 3,75 „

zusammen etwa 745 Millionen PS

---

[1]) Über Bau und Berechnung der Wassermotore s. Hütte des Ing. Taschenbuch II, S. 11.
[2]) Umschau 1921, Nr. 34.
[3]) Siemens Wirtschaftliche Mitteilungen, S. 496.

In Europa sind nach Koehn[1]) an Wasserkräften ausbaufähig:

Deutschland	1 425 900 PS	je qkm = 2,6 PS	je 1000 Einw. =	24,5
Großbritannien	963 000 „	„ „ = 3,06 „	„ „ „ =	23,1
Österreich-Ungarn	6 130 200 „	„ „ = 9,1 „	„ „ „ =	130
Frankreich	5 857 300 „	„ „ = 10,9 „	„ „ „ =	150
Italien	5 500 000 „	„ „ = 19 „	„ „ „ =	169
Schweden	6 750 000 „	„ „ = 15 „	„ „ „ =	1290
Norwegen	7 500 000 „	„ „ = 20 „	„ „ „ =	3409
Schweiz	1 500 000 „	„ „ = 36,6 „	„ „ „ =	454,5

Joh. Haller[2]) schätzt für Deutschland bei Höchstausnutzung der Gefälle die unerschlossenen Wasserkräfte sogar auf 35 Millionen PS, davon $4/10$ auf Bayern, $2/10$ auf den Rhein.

Ausgebaut waren 1905:

		Ausgebaut in Prozenten der ausbaufähigen Pferdekräfte
Deutschland	294 400 PS	20,5
Frankreich	650 000 „	11,1
Italien	464 000 „	8,4
Schweiz	380 000 „	25,3

Ein weiterer Ausbau der deutschen Wasserkräfte ist dringend wünschenswert, um die Naturschätze an weißer Kohle möglichst zu erfassen.

d) Elektrische Zuleitung für Licht und Kraft[3]).

Durch ein Kabel, das im Erdboden verlegt ist, also dadurch gekühlt wird, kann geleitet werden:

1 qmm	24 Ampere
4 „	55 „
10 „	95 „
120 „	450 „
1000 „	1585 „

Bei Kabeln, die nicht im Erdboden verlegt sind, also nicht durch den Erdboden gekühlt werden, sind nur folgende Stromstärken zulässig:

1 qmm	11 Ampere
4 „	25 „
10 „	43 „
120 „	280 „
1000 „	1250 „

Die Siemens-Schuckert-Werke geben folgende Tabelle:

---

[1]) Die Technik des XX. Jahrhunderts III, S. 249 u. 250.
[2]) Zeitschrift des Vereins deutscher Ingenieure 1917, Bd. 61, S. 187/88.
[3]) Die Technik des XX. Jahrhunderts IV, S. 370.

Belastungstabelle

für Drähte.

Querschnitt	Kupfer		Aluminium		Zink		Eisen	
	Zulässige Stromstärke	Stärke der Sicherung	Zulässige Stromstärke	Stärke der Sicherung	Zulässige Stromstärke	Stärke der Sicherung	Zulässige Stromstärke	Stärke der Sicherung
qmm	Amp	Amp.	Amp.	Amp.	Amp.	Amp.	Amp.	Amp.
1	11	6	8	6	—	—	—	—
1,5	14	10	11	6	9	6	—	—
2,5	20	15	16	10	11	6	8	6
4	25	20	20	15	13	10	10	6
6	31	25	24	20	16	10	12	10
10	43	35	34	25	23	20	17	15
16	75	60	60	35	40	35	30	25
25	100	80	80	60	52	35	—	—
35	125	100	100	80	65	60	—	—
50	160	125	125	100	83	60	—	—
70	200	160	155	125	105	80	—	—
95	240	200	190	160	125	100	—	—
120	280	225	220	200	145	125	—	—
150	325	260	255	225	170	125	—	—
185	380	300	—	—	—	—	—	—
240	450	350	—	—	—	—	—	—
310	540	430	—	—	—	—	—	—
400	640	500	—	—	—	—	—	—
500	760	600	—	—	—	—	—	—
625	880	700	—	—	—	—	—	—
800	1050	850	—	—	—	—	—	—
1000	1250	1000	—	—	—	—	—	—

Bemerkung: Die Zahlen sind sehr zu beachten, da durch unzureichende Leitungen viele Nachteile (Durchschlagen von Sicherungen usw.) entstehen.

e) Transmissionen.

Die Bamag schreibt in ihrem Buch über Triebwerke, S. 18:

„Das Verhältnis der Scheiben zueinander sei nicht kleiner als 1:5. Die Entfernung der Scheiben sei für Riemen unter 100 mm Breite 5 m, für breitere Riemen mehr, bis zu 10 m, von Mitte zu Mitte gemessen. Die treibende Scheibe mache man gerade, die angetriebene schwach ballig."

Unter diesen günstigen Bedingungen, die sich leider nicht immer einhalten lassen, gibt Bamag folgende Zahlen der übertragbaren Pferdestärken für einfache Riemen aus Leder:

Riementafel für einfache Riemen[1]).

Durchmesser der kleinen Scheibe mm	Anzahl der von je 100 mm Riemenbreite übertragbaren Pferdestärken									
	Riemengeschwindigkeit in Metersekunden									
	3	5	7,5	10	12,5	15	17,5	20	22,5	25
100	0,8	1,7	2,5	4,0	5,0	6,0	7,4	9,3	10,6	11,7
200	1,2	2,66	4,5	6,6	8,7	11,0	13,4	16,0	19,0	21,7
300	1,54	3,5	5,8	8,4	11,2	14,5	17,6	21,3	25,4	29,3
400	1,8	4,15	6,7	9,7	13,0	16,7	20,3	24,7	29,3	33,9
500	2,0	4,66	7,5	10,7	14,2	18,0	22,0	26,7	31,8	36,7
600	2,11	4,96	8,0	11,4	15,0	19,0	23,3	28,1	33,5	38,6
700	2,2	5,2	8,4	12,0	15,8	20,0	24,3	29,3	34,8	40,0
800	2,27	5,39	8,7	12,5	16,4	20,7	25,2	30,3	35,9	41,3
900	2,34	5,55	9,0	12,9	17,0	21,4	26,0	31,1	36,9	42,3
1000	2,4	5,67	9,3	13,3	17,5	22,0	26,7	32,0	37,8	43,3
1100	2,46	5,82	9,5	13,7	17,9	22,5	27,3	32,7	38,7	44,3
1200	2,52	5,95	9,7	14,0	18,3	23,0	27,9	33,4	39,5	45,1
1300	2,58	6,1	9,9	14,3	18,7	23,5	28,4	34,0	40,2	45,9
1400	2,62	6,18	10,1	14,6	19,1	23,9	29,0	34,6	40,8	46,6
1500	2,66	6,26	10,3	14,9	19,4	24,3	29,4	35,1	41,5	47,3
1600	2,7	6,36	10,5	15,1	19,8	24,7	29,9	35,6	42,0	47,9
1700	2,72	6,45	10,6	15,4	20,1	25,1	30,3	36,1	42,6	48,5
1800	2,75	6,52	10,7	15,6	20,3	25,4	30,7	36,5	43,1	49,0
1900	2,78	6,59	10,9	15,8	20,6	25,7	31,0	36,9	43,5	49,5
2000	2,8	6,67	11,0	16,0	20,8	26,0	31,4	37,3	43,9	50,0

Anmerkung. Für die Berechnung des Durchmessers der Riemscheiben auf Grund der verfügbaren Geschwindigkeit der treibenden Scheibe und der geforderten Geschwindigkeit der getriebenen Scheibe ist zu beachten, daß der durch Riemengleiten hervorgerufene Verlust an Geschwindigkeit (und Kraft) mit 3 bis 5 Proz. anzunehmen ist.

Neben der Breite der Riemen und Riemscheiben ist der Durchmesser der Transmissionswellen eine Zahl, auf die man oft zurückgreifen muß.

Ferner sind die Lagerabstände für Wellen wichtig. Bei zu breitem Abstand der einzelnen Lager liegt die Gefahr des Durchbiegens der Wellen und zu starker Abnutzung der Lagerschalen vor. Bei zu dichter Stellung der Lager werden unnötige Kosten aufgewendet und die Reibungsverluste sind unnötigerweise erhöht.

Über beide Fragen gibt die folgende Tabelle die Unterlagen.

---

[1]) Bamag, Transmissionen, S. 306.

Wellentafel für Kräfte von 1 bis 40 PS[1].

Zu übertragende Arbeit in Pferdestärken

Wellendurchmesser in mm bei schwerer, ruckweiser Belastung

Umdrehungs-zahl in der Minute	1	2	3	4	5	6	7	8	9	10	11	12	13	14	15	16	17	18	19	20	25	30	35	40
30	50	60	70	75	80	85	85	90	90	95	95	100	100	100	100	105	105	110	110	110	115	120	125	130
40	50	60	65	70	75	80	80	85	85	90	90	90	95	95	95	100	100	105	105	105	110	115	120	125
50	45	55	60	65	70	75	75	80	80	85	85	85	90	90	90	90	95	100	100	100	105	110	110	120
60	45	55	60	65	65	70	70	75	75	80	80	85	85	85	85	90	90	90	95	95	100	105	105	110
80	45	50	55	60	60	65	65	70	70	75	75	75	80	80	80	80	85	85	85	85	90	95	100	105
100	40	50	50	55	60	65	65	65	70	70	70	75	75	75	75	80	80	80	80	85	85	90	95	100
120	40	45	50	55	55	60	60	65	65	65	70	70	70	70	70	75	75	75	75	75	85	85	90	95
140	35	45	50	50	55	60	60	60	65	65	65	65	65	70	70	70	75	75	75	75	80	85	85	90
160	35	40	45	50	50	55	55	55	60	60	60	65	65	65	65	65	70	70	70	70	75	80	85	85
180	35	40	45	50	50	55	55	55	55	60	60	60	60	60	65	65	65	70	70	70	75	75	80	80
200	35	40	45	50	50	50	55	55	55	55	60	60	60	60	65	65	65	65	65	65	70	75	75	80
225	35	40	40	45	45	50	50	50	55	55	55	55	55	60	60	60	60	60	65	65	70	70	75	75
250	35	35	40	45	45	50	50	50	55	55	55	55	60	60	60	60	60	60	65	65	70	70	75	75
275	30	35	40	45	45	50	50	50	50	55	55	55	55	55	60	60	60	60	65	65	65	70	70	75
300	30	35	40	40	45	45	50	50	50	55	55	55	55	55	55	60	60	60	60	60	65	70	70	70
350	30	35	40	40	45	45	50	50	50	50	50	55	55	55	55	55	60	60	60	60	65	65	70	70
400	30	35	40	40	45	45	45	50	50	50	50	55	55	55	55	55	55	60	60	60	60	65	70	65

Wellentafel für Kräfte von 45 bis 200 PS.

Zu übertragende Arbeit in Pferdestärken

Wellendurchmesser in mm bei schwerer, ruckweiser Belastung

Umdrehungs-zahl in der Minute	45	50	55	60	65	70	75	80	85	90	95	100	105	110	115	120	130	140	150	160	170	180	190	200
30	135	140	140	145	145	150	150	155	155	160	160	165	—	—	—	—	—	—	—	—	—	—	—	—
40	125	130	130	135	140	140	145	145	145	150	150	155	155	155	160	160	—	—	—	—	—	—	—	—
50	120	125	125	130	135	135	145	135	140	140	145	145	150	150	145	145	150	150	—	—	—	—	—	—
60	115	115	120	125	125	125	130	130	135	135	135	140	140	140	145	145	140	140	145	145	—	—	160	155
80	105	110	115	115	115	120	120	120	125	125	130	130	130	135	135	135	140	140	145	145	150	150	150	145
100	100	105	110	110	110	115	115	115	120	120	120	125	125	125	125	130	130	130	135	135	140	140	145	140
120	95	100	100	105	110	110	110	110	115	115	115	120	120	120	125	125	125	125	130	130	135	135	135	135
140	95	95	95	100	105	105	105	105	105	105	110	115	115	115	115	115	115	115	120	120	125	125	125	130
160	90	90	95	95	100	100	100	105	105	105	105	110	110	110	110	110	115	115	115	115	120	120	120	125
180	85	90	90	95	95	95	100	100	100	100	100	105	105	105	105	110	110	110	110	115	115	120	120	120
200	85	85	90	90	90	95	95	95	95	100	100	100	100	100	105	105	105	105	110	110	110	115	115	115
225	85	85	85	85	90	90	90	90	95	95	95	100	100	100	100	100	105	105	105	110	110	110	115	115
250	80	85	85	85	90	90	90	90	95	95	95	95	95	100	100	100	105	105	105	105	110	110	115	120
275	80	80	85	85	85	85	90	90	90	90	90	95	95	95	95	100	100	100	105	105	105	110	110	115
300	75	80	80	85	85	85	85	90	90	90	90	95	95	95	95	100	100	100	100	105	105	105	105	110
350	75	75	80	80	85	85	85	85	90	90	90	90	95	95	95	95	95	100	100	105	105	105	105	110
400	70	75	75	75	80	80	80	85	85	85	90	90	90	95	95	95	95	95	100	100	100	100	100	105

Lagerabstände für Wellen.

Wellendurchmesser																	200 mm
Lagerabstand von Mitte zu Mitte	30	40	50	60	70	80	90	100	110	125	150	175					m
	1,70	1,80	1,90	2,00	2,10	2,20	2,30	2,40	2,50	2,75	3,00						

[1] Güldners Kalender für Betriebsleitung und praktischen Maschinenbau, S. 434.

Für nicht ruckweise Belastung bei Vorgelegen usw. ist von der Bamag eine Ermäßigung um das 0,8- bis 0,6 fache vorgesehen. Eine solche Ermäßigung ist jedoch nicht anzuraten, da überall gelegentlich ruckweise Belastung auftreten kann.

f) Beleuchtung.

Unser Auge empfindet nur elektromagnetische Wellen als Licht, deren Länge 0,0004 bis 0,0008 mm beträgt.

Die roten Lichtstrahlen sind langwellig, die violetten kurzwellig.

Die Wellenlänge[1]) des äußersten, noch wahrnehmbaren roten Lichtes ist $\frac{8}{10000}$ mm, die des äußersten noch wahrnehmbaren violetten Lichtes ist $\frac{3}{10000}$ mm.

Die Schwingungszahl in der Sekunde

    für rotes Licht . . . . 450 Billionen
    „ gelbes „ . . . . 560 „
    „ blaues „ . . . . 790 „

Das Licht pflanzt sich mit einer Geschwindigkeit von 300000 km pro Sekunde fort.

In Deutschland gilt als Normaleinheit der Lichtstärke die Hefnereinheit (Hefner-Alteneck) oder Normalkerze. Sie ist eine Flamme von 40 mm Höhe, in der Amylacetat verbrennt, welches durch einen Docht von 8 mm Durchmesser zugeführt wird.

Die allmähliche Steigerung in der Temperatur kommt bei demselben Körper in der verschiedenen Färbung der Rot- und Weißglut zum Ausdruck.

Temperaturen beim Glühen des Eisens.

Anfangendes Rotglühen . . .	525° C	Dunkles Orangeglühen	. . . 1100° C
Dunkles Rotglühen	700	Helles Orangeglühen	 1200
Anfangendes Kirschrotglühen	800	Weißglühen	 1300
Kirschrotglühen	900	Helles Weißglühen	 1400
Helles Kirschrotglühen . . .	1000	Blendendes Weißglühen	. . . 1500

Verschiedene Substanzen erfordern eine verschieden hohe Temperatur, um zur Weißglut zu kommen. Die Weißglut eines Körpers ist die Temperatur, bei welcher derselbe beginnt, Lichtstrahlen von jeder Brechbarkeit auszusenden. Die seltenen Erden haben z. B. das Vermögen, bei einer verhältnismäßig niedrigen Temperatur in Weißglut zu geraten [Auerbrenner, Metallfadenlampen][2]).

Die in der Bogenlampe am stärksten weißglühende Kohle am positiven Pol[3]) wird angenommen mit 4000° C; die blendendste Weißglut in der Sonne wird mit 6000° C[4]) angenommen.

---

[1]) G. Leimbach, Das Licht im Dienste der Menschheit, S. 80.
[2]) Otto N. Witt, Prometheus, Nr. 333, S. 334.
[3]) Die Technik des XX. Jahrhunderts III, S. 334.
[4]) Wilhelm Ostwald, Physikalische Farbenlehre, S. 1.

Die Wärmeabgabe durch die Beleuchtung ist bei den verschiedenen Lichtarten verschieden. Nach Rietschel[1]) ist:

Beleuchtungsart	Lichtstärke in Kerzen	Stündlicher Verbrauch	Stündlich aufgewendete Wärme in WE	
			im ganzen	für 1 Kerze
Gasbeleuchtung:		Liter		
Braybrenner	30	400	2000	66,7
Argandbrenner	20	200	1000	50
Regenerativbrenner	111	408	2042	18,4
Gasglühlicht	50	100	500	10
Lucaslicht	500	500—600	2500—3000	5—6
Spiritusglühlicht	30	0,057	336	11,2
Petroleumlicht	30	0,108	862	28,7
Acetylenlicht	60	36	328	5,5
Elektrische Beleuchtung:		Watt		
Kohlefadenglühlicht	16	48	41,5	2,59
Nernstlicht	25	38	32,8	1,3
Bogenlicht	600	258	222	0,37

Anmerkung. Gerade die Wärmeabgabe beeinträchtigt die Ökonomie der Lichterzeugung; denn der Teil der Schwingungsarbeit, der in dunkle Wärmestrahlen umgewandelt wird, geht für die Lichterzeugung verloren.

Die Fortschritte in der Gasbeleuchtung gehen aus folgender Tabelle[2]) hervor, bei der zu bemerken ist, daß die für die Brennstoffe angesetzten Preise natürlich nicht mehr zutreffend sind. Die Tabelle hat daher nur insofern Wert, als sie einen Vergleichsmaßstab ermöglicht.

Lichtquelle	Lichtstärke in Kerzen etwa	Kosten	
		je Stunde Pfg.	je Kerzenstunde Pfg.
Paraffinkerze	1	0,75	0,75
Schnittbrenner	25	6,75	0,27
Argandbrenner	30	5,40	0,18
Regenerativbrenner	140	10,08	0,07

In ähnlicher Weise sind die Preise für elektrische Beleuchtung je Kerzenstärke auf Grund der auch auf diesem Gebiete gemachten Fortschritte (Halbwattlampe) im Laufe der Zeit zurückgegangen. An sich ist bei elektrischer Beleuchtung der Energieverbrauch, in Kilowattstunden oder Kalorien ausgedrückt, geringer als bei der Gasbeleuchtung, weil bei dem elektrischen Licht weniger dunkle langwellige Wärmestrahlen erzeugt werden. Die vergleichende Beurteilung des Kostenaufwandes für Gasbeleuchtung und elektrische Beleuchtung richtet sich nach den Preisen, die für die Kilowattstunde elektrischer Energie und für das Kubikzentimeter Leuchtgas gezahlt werden. Unter Beachtung dieses Gesichtspunktes ist die folgende Tabelle[3]) (wegen der großen Preisverschiebungen wieder nur als Vergleichsmaßstab) beachtenswert.

---
[1]) Rietschel I, Leitfaden für Lüftungs- und Heizungsanlagen, S. 8.
[2]) G. Leimbach, Das Licht im Dienste der Menschheit, S. 47.
[3]) G. Leimbach, Das Licht im Dienste der Menschheit, S. 78.

Lichtquelle		Ungefähre Lichtstärke in Kerzen	Preis des Brennstoffs bzw. der elektrischen Energie Pfg.	Stündliche Kosten je Kerzenstärke in Pfg.
Feste Brennstoffe	Talgkerze	1	120 je kg	1,20
	Walratkerze	1	350 „ „	2,70
	Wachskerze	1	500 „ „	3,45
	Stearinkerze	1,1	160 „ „	1,26
	Paraffinkerze	1,4	120 „ „	0,85
Flüssige Brennstoffe	Rüböllampe mit losem Docht	0,8	80 „ „	0,76
	Moderateurlampe	11	80 „ „	0,26
	Petroleumlampe	13	20 „ Liter	0,07
Gasförmige Brennstoffe	Leuchtgas, Schnittbrenner	12	18 „ cbm	0,18
	„ Argandbrenner	20	18 „ „	0,15
	„ Regenerativbrenner	130	18 „ „	0,08
	Acetylen	30	40 „ kg Karbid	0,08
Glühlicht	Gasglühlicht, stehend	52	18 „ cbm	0,04
	„ hängend	90	18 „ „	0,02
	„ Preßgas	600	18 „ „	0,01
	Spiritusglühlicht	43	30 „ Liter	0,08
	Petroleumglühlicht	60	20 „ „	0,03
	Acetylenglühlicht	45	40 „ kg Karbid	0,08
Elektrisches Bogenlicht	Elektrische Bogenlampe	400	50 „ „ kW-St.	0,06
	Einschlußlampe	300	50 „ „ „	0,11
	Bremerlampe (Flammenbogen)	1800	50 „ „ „	0,01
Elektrisches Glühlicht	Kohlefadenlampe	20	50 „ „ „	0,15
	Nernstlampe	113	50 „ „ „	0,09
	Tantallampe	25	50 „ „ „	0,08
	Osram-, Wolframlampe	25	50 „ „ „	0,06

Im allgemeinen ist die elektrische Beleuchtung, wie auch aus der Tabelle hervorgeht, also billiger und wegen des einfachen Ein- und Ausschaltens auch zweckmäßiger und ökonomischer als die Gasbeleuchtung.

Die Gasbeleuchtung wird im allgemeinen daher mit Vorteil nur als Reservebeleuchtung verwendet. Doch spielen natürlich auch die örtlichen Verhältnisse eine Rolle[1]).

Die Einheit der Beleuchtung ist die Meterkerze oder Lux, d. i. die Beleuchtung, welche eine Hefenerkerze in 1 m Entfernung auf einer senkrecht gegen die Strahlen gestellten Fläche hervorbringt[2]).

Für eine gute Allgemeinbeleuchtung von Sälen usw. werden 35 bis 50 Lux verlangt. Man rechnet ferner im allgemeinen, daß zum Lesen bei künstlicher Beleuchtung 10 bis 20 Lux erforderlich sind, und daß zur Not für Leute mit kräftigen Augen 5 Lux und weniger ausreichen. Abgesehen von der individuellen Fähigkeit, die wieder von der Beschaffenheit des Auges und der Leistungsfähigkeit von Gehirn und Nerven abhängig ist, spielt auch beim Lesen eine Reihe von weiteren Faktoren, die Art des Papiers, ob mattes oder glänzendes Papier, die Größe und Art der Buchstaben, und endlich, ob die Beleuchtung ohne Schatten und Blendung ist, eine wichtige Rolle. Zur Schonung des Auges ist jedenfalls eine nicht zu grelle Beleuchtung am zweckmäßigsten.

---

[1]) Zeitschrift des Vereins deutscher Ingenieure 1921, Nr. 15, S. 396 u. f.; G. Schneider, Wärmewirtschaftliche Vergleiche zwischen Gas und Elektrizität.
[2]) Emil Warburg, Experimentalphysik, S. 253.

Für mäßige, eben ausreichende Straßenbeleuchtung rechnet man $^1/_{10}$, für gute Straßenbeleuchtung 1 Lux. Als Vergleich sei angeführt, daß die Beleuchtung durch den Mondschein auf $^1/_{10}$ Lux geschätzt wird.

g) Heizung.

1. Berechnung des Wärmebedarfs. Für die Berechnung des Wärmebedarfs zur Heizung eines Raumes ist eine ganze Reihe von Faktoren zu berücksichtigen: Außentemperatur, Größe und Art der Fenster und Türen, Lage des zu beheizenden Raumes in bezug auf Himmelsrichtung, Nachbarräume usw. Hier kann es nur darauf ankommen, gewisse Anhaltspunkte zu geben. Sehr wichtig ist zunächst die Fähigkeit der Mauern, Decken, Türen, Fenster usw., die Wärme zu übertragen.

Als Mittelwert aus den Transmissionsformeln von Péclet, Schinz, Ferrini, Redtenbacher u. a. gibt Breymann[1]) bei kontinuierlicher Heizung je Stunde für 1° Differenz zwischen der Außen- und Innentemperatur nachstehende Zahlen für Wärmeabgabe an:

1 qm Mauerfläche	0,25 stark	transmittiert	stündlich	1,80	Wärmeeinheiten
1 „	„	0,38	„	„	„	1,30	„
1 „	„	0,51	„	„	„	1,10	„
1 „	„	0,64	„	„	„	0,90	„
1 „	„	0,77	„	„	„	0,75	„
1 „	„	0,90	„	„	„	0,65	„
1 „	Balkenlage, gestaakt, als Fußboden			„	0,40	„
1 „	„	„	„	Decke	„	0,50	„
1 „	Gewölbe mit Dielung darüber			„	0,60	„
1 „	„	„	„	als Decke	„	0,70	„
1 „	einfaches Fenster				3,75	„
1 „	Doppelfenster				2,50	„
1 „	einfaches Oberlicht				5,40	„
1 „	doppeltes Oberlicht				3,00	„
1 „	Türen				2,00	„

Obige Werte sollen noch erhöht werden um

10 Proz., wenn nur bei Tage geheizt wird, aber die Lage geschützt ist,
30 Proz., wenn bei Tagesbetrieb die Lage exponiert ist,
50 Proz. bei längeren Unterbrechungen des Betriebes.

Von den Zahlen der Tabelle sind vor allem auch die verschiedenen Wärmetransmissionszahlen bei verschiedenen Mauerstärken zu beachten. Bei der Projektierung von Gebäuden können diese Zahlen für die Stärke der Mauern oft den Ausschlag geben.

---

[1]) Breymann, Baukonstruktionslehre IV, S. 234.

Als Beispiel, wie die etwas verwickelte Berechnung des Wärmebedarfs sich im einzelnen gestaltet, sei dann eine Wärmeverlustberechnung nach Rietschel[1]) für einen Raum von 5 × 6 und 4 m Geschoßhöhe, also 120 cbm angeführt.

Der Raum gibt ab bei einer Außentemperatur von — 20⁰ C und einer Innentemperatur von + 20⁰ C:

		WE
durch die Fenster	. . . .	= 811,80
	15 Proz. Zuschlag, wegen Lage nach Norden	= 121,77
„ „	Außenwand	= 865,10
	15 Proz. Zuschlag wegen Lage nach Norden	= 129,77
„ „	Tür	= 24,19
„ „	Innenwand	= 124,32
„ „	2. Innenwand	= 374,10
„ „	Decke	= 537,60
		Zus.: 2988,55

Hierzu kommen noch Zuschläge für Anheizdauer, die je nach der Länge der Benutzungsdauer der Räume verschieden sind, so daß sich zuzüglich dieser Zuschläge ein stündlicher Wärmebedarf für den als Beispiel angeführten Raum bis zu 4126 WE ergibt.

2. Die Deckung des Wärmebedarfs erfolgt durch den von der Heizanlage gespeisten Heizkörper. Die Wärmeabgabe der Heizkörper ist abhängig von der Temperatur des Wärmeüberträgers (warmes, heißes Wasser, Dampf), von der Wandstärke (je geringer, um so besser die Wärmetransmission) des Heizkörpers, dem Material, aus dem er besteht, und der äußeren Form.

Die Übertragung von Wärme erfolgt durch Strahlung und Leitung. Es sind daher zunächst diese Werte von Wichtigkeit[2]).

Werte des Strahlungsvermögens für verschiedene Substanzen.

Kupfer	0,16	Sand, feinkörnig	3,62
Messing	0,26	Bausteine	3,60
Zinn	0,21	Glas	2,91
Zink	0,24	Holz	3,60
Blech, poliert	0,45	Wolle	3,68
Weißblech	0,65	Seide	3,71
Blech, oxydiert	3,36	Ölfarbenanstrich	3,71
Gußeisen, neu	3,17	Papier	3,77
„ oxydiert	3,36	Wasser	5,31

Unter sonst gleichen Verhältnissen strahlen die rauhen Flächen die Wärme besser aus, als die polierten. Außer von dem Strahlungsvermögen an sich ist die Menge der durch Strahlung abgegebenen Wärme abhängig von der Temperaturdifferenz zwischen der die Wärme abgebenden Fläche und der umgebenden Luft. Bei niedriger Temperatur der Heizfläche ist die Wärmestrahlung nicht beträchtlich.

---
[1]) Rietschel, Leitfaden für Lüftungs- und Heizungsanlagen I, S. 159.
[2]) Breymann, Baukonstruktionslehre IV, S. 28.

Eine stärkere Wärmestrahlung ist auch für die Heizung im allgemeinen nicht erwünscht. Aus diesem Grunde gibt man meist der Warmwasserheizung, bei der die Temperatur der Heizkörper eine verhältnismäßig niedrige ist, vor anderen Heizsystemen den Vorzug.

Bei Stubenöfen, Dampfheizung usw. sucht man die zu starke und dadurch lästige Strahlung aus hygienischen Gründen durch Vorsetzer, Mäntel und Ofenschirme einzuschränken.

Das Wärmeleitungsvermögen gibt die Anzahl von Kalorien an, die durch eine Fläche von 1 qcm bei einem Temperaturgefälle von 1º C je cm in einer Sekunde hindurchfließen.

Über das Wärmeleitungsvermögen einiger fester, flüssiger und gasförmiger Stoffe gibt die folgende Tabelle[1] Aufschluß.

Wärmeleitungsvermögen in g/kal. in der Sekunde:

Silber	1,096	Glas	0,001 9
Kupfer	0,680	Wasser	0,001 24
Zink	0,280	Alkohol	0,000 94
Aluminium	0,343	Äther	0,000 40
Zinn	0,153	Wasserstoff	0,000 332
Eisen	0,152	Sauerstoff	0,000 056
Kalkstein	0,005	Stickstoff	0,000 052
Schiefer	0,003	Kohlensäure	0,000 032
Kreide	0,002	Kohlenoxyd	0,000 051

Man merke sich also:

Von den festen Körpern leitet Silber die Wärme am besten, um die Hälfte besser als Kupfer, dessen Leitungsfähigkeit 4½ mal so groß ist wie beim Eisen. Das Wasser hat unter den Flüssigkeiten das größte Wärmeleitungsvermögen (von Thyndall als das Silber der Flüssigkeiten bezeichnet). Der Wasserstoff hat unter den Gasen das größte Wärmeleitungsvermögen. Es ist gleich einem Viertel des Wärmeleitungsvermögens des Wassers und gleich dem 7 fachen des Wärmeleitungsvermögens der Luft (die ruhende Luft ist deshalb ein schlechter Wärmeleiter).

Die Luft wird nun durch die Heizkörper in der Hauptsache nicht in der Weise erwärmt, daß eine innere Wärmeleitung von Luftteilchen zu Luftteilchen eintritt (auf die sich die vorstehende Tabelle bezieht), sondern die Übertragung der Wärme erfolgt im wesentlichen durch äußere Wärmeleitung, durch Wärmefortführung, also durch Luftströmungen, die sich vom Heizkörper in den zu beheizenden Raum ergießen.

Von Wichtigkeit ist schließlich noch die spezifische Wärme der verschiedenen Körper. In den spezifischen Wärmen zweier Körper kommt das Verhältnis der verschiedenen Wärmemengen zum Ausdruck, welche erforderlich sind, um gleiche Gewichtsmengen dieser Körper um den gleichen Temperaturgrad zu erhöhen. Die spezifische Wärme gibt also das Fassungsvermögen für Wärme, die Wärmekapazität eines Körpers an.

---

[1] E. Riecke, Lehrbuch der Physik, S. 724.

Spezifische Wärme einiger fester, flüssiger und gasförmiger Körper[1]:

	Spez. Wärme		Spez. Wärme		Spez. Wärme
Feste Substanzen		Glas	0,198	Olivenöl	0,471
		Steinsalz	0,219	Petroleum	0,511
Eis	0,502	Zucker	0,300	Glycerin	0,575
Holzkohle	0,241			Essigsäure	0,512
Graphit	0,174	**Flüssige Substanzen**		Schwefelsäure (Mono-	
Diamant	0,147	Wasser	1	hydrat)	0,344
Schwefel	0,178	Quecksilber	0,033	Teer	0,938
Eisen	0,114	Äthylalkohol, absol. . .	0,602		
Zink	0,096	„ 20 % . .	1,045	**Gase und Dämpfe**	
Kupfer	0,095	Methylalkohol, absol. .	0,590	Wasserstoff	3,409
Zinn	0,055	„ 20 % .	1,073	Sauerstoff	0,217
Blei	0,031	Äther	0,529	Stickstoff	0,244
Platin	0,032	Chloroform	0,232	Luft	0,238
Kalkspat	0,206	Schwefelkohlenstoff . .	0,235	Kohlensäure	0,202
Quarz	0,191	Terpentinöl	0,411	Wasserdampf	0,481

Die hohe spezifische Wärme, das große Fassungsvermögen des Wassers für Wärme verleiht dem Wasser die Fähigkeit, einen aufspeichernden und dadurch regulierenden Einfluß auszuüben. Diese Vorteile kommen besonders bei der Warmwasserheizung zur Geltung.

Die vorstehenden Tabellen geben wertvolle Fingerzeige; eine genaue Berechnung der für die Deckung des Wärmebedarfs erforderlichen Heizkörper ist aber recht schwierig. Für die Beurteilung der Größe der Heizfläche und Heizkörper sind deshalb auch vor allem Erfahrungswerte maßgebend.

Folgende Tabellen[2] beziehen sich auf die Deckung des Wärmebedarfs durch verschiedene Heizungssysteme.

Dampfheizung von 0,5 Atm. 1 qm Dampfheizung kann stündlich folgende Wärmemengen abgeben:

glatte Rohre, freiliegend	1000 WE
„ „ eingeschlossen	800 „
schmiedeeiserne Heizkörper mit geringem Dampfraum	800—1000 „
„ „ ummantelt	600— 800 „
gußeiserne Rippenheizkörper mit geringem Dampfraum	600— 700 „
„ „ ummantelt	500— 600 „

Warmwasserheizung.

	Niederdruck:	Mitteldruck:	
Freistehende gußeiserne Rippenkörper . .	250—300	300—400	WE
Glatte gußeiserne oder schmiedeeiserne Heizkörper	400—600	600—700	„
Lotrechte Rohre, durch welche die Luft strömt, außen von Wasser umgeben, 75 bis 100 mm weit	250—350	300—450	„

---

[1] L. Pfaundler, Physik des täglichen Lebens, S. 216.
[2] Güldners Kalender für Betriebsleitung und praktischen Maschinenbau, S. 559.

Weiter ist eine Tabelle[1]) interessant, die sich auf Heizkörper ohne und mit Rippen und Heizkörper mit verschiedener Größe der Rippen erstreckt. Die Heizkörper erhalten Wasser von 70° C.

Nr.	Heizkörper	Heizfläche qm	Gewicht		Wärmeabgabe WE eines qm Heizfläche		
			im ganzen kg	1 qm Heizfläche kg	absolut	im Verhältnisse zu Heizk. Nr. 1	bezogen auf 1 kg des Gewichtes
1	Heizkörper ohne Rippen	1,0667	59,13	55,43	460	1	8,3
2	Heizkörper mit 2 cm hohen Rippen	1,881	72,96	38,78	340	0,74	8,8
3	Heizkörper mit 4 cm hohen Rippen	2,660	84,40	31,73	310	0,67	9,8
4	Heizkörper mit 5 cm hohen Rippen	2,997	89,67	29,91	290	0,63	9,7
5	Heizkörper mit 6 cm hohen Rippen	3,422	94,70	27,67	268	0,58	9,7

Die Tabelle zeigt in der Wärmeabgabe je qm eine relative Minderung durch gegenseitige Bestrahlung der Heizelemente. Die Bedeutung der Rippen für die Erhöhung der Heizwirkung wird meist überschätzt. Eine Verbreiterung der Rippen über 4 cm ruft sogar eine Minderung der Wärmeabgabe je Kilo Eisen hervor.

In der Praxis ist es in vielen Fällen für den Textilingenieur, namentlich auch, wenn es sich zunächst um überschlägliche Berechnungen handelt, einfacher, vom kubischen Rauminhalt des zu beheizenden Raumes auszugehen.

Nach Morin genügen selbst bei niedrigster Außentemperatur

2 bis 2,4 qm Heizfläche für je 100 cbm Zimmerraum,

um die Innentemperatur auf 17° C zu erhalten.

Die Heizungsfirmen geben zur Deckung des Wärmebedarfs die erforderliche Heizfläche erheblich höher an. Folgende Tabelle stammt vom Neußer Eisenwerk[2]). Die Angaben hat Verfasser in der Praxis bestätigt gefunden.

Erforderliche Heizfläche für je 100 cbm Raum.

Bei Bureaus und Wohnzimmer (ungeschützte Lage) . . . . $\begin{cases} 5\ -6 \text{ qm bei direktem Dampf} \\ 7\ -8 \text{ „ „ Abdampf} \end{cases}$

dgl. (bessere Lage) . . . . $\begin{cases} 4\ -5 \text{ „ „ direktem Dampf} \\ 6\ -7 \text{ „ „ Abdampf} \end{cases}$

Bei Fabriksälen mit Oberlicht . . . $\begin{cases} 3^{1}/_{2}-4^{1}/_{2} \text{ „ „ direktem Dampf} \\ 5\ -6 \text{ „ „ Abdampf} \end{cases}$

dgl. (wenn darüberliegende Räume geheizt sind) . . . . $\begin{cases} 3\ -4 \text{ „ „ direktem Dampf} \\ 4\ -5 \text{ „ „ Abdampf} \end{cases}$

Elektrische Heizung. 1 Kilowattstunde liefert bei der Umsetzung in Wärme durch Widerstände 800 Ka.

1 Kilowattstunde braucht zu ihrer Erzeugung nach Angaben aus der Praxis (Überlandzentralen) rund 1,5 Kilo Kohlen.

---

[1]) Rietschel, Leitfaden für Lüftungs- und Heizungsanlagen I, S. 177.
[2]) Neußer Eisenwerk, S. 13.

Mit 1,5 Kilo Kohlen, die eine Verbrennungswärme von $1{,}5 \times 6000 = 9000$ Kalorien haben, kann man bei direkter Verwertung der Heizgase im Kessel und Heizsystem (ohne Zwischenumwandlung in elektrische Arbeit) bei Zugrundelegen eines Nutzeffektes von 50 Proz. 4500 Kalorien für das Heizsystem nutzbar machen. Die elektrische Heizung ist an sich also mehr als fünfmal so teuer als das Heizen durch Verbrennen von festen Brennstoffen.

Es fallen aber die Verluste fort, die durch die Anheizperiode und nach Aufhören der Benutzung entstehen. Außerdem ist es bei der elektrischen Heizung ein großer Vorteil, daß eine weitgehende Dosierung leicht möglich ist.

Mit Vorteil wird man deshalb zur elektrischen Heizung bei physikalischen Apparaten (Thermostaten usw.) greifen. Als weiteres Beispiel der Verwendung von Elektrizität in größerem Maßstabe sei die Heizung der Bureau- und Wohnräume in der Übergangsjahreszeit erwähnt; ferner wird die elektrische Heizung z. B. als zweckmäßig gerühmt bei Speisewärmeinrichtungen [1].

Stellt sich der elektrische Strom durch vorhandene überschüssige Wasserkraft sehr billig, so kann man sogar an weitere technische Aufgaben, so z. B. Dampferzeugung im Dampfkessel denken. In diesem Falle rechnet man, daß mit

1 Kilowattstunde 1,25 kg Dampf von 6 bis 8 Atm. Überdruck [2]

im Dampfkessel erzeugt werden können.

h) Trocknen.

Die Größe des Wärmebedarfs ergibt sich aus dem Gewicht des zu verdampfenden Wassers, z. B. der Gewichtsdifferenz zwischen dem nassen und trockenen Gewebe.

Man rechnet, daß je nach der Güte der Trockenanlagen zur Verdampfung von 1 kg Wasser 800 bis 1200 Kal. [3] erforderlich sind.

Für die Beschleunigung des Trockenprozesses auf der Trockenmaschine spielt das Material der Trockenzylinder eine Rolle. Aus der Tabelle S. 308 geht hervor, daß das Kupfer ein vorzügliches Wärmeleitungsvermögen, fast $4^1/_2$ mal so groß wie das des Eisens, besitzt. Das Kupfer wird daher jetzt fast ausschließlich für Trockenzylinder verwendet.

Um an Heizfläche zu sparen, werden aus dem gleichen Grunde für die Heizkörper für die zu erwärmende Luft der Heißlufttrockenapparate (hot flue, Spannrahmmaschinen usw.) Kalorifere aus Kupfer verwendet.

Für den Bau und Betrieb aller Heißlufttrockenapparate (und bis zu einem gewissen Grade natürlich auch für den Betrieb der Trockenmaschinen) ist die Aufnahmefähigkeit der Luft für Wasserdampf, die sog. Sättigungskapazität der Luft, von Bedeutung.

Ein Kubikmeter Luft nimmt an Feuchtigkeit auf [4]:

bei	$-10°$ C	2,3 g	bei $+30°$ C	32,0 g
„	$+0°$	4,9	„ $+40°$	51,0
„	$+10°$	9,4	„ $+50°$	82,7
„	$+20°$	17,2	„ $+100°$	591,0

---

[1] Umschau 1921, Nr. 49, S. 736.
[2] Chemiker-Zeitung 1921, Nr. 106, S. 226.
[3] Otto Marr, Das Trocknen und die Trockner, S. 261 u. 275.
[4] G. A. Breymann, Allgemeine Baukonstruktionslehre IV, 89.

Man muß also entweder mit relativ großen Mengen kälterer Luft oder mit relativ geringen Mengen erhitzter (und dadurch entsprechend teuerer) Luft arbeiten, um die Trockenarbeit zu erreichen. Bei der etwas verwickelten Berechnung des Aufwandes zur Deckung des Wärmebedarfs sind einerseits die für die Bewegung der Luft erforderliche Energie und andererseits die für die Erwärmung der Luft erforderlichen Wärmeeinheiten zu berücksichtigen[1]).

Für eine gute Ausnutzung der Anlage ist es erforderlich, daß die abgehende Luft so hoch wie möglich mit Feuchtigkeit gesättigt ist. Sonst sind, namentlich bei stärker erwärmter Luft, die Wärmeverluste recht erheblich; denn für die Erwärmung von 1 cbm Luft um 1° C sind 0,306 Wärmeeinheiten erforderlich. Ebenso ist dann der Arbeitsaufwand für den Transport der Luft durch Röhren, Kanäle und Tunnel nicht voll ausgenutzt. 1 cbm trockene Luft von 15° C und 760 mm Druck wiegt 1,226 kg.

i) Isolation.

Bei freiliegenden Dampfröhren (mit größerer Luftgeschwindigkeit) rechnet man gewöhnlich[2]):

	Wärmeabgabe je qm Rohrfläche und Stunde in Kal.	Kondenswasser je qm und Stunde in kg
für Abdampf	900	1,5
„ Dampf 2 Atm.	1100	2—2,4
„ „ 4 „	1300	

Aus diesen Zahlen geht die Wichtigkeit einer guten Isolation der Dampfleitungsrohre hervor. 1 qm freiliegendes Dampfleitungsrohr gibt demnach stündlich etwa 1200 WE; das ist ungefähr so viel, wie das als Beispiel angeführte Zimmer (s. S. 307) an Tagen, in denen draußen eine Durchschnittstemperatur von ungefähr 4° C herrscht, stündlich gebrauchen würde.

Nach den Versuchen des Bayr. Revisionsvereins belaufen sich die Verluste je qm Innenfläche und Stunde bei Temperaturunterschieden von 100 bis 170° C zwischen Dampf und Luft auf 1300 bis 3000 Kal.; die durch gute Umhüllung zu erzielende Ersparnis wird auf 75 bis 80 Proz. dieser Mengen geschätzt[3]).

Für die Isolation [vgl. Tabelle][4]) kommen alle die Körper in Betracht, welche die Wärme besonders schlecht leiten. In erster Linie ist auch die ruhende Luftschicht als Isolator geeignet.

---

[1]) Otto Marr, Das Trocknen und die Trockner, S. 199 u. f.
[2]) Stühlens Ingenieurkalender, S. 100.
[3]) Otto Marr, Das Trocknen und die Trockner, S. 133.
[4]) Güldners Kalender für Betriebsleitung und praktischen Maschinenbau, S. 103.

Wärmeleitungszahlen von gebräuchlichen Schutzstoffen.

Schutzstoff	Gewicht von 1 cbm kg	Wärmeleitungszahl bei einer Temperatur von							
		0°	50°	100°	150°	200°	300°	400°	500°
a) Asbest	576	0,130	0,153	0,167	0,175	0,180	0,186	0,192	0,198
b) Gebrannte Kieselgur-Formsteine für Heißdampfleitungen	200	0,064	0,071	0,078	0,085	0,092	0,106	0,120	—
c) Isoliermasse, lose	405	0,060	0,070	0,076	0,079	0,081	—	—	—
d) Desgl. mit Wasser angerührt und getrocknet	690	—	—	—	0,100	0,120	—	—	—
e) Kieselgur, lose	350	0,052	0,060	0,066	0,070	0,074	0,078	—	—
f) Desgl. mit Wasser angerührt und getrocknet	580	—	—	—	0,083	—	0,123 (bei 350°)	—	—
g) Baumwolle	81	0,047	0,054	0,059	—	—	—	—	—
h) Seidenzopf	147	0,039	0,047	0,052	—	—	—	—	—
i) Seide	101	0,038	0,045	0,051	—	—	—	—	—
k) Schafwolle	136	0,033	0,042	0,050	—	—	—	—	—
l) Korkmehl	161	0,031	0,041	0,048	0,052	0,055	—	—	—

Schutzstoff	Gewicht von 1 cbm kg	Temperaturbereich	Wärmeleitungszahl
m) Bimskies, rheinischer	292	20— 65°	0,20
n) Hochofenschaumschlacke	360	25—128°	0,095
o) Torfmull II	195	23— 36°	0,070
p) „ I	160	20— 40°	0,055
q) Korkstein, asphaltiert	200	10— 57°	0,061
r) Sägemehl	215	20—136°	0,055
s) Blätterholzkohle	190	20— 80°	0,356

Einfacher und übersichtlicher ist folgende Tabelle [1]).

Gegenseitiger Wert einiger Wärmeschutzstoffe.
Guter Kuhhaarfilz = 100.

Asbest in losen Schichten aufgelegt 87
„ in fester Wicklung 32
„ -Wolle 83
„ „ in dichter Verarbeitung . . . . 67—71
„ mit Haarfilzverpackung 87
„ als Hülle, einen Luftraum um das Dampfgefäß dicht abschließend 100
Sägespäne . . . . 41—68
Papiermasse 85
Lehm und Stroh . . . . 32—66
Holzkohle 60
Kohlenasche . . . . 24—34
Feuerziegel 15
Sand 9

Diese Zahlen haben nicht nur Bedeutung bei der Verwendung der Materialien für die Isolation von Rohren usw., sondern auch bei der Verwendung der Materialien für Bauzwecke.

---

[1]) Güldners Kalender für Betriebsleitung und praktischen Maschinenbau, S. 104.

Eine Art Isolation findet auch bei der Bekleidung des menschlichen Körpers statt. In diesem Zusammenhange ist eine Tabelle von Rubner[1] über Wärmedurchgang durch Stoffe von verschiedener Dicke und aus verschiedenem Fasermaterial sehr beachtenswert.

Stoffe	Leitungsvermögen für das natürliche spez. Gew. berechnet	Dicke der Stoffe im Handel mm	Wärmedurchgang für 1 qcm, 1 Min. 1° Temp.-Diff. und die übliche Dicke
Wollflanell	0,000 065 0	2,50	0,000 260 Kal.
Wolltrikot	0,000 067 6	1,15	0,000 588
Winterpaletot	0,000 070 9	5,8	0,000 185
Winterkammgarn	0,000 073 3	2,5	0,000 293
Sommerkammgarn	0,000 077 2	2,2	0,000 351
Seidentrikot	0,000 091 6	0,6	0,001 520
Baumwolltrikot	0,000 100 2	1,01	0,001 010
Leinentrikot	0,000 115 8	0,3	0,003 821

k) Lüftung.

Ein Erwachsener gibt stündlich an Wärme ab[2]:

bei mäßig besetzten Räumen (Wohnräumen, Bureaus) usw. . 75 Kal.
bei vollbesetzten Räumen (Versammlungssälen mit 1 bis 1,25 qm Bodenfläche je Person) . . . . 50 Kal.

Er scheidet stündlich an Wasserdampf aus, je nach der Besetzung der Räume, der Lufttemperatur und Feuchtigkeit, 42 bis 80 g Wasserdampf.

Bei kräftiger Arbeit und gleichzeitig höherer Lufttemperatur und Feuchtigkeit steigt die Wasserdampfabgabe sehr beträchtlich. So scheidet z. B. nach Leyden[3] ein Mann von 70 kg Körpergewicht bei einer stündlichen Leistung von 15000 kgm und einer Lufttemperatur von 25° C mit 47 Proz. relativer Feuchtigkeit 230 g Wasserdampf je Stunde aus.

Ein kräftiger Arbeiter scheidet ferner aus in der Stunde:

in der Ruhe . . . . 23 Liter Kohlensäure
und bei der Arbeit . . . . 36 „ „

Darauf fußt der Pettenkofersche Kohlensäuremaßstab (der jedoch heute nicht mehr als maßgebend anerkannt wird). Der Pettenkofersche CO_2-Maßstab fordert eine Lufterneuerung von 33 cbm je Person und Stunde, damit der Gehalt der Luft an CO_2 1 pro Mille nicht übersteigt.

Forderungen der neueren Hygiene[4]:

15 cbm je Kopf und Stunde,
21 bis 22° C Höchsttemperatur,
50 Proz. relative Feuchtigkeit.

---

[1] Wagners Jahresbericht 1895, S. 961.
[2] Rietschel, Leitfaden für Lüftungs- u. Heizungsanlagen I, S. 7 u. f.
[3] E. von Leyden, Handbuch der Ernährungstherapie u. Diätetik I, S. 75.
[4] Zentralblatt für allgemeine Gesundheitspflege, 31. Jahrgang, S. 443.

Von Rietschel[1]) wird gefordert (für die Praxis einfach auf den kubischen Inhalt des zu lüftenden Raumes bezogen):

für Fabrikräume

mit geringer Benutzung einmaliger Luftwechsel des ganzen Rauminhalts je Stunde,

mit stärkerer Benutzung dreimaliger Luftwechsel des ganzen Rauminhalts je Stunde,

für Fabrikräume

mit Gerüchen und Dünsten vier-, fünfmaliger (bis zehnmaliger und mehr) Luftwechsel des gesamten Rauminhalts je Stunde.

Die Schwierigkeit besteht darin, so starken Luftwechsel herbeizuführen, ohne Zugerscheinungen hervorzurufen.

Bei stärkeren Ausscheidungen durch Dämpfe und Gase ist daher Lokalisierung und örtliche Absaugung notwendig[2]).

Für viele Fälle (Bureauräume, Lagerräume usw.) genügt die natürliche Ventilation, die durch die Poren der Baumaterialien ihren Weg nimmt. Nach Breymann[3]) stellt sich die Größe des Luftwechsels ganzer Mauern auf den Quadratmeter Wandfläche berechnet für 1° C Temperaturdifferenz je Stunde:

bei Sandstein . . . . 0,089 cbm
„ Kalkbruchstein . . . . 0,225 „
„ Backstein . . . . 0,146 „
„ Tuffstein . . . . 0,238 „
„ Lehmstein . . . . 0,423 „

Erforderlich ist, daß die Luftdurchlässigkeit nicht zu sehr durch Verkleidung, Tapeten oder Anstrich beeinträchtigt wird. Am nachteiligsten wirkt in dieser Hinsicht Ölfarbenanstrich.

Technologische und wirtschaftliche Daten für den Betrieb der Baumwoll-Spinnerei.

Die Analyse der Baumwolle ist nach Hugo Müller[4]):

91,35 Proz. Zellulose ($C_6 H_{10} O_5$),
7,00 „ Wasser,
0,40 „ Wachs und Fett,
0,50 „ stickstoffhaltige Substanzen,
0,75 „ Kutikularsubstanz,
0,12 „ Asche.

---

[1]) Rietschel, Leitfaden für Lüftungs- u. Heizungsanlagen I, S. 20 u. f.
[2]) Wilh. Elbers, Die Aufgaben und die Bedeutung der atmosphärischen Luft in der Baumwolltextilindustrie. Zeitschrift für Farbenindustrie 1914, Heft 1 bis 4.
[3]) Breymann, Baukonstruktionslehre IV, S. 192.
[4]) Dr. Hugo Müller, Hofmanns Bericht 1877, S. 33.

Spez. Gew. im Mittel 1,5, spez. Wärme 0,319.

Länge des Stapels	8—50 mm
Kurzstaplig	unter 25 „
Langstaplig	über 25 „
Ostindische Baumwolle	8—20 „
Amerikanische „	21—30 „
Ägyptische „	28—45 „

Die Baumwollproduktion der Welt betrug 1913 27 Millionen Ballen. (Die Verteilung auf die einzelnen Länder siehe S. 98.)

In der ganzen Welt liefen 1913 142 204 308 Baumwollspindeln, davon in Deutschland allein etwa 11 Millionen Spindeln. (Die Verteilung der Spindeln auf die einzelnen Länder siehe S. 120.)

Der Jahreskonsum an Baumwolle betrug 1913 in Deutschland 2 000 000 Ballen.

Englische Numerierung. Die Nummer gibt an:
wieviel Hanks (Bündel von 840 Yards [768 m] Länge) auf ein englisches Pfund (454 g) gehen.

Engl. Nr. 20 heißt also: 840 × 20 = 16 800 Yards oder 15 360 m wiegen 454 g.

Metrische Numerierung. Die metrische Garnnummer gibt die Anzahl der Meter an, die auf 1 g, oder die Anzahl Kilometer, die auf 1 kg entfallen.

Metr. Nr. 20 heißt also: 20 m des Garns wiegen 1 g.

Multipliziert man die englische Garnnummer mit 1,695, so erhält man die metrische Garnnummer.

Multipliziert man die metrische Garnnummer mit 0,59, so erhält man die englische Garnnummer[1]).

Für das Spinnen einer bestimmten Garnnummer ist zunächst ein Spinnplan aufzustellen. Der folgende Spinnplan[2]) für verschiedene Garnnummern gibt Annäherungswerte, die je nach der Beschaffenheit der Baumwolle gewisse Verschiebungen erfahren.

Spinnplan für verschiedene Garnnummern.

Garn	Nr. 4—6			Nr. 6—10			Nr. 10—16			Nr. 16—24			Nr. 28—32			Nr. 32—42			Nr. 50		
Maschine	Dublierung	Verzug	gel. Band Nr.	Dublierung	Verzug	gel. Band Nr.	Dublierung	Verzug	gel. Band Nr.	Dublierung	Verzug	gel. Band Nr.	Dublierung	Verzug	gel. Band Nr.	Dublierung	Verzug	gel. Band Nr.	Dublierung	Verzug	gel. Band Nr.
Karde	1	100	0,10	1	100	0,10	1	100	0,12	1	100	0,13	1	90	0,13	1	90	0,14	1	110	0,18
Strecke	6	6	0,10	6	6	0,10	6	6	0,12	6	6	0,13	8	8	0,15	8	8	0,16	8	8	0,22
Grobflyer	1	4	0,04	1	5	0,5	1	4,2	0,5	1	4,2	0,55	1	5,3	0,8	1	5,5	0,88	1	5,5	1,20
Mittelflyer	2	5	1,—	2	5,2	1,3	2	4,4	1,10	2	4,7	1,3	2	4,5	1,8	2	4,5	2,—	2	4,5	2,7
Feinflyer	—	—	—	—	—	—	2	4,7	2,6	2	5,0	3,25	2	5,5	5,—	2	5,5	5,5	2	4,4	6
Spinnmaschine	1	4	4	1	4,6	6	1	3,9	10	1	4,9	16	1	5,6	28	1	6,5	36	1	8,3	50
Spinnmaschine	1	6	6	1	6,2	8	1	6,2	16	1	6,1	20	1	6,4	32	1	7,3	40	—	—	—
Spinnmaschine	—	—	—	1	7,7	10	—	—	—	1	7,4	24	—	—	—	1	7,6	2	—	—	—

---

[1]) M. Pietsch, Die Baumwolle, S. 88.
[2]) Das Illustrierte Jahrbuch mit Kalender für die gesamte Baumwoll-Industrie, S. 227.

Die Festigkeit der Garne hängt von dem Rohmaterial, der Drehung und der Sorgfalt beim Spinnprozeß ab. Ein Garn Nr. 20er engl. hat eine Festigkeit von 250 bis 400 g; die Rechnung beträgt 4,5 bis 5 Proz.

Technologische und wirtschaftliche Daten für den Betrieb der Baumwoll-Weberei.

Die Gesamtzahl der mechanischen Baumwollwebstühle auf der ganzen Welt betrug im Jahre 1913 2 500 000, nach anderen Schätzungen sogar 2 800 000. Von diesen liefen in Deutschland allein 286 000.

Die Angaben über Fadenstellung beziehen sich entweder auf 1 qcm oder $1/4$ qzoll. Die Fadenstellung wird durch einen Quotienten ausgedrückt, dessen Zähler die Zahl der Kettfäden und dessen Nenner die Zahl der Schußfäden angibt. Ein zweiter Quotient enthält in entsprechender Weise die Angabe über die Garnnummer der verwendeten Kett- und Schußfäden.

Wird als Einheitsflächenmaß $1/4$ franz. qzoll zugrunde gelegt, wie dieses gewöhnlich geschieht, so bedeutet in diesem Fall z. B. die Bezeichnung 19/18 36/42 ein Gewebe, welches auf $1/4$ franz. qzoll 19 Kettfäden von der Garnnummer 36 und 18 Schußfäden von der Garnnummer 42 enthält.

Gewichte einiger gebräuchlicher Baumwollgewebearten.

Gewebeart	Breite		Faden-stellung $1/4''$ franz.	Garn-nummer	Gewichte	
	franz. Zoll	cm			je 100 lfdm. Kilo etwa	je 100 qm Kilo etwa
Rohnessel (Blaudrucknessel)	29	78,5	$16/16$	$20/20$	12	15,3
" "	32	86,6	$14/14$	$20/20$	11,6	13,4
" "	47	127,3	$16/16$	$20/20$	19,6	15,4
Köper (roh)	32	86,6	$20/20$	$36/42$	8,5	9,8
" "	32	86,6	$19/21$	$36/42$	8,5	9,8
Calicot (roh)	32	86,6	$19/18$	$36/42$	7,9	9,1
" "	32	86,6	$18/15$	$36/42$	7	8,1
Barchent (roh)	32	86,6	$18/13$	$20/10$	18,3	21,1
Zanella (roh)	32	86,6	$21/30$	$36/42$	10,8	12,4

Technologische und wirtschaftliche Daten für den Betrieb der Baumwoll-Zeugdruckerei.
1921.
Praktische Atomgewichte[1]).

Ag	Silber	107,88	Be	Beryllium		9,1
Al	Aluminium	27,1	Bi	Wismut		209,0
Ar	Argon	39,9	Br	Brom		79,92
As	Arsen	74,96	C	Kohlenstoff		12,00
Au	Gold	197,2	Ca	Calcium		40,07
B	Bor	10,90	Cd	Cadmium		112,4
Ba	Barium	137,4	Ce	Cerium		140,25

[1]) Berichte der Deutschen Chemischen Gesellschaft 1921, Heft 8.

Cl	Chlor	35,46		O	**Sauerstoff**	**16,000**
Co	Kobalt	58,97		Os	Osmium	190,9
Cr	Chrom	52,0		P	Phosphor	31,04
Cs	Cäsium	132,8		Pb	Blei	207,2
Cu	Kupfer	63,57		Pd	Palladium	106,7
Dy	Dysprosium	162,5		Pr	Praseodym	140,9
Em	Emanation	222		Pt	Platin	195,2
Er	Erbium	167,7		Ra	Radium	226,0
Eu	Europium	152,0		Rb	Rubidium	85,5
F	Fluor	19,00		Rh	Rhodium	102,9
Fe	Eisen	55,84		Ru	Ruthenium	101,7
Ga	Gallium	69,9		S	Schwefel	32,07
Gd	Gadolinium	157,3		Sb	Antimon	120,2
Ge	Germanium	72,5		Sc	Scandium	45,10
H	Wasserstoff	1,008		Se	Selen	79,2
He	Helium	4,0		Si	Silicium	28,3
Hg	Quecksilber	200,6		Sm	Samarium	150,4
Ho	Holmium	163,5		Sn	Zinn	118,7
In	Indium	114,8		Sr	Strontium	87,6
Ir	Iridium	193,1		Ta	Tantal	181,5
J	Jod	126,92		Tb	Terbium	159,2
K	Kalium	39,10		Te	Tellur	127,5
Kr	Krypton	82,92		Th	Thorium	232,1
La	Lanthan	139,0		Ti	Titan	48,1
Li	Lithium	6,94		Tl	Thallium	204,0
Lu	Lutetium	175,0		Tu	Thulium	169,4
Mg	Magnesium	24,32		U	Uran	238,2
Mn	Mangan	54,93		V	Vanadium	51,0
Mo	Molybdän	96,0		W	Wolfram	184,0
N	Stickstoff	14,008		X	Xenon	130,2
Na	Natrium	23,00		Y	Yttrium	88,7
Nb	Niobium	93,5		Yb	Ytterbium	173,5
Nd	Neodym	144,3		Zn	Zink	65,37
Ne	Neon	20,2		Zr	Zirkonium	90,6
Ni	Nickel	58,68				

Tabelle über Molekulargewichte der in den Druckereien gebräuchlichen Chemikalien[1]).

Namen	Formel	Mol.-Gew.	Namen	Formel	Mol.-Gew.
Azetin	$C_3H_5(C_2H_3O_2)_3$	218	Anilin	$C_6H_5 \cdot NH_2$	93
Ätzkali	KOH	56	Anilinsalz	$C_6H_5 \cdot NH_2 \cdot HCl$	130
Ätzkalk	CaO	56	Antimonoxalat	$Sb(C_2O_4K)_3 + 6H_2O$	610
Ätznatron	NaOH	40	Antimonoxyd	Sb_2O_3	288
Alaun (Kali-)	$Al_2(SO_4)_3 K_2SO_4 + 24 H_2O$	949	Antimonsalz	$SbFl_3 \cdot (NH_4)_2SO_4$	309
Alkohol	C_2H_5OH	46	Benzol	C_6H_6	78
Alpha-Naphthylamin	$C_{10}H_7NH_2$	143	Beta-Naphthol	$C_{10}H_7 \cdot OH$	144
Ameisensäure	CHOOH	46	Bittersalz	$MgSO_4 + 7H_2O$	247
Ammoniak	NH_3	17	Bleiglätte	PbO	223

[1]) Farbwerke Höchst a. M., Ratgeber, S. 445—447.

Namen	Formel	Mol.-Gew.	Namen	Formel	Mol.-Gew.
Bleizucker	$Pb(C_2H_3O_2)_2 + 3H_2O$	379	Manganchlorür	$MnCl_2 + 4H_2O$	198
Blutlaugensalz (gelb)	$K_4Fe(CN)_6 + 3H_2O$	423	Milchsäure	$C_3H_6O_3$	90
Blutlaugensalz (rot)	$K_6Fe_2(CN)_{12}$	659	Natriumaluminat	$Al_2O_4Na_2$	164
Borax	$Na_2B_4O_7 + 10H_2O$	382	Natriumbisulfit	$NaHSO_3$	104
Brechweinstein	$K(SbO)C_4O_6H_4 + \frac{1}{2}H_2O$	332	Natriumhydrosulfit krist.	$Na_2S_2O_4 + 2H_2O$	194
Cadmiumsulfat	$CdSO_4 + 2{,}6 H_2O$	256	Natriumsuperoxyd	Na_2O_2	78
Cerochlorid	$CeCl_3$	246	Natriumnitrit	$NaNO_2$	69
Chloraluminium	Al_2Cl_6	267	Nickelsulfat	$NiSO_4 + 7H_2O$	281
Chlorbarium	$BaCl_2 + 2H_2O$	244	Oxalsäure	$C_2O_4H_2 + 2H_2O$	126
Chlorcalcium	$CaCl_2$	111	Oxalsaures Ammon	$(NH_4)_2C_2O_4 + H_2O$	142
Chlormagnesium	$MgCl_2 + 6H_2O$	203	Paranitranilin	$C_6H_4{<}{NO_2 \, (1) \atop NH_2 \, (4)}$	138
Chlorsaures Kali	$KClO_3$	123			
Chlorsaures Natron	$NaClO_3$	107	Pinksalz	$SnCl_4 + 2NH_4Cl$	367
Chlorsaure Tonerde	$Al_2(ClO_3)_6$	555	Phenol	C_6H_5OH	94
Chlorzink	$ZnCl_2$	136	Phosphors. Natron	$Na_2HPO_4 + 12H_2O$	358
Chlorzinn	$SnCl_4$	260	Pottasche	$K_2CO_3 + 2H_2O$	174
Chromalaun	$Cr_2(SO_4)_3 K_2SO_4 + 24H_2O$	999	Präpariersalz	$Na_2SnO_3 + 3H_2O$	267
Chrombisulfit	$Cr_2(HSO_3)_6$	591	Resorzin	$C_6H_4(OH)_2$	110
Chromchlorid (basisches)	$Cr_2Cl_2(OH)_4$	243	Rhodanammonium	NH_4SCN	76
Chromoxyd	Cr_2O_3	152	Rhodankalium	$K(SCN)$	97
Chromsaures Blei	$PbCrO_4$	323	Rhodankupfer	$Cu(SCN)_2$	180
Chromsaures Chromoxyd	$Cr_2(CrO_4)_3$	453	Salmiak	NH_4Cl	54
Chromsaures Kali (dopp.)	$K_2Cr_2O_7$	295	Salpetersäure	HNO_3	63
Chroms. Natron (dopp.)	$Na_2Cr_2O_7 + 2H_2O$	298	Salpetersaures Blei	$Pb(NO_3)_2$	331
Citronensäure	$C_3H_4OH(COOH)_3 + H_2O$	210	Salpetersaures Chrom	$Cr_2(NO_3)_6$	476
Doppeltantimonfluorid	$SbFl_3 \cdot NaFl$	219	Salpeteressigsaures Chrom	$Cr_2(NO_3)_3(C_2H_3O_2)_3$	467
Doppelt Chlorzinn	$SnCl_4 + 3H_2O$	314	Salzsäure	HCl	36
Eisenchlorid	Fe_2Cl_6	325	Saures schwefels. Natron	$NaHSO_4$	120,12
Eisenchlorür	$FeCl_2$	127	Saures schwefligs. Natron	$NaHSO_3$	104
Eisenrhodanür	$Fe(SCN)_2$	172	Schwefelnatrium	$Na_2S + 9H_2O$	240
Eisenvitriol	$FeSO_4 + 7H_2O$	278	Schwefelsäure	H_2SO_4	98
Essigsäure	CH_3COOH	60	Schwefelsaures Blei	$PbSO_4$	302
Essigs. Ammon	$NH_4C_2H_3O_2$	77	Schwefelsaure Tonerde	$Al_2(SO_4)_3 + 18H_2O$	667
Essigs. Chrom (norm.)	$Cr_2(C_2H_3O_2)_6$	458	Schweflige Säure	SO_2	64
Essigs. Chrom (bas.)	$Cr_2(C_2H_3O_2)_4(OH)_2$	374	Soda kalz.	Na_2CO_3	106
Essigs. Eisenoxyd	$Fe_2(C_2H_3O_2)_6$	466	Soda krist.	$Na_2CO_3 + 10H_2O$	286
Essigs. Eisenoxydul	$Fe(C_2H_3O_2)_2$	174	Tannin	$C_{14}H_{10}O_9$	322
Essigsaurer Kalk	$Ca(C_2H_3O_2)_2$	158	Tonerdehydrat	$Al_2O_6H_6$	541
Essigsaures Natron	$NaC_2H_3O_2 + 3H_2O$	136	Tonerdenatron	$Al_2O_4Na_4$	164
Essigsaures Nickel	$(C_2H_3O_2)_2Ni$	177	Thiosulfat	$Na_2S_2O_3 + 5H_2O$	248
Essigsaure Tonerde	$Al_2(C_2H_3O_2)_6$	408	Übermangansaures Kali	$KMnO_4$	158
Essigschwefelsaure Tonerde	$Al_2SO_4(C_2H_3O_2)_4$	386	Unterschwefligs. Natron	$Na_2S_2O_3 + 5H_2O$	248
			Vanadinsaures Ammoniak	$(NH_4)_3VdO_4$	169
Essigsaures Zinnoxydul	$Sn(C_2H_3O_2)_2$	237	Wasser	H_2O	18
Fluorantimon	$SbFl_3$	177	Wasserglas (Natron)	$Na_2Si_4O_9$	304
Fluorchrom	$Cr_2Fl_6 + 8H_2O$	362	Wasserstoffsuperoxyd	H_2O_2	34
Fluorwasserstoffsäure	HFl	20	Weinstein	$C_4O_6KH_5$	188
Formaldehyd	COH_2	30	Weinsteinpräparat	$NaHSO_4$	120
Glaubersalz	$Na_2SO_4 + 10H_2O$	322	Weinsteinsäure	$C_2H_2(OH)_2(COOH)_2$	150
Glycerin	$C_3H_5(OH)_3$	92	Wolframsaures Natron	$Na_2WO_4 + 2H_2O$	330
Kleesalz	$KH(COO)_2$	128	Zinnoxydhydrat	$SnO(OH)_2$	169
Kochsalz	$NaCl$	59	Zinnoxydulhydrat	$Sn(OH)_2$	153
Kreide	$CaCO_3$	100	Zinnsalz	$SnCl_2 + 2H_2O$	225
Kupferchlorid	$CuCl_2 + 2H_2O$	171	Zinnsaures Natron	Na_2SnO_3	213
Kupfervitriol	$CuSO_4 + 5H_2O$	250	Zinkvitriol	$ZnSO_4 + 7H_2O$	288

Spezifische Gewichte einiger fester und flüssiger Körper[1]).

Feste Körper:

Aluminium	2,7
Anthracit	1,4 —1,7
Antimon	6,6
Ätzkali	2,0
Ätznatron	2,13
Asbestpappe	1,2
Asphalt	1,1 —1,2
Barium	3,7
Baumwolle, lufttrocken	1,47—1,5
Bausteine, im Mittel	2,5
Bimsstein	0,91—1,6
Blei	11,3
Braunkohle	1,2 —1,4
Bronze	8,7
Cadmium	8,6
Calcium	1,5
Cement	2,7 —3,05
Chamottesteine	1,85
Chrom	6,5
Eis	0,917
Eisen, Schmiede-	7,8
„ Guß-	7,1 —7,7
„ Draht	7,7
„ Gußstahl	7,8
Elfenbein	1,8 —1,9
Fett, tierisches	0,92
Flachs, lufttrocken	1,5
Glas	2,4 —2,6
„ Flint-	3,0 —5,9
Gold	19,2
Gips	2,32
Granit	2,5 —2,9
Gummi arabicum	1,32—1,45
Guttapercha	0,96—0,98
Hartkautschuk	1,2
Holz, Pock-	1,263
„ Eben-	1,2
„ Eichen-	0,7
„ „ lufttrocken	0,85—0,95
„ Buchen-	0,7
„ „ lufttrocken	0,7 —0,8
„ Birken-	0,7 —0,8
„ Ahorn-, lufttrocken	0,681
„ Weiden-	0,5 —0,58
„ Tannen-	0,5
„ Fichten-, trocken	0,5
Holzkohle	0,3 —0,5
Iridium	22,4
Kalium	0,87
Kalk, gebrannter	3,08
„ gelöschter	1,3 —1,4
Kalkmörtel	1,64—1,86
Kalkspat	2,71
Kalkstein	2,6 —2,8
Kaolin	2,2
Kautschuk (nicht vulk.)	0,93
Kochsalz	2,15
Koks	1,4
Kork	0,2
Kupfer	8,9
Kupfervitriol	2,27
Leder	0,86—1,02
Lehm	1,5 —2,8
Leim	1,27
Linoleum	1,15—1,3
Magnesium	1,7
Mangan	7,4
Mauerwerk, Bruchstein	2,4
„ Sandstein	2,1
„ Ziegelstein	1,5 —1,7
Mauersteine etwa	2,0
Messing	8,1 —8,6
Natrium	0,98
Neusilber	8,5
Nickel	8,8
Osmium	22,5
Palladium	12,0
Platin	21,4
Papier	0,7 —1,15
Pech	1,07—1,10
Porzellan	2,1 —2,5
Quarz	2,65
Quarzglas	2,20
Salmiaksalz	1,52
Sand, trocken	1,4 —1,6
„ feucht	1,9 —2,0
Sandstein	1,9 —2,5
Schafwolle, lufttrocken	1,32
Schiefer	2,7
Schwefel	2,0
Seide, roh	1,56
Silber	10,5
Steinsalz	2,28—2,41
Tantal	16
Ton	1,8 —2,6
Torf, trocken	0,51
Wachs, Bienen-	0,96
Wismut	9,8
Wolfram	18
Ziegelstein, gewöhnlicher	1,4 —2,2
„ Klinker	1,5 —2,3
Zink	7,1
Zinn	7,3
Zucker	1,61

Flüssige Körper:

Alkohol	0,7911
Äther	0,717
Olivenöl	0,91
Petroleum	0,8
Quecksilber 18°	13,552
„ 0°	13,596
Rizinusöl	0,96

---

[1]) Nach Friedr. Kohlrausch, Lehrb. d. prakt. Physik, S. 690 und Chemiker-Kalender 1918, S. 237.

Schmelzpunkte und Siedepunkte verschiedener Körper [1].

	Dichte bei 18° C	Ausdehnungskoeffizient um 18° C	Spezifische Wärme um 18° C	Schmelzpunkt	Siedepunkt
Aceton	0,79	0,00131	—	— 95°	56,7°
Äthylalkohol	0,791	0,00110	0,58	— 110	78,3
Äthyläther	0,717	0,00163	0,56	— 118	34,5
Ameisensäure	1,22	0,00099	0,53	+ 8,0	101
i-Amylacetat	0,88	—	—	—	140
Amylalkohol	0,81	0,00093	0,55	— 117	130
Anilin	1,02	0,00085	0,50	— 6	184,2
Benzol	0,881	0,00124	0,41	+ 5,5	80,3
Chlorbenzol	1,1	—	0,32	— 40	131,8
Cloroform	1,493	0,00126	0,23	— 64	62
Essigsäure	1,053	0,00107	0,50	+ 16,6	118
Glycerin	1,26	0,00050	0,58	— 20	290
Leinöl	3,3	—	—	+ 5	316
Methylacetat	0,93	—	—	—	57,2
Methylalkohol	0,80	0,00122	0,60	— 95	65
Nitrobenzol	1,21	0,00085	0,34	+ 5,7	210
Petroleum	0,8	0,00092	0,51	—	—
Schw. Kohlenstoff	1,265	0,00121	0,24	— 113	46,2
Terpentinöl	0,87	0,00094	0,42	—	161
Toluol	0,89	0,00109	0,40	— 100	110,8
Wasser	0,999	0,00018	0,999	0	100
m-Xylol	0,87	0,00101	0,40	+ 13,2	138,5
Quecksilber	—	0,000181	0.0333	— 38,8	357,0
Phenol	1,08	—	0,56	+ 40,5	183
Naphthalin	1,14	—	0,31	+ 80,0	218,0
Stearinsäure	1,0	—	0,40	+ 68	370
Schwefel	—	—	—	+ 119	445,0
Cadmium	—	—	—	+ 321	778
Zink	—	—	—	+ 419	918
Schweflige Säure	—	—	—	— 76	— 10
Ammonsalz	—	—	—	— 78	— 33
Kohlensäure	—	—	—	—	— 78

Löslichkeit einiger Salze [2].

In 1 Liter Wasser lösen sich:	0°	20°	100°
Aluminiumsulfat	868	1070	11320
Bariumchlorid	394(5°)	446	769
Eisenvitriol	—	etwa 950	3330
Kaliumbichromat	46	124	940
Kaliumchromat	589	630	790
Kaliumferricyanid	330(4,4°)	394(15°)	775
Kaliumcarbonat	830	940	1530 2050(135°)
Kaliumnitrat	133	312	2470 3274(114°)
Kaliumsulfat	85	109	260
Calciumchlorid (kalz.)	500	740	1550
Calciumchlorid (krist.)	1890	5214	Sm. P. 26°
Calciumoxyd	1	0,9	0,6

[1] Nach Friedrich Kohlrausch, Lehrbuch der praktischen Physik, S. 700 und 701.
[2] Die Beizenfarbstoffe der Farbenfabriken vorm. Friedr. Bayer & Co., S. 81.

In 1 Liter Wasser lösen sich:	0°	20°	100°
Kupfervitriol	316	423	2032
Magnesiumchlorid (wasserfrei)	528	545	730
Natriumacetat (krist.)	357 (6°)	588 (48°)	—
Natriumbichromat	1880	2070	4960
Natriumbicarbonat	70	96	146 (70°) Zers. 70°
Natriumborat (Borax)	etwa 20	etwa 53	990
Natriumchlorat	819	990	2040
Natriumchlorid	355	360	396
Natriumchromat	317	899	1260
Natriumcarbonat (kalz.)	70	217	454 516 (38°)
Natriumcarbonat (krist.)	213	928	5400 Sm. P. 34°
Natriumnitrat	729	875	1800
Natriumphosphat (neutr.)	25	93	990
Natriumsulfat (kalz.)	50	527	420
Natriumsulfat (krist.)	120	583	952 3150 (33°)
Natriumsulfoxylat (Rongalit C)	—	1060 (25°)	—
Oxalsäure	52	139	3450 (90°)
Weinsäure	1150	1390	3430
Zinkvitriol	1150	1615	6535
Zinnsaures Natron	674 (16°)	613	—
Zinnsalz	—	6650 (15°)	—
Zitronensäure	—	etwa 1350	—

Die folgenden Tabellen beziehen sich auf das Verhältnis des spezifischen Gewichtes, der Grade Baumé, der Grade Twaddle (die in Deutschland allerdings kaum in Betracht kommen) und des Prozentgehaltes für eine Reihe von Chemikalien, die in Laboratorium, Farbküche und Bleiche gebraucht werden.

Volumgewicht von Natronlauge bei 15° C[1]).
(Lunge.)

Spez. Gew.	Bé	Twaddle	Proz. NaOH	Spez. Gew.	Bé	Twaddle	Proz. NaOH	Spez. Gew.	Bé	Twaddle	Proz. NaOH
1,007	1	1,4	0,61	1,142	18	28,4	12,64	1,320	35	64,0	28,83
1,014	2	2,8	1,20	1,152	19	30,4	13,55	1,332	36	66,4	29,93
1,022	3	4,4	2,00	1,162	20	32,4	14,37	1,345	37	69,0	31,22
1,029	4	5,8	2,71	1,171	21	34,2	15,13	1,357	38	71,4	32,47
1,036	5	7,2	3,35	1,180	22	36,0	15,91	1,370	39	74,0	33,69
1,045	6	9,0	4,00	1,190	23	38,0	16,77	1,383	40	76,6	34,96
1,052	7	10,4	4,64	1,200	24	40,0	17,67	1,397	41	79,4	36,25
1,060	8	12,0	5,29	1,210	25	42,0	18,58	1,410	42	82,0	37,47
1,067	9	13,4	5,87	1,220	26	44,0	19,58	1,424	43	84,8	38,80
1,075	10	15,0	6 55	1,231	27	46,2	20,59	1,438	44	87,6	39,99
1,083	11	16,6	7,31	1,241	28	48,2	21,42	1,453	45	90,6	41,41
1,091	12	18,2	8,00	1,252	29	50,4	22,64	1,468	46	93,6	42,83
1,100	13	20,0	8,68	1,263	30	52,6	23,67	1,483	47	96,6	44,38
1,108	14	21,6	9,42	1,274	31	54,8	24,81	1,498	48	99,6	46,15
1,116	15	23,2	10,06	1,285	32	57,0	25,80	1,514	49	102,8	47,60
1,125	16	25,0	10,97	1,297	33	59,4	26,83	1,530	50	106,0	49,02
1,134	17	26,8	11,84	1,308	34	61,6	27,80				

[1]) Farbwerke Höchst a. M., Ratgeber, S. 448.

Volumgewicht von Salzsäure[1].

(Lunge und Marchlewski.)

Volumgewicht bei $\frac{15^0}{4^0}$ (lftl. Rm.)	Grad Baumé	Grad Twaddle	100 Gewichtsteile enthalten bei chemisch reiner Säure		1 Liter enthält kg	
			Proz. HCl	Säure von 20° Bé	HCl	Säure von 20° Bé
1,000	0,0	0,0	0,16	0,49	0,0016	0,0049
1,005	0,7	1	1,15	3,58	0,012	0,036
1,010	1,4	2	2,14	6,66	0,022	0,067
1,015	2,1	3	3,12	9,71	0,032	0,099
1,020	2,7	4	4,13	12,86	0,042	0,131
1,025	3,4	5	5,15	16,04	0,053	0,164
1,030	4,1	6	6,15	19,16	0,064	0,197
1,035	4,7	7	7,15	22,27	0,074	0,231
1,040	5,4	8	8,16	25,42	0,085	0,264
1,045	6,0	9	9,16	28,53	0,096	0,298
1,050	6,7	10	10,17	31,68	0,107	0,333
1,055	7,4	11	11,18	34,82	0,118	0,367
1,060	8,0	12	12,19	37,97	0,129	0,403
1,065	8,7	13	13,19	41,09	0,141	0,438
1,070	9,4	14	14,17	44,14	0,152	0,472
1,075	10,0	15	15,16	47,22	0,163	0,508
1,080	10,6	16	16,15	50,31	0,174	0,543
1,085	11,2	17	17,13	53,36	0,186	0,579
1,090	11,9	18	18,11	56,41	0,197	0,615
1,095	12,4	19	19,06	59,37	0,209	0,650
1,100	13,0	20	20,01	62,33	0,220	0,686
1,105	13,6	21	20,97	65,32	0,232	0,722
1,110	14,2	22	21,92	68,28	0,243	0,758
1,115	14,9	23	22,86	71,21	0,255	0,794
1,120	15,4	24	23,82	74,20	0,267	0,831
1,125	16,0	25	24,78	77,19	0,278	0,868
1,130	16,5	26	25,75	80,21	0,291	0,906
1,135	17,1	27	26,70	83,18	0,303	0,944
1,140	17,7	28	27,66	86,17	0,315	0,982
1,1425	18,0		28,14	87,66	0,322	1,002
1,145	18,3	29	28,61	89,13	0,328	1,021
1,150	18,8	30	29,57	92,11	0,340	1,059
1,152	19,0		29,95	93,30	0,345	1,075
1,155	19,3	31	30,55	95,17	0,353	1,099
1,160	19,8	32	31,52	98,19	0,366	1,139
1,163	20,0		32,10	100,00	0,373	1,163
1,165	20,3	33	32,49	101,21	0,379	1,179
1,170	20,9	34	33,46	104,24	0,392	1,220
1,171	21,0		33,65	104,82	0,394	1,227
1,175	21,4	35	34,42	107,22	0,404	1,260
1,180	22,0	36	35,39	110,24	0,418	1,301
1,185	22,5	37	36,31	113,11	0,430	1,340
1,190	23,0	38	37,23	115,98	0,443	1,380
1,195	23,5	39	38,16	118,87	0,456	1,421
1,200	24,0	40	39,11	121,84	0,469	1 462

[1] Farbwerke Höchst a. M., Ratgeber, S. 485.

Volumgewicht der Salpetersäure bei 15⁰ vgl. Chemiker-Kalender 1922, S. 310 u. f.
„   „   Schwefelsäure   „   „   „   1922, „ 317 „ „
„   „   Essigsäure   „   „   „   1922, „ 328
„   „   Ameisensäure   „   „   „   1922, „ 327
„   des   Ammoniaks   „   „   „   1922, „ 301
„   „   essigs. Chroms   „   „   „   1922, „ 366

Für das Seifen und das Arbeiten mit kalkempfindlichen Farbstoffen kommt der Kalkgehalt des Wassers in Betracht. Dieser wird in Härtegraden ausgedrückt. In Deutschland ist ein Härtegrad gleich 1 Teil Gesamtkalk (CaO und die äquivalente Menge MgO) auf 100000 Teilen Wasser, also 10 mg CaO in 1 Liter Wasser. Die Korrektur des Wassers kann in verschiedener Weise erfolgen.

Für die Korrektur mit Essigsäure diene folgende Tabelle[1]):

Tabelle zur Bestimmung der zur Korrektur des Wassers nötigen Menge Essigsäure.

ccm Zehntel-Normalsäure pro Liter Wasser	Vorübergehende Härte, deutsche Grade	Auf 100 Liter Wasser sind erforderlich Gramm Essigsäure von			ccm Zehntel-Normalsäure pro Liter Wasser	Vorübergehende Härte, deutsche Grade	Auf 100 Liter Wasser sind erforderlich Gramm Essigsäure von		
		8⁰	7⁰	6⁰			8⁰	7⁰	6⁰
2	0,56	2,6	3	4	44	12,32	57,2	66	88
4	1,12	5,2	6	8	46	12,88	59,8	69	92
6	1,68	7,8	9	12	48	13,44	62,4	72	96
8	2,24	10,4	12	16	50	14,00	65	75	100
10	2,80	13	15	20	52	14,56	67,6	78	104
12	3,36	15,6	18	24	54	15,12	70,2	81	108
14	3,92	18,2	21	28	56	15,68	72,8	84	112
16	4,48	20,8	24	32	58	16,24	75,4	87	116
18	5,04	23,4	27	36	60	16,80	78	90	120
20	5,60	26	30	40	62	17,36	80,6	93	124
22	6,16	28,6	33	44	64	17,92	83,2	96	128
24	6,72	31,2	36	48	66	18,48	85,8	99	132
26	7,28	33,8	39	52	68	19,04	88,4	102	136
28	7,84	36,4	42	56	70	19,60	91	105	140
30	8,40	39	45	60	72	20,16	93,6	108	144
32	8,96	41,6	48	64	74	20,72	96,2	111	148
34	9,52	44,2	51	68	76	21,28	98,8	114	152
36	10,08	46,8	54	72	78	21,84	101,4	117	156
38	10,64	49,4	57	76	80	22,40	104	120	160
40	11,20	52	60	80	82	22,96	106,6	123	164
42	11,76	54,6	63	84					

[1]) Farbwerke Höchst a. M., Ratgeber, S. 505.

Chlorkalk bei 15⁰ C [W. Ebert][1].

Grad Baumé	Vol.-Gew.	g wirksames Chlor im Liter	Grad Baumé	Vol.-Gew.	g wirksames Chlor im Liter
0,52	1,0036	2	8,59	1,0633	38
1,03	1,0070	4	8,99	1,0664	40
1,54	1,0108	6	9,38	1,0695	42
2,02	1,0140	8	9,77	1,0726	44
2,51	1,0177	10	10,14	1,0756	46
2,97	1,0205	12	10,52	1,0786	48
3,41	1,0240	14	10,89	1,0817	50
3,86	1,0275	16	11,28	1,0848	52
4,33	1,0310	18	11,67	1,0870	54
4,77	1,0340	20	12,00	1,0905	56
5,20	1,0374	22	12,38	1,0948	58
5,64	1,0407	24	12,64	1,0971	60
6,08	1,0440	26	13,00	1,1002	62
6,53	1 0474	28	13,38	1,1033	64
6,95	1,0506	30	13,76	1,1063	66
7,38	1,0539	32	14,14	1,1095	68
7,79	1,0570	34	14,52	1,1135	70
8,21	1,0603	36			

Nach Kellner wird zur Herstellung von elektrolytischer Chlorlösung eine 10- bis 11 proz. Steinsalzlösung benutzt. Mit 1000 kW-Stunden werden 138 kg aktives bleichendes Chlor erzeugt[2]).

Kühlen bei der Bereitung von Diazolösungen. Das Kühlen bei der Herstellung von Diazolösungen ebenso wie das Kühlhalten der fertig bereiteten Diazolösungen geschieht am besten durch Eis, dessen hohe Schmelzwärme (vgl. Tabelle) es dafür besonders geeignet erscheinen läßt.

Tabelle[3]):

Substanz	Schmelzwärme	Schmelzpunkt
Eis	80	0
Schwefel	9,35	111
Phosphor	5,23	44
Blei	5,37	325
Zinn	14,25	232
Zink	28,13	418
Salpeter	46,46	310
Unterschwefligsaures Natron	37,6	48

---

[1]) Die Beizenfarbstoffe der Farbenfabriken vorm. Friedr. Bayer & Co., S. 52.
[2]) Ferdinand Fischer, Chemisch-technologisches Rechnen, S. 83.
[3]) L. Pfaundler, Physik des täglichen Lebens, S. 220.

Dépierre[1]) gibt folgende, allerdings etwas weit zurückliegende Aufstellung für die

Gesamtzahl der Druckmaschinen für Baumwollzeugdruck auf der ganzen Welt im Jahre 1890.

Staat	Zahl d. Masch.
England	1200
Vereinigte Staaten von Nordamerika	900
Rußland	800
Deutschland	220
Österreich	180
Frankreich	100
Spanien	60
Italien	40
Holland	30
Mexiko, Brasilien	16
Schweden-Norwegen	15
Portugal	10
Belgien	10
Indien	10
Verschiedene Länder	20
Zusammen etwa	3600

[1]) J. Dépierre, Traité de la Teinture et de l'impression, p. 401.

Nr. 54. Gesamtanlagen der Firma Gebrüder Elbers im Jahre 1922.

Sachregister.

Abstellbarkeit des Getriebes der Einzelmaschine 212.
Acetin 92.
Acetinblau 70, 89.
Adrianopelrot 9, 10.
Ätzartikel 78, 91.
— mit Naphtolazofarbstoffen 92.
Ätzfarben 223.
Aggregate der Zentrale 41.
Alaunfabriken 10.
Albumin 65, 86.
Albuminfarben 78, 84, 89.
Albuminätzfarben auf Indigo 78.
Aldehydgrün 66.
Algolfarben 71
Alizarin 64, 67, 81, 86, 89.
Alizarinblau 67.
Alizarinreinblau 67.
Alizarinblau S 67.
Alizarinbordeaux 67.
Alizaringelb 68.
Alizaringranat 67.
Alizaringrün 67.
Alizarinindigofarben 71.
Alizarin, kommerzielles 82.
Alizarinorange 67.
Alizarinschwarz 67.
Alizarinviridin 67.
Allgemeine Pensionskasse 1896 167.
Aluminium 300.
Amerikanischer Bürgerkrieg 99, 103, 135.
Amerikanische Wirtschaftskrisis 132.
Amidoalizarin 67.
Amidoazobenzol 67, 78.
Amidonaphtol 91.
Amidoverbindungen des Beta-Naphtols 91.
Ampere 295, 296, 297.
Amperemeter 199.
Amperesekunde 296
Amperestunde 296.
Amtliche Bewirtschaftung 123.
Analyse der Baumwolle 315.
Anilidoderivate des Anthrachinons 67.
Anilin 65, 69, 91.
Anilinblau 66.
Anilin, salpetersaures 85.
Anilinschwarz 65, 66, 69, 75, 84, 85, 92, 187, 222, 223.

Anilinschwarzreservedruckartikel 86.
Anilin, weinsaures 85.
Anisidineisfarbe 91.
Anthracen 65.
Anthracenbraun 67.
Anthracenfarbstoffe 67.
Anthrachinon 92.
Anthrapurpurin 82.
Antimonfluorid 88.
Antimonin 88.
Antimonlactat 88.
Antimonoxyd 88.
Antimonoxydkali, oxalsaures 88.
Antimonsalz 88, 257.
Antonie Elbers-Osthausstiftung 169.
Antriebsverhältnisse der Maschinen 192.
Appretieren der Gewebe 262.
— von Gewebebahnen, D. R. P. Nr. 186049, 264.
Appretur 56.
—, linksseitige 57.
Appreturräume 201.
Arbeit 295, 296.
Arbeiterspeisesaal 150.
Arbeitseinheit 295.
Arbeitsmaschinen, Anordnung im Gesamtarbeitsprozeß 269.
Arbeitsmaschine, unregelmäßige Unterbrechungen des Arbeitsprozesses bei der einzelnen 245.
Arbeitsmaschinen, die Bedienung der 225.
Arbeitsmaschinen, wahlweise Kombination der 258.
Arbeitsmethoden des Baumwollzeugdrucks 72.
Arbeitszeit 124, 131.
Archiv 150.
Atomgewichte (Tabelle) 317.
Auerbrenner 303.
Aufbäumen der Gewebe 253.
Aufbäumrolle 249.
Aufenthalte, bedingt durch Arbeitsvorgänge in der Einzelmaschine 230.
Aufstellung der einzelnen Arbeitsmaschine 217.
Aufzug 192, 204.
Auktion in London 22.

Auramin 70, 92.
Automatenstuhl 45, 241, 249.
Automatische Abstellung des Triebwerks 212.
—, elektrische Abstellung 216.
—, mechanische Abstellung der Maschine 213.
Ausbildung der Arbeiter und Meister 225.
Auslandsmärkte 155.
Ausquetschmaschine 52, 256.
Ausrückvorrichtung, selbsttätige 52.
Ausrüstung der Gewebe 56.
Ausschalter, automatischer 202.
Austauschbarkeit der Maschinenorgane 219.
Auswechslung des Werkzeugs 254.
Auswringen der Gewebe 52.
Avivieren 80.
Auxochrome Gruppen 66.
Azofarbstoffe 67, 92.
Azophorrot 69, 78.
Azophorschwarz 69.
Azorot auf Küpenblau 78.
Azorosa 69.

Bäuchkessel 47, 48.
Ballenbrecher 246, 254.
Barchent 93.
Bastfaser 126.
Batikverfahren 76.
Baumwolle, Eigenschaften der 316.
— (Geschichtliches) 97.
Baumwollanbau 97.
— (Tabelle) 117.
Baumwollernten (Tabelle) 107.
Baumwolldämpfdruckartikel 54.
Baumwollgelb 68, 89.
Baumwollgeweben, Gewichte von 317.
Baumwollmarkt (Tabelle) 103.
Baumwollpreise (Tabelle) 105, 108, 131.
Baumwollproduktion der Welt 316.
Baumwollspindeln, Zahl der (Tabelle) 120.
Baumwollwalzen 59.
Bautechnische Fragen 42, 282.
Bau und Konstruktion der Einzelmaschine 217.
Bauweise, massive 185.
Beetlemaschine 60.

Befeuchtung der Gewebe 62.
Befestigungsmethoden der Farbstoffe 72.
Beizen 65.
Beizengelb 67.
Beizen für Farbstoffe 83.
Bekleidung des menschlichen Körpers 314.
Belastung von Mauerwerk (Tabelle) 283.
Beleuchtung 191, 303.
— (Tabelle) 305.
Benzidin 68.
Benzidinfarben 68.
Benzidinfarbstoffe 68.
Benzoazurin 68.
Benzol 65.
Betonarbeiten 42.
Benzopurpurin 68, 89.
Berlinerblau 81.
Beton, armiert 42, 185, 295.
Betondecken 186.
Betriebsgrundlagen 39.
Betriebskontrolle 21, 225, 226.
Betriebsleitung 12.
Betriebsökonomie 156, 230.
Betriebspausen, Vermeidung der 231.
Betriebsreserve 193.
Betriebsrisiko 192.
Betriebssicherheit 148, 181.
— bei der Aufstellung der Maschinenkomplexe 219.
— bei der einzelnen Maschine 198.
— durch die Gesamtorganisation 221.
Betriebsstatistik 224.
Betriebstechnische Fragen der Baumwolltextilindustrie 287.
Beschlagnahme während der Kriegszeit 124.
— der Spinnpapiere 128.
Bezugsscheinpflicht 128.
Biebricher Scharlach 68.
Bismarckbraun 68.
Bister 65.
Bisulfit 74, 86.
Blaudruck 5, 21, 33, 76, 86.
Blaudruckkonventionen 115, 145.
Blauholz 54, 84, 87.
Bleiche, elektrische 75.
Bleichen der Baumwollgewebe 47.
— mit hochgespanntem Dampf 73.
Bleichprozeß 46.
—, chemisch-technologische Entwicklung des 73.
Bleichverfahren, Chemismus des 74.
Blutalbumin 84.
Bogenlampe 303.
Brandschäden 147.
Brechmaschinen 61.
Brechweinstein 88.
Breitbleiche 50.
Breitchlormaschine 257.
Breitfärberei 56.
Breithalter 63.
Breitseifmaschine 56, 220, 256.

Breitstreckmaschinen 57.
Breitwaschmaschine 51.
Brennstoffe 288.
— (Tabelle) 288.
Brennesselfaser 126.
Bruchglieder 214.
Bruchsicherung in der Textilindustrie 214.
Bruchsicherungen, mechanische 214.
Bürstenbrücke 217.
Bunte Reserve- und Ätzartikel 77.
Buntweberei 101.

Cachou 65, 83, 84, 87.
— de Laval 70.
Carbazolgelb 68, 89.
Carl Elbers-Stiftungen 1896 167.
Casein 84.
Cellulon 129.
Chemisch-technologischer Teil 64.
Chlor, aktives 75.
Chlorkalk 74.
Chlorkalkküpe 81.
Chlorkalklösungen (Tabelle) 325.
Chlorklapot 52.
Chlorlösung, elektrolytische 325.
Chromätzverfahren 77, 78, 255, 262.
Chrombäder 257.
Chromfarben 67, 92.
Chromgelb 65, 81, 84.
Chromogene Körper 66.
Chromophore Gruppen 66.
Chromsaures Blei 65, 77.
Chromverbindungen 93.
Cibafarbstoffe 71.
Cölestinblau 67.
Coerulein 67.
Colorin 81.
Congorot 68.
Coulomb 296.
Cordova 137.
Croceinscharlach 68.
Crysamin 68, 89, 90.
Crysoidin 67, 68.
Crysophenin 68, 90.

Dachkonstruktion 187.
Dampfanilinschwarz 85, 86.
Dampfdruck 82.
Dampffarben 54, 83, 84.
Dampfheizung 308.
Dämpfkessel 54.
Dampfkesselbetrieb 287.
— (Tabelle) 290.
Dampfkessel, elektrisch geheizt 311.
Dampfmaschine 40, 45.
Dampfökonomie 40, 41.
Dampfplattentrockenstühle 218.
Dampfrot 81, 82.
Dampfrot-rosa 81, 82, 87.
Dampfrohrleitung 294.
Dampfturbinen 41, 193.
Dämpfapparate 54.
Dämpfdauer 82.
Dämpfen 54, 188.

Dämpfen, luftfreies 55.
Dämpfeinrichtungen 84.
Dämpfer, luftfrei 77, 93, 272.
Degumieren 80.
Dekatiermaschinen 62.
Diaminblau 90.
Diaminfarben 68.
Diaminfarbstoffe 68.
Diaminogenfarben 70.
Dianilfarben 68.
Dianisidin 68, 69.
Diazofarben 70.
Diazokörper 67.
—, haltbare 69.
Differdingerträger (Tabelle) 285.
Differenzialgetriebe 210.
Diphenylschwarzbase 86.
Dioxyanthrachinon 67.
Drogenmagazin 150.
Druckerei 5, 23, 101, 242, 255.
Druckereibetrieb 41.
Druckereibetriebsysteme, größere, kombinierte 256.
Druckerei, Einlauf der Gewebe in die Arbeitsmaschinen der 249.
—, unregelmäßige Unterbrechung des Arbeitsprozesses in der 249.
Druckfarben 222.
—, Aufbewahrung von 223.
—, leicht verderbliche 223.
—, Verpressen der 245.
—, Kochen der 47.
Druckmodel 45, 76.
Druckmodelmaschine 46.
Druckwalze 253.
Druckzylinder 253.
Duplexdruckmaschine 46, 146.
Durchschnittspreise für Baumwolle (Tabelle) 118.
Dyckerhoffsche Besitzung 169.
Dyne 295.

Echtheit der Farbstoffe 72.
Edelstähle 218.
Eichenrinde 65.
Eieralbumin 84.
Einführungsapparate für Spannrahmmaschinen 63.
Einheit der Beleuchtung 305.
— der Kraft 295.
— der Leistung 296.
— der Stromstärke 295.
— des Magnetismus 295.
Einsprengmaschinen 62.
Einstellung der Baumwolltextilbetriebe auf die Kriegswirtschaft 125.
Einstellvorrichtung, Gebrauchsmuster Nr. 130 225 202.
Einzelantrieb der Maschine 40, 149, 194.
Einzelmotor 200.
Eis 325.
Eisen, elektrische Leistungsfähigkeit des 300.

Eisenchamois 65, 83, 89.
Eisenbahnanschluß 33.
Eisenbeize 82.
Eisenkonstruktionen 42.
Eisensalze 65.
Eisenvitriol 76.
Eisenvitriolküpe 78.
Eisrot 91.
Eiweiß 90.
Elbers Hammerwerke 5, 30.
Elektromotor 188, 198, 217.
Elektromotore, Austauschbarkeit der 196.
Elektromotor, Defektwerden des 195.
Elektrischer Antrieb in der Textilindustrie 40.
Elektrische Leitungen (Tabelle) 300.
Elektrisches Zeitalter, indirekte Vorteile 41.
Elektrisierung des Werkes der Firma 149.
Entleimung des Papiers 127.
Entnebelung der Räume 188.
Entstaubungsanlage 54, 191, 271.
Entwicklung der Baumwolltextilindustrie (Tabelle) 101, 121.
Entwicklung der Baumwollzeugdruckartikel 76.
Entzündungstemperatur 287.
Eosin 70, 88.
Erg 295.
Erika 90.
Erlenrinde 83.
Ernteergebnisse an Baumwolle (Tabelle) 99.
Ersatzfarbstoffe 224.
Ersatzfaser 123, 124, 125, 159.
Export der Gewebe 103, 111, 114, 121, 132.
Extinkteure 191.

Fachbildung 44, 241.
Fachunterricht 225.
Fabrikfeuerwehr 147.
Fadenbruch 247, 248.
Fahrstuhlschacht 204.
Faktoreien 6, 23.
Familienhaus 173, 174.
Familienheim 174.
Färberei 23, 55, 187, 188.
Farbhölzer 84, 87.
Farbholzextrakte 84.
Farbküche 150, 187.
Farbstoffe 64, 221.
—, auf der Faser entwickelt 69.
—, basische 70, 88, 92.
—, hydrosulfitbeständig 94.
—, Klotzen mit 89.
—, künstliche 65, 83.
—, Löslichkeit der 94.
—, Schönen der 88.
—, substantive 68, 89.
Fayenceblau 77.
Feinspinnmaschine 40, 43, 247.
Feinspinnprozeß 237.

Ferrocyansalze 85.
Fertigfabrikate, Ausfuhr von 121.
Festigkeitskoeffizienten für Hölzer (Tabelle) 283.
— für Metalle (Tabelle) 283.
Feuersicherheit 186, 191.
Flachsfaser 126.
Flavopurpurin 82.
Fliesen 187.
Fluorescein 70, 88.
Fluoresceinfarbstoffe 88.
Flußregulierung 24.
Flyer 43, 247.
Formaldehydsulfoxylate 78.
Freihandelsfragen 16.
Freileitungen 194.
Friktionskalander 61, 199.
Frostschäden 185.
Fuchsin 66.
Führungsrechen an der Waschmaschine 52, 214.
Fußböden 186.

Galläpfel 65.
Gallaminblau 67.
Gallein 67.
Gallomarineblau 67.
Gallocyanin 67.
Gallophenin 67.
Garanzine 12, 81, 82.
Garanzinedampffarben 83.
Garne, Eigenschaften der 317.
Garnnumerierung 316.
Gasanstalt 30.
Gasbeleuchtung (Tabelle) 304.
Gasheizung 59.
Gassengmaschine 53, 262.
Gasvolumen bei der Verbrennung 291.
Gauffrierkalander 61.
Gegenstromprinzip bei Waschmaschinen 52.
Gelbholz 83, 84.
Gemischter Betrieb 30, 156.
Geranin 68.
Gerbsäure 92.
Gesamtbaumwollwerte 1913 119.
Gesamtenergiebedarf der Erde 298.
Gesamtzahl der mechanischen Webstühle 120.
Gesellschaft für Türkischrotgarnfärberei und Druckerei 6, 11, 24.
Geschwindigkeit, konstante 194.
—, veränderliche 194.
Getriebe der Arbeitsmaschinen der Druckerei 211.
— der einzelnen Arbeitsmaschinen 207.
—, Sicherung der 207.
Gewebeeinführungsapparat 215.
Geweberolle 250.
Gewicht des Dampfes (Tabelle) 293.
Ginster 125.
Glanzmaschinen 59.
Gleichförmigkeitsgrad der Dampfmotore 41.

Glühbolzenheizung 59.
Gravieranstalt 22.
Gravur 46.
Grinnelbrausen 262.
Grundbesitz der Firma 177.
Gruppenantrieb 40, 149, 194.
Guignetgrün 84.
Gummiwalze 215.

Hänge 19, 46, 53, 57.
Hämateinschwarz 222.
Härtegrade des Wassers 324.
Halbfabrikate 29.
Halbleinen 97.
Halogenindigo 71.
Halter (beim Druck) 250.
Hammerwerke in der Oege 24.
Handdruck 5, 45, 242.
Handrad 232.
Handweberei 45.
Handwebstuhl 42, 44.
Harzseife 73.
Hausweberei 23.
Heimindustrie 45.
Heißluftkammern 58, 218.
Heißlufttrockenapparate 46, 311.
Heizfläche, Größe der 309.
— (Tabelle) 310.
Heizkörper, Größe der 309.
— (Tabelle) 309, 310.
Heizung 306.
—, elektrische 310.
Helindonfarben 71.
Herstellungsverbot für Baumwollwaren 123.
Hessenland 135.
Höchstleistungsbetrieb 156.
Hochdruckbleichkessel 49.
Hochsprungmaschine 44.
Hofmanns Violett 66.
Holzmodelle 287.
Holzverkleidung 188.
Hot-flue 270.
Hydrant 191.
Hydratcellulose 74.
Hydrocellulose 74.
Hydronfarben 71.
Hydrosulfit 74, 77, 86.
Hydrosulfite, haltbare 78, 92.

Identitätsnachweis der Gewebe 113, 115, 138.
Indanthrenfarben 71, 92, 94.
Indiennefabrik 45.
Immedialfarben 70.
Imprägniermaschine 56, 57, 257.
Imprägnieren von baumwollenen Stoffen 259.
Indigo 22, 46, 64, 65, 71, 76, 84.
Indigoätzartikel 75, 77.
Indigoderivate 71.
Indigodruck und -färbeartikel 76.
Indigograu 80.
Indigoide Farbstoffe 71.
Indigoküpe, kalte 76.

42*

Indigo, raffinierter 79.
—, rein 80.
—, synthetischer 79.
Indigoweißbildung 76.
Indophenol 71.
Induline 70, 89.
Indulinblau 88, 89.
Indulinscharlach 92.
Intermittierender Arbeitsprozeß 230, 232.
Isolation 312.

Jacquardmaschine 44.
Jahreskonsum an Baumwolle 316.
Javellesche Lauge 74.
Jennymaschine 43, 232.
Jigger 50, 56.
Jodgrün 66.
Joule 296.

Kabel 194.
Kabelquerschnitte (Tabelle) 299.
Kacheln 187.
Kahlschurmaschinen 54.
Kalander 41, 59, 211, 269.
Kaliumsulfit 93.
Kalk 73, 76.
Kalorie 288.
Kartothek 224.
Kastenmangel 59.
Kattune, modefarbene 5, 33.
Kegelbreithalter 63.
Kegelstuhl 44.
Kermes 65.
Kettfadenwächter 248.
Kettgarn 247.
Kilowatt 296.
Kilowattstunde 297.
Klapots 52.
Kleber 84.
Kleiderstoffartikel 33.
Klotzmaschine 57, 215, 257, 269.
Kluppenkette 58.
Knoten 215.
Königliche Seehandlung 11.
Körperfarben 65.
Kohlensäureausscheidung des Menschen 314.
Kohlenverbrauch 225.
Kolonie Hessenland 170.
— Walddorf 170.
Kombination von Indigo mit -Krappartikeln 78.
Kompensator 216, 253, 257, 263, 264.
Kondenswasser 53.
Kontinuedämpfapparat 50, 55.
Kontinuität des Arbeitsprozesses 148, 229.
Kontrollamperemeter 200.
Konventionen 145.
Korrektur des Wassers 324.
— — — (Tabelle) 324.
Kraft 296.
Kraftübertragung, elektrische 146.
Krapp 12, 65, 76, 78, 80.

Krappbau 64.
Krapppräparate 81, 82.
Krappartikel 80, 84.
Krappextrakt, Pernodsches 82.
Krapplilaartikel 82.
Krankenkassen 167.
Kranken- und Pensionskasse 1854 166.
Krempel 43, 246.
Kreuzbeeren 81, 84, 90.
Kryogenfarben 71.
Kühlwassermenge 294.
Küpenfarbstoffe 66, 71, 77, 93, 272.
Künstlerkattun 146.
Kubischer Ausdehnungskoeffizient der Gase 295.
Kugellager 217.
Kupfer 300.
Kupferchlorid 85.
Kupferplatte 46.
Kupfervitriol 90.
Kupferwalzendruckmaschine 46.
Kunstseidenindustrie 126.
Kurzschluß, Verhütung von 201.

Lackfarbstoffe 84.
Längenschwindmaß einiger Metalle (Tabelle) 287.
Lager 275.
Lagerabstände für Wellen 301.
Lagerräume 185.
Lageplan der Firma Gebrüder Elbers 273.
Lapisartikel 79.
Laufspannrahmmaschinen 58.
Latzenzugmaschine 44.
Leblanc-Sodaprozeß 46.
Ledigenheim 173.
Leim 84, 88.
Leistung 295, 296.
Leitrollensystem 55, 259.
Leitungsnetz, elektrisches 188.
Leukotrope 78.
Lichtstärke 303.
Lohnbetrieb 6.
Lüftung 314.
Luftbefeuchtungsanlage 247.
Luftdurchlässigkeit verschiedener Materialien (Tabelle) 315.
Luftwechsel 315.
Lux 305.

Magnetisches Moment 295.
Malachitgrün 70, 88, 89.
Manganbister 83.
Manganbraun 65.
Mangel, hydraulische 59.
Martiusgelb 68.
Maschinenaggregate, kombinierte 150, 254.
Maschinenwebstuhl 42.
Maßeinheiten, technische 296.
Maßzahlen für Kraft, Arbeit und Leistung 295.
—, wichtigste (Tabelle) 297.

Maßsystem, absolutes 295.
Material, Festigkeit des 282.
Mather-Kier 50.
Mather & Platt 54.
Mauern, Luftwechsel bei 315.
Mauerstärke 283, 306.
Mauvein 66.
Mechanisch-technologischer Teil 39.
Mennige 84.
Mercerisation 75.
Messe 15, 20, 21.
Meßmaschinen 62.
Meßraum 275.
Metallfadenlampen 303.
Metallgitter-Riet 44.
Metallsalze 65.
Meterkerze 305.
Methylenblau 70, 88, 89, 92.
Methylgrün 88.
Methylviolett 88.
Mille fleurs-Artikel 90.
Mineralfarbstoffe 65, 84.
Mischfaser 129.
Mischkondensation 294.
Mitläufer 250, 253.
Möbelstoffe 33.
Mörtel 185.
Moiré-Effekte 61.
Molekulargewichte (Tabelle) 318.
Molettiermaschine 47.
Monoazofarbstoffe 91.
Motore, Leistungsfähigkeit der 200.
Muldenpresse 61.
Musterfach 22.
Musterkollektionen 114, 115.
Murexid 46, 65.

Nadelkette 58.
Nähmaschinen 63.
Naphtalin 65.
Naphtol AS 91.
Naphtol-Azofarbstoffe 68, 78, 90, 270.
Naphtol, beta- 69, 90, 91.
Naphtol NA 91.
Naphtylamin, alpha- 69, 90.
Naßdrall 127.
Naßflecke 188, 218.
Naßkalander 56, 256.
Naßnähmaschinen 63.
Naßreißfestigkeit verschiedener Gewebe 129.
Nessel 125.
Nessellager 150.
Nigrophor 91.
Nilblau 70.
Nitroalizarin 67.
Nitrocellulose 126.
Nitrosaminrot 69, 78.
Nitrosofarben 93.
Normalien 196.
— für die Textilindustrie 220.
Normalkerze 303.
Normalisierung 41.
Northropstuhl 45, 150, 241.
Notbeleuchtung 191.

Oberflächenkondensation 294.
Ocker 84.
Ölflecke 217.
Ölkammerlager 198, 217.
Öffner 246, 254.
Ohm 297.
Optimaldrall 127.
Orangetücher 87.
Orleans 83.
Ortho-Nitranilin 91.
Oxaminfarben 68.
Oxycellulose 74.
Oxydationsraum 46.
Oxydationsvorgänge 46.
Oxydiersaal 19.

Packräume 275.
Palmer 57.
Panthograph 47.
Papiergarn 126, 156.
Papiergarngewebe 159.
Papiergarnindustrie 128.
Papierwalzen 59.
Pappdruck 256.
Pappreserven 79.
Parafarben 91.
Para-Nitranilin 69, 90, 91.
Para-Nitro-Orthoanisidin 69.
Para-Phenylendiamin 86.
Pararot 91.
Persönliche Mitteilungen 35.
Perrotine 5, 19, 46, 136, 242, 245.
Pettenkofer scher Kohlensäuremaßstab 314.
Pferdegöpel 39.
Pferdestärke 296.
Phenol 93.
Phenolphtalein 70.
Photogravur 47.
Phtalsäurefarbstoffe 70.
Picotwalzen 57.
Pigmentfarben 65, 86.
Pinsel- oder Schilderblau 76.
Planetenrührwerk 47.
Polyoxyanthrachinone 67.
Pompadour 137.
Porzellandruck 76.
Pottasche 9.
Preise für Baumwolle (Tabelle) 99.
Primulin 70.
Produktion an Baumwolle 106.
Produktionswert der Baumwollfabrikate 121.
— sämtlicher Textilfabrikate Deutschlands 121.
Prospekt der Türkischrotgarnfärberei 6.
PS-Stunde 296.
Purpurin 82.
Purpurzitzen 5.

Querzitron 54, 65, 81, 83, 84.
Quetschwalzenpaar 57.

Räume, innere Einrichtung der 187.
Rakel 46.
Rapporträder 46.

Rasenbleiche 74.
Rauchgasanalysen 291.
Rauhmaschinen 63, 270.
Raumeinnahme des Dampfes (Tabelle) 293.
Regenerativfeuerung 291.
Regulierfähigkeit der Ringspinnmaschinen 40.
Regulierung der Volme 135.
Reserveätzfarben 77.
Reserveanschluß 193.
Reservebeleuchtung 305.
Reserveblaudruckverfahren 256.
Reservedruckartikel 9, 77, 242, 245.
Reservedruckspindeln 254.
Reservemotor 196.
Reserveschützen 241.
Reserveteile 219.
Resorcin 93.
Rhodamin 70, 88, 92.
Rhodaminrosa 88.
Rhodulinfarben 70.
Riemen 198.
— als Sicherung 212.
Riemenbreite (Tabelle) 301.
Riemscheibe, Breite der 198.
Riemscheiben 198.
—, Auswechselbarkeit der 197.
Rietblatt 44.
Ringspindeln (Tabelle) 238.
Ringspinnmaschine 44, 148, 150, 237, 247.
Risiko, Verteilung des 221, 224.
Rohrleitung, Verlegung der 294.
Röhrweiten (Tabelle) 294.
Rollkalander 56, 59, 61.
—, hydraulische 59.
Rongalit 77.
Rosanilingruppe 65, 66, 70.
Rosolsäure 65.
Rotbeize 79.
Rotholz 83, 84, 88.
Rouleauxdruckgebäude 19.
Rouleauxdruckmaschine 19, 46, 135, 146, 211.
—, periodische Unterbrechungen bei der 242.
Rouleauxdruckmaschinen (Tabelle) 326.

Sättigungskapazität der Luft (Tabelle) 311.
Säureklapot 52.
Säuremaschine 255.
Safflor 65.
Saffranin 70, 88.
Salze, Löslichkeit einiger (Tabelle) 321.
Salzsäure 74.
— (Tabelle) 323.
Seidenfinishkalander 62.
Seidenglanz auf Geweben 61, 62, 75.
Seiferei 55.
Sektionsbleichkessel 50.
Sekundärstation 194.

Selfaktor 43, 148, 232, 238.
— (Tabelle) 238.
Selfaktorspindel 26, 136.
Sengmaschine 53.
Sicherungen, elektrische 198, 199.
Sicherung, Durchschlagen der 200.
Siedepunkte (Tabelle) 321.
Silvalin 129.
Solidblauverfahren 76.
Soziale Arbeit 163, 165.
— Gesetzgebung 116.
Sumach 81.
Systeme, spezielle, kombinierte 258.
Schaftmaschinen 147.
Schermaschine für Garne 248.
— für Gewebe 53, 212.
Scherzylinder 54.
Schlagmaschine 209, 246, 254.
Schlagstock 44.
Schliepers Indigodruckverfahren 77, 81.
Schmalspurbahn 192.
Schmelzpunkte (Tabelle) 321.
Schmelzwärme verschiedener Körper (Tabelle) 325.
Schneidemaschinen 127.
Schneidzeug 54.
Schnellschützen 44.
Schornstein 25.
Schwefelfarbstoffe 66, 70, 77, 93.
Schwefelfarbstoffärbungen, Ätzen von 93.
Schwefelkupfer 85.
Schwefelschwarz 71.
Schwindmaß 287.
Schwingungszahl des Lichtes 303.
Schützengreifer 241.
Schutzbrett an der Druckmaschine 211.
Schulsaal 150.
Schutzvorrichtungen 207.
Schutzvorrichtung an den Getrieben einzelner Arbeitsmaschinen der Spinnerei 209.
—, automatische 207.
Schutzwalze an dem Kalander 211.
Schutzzoll 16.
Spannkraft des Wasserdampfes (Tabelle) 292.
Spannrahmmaschine 57, 58, 219, 221, 263, 264, 270.
Spann- und Streckapparate 56.
Spezifische Gewichte (Tabelle) 320.
— Wärme (Tabelle) 309.
Spindelbank 210, 247.
Spindelteilung 247.
Spindelzahl (Tabelle) 100.
Spinnerei 23, 24, 29, 40, 42, 135, 150, 231, 254, 275.
—, unregelmäßige Unterbrechungen des Arbeitsvorganges in der 246.
—, zufällige Unterbrechungen des Arbeitsvorganges in der 247.
Spinnkannen 246.
Spinnmaschine (Hargreaves) 45.

Spinnmaschine, periodische Unterbrechungen bei der 231.
Spinnpapier 127, 159.
Spinnplan (Tabelle) 316.
Spinnrad 42.
Spinnrocken 231.
Spinnverbot 123, 124.
Sprinkleranlage 191.
Spulenwechsel 241.
Spulmaschine 247.
Spülschläger 52.
Stärke 56.
Stahlformguß 218.
Stahlmolette 47.
Stampfkalander 60.
Stapelfaser 129.
Station Hagen-Oberhagen 34.
Steinerne Brücke im Hessenland 25.
Steinkohlentypen (Tabelle) 291.
Stoffbüchsenpackung 200.
Stokkarde 43.
Strahlungsvermögen verschiedener Substanzen (Tabelle) 307.
Strangseifmaschine 220.
Strangwaschmaschine 51, 213.
Straßenbeleuchtung 306.
Strecke 43.
Streckvorrichtung 221.

Tabellen über:
— Atomgewichte 317.
— Ausfuhrwerte, Anteil der verschiedenen Industrien Deutschlands 1890 und 1913 122.
— Baumwollanbau in den deutschen Kolonien 117.
— Baumwollernte 107.
— Baumwollmarkt, Bewegung in Liverpool im Jahre 1862 103.
— Baumwollpreise u. Valuta, Schwankungen 1919 131.
— — 1854—1864 108.
— — 1862, Zusammenstellung d. 105.
— Baumwollspindeln der ganzen Welt 1913 120.
— Belastung von Mauerwerk, zulässige 283.
— Beleuchtung, Kosten der 305.
— Brennstoffe und deren Verbrennungstemperatur 288.
— Chlorkalklösungen 325.
— Dampfkesselbetrieb 290.
— Druckmaschinen für Baumwollzeugdruck, Gesamtzahl der 326.
— Durchschnittspreise für Baumwolle und Baumwollfabrikate 1906, 1907 und 1908 118.
— elektrische Leitungen bei Verwendung von Drähten aus verschiedenen Metallen 300.
— Entwicklung der Baumwolltextilindustrie Deutschlands 1840 bis 1890 101.
— — der Baumwolltexilindustrie Deutschlands 1819—1913 121.

Tabellen über:
— Ernteergebnisse und Preise von Baumwolle in den Vereinigten Staaten von Nordamerika 99.
— Festigkeitskoeffizienten für Hölzer 283.
— — für Metalle 283.
— Gasbeleuchtung, verschiedene Arten der 304.
— Heizfläche für je 100 cbm Raum, erforderliche 310.
— Heizkörper 310.
— — der verschiedenen Heizungssysteme 309.
— Kabelquerschnitte und Leistungsfähigkeit für elektrische Leitungen 299.
— Korrektur des Wassers mit Essigsäure 324.
— Längenschwindmaß einiger Metalle 287.
— Löslichkeit einiger Salze 321.
— Luftdurchlässigkeit verschiedener Materialien 315.
— Maßzahlen für Wärme und Energie 297.
— Molekulargewichte 318.
— Natronlauge, Volumgewichte bei 15^0 C 322.
— Produktionswert der Baumwolltextilindustrie und der Gesamttextilindustrie in den einzelnen europäischen Staaten 1913 120.
— Riemenbreite 301.
— Rohrweiten für Dampf, Kondenswasser 294.
— Sättigungskapazität der Luft 311.
— Salzsäure, Volumgewicht bei 15^0 C 323.
— Schmelz- und Siedepunkte verschiedener Körper 321.
— Schmelzwärme verschiedener Körper 325.
— Selfaktor im Vergleich zur Ringspinnmaschine 238.
— Spannkraft und Temperatur des Wasserdampfes 292.
— spezifische Gewichte fester und flüssiger Körper 320.
— — Wärme fester, flüssiger und gasförmiger Körper 309.
— Spindel- und Webstuhlzahl 1812 bis 1913 100.
— Spinnplan für verschiedene Garnnummern 316.
— Steinkohlentypen, Zusammensetzung einiger 291.
— Strahlungsvermögen verschiedener Substanzen 307.
— Temperatur beim Glühen des Eisens 303.
— Verbrennungswärme der wichtigsten Brennmaterialien 289.
— Wärmeabgabe durch die Beleuchtung 304.

Tabellen über:
— Wärmeausdehnung einiger fester Körper 295.
— Wärmeleitungsvermögen in g/Kal. in der Sekunde 308.
— — von Textilstoffen 314.
— Wärmeleitungszahlen für Isolationen 313.
— Wärmetransmission 306.
— Wärmewert des Dampfes 292.
— —, Raumeinnahme und Gewicht des Dampfes 293.
— Wasserkräfte, ausbaufähige 299.
— — der ganzen Erde, verfügbare 298.
— Wellentafel für Kräfte von 1—40 PS 302.
— — für Kräfte von 45—200 PS 302.
— Welternte in Baumwolle 1914/15 98.
— Widerstandsmomente, Trägheitsmomente, Höhe, Breite, Gewicht usw. von Differdinger-Träger 285.
— — von T-Eisen 284.
— — von U-Eisen 285.
— — von Winkeleisen 286.
— Zündpunkte flüssiger Brennstoffe in Sauerstoff und Luft 288.
Tannin 70, 88.
Tanninätzartikel 89.
Tanninfarben 92.
Taschentücher 33, 90.
Tasterkluppe 58.
Technologischer Entwicklungsgang 21.
Technologische und wirtschaftliche Daten für den Betrieb der Baumwollweberei 317.
— und wirtschaftliche Daten für den Betrieb d. Baumwollzeugdruckerei 317.
T-Eisen (Tabelle) 284.
Temperatur (Tabelle) 292.
— beim Glühen des Eisens (Tabelle) 303.
— der Sonne 303.
Tellerspinnmaschine 159.
Tetrazofarbstoff 68.
Thies-Herzigsches Bleichverfahren 50.
Thiogenfarben 71.
Toluidin 68, 69, 85.
Torf 125.
Trägheitsmomente (Tabelle) 284, 285, 286.
Transmissionen 39, 184, 186, 197, 300
Transmissionslager, Auswechselbarkeit der 197.
Transmissionswellen 197, 198, 301.
—, Stärke der 197.
Transporte des Arbeitsgutes 269.
Transport, pneumatischer 255.
Transportverhältnisse 191.
Transitveredlungsverkehr 114.

Traubenzucker 77.
Trockenanlagen 311.
Trockenmaschine 41, 53, 56, 57, 221, 256, 269, 311.
Trockenstuben 53, 57.
Trockenstuhl 46.
Trockentrommel 53, 57.
Trockenzylinder 53.
Trocknen 311.
Trennungswerte 147, 191, 262.
Treppenhäuser, feuersichere 186.
Triebwerke 39.
Triphenylmethanfarbstoffe 65, 66.
Trittrad 232.
Tücherdruckmaschinen 136.
Tücherkonvention 115, 145.
Türen, feuersichere 186, 191.
Türkischrot 9, 78, 79, 91.
Türkischrotätzartikel 81.
Türkischrotfabrikation 10, 80.
Türkischrotgarn 12, 103.
Türkischrotgarnfärberei 5, 45, 65, 101, 135.
Turbinen 298.
Typha 125.
Typisierung 41.

Übergußapparat 49.
Überlandzentralen 40.
Überproduktion 114, 115, 146.
Übertrieb, provisorischer 195.
U-Eisen (Tabelle) 285.
Ultramarin 84.
Umfassungsmauern, Stärke der 184.
Ummontage von Maschinen 271.
Unifärben der Gewebe 89.
Unterbrechungen des Arbeitsvorganges durch Transporte 254.
—, periodische 230.
—, regelmäßige 230.
—, unregelmäßige 231.
Unvergrünlichkeit des Anilinschwarz 85.

Vanadinsalze 85.
Velours 93.
Verbrauch an Baumwolle in Europa 105.
Verbrennungstemperatur 288.
Verbrennungswärme 288.
— (Tabelle) 289.
Verdickung 94.
Veredelungsverkehr 19, 112, 116, 137, 138.
Veredlung der Gewebe 110.
Veredlungszoll 112.
Vereinigung Deutscher Stoffdruckereien e. V. 160.
Vergrößerungsmöglichkeit der Betriebsabteilungen 275.
Verkauf 15.
Verkehrslast der Zwischendecken 287.
Verlust durch Riemengleiten 301.

Vertretbarkeit der Arbeitsmaschinen 220.
Vertrieb der Waren 12.
Verwaltungsgebäude 150.
Vesuvin 68.
Vidalschwarz 70.
Viktoriablau B 70.
Volmetalbahn 33.
Volt 296.
Vorappretiermaschine 263.
Vorappretieren und Nachappretieren von Baumwollstoffen D. R. P. Nr. 186049 264.
Vorende 250.
Vorgarn 247.
Vorschaltwiderstand 201.
Vorspinnmaschine 43.
Vortrockenmaschine 264.
Vorwärmer 49.

Wachsdruckreserve 76.
Wärmeabgabe des Menschen 314.
— durch Beleuchtung (Tabelle) 304.
Wärmeäquivalent, mechanisches 297.
Wärmeausdehnung (Tabelle) 295.
Wärmebedarf, Berechnung des 306.
—, Deckung des 307.
Wärmekapazität 308.
Wärmeleitungsvermögen 308.
— (Tabelle) 308.
— von Textilstoffen (Tabelle) 314.
Wärmeleitungszahlen von Isolationen (Tabelle) 313.
Wärmetransmission (Tabelle) 306.
Wärmewert des Dampfes (Tabelle) 292, 293.
Wäschereien 188.
Waid 64, 65.
Waidküpe 76.
Waidkulturen 64.
Walzenmaschine 44.
Warmwasserheizung 308.
Waschhaspel 51.
Waschmaschine 50, 56, 255.
Waschrad 50.
Wasserkräfte 43, 149, 299.
—, ausbaufähige (Tabelle) 299.
—, verfügbare (Tabelle) 298.
Wasserkraftanlagen 298.
Wasserdampfausscheidung des Menschen 314.
Wasserdampf (Tabelle) 292.
Watermaschine 43.
Watt 296.
Wattstunde 296.
Wau 81, 83.
Weberei 23, 24, 29, 44, 45, 135, 238, 275.
Webereibetrieb 150.
Weberei, unregelmäßige Unterbrechungen des Arbeitsvorganges in der 247.
—, zufällige Unterbrechungen des Arbeitsvorganges in der 248.

Webschiffchen 44.
Webschützen 241.
Webstuhl 26, 44, 248.
—, mechanischer 44.
—, periodische Stillstände des 241.
—, periodische Unterbrechungen beim 238.
Webstuhlzahl (Tabelle) 100.
Wechselschaltung 191.
Weinsteinsäure 93.
Wellenlänge des Lichtes 303.
Wert aller Textilrohstoffe 119.
Werkstätten, mechanische 23, 159, 276.
Welternte an Baumwolle (Tabelle) 98.
Weltkrieg 117.
Weltproduktion an Baumwolle 118.
— der Baumwollfabrikate 120.
— der Textilfabrikate 120.
Widerstandsmomente (Tabelle) 284, 285, 286.
Wiener Weltausstellung 86.
Wind- und Wasserkraftmotoren 39.
Winkeleisen (Tabelle) 286.
Wirtschaftliche Entwicklung der Baumwolltextilindustrie 95.
— — bis 1913 98.
— — nach dem Kriege 130.
— — und Lage während des Weltkrieges 1914—1918 122.
— und technische Entwicklung der Firma Gebrüder Elbers von 1850—1922 135.
— Organisation 227.
Whitakerwaschmaschine 51.
Wohnungsfürsorge 169.
Woll- und Halbwollstoffe 109.

Xylidin 85.
Xylolingarne 129.

Zampelstuhl 44.
Zahl der Baumwollspindeln der Welt 119.
Zement 42.
Zentrale, elektrische 41, 193.
Zentrifugen 52.
Zentrifuge, Getriebe der 208.
Zeugdruck 45, 98, 221.
Zink 300.
—, essigsaures 88.
Zinkstaubkalkküpe 78.
Zinnober 84.
Zinnsalz 68, 82, 92.
Zinnpräparation 83.
Zirkulation der Bleichflotte 73.
Zollfragen 101, 116.
Zollverein 110.
Zündpunkte flüssiger Brennstoffe (Tabelle) 288.
Zwischendecken 185.
Zwischen- und Abdampfverwertung 293.

Tafel 1.

Buntdruckartikel, genannt Pompadour,
Ende der 70er Jahre hergestellt von der
Firma Gebrüder Elbers.

Tafel 2.

Indigo Ätzartikel, genannt Cordova,
Anfang der 80er Jahre hergestellt von der
Firma Gebrüder Elbers.

Tafel 3.

Künstlerkattun (Entwurf Margold)
hergestellt 1911 von der
Firma Gebrüder Elbers.

Tafel 4.

Satingewebe aus Papiergarnen
mit Möbelstoffmuster bedruckt, während der Kriegszeit
von der Firma Gebrüder Elbers hergestellt.

Tafel 5.

Künstlerkattun (Entwurf Otto Penner)
hergestellt 1914 von der
Firma Gebrüder Elbers.

Tafel 6.

Buntdruckartikel, genannt Tausendblümchen,
hergestellt 1918 von der
Firma Gebrüder Elbers.

Tafel 7.

Künstlerkattun (Entwurf Prof. Georg Metzendorf)
hergestellt 1920 von der
Firma Gebrüder Elbers.

Tafel 8.

Zwölffarbiges, reiches Möbelmuster
hergestellt 1922 von der
Firma Gebrüder Elbers.

Ankündigung.

Den äußeren Anlaß zu dem vorliegenden Werk bildet das 100 jährige Bestehen der Firma Gebrüder Elbers, Aktiengesellschaft, Hagen i. W. Das Werk zerfällt in zwei Teile. Zwei Abschnitte des ersten Teiles sind der Geschichte und Entwicklung dieses bedeutenden Unternehmens von der Gründung an bis auf unsere heutige Zeit gewidmet. Ein dritter Abschnitt des ersten Teiles handelt von der sozialen Arbeit der Firma.

Diese drei besonderen Abschnitte umfassen indes nur den kleineren Raum in dem ersten Teile. Den größeren Raum beansprucht die allgemeine geschichtliche Darstellung der Baumwolltextilindustrie in den letzten 100 Jahren. Diese allgemeine Darstellung zerfällt in einen technologischen, und zwar mechanisch-technologischen und chemisch-technologischen, und sodann einen wirtschaftlichen Abschnitt. Der Verfasser begründet im Vorwort diese Art der Darstellung damit, daß es zweckmäßig und geboten erscheine, die allgemeine Entwicklung der Baumwolltextilindustrie während des in Betracht kommenden Zeitraumes vorzuführen, um ein besseres Verständnis für die im speziellen Teil geschilderten Leistungen zu ermöglichen. Damit hat der Verfasser sich keine leichte Aufgabe gestellt. Als hervorragender Kenner der Literatur auf dem in Betracht kommenden Gebiete, und da er selbst seit mehr als 30 Jahren viele wertvolle literarische Arbeiten, darunter das in unserem Verlage erschienene bekannte Werk „Die Bedienung der Arbeitsmaschinen zur Herstellung bedruckter Baumwollstoffe" verfaßt hat, war er dieser Aufgabe in jeder Beziehung gewachsen. Besonders interessant ist in diesen Abschnitten die Darstellung der Entwicklung des Zeugdrucks, die durch acht Stofftafeln mit Erzeugnissen und Mustern aus den verschiedenen Epochen ergänzt wird.

Der zweite Teil besteht aus drei Abschnitten, in denen wichtige technologische Richtlinien für die Baumwolltextilindustrie niedergelegt sind. Diese technologischen Richtlinien sind einmal der Niederschlag der Erfahrungen, die der Verfasser gesammelt hat, während er in fast 30 Jahren das große aus Baumwollspinnerei, Weberei und Druckerei bestehende Unternehmen als erster Direktor leitete. Sie sind aber zugleich als Zukunftsprogramm gedacht und bringen die Gedanken des Verfassers über Aufbau und Leitung der Baumwolltextilbetriebe in eigenartiger Weise zum Ausdruck. — Die beiden ersten Abschnitte behandeln als technologische Richtlinien die Betriebssicherheit und Kontinuität des Arbeitsprozesses. Originell ist die Zusammenstellung aller in Betracht kommenden Maßnahmen, der methodische Aufbau und die Gruppierung des Stoffs. Zahlreiche von dem Verfasser nach diesen Grundsätzen konstruierte Maschinen werden vorgeführt.

Der dritte Abschnitt des zweiten Teils stellt als dritte technologische Richtlinie und Forderung „Quantitatives Denken" auf. Der Verfasser bezeichnet damit die zahlenmäßige Erfassung und zahlenmäßige Wertung aller Arbeiten, aller technischen und technologischen Vorgänge beim Aufbau und der Leitung des Betriebes. Die zahlreichen Tabellen sind der Literatur entnommen und nach praktischen Gesichtspunkten und den Erfahrungen des Verfassers zusammengestellt. Recht beachtenswert sind auch die an wichtigen Stellen eingeschobenen Anmerkungen, die das pädagogische Geschick des Verfassers verraten.

Bei der Eigenart und der wissenschaftlichen Bedeutung, die dieses Jubiläumswerk für die Baumwolltextilindustrie hat, haben wir es für unsere Pflicht gehalten, einen Teil der Auflage zu erwerben und einem weiteren Kreise zur Verfügung zu stellen. Das Werk hat für alle Baumwolltextilbetriebe und die Betriebe, die mit diesem Industriezweig zusammenhängen, namentlich die Maschinenfabriken, grundlegende Bedeutung; ebenso wird es zweifellos den in Betracht kommenden Abteilungen der Hochschulen und den Fachschulen wertvolle Dienste leisten können. Unseres Erachtens dürfte aber das Interesse für das Werk weit über die engeren Fachkreise hinausgehen.

Braunschweig, August 1922.

Friedr. Vieweg & Sohn Akt.-Ges.

Druckfehler-Berichtigungen.

Seite 90: Dritte Zeile von unten, Eisamarant statt Eisenamarant.
Seite 317: Dritte Zeile von oben, Dehnung statt Rechnung.

If you have any concerns about our products,
you can contact us on
ProductSafety@springernature.com

In case Publisher is established outside the EU,
the EU authorized representative is:
Springer Nature Customer Service Center GmbH
Europaplatz 3, 69115 Heidelberg, Germany

Printed by Libri Plureos GmbH
in Hamburg, Germany